Dr. Wilhelm Killing

Lehrbuch der analytischen Geometrie

Erster Band

outlook

Killing, Dr. Wilhelm

Lehrbuch der analytischen Geometrie

Erster Band

ISBN: 978-3-86403-539-5
Erscheinungsjahr: 2011
Erscheinungsort: Bremen, Deutschland

© Outlook Verlagsgesellschaft mbH, Fahrenheitstr. 1, 28359 Bremen. Alle Rechte beim Verlag und bei den jeweiligen Lizenzgebern.

Bei diesem Titel handelt es sich um den Nachdruck eines historischen, lange vergriffenen Buches aus dem Jahre 1893. Da elektronische Druckvorlagen für diese Titel nicht existieren, musste auf alte Vorlagen zurückgegriffen werden. Hieraus zwangsläufig resultierende Qualitätsverluste bitten wir zu entschuldigen.

Dr. Wilhelm Killing

Lehrbuch der analytischen Geometrie

Erster Band

Einführung

in die

Grundlagen der Geometrie.

Von

Dr. Wilhelm Killing,
Professor der Mathematik an der Akademie zu Münster i. W.

Erster Band.

Mit 40 Figuren im Text.

Paderborn.
Druck und Verlag von Ferdinand Schöningh.
1893.
Zweigniederlassungen in **Münster, Osnabrück** und **Mainz.**

Der

Physiko-mathematischen Gesellschaft

in **Kasan**

zur hundertjährigen Gedächtnisfeier des Geburtstages

von

N. J. Lobatschewsky.
(1793—1856.)

Vorwort.

Untersuchungen über die Grundlagen der Geometrie haben die Mathematiker in den letzten Jahrzehnten so lebhaft beschäftigt, dafs es angemessen erscheint, eine orientierende Zusammenstellung der bisher gewonnenen Resultate zu geben. Zwar sind die Forschungen keineswegs zum Abschlufs gelangt; auch läfst sich im einzelnen noch nicht übersehen, wie sich ein Glied an das andere anfügt, um ein sicheres Fundament zu liefern. Aber es sind bereits so viele Vorfragen erledigt, dafs die endgültige Lösung für eine nicht zu ferne Zeit erwartet werden mufs; und dieser Zeitpunkt wird um so früher eintreten, je mehr die Forscher allen in Betracht kommenden Punkten ihre Aufmerksamkeit zuwenden. Es würde aber verkehrt sein, wollte man versuchen, von wenigen Prinzipien aus die Wissenschaft systematisch aufzubauen. Denn abgesehen davon, dafs ein solches Verfahren augenblicklich noch nicht möglich ist, da sich Lücken zeigen, die vorläufig nicht ausgefüllt werden können, bietet es dem Anfänger aufserordentliche Schwierigkeiten, ohne ihm das volle Verständnis zu ermöglichen. Dagegen wird es nach jeder Richtung hin am besten sein, eine Reihe Einzelfragen allseitig zu beleuchten und die Folgerungen, die sich aus ihrer Beantwortung ergeben, zum Schlufs zu einem einzigen System zu vereinigen.

Der vorliegende erste Band behandelt diejenigen Raumformen, die mit der Erfahrung vereinbar sind, und überträgt ihre Theorie auf eine beliebige Zahl von Dimensionen. Dabei zeigt sich, dafs für jede Zahl von Dimensionen zwei Fragen gesondert beantwortet werden müssen, nämlich erstens: Welche Eigenschaften hat ein endliches Gebiet des Raumes? und zweitens: Welche Gesetze gelten für den Raum als Ganzes? Mit der Beantwortung der ersten Frage beschäftigen sich die beiden ersten Abschnitte für den dreidimensionalen Raum. Erst der vierte Abschnitt beantwortet die Frage, wie der Raum als Ganzes beschaffen sei, wofern in der Umgebung einer jeden Stelle die in den ersten Abschnitten gefundenen Gesetze gelten. Dazwischen schiebt sich als dritter Teil ein Überblick über den mehrdimensionalen Raum. Man wird es vielleicht tadeln, daſs ich nicht die Entwicklungen des vierten Abschnitts auf drei Dimensionen beschränkt und diese an den zweiten Abschnitt angeschlossen habe. Ich selbst habe lange geschwankt und endlich geglaubt, der hier befolgten Anordnung den Vorzug geben zu sollen.

Damit mein Buch seinen Hauptzweck vollständig erreichen kann, muſste ich jede einzelne Raumform so weit charakterisieren, daſs ihre wichtigsten Eigenschaften klar zu Tage treten. Dadurch ist der vorliegende Band zugleich ein Lehrbuch der nicht-euklidischen Raumformen geworden. Natürlich durfte ich eine volle Erschöpfung nicht anstreben, wenn das Werk nicht übermäſsig anwachsen sollte. Wer sich mit den hier nicht erwähnten Eigenschaften bekannt machen will, kann sich leicht selbst unterrichten. Für diesen Zweck möchte ich vor allem raten, auf die Original-Arbeiten zurückzugehen; wer das weniger liebt, möge für den dreidimensionalen Raum das bekannte Werk des Herrn Frischauf, für den mehrdimensionalen etwa meine »nicht-euklidischen Raumformen« wählen.

Für ein Gebiet, wie das hier behandelte, wo so manche vorgefaſste Meinung beseitigt werden muſs, erachte ich es für äuſserst wichtig, daſs jede prinzipielle Frage von den verschiedensten Seiten aus beleuchtet wird. Deshalb findet man für jeden fundamentalen Satz mehrere von einander unabhängige Beweise. So begründe ich im ersten Abschnitt die Lobatschewskysche, Riemannsche und

Kleinsche Raumform zuerst unter der stillschweigenden Voraussetzung, dafs alle geraden Linien auch als Ganze einander kongruent sind. Zwar zeigt sich später, dafs diese Annahme nicht notwendig ist und für manche Raumformen nicht gilt; aber die Erleichterung, welche aus ihrer Benutzung erwächst, ist so bedeutend, dafs man anfangs nur ungern darauf verzichten wird. Sobald dann der Leser durch den vierten Abschnitt auf das Willkürliche dieser Annahme aufmerksam gemacht ist, erkennt er auch, an welche Stelle diese Partieen in einem systematischen Aufbau gesetzt werden müssen. Schon im ersten Abschnitt finden sich aber zwei Herleitungen, die von jener Annahme durchaus unabhängig sind. Während diese beiden Beweise unendlich kleine Gebilde benutzen, fügt der zweite Abschnitt neue Beweise hinzu, die vor jenen manche Vorzüge besitzen, da mittlerweile die Projektivität selbständig hat begründet werden können. Ebenso giebt der letzte Abschnitt drei verschiedene Wege an, die geeignet sind, zu den Clifford-Kleinschen Raumformen zu führen.

Natürlich habe ich mich nach Kräften bemüht, dem Anfänger das Eindringen in die neuen Theorieen soweit zu erleichtern, als es die in der Sache liegenden Schwierigkeiten gestatten. Dagegen habe ich es mir durchaus versagt, philosophische Fragen zu berühren. Gewifs hätte mein Buch an Interesse gewonnen, wenn ich mir diese Beschränkung nicht auferlegt hätte; aber derartige Fragen gehören ihrer Natur nach nicht in den Gang, sondern an das Ende der Entwicklung.

Der zweite Band, der sich mit den Grundbegriffen der Geometrie befafst und manche im ersten Bande nur angeregte Frage zum Abschlufs bringt, ist zum gröfsten Teile bereits seit längerer Zeit fertig gestellt und wird hoffentlich bald erscheinen können.

Während der Bearbeitung des Buches sind zwei Werke erschienen, die einen ähnlichen Zweck verfolgen. Herr Lindemann hat im zweiten Bande seines Werkes über Geometrie, das er im Anschlufs an die Vorlesungen von Clebsch bearbeitet hat, den

Grundlagen der Geometrie einen längern Abschnitt gewidmet. So sehr ich mich freue, in allen wesentlichen Punkten mit diesem Gelehrten übereinzustimmen, erachte ich doch neben der seinigen eine eingehendere Darlegung für notwendig. Dagegen weicht das Werk des Herrn Veronese: J fondamenti della Geometria, in seiner ganzen Anlage so sehr von dem meinigen ab, dafs ich kein Bedenken trage, auch nach dem Erscheinen dieses Werkes mein Buch der Öffentlichkeit zu übergeben.

Es trifft sich sehr schön, dafs der vorliegende Band gerade zum hundertjährigen Geburtstage Lobatschewskys erscheinen kann. Da ist es doppelte Pflicht, dankbar der Verdienste des grofsen Geometers zu gedenken, der beinahe gleichzeitig mit Gaufs auf diesem Gebiete gearbeitet und der zuerst die Ergebnisse anhaltender Forschung in zahlreichen Schriften bekannt gegeben hat.

Münster i. W., den 1. September 1893.

Der Verfasser.

Inhalts-Verzeichnis.

Die angehängten Ziffern beziehen sich auf den Litteratur-Nachweis.

Erster Abschnitt. Berechtigung der nicht-euklidischen Raumformen.

Seite
§ 1. Das sogenannte elfte Axiom Euklids[1] 1
§ 2. Andere Formen des Axioms[2] 3
§ 3. Die Richtung der Geraden[3] 5
§ 4. Der Thibautsche Beweis[4] 7
§ 5. Legendres Untersuchungen[5] 9
§ 6. Die Geometrie auf den Flächen konstanter negativer Krümmung[6] 11
§ 7. Projektive Verschiebung einer Kreisfläche in sich[7] 13
§ 8. Beziehung der Parallelentheorie zur Erfahrung 17
§ 9. Hülfssätze zur Einführung in die Lobatschewskysche Geometrie[8] 19
§ 10. Zwei gerade Linien in einer Lobatschewskyschen Ebene . . . 22
§ 11. Gerade Linien im Lobatschewskyschen Raume 26
§ 12. Lage einer Geraden zu einer Ebene im Lobatschewskyschen Raume 30
§ 13. Gegenseitige Lage mehrerer Ebenen im Lobatschewskyschen Raume 31
§ 14. Die einfachsten krummen Gebilde des Lobatschewskyschen Raumes 35
§ 15. Die Trigonometrie im Lobatschewskyschen Raume[9] 42
§ 16. Analytische Behandlung der Lobatschewskyschen Geometrie[10] . 49
§ 17. Vergleichung der Geometrie auf der Kugelfläche mit der der Ebene 52
§ 18. Die Gerade als geschlossene Linie vorausgesetzt[11][12] 54
§ 19. Die einfachsten Gebilde des Riemannschen Raumes[13] 57
§ 20. Die Polarform des Riemannschen Raumes[14] 68
§ 21. Analytische Behandlung der endlichen Raumformen 70
§ 22. Vergleichung der verschiedenen Raumformen mit einander . . . 72
§ 23. Saccheris Untersuchungen[15][16] 77
§ 24. Gemeinschaftliche Begründung der verschiedenen Raumformen[17] 80
§ 25. Zweite Behandlung eines ebenen endlichen Gebietes 86
§ 26. Rückblick 89

Zweiter Abschnitt. Die projektive Geometrie.

§ 1. Vorbemerkungen[18][19] 97
§ 2. Die harmonischen Gebilde[20] 99
§ 3. Das Doppelverhältnis von vier Punkten einer Geraden[21][22] . . 107

Inhalts-Verzeichnis.

		Seite
§ 4.	Über den synthetischen Aufbau der projektiven Geometrie	117
§ 5.	Die Koordinaten in der Ebene [23]) [24])	119
§ 6.	Die Raum-Koordinaten	125
§ 7.	Bewegung einer Geraden in sich	128
§ 8.	Drehung einer Ebene um einen Punkt	135
§ 9.	Die einfachsten Formeln für die ebene Geometrie [25])	142
§ 10.	Andere Herleitung der gewonnenen Resultate	149
§ 11.	Übertragung auf den Raum [26])	157
§ 12.	Rückblick	162

Dritter Abschnitt. **Der mehrdimensionale Raum.**

§ 1.	Euklids Definitionen des Punktes, der Linie, der Fläche und des Körpers	166
§ 2.	Die Zahl der Dimensionen und die der Koordinaten [27])	168
§ 3.	Die Raumgebilde durch Bewegung erhalten [28])	172
§ 4.	Die Zahl der Dimensionen eines Raumgebildes [29])	174
§ 5.	Grafsmanns Ausdehnungslehre [30])	176
§ 6.	Analytische Probleme von der Geometrie gestellt [31])	178
§ 7.	Analytische Behandlung der Projektivität [32])	182
§ 8.	Erweiterung der analytischen Behandlung der euklidischen Geometrie [33])	191
§ 9.	Analytische Erweiterung der nicht-euklidischen Geometrieen [34])	205
§ 10.	Der allgemeine Ausdruck für das Linienelement [35])	210
§ 11.	Beweise in geometrischem Gewande	217
§ 12.	Die ersten Sätze des vierdimensionalen Raumes	223
§ 13.	Die n-dimensionalen Polyeder [36])	238
§ 14.	Geometrische Grundlage des n-dimensionalen Raumes	255
§ 15.	Rückblick [37]) [38])	265

Vierter Abschnitt. **Die Clifford-Kleinschen Raumformen.**

§ 1.	Die Geometrie auf den abwickelbaren Flächen des euklidischen Raumes	271
§ 2.	Erweiterung der angestellten Betrachtungen	279
§ 3.	Der dreidimensionale Raum verschwindender Krümmung	285
§ 4.	Allgemeine Begründung der neuen Raumformen	289
§ 5.	Analytische Bestimmung der allgemein in sich beweglichen Raumformen	295
§ 6.	Über die Bestimmung der Clifford-Kleinschen Raumformen auf analytischem Wege [39])	314
§ 7.	Über die zweidimensionalen Raumformen [40])	325
§ 8.	Dreidimensionale Raumformen verschwindender Krümmung	332
§ 9.	Raumformen von nicht-verschwindender Krümmung	339
§ 10.	Rückblick	344
	Litteratur-Nachweis	350

Erster Abschnitt.

Berechtigung der nicht-euklidischen Raumformen.

§ 1.
Das sogenannte elfte Axiom Euklids.

In dem berühmtesten Lehrbuch der Geometrie, den Elementen Euklids,[1]) werden den Lehrsätzen und Konstruktionen die notwendigsten Definitionen, Axiome und Postulate vorausgeschickt. Die Definitionen (ὅροι) betreffen Punkt, Linie, Fläche, Gerade, Ebene, Kreis, Winkel, Dreieck und Viereck; als Axiome (κοιναὶ ἔννοιαι) werden die allgemeinen Größensätze hingestellt. Daran schließen sich die Postulate (αἰτήματα), welche uns hier besonders interessieren und deshalb in wörtlicher Übersetzung mitgeteilt werden sollen. Es sind folgende fünf:

1. Es wird gefordert, daß man von einem beliebigen Punkte nach einem beliebigen andern Punkte eine gerade Linie ziehen könne,

2. und daß eine begrenzte gerade Linie in ihrer Richtung unbegrenzt verlängert werden könne,

3. und daß um einen beliebigen Mittelpunkt und mit einem beliebigen Radius ein Kreis beschrieben werden könne,

4. und daß alle rechten Winkel einander gleich seien,

5. und daß, wenn eine gerade Linie zwei gerade Linien schneidet und die Summe der innern an derselben Seite liegenden Winkel kleiner ist als zwei Rechte, die beiden Geraden, wofern sie ins Unendliche verlängert werden, auf derjenigen Seite zusammenstoßen, auf welcher die Winkel kleiner sind als zwei Rechte.

Hier muſs zunächst auffallen, daſs die beiden letzten Postulate ihrem Inhalt nach von den drei ersten wesentlich verschieden sind: die ersteren betreffen die Möglichkeit gewisser Konstruktionen, die letzteren stellen eigentliche Behauptungen auf. Man hat denn auch in späterer Zeit diese beiden Postulate den κοιναί ἔννοιαι hinzugefügt und speziell das αἴτημα ἐ als elftes Axiom bezeichnet. Aber seit langem hat man es als einen Mangel empfunden, daſs dieser Satz ohne Beweis in den Anfang der Geometrie gesetzt ist. Zum eigentlichen Axiom ist derselbe eben zu speziell: zwei gerade Linien, in derselben Ebene gelegen und von einer dritten Geraden geschnitten — warum, so muſs man fragen, kommt es da auf die Winkelsumme an? Wer bei Euklid selbst die Antwort auf diese Frage sucht, muſs recht lange warten. In den sechsundzwanzig ersten Sätzen wird auf dieses αἴτημα keinerlei Rücksicht genommen. Erst die Propositio 27 beweist den Satz: Wenn zwei Gerade von einer dritten so geschnitten werden, daſs die Wechselwinkel gleich sind, so sind die Geraden parallel. Daraus schlieſst Propositio 28, daſs auch dann die Geraden parallel sind, wenn die innern, an derselben Seite der schneidenden Geraden liegenden Winkel zwei Rechte betragen. Endlich bringt Propos. 29 den Satz: »Wenn zwei parallele Linien von derselben Geraden geschnitten werden, so sind die Wechselwinkel gleich u. s. w.«, und beim Beweise gebrauchet Euklid sein αἴτημα ἐ, um es sodann an keiner späteren Stelle wieder zu benutzen. Somit hat Euklid einfach die Umkehrung eines gewissen Satzes (Prop. 28) als Forderung ohne Beweis an die Spitze gestellt. Daſs ein solches Verfahren mangelhaft ist, kann keinem Zweifel unterliegen.

Andererseits gehört aber die 29. Proposition, bei deren Beweis das fragliche Postulat benutzt wird, zu den fundamentalsten Sätzen im ganzen Lehrgebäude Euklids. Die Lehre von der Gleichflächigkeit und der Ähnlichkeit ebener Figuren, der pythagoreische Lehrsatz und die gesamte rechnende Geometrie, damit auch die (allerdings erst lange nach Euklids Zeiten vollständig entwickelte) Trigonometrie, endlich auch der gröſste Teil der Stereometrie stützen sich auf die Parallelentheorie, also auf den genannten Lehrsatz. Somit entbehren alle diese Teile einer wirklich befriedigenden Grundlage. Demnach muſs die Frage aufgeworfen werden, ob nicht vielleicht das elfte Axiom als Folge aus den übrigen Voraussetzungen Euklids bewiesen werden könne, oder ob es nicht durch einen andern Grundsatz ersetzt werden kann, der diesen Namen auch wirklich verdient.

Es muſs unsere erste Aufgabe sein, die bisher zu diesem Zwecke gemachten Versuche zu prüfen.

§ 2.
Andere Formen des Axioms.

In Euklids System kommt alles darauf an zu zeigen, daſs durch jeden Punkt nur eine einzige Parallele zu einer gegebenen Geraden gezogen werden kann. Man hat daher mehrfach diesen Satz selbst geradezu als Axiom hingestellt. Aber alsdann hat die Theorie wiederum keine genügende Grundlage, und die Mängel des Verfahrens sind ungeändert geblieben.

Zuweilen hat man auch folgenden Satz für selbstverständlich ausgegeben: Zwei Gerade, welche derselben dritten parallel sind, sind auch einander parallel. Dieser Satz kann seine Beliebtheit wohl nur der äuſsern Ähnlichkeit mit dem Satze verdanken: Zwei Gröſsen, welche derselben dritten gleich sind, sind einander gleich. Aber es muſs schon auffallen, daſs der entsprechende Satz in der Stereometrie allgemein bewiesen wird, was zu der Eigenschaft eines Grundsatzes wenig paſst. Selbst jene Ähnlichkeit fällt aber vollständig weg, sobald man das Wort »parallel« durch den darin liegenden Begriff ersetzt. Dann erhält der Satz etwa folgende Fassung:

Liegen drei Gerade in derselben Ebene und werden zwei unter ihnen von der dritten nicht geschnitten, so schneiden sie auch einander nicht.

Bei diesem Ausspruch wird man unbedingt einen Beweis verlangen, und man muſs gestehen, daſs man, solange dieser Beweis nicht geliefert wird, nicht weiter gekommen ist, als mit der Voraussetzung Euklids.

Nicht so deutlich, wie bei den beiden angegebenen Versuchen, tritt die Mangelhaftigkeit zu Tage, wenn man folgendes Axiom aufstellt:

Durch jeden Punkt innerhalb eines ebenen Winkelfeldes kann man eine gerade Linie ziehen, welche beide Schenkel schneidet.

Sobald man die Möglichkeit einer einzigen solchen Linie voraussetzt, kann man nachweisen, dafs es noch beliebig viele andere Linien mit derselben Eigenschaft giebt. Hierbei ist ferner zu bemerken, was allerdings an dieser Stelle nicht bewiesen werden soll, dafs es genügt, die Voraussetzung für einen beliebig kleinen Winkel zu machen. Zeichnet man aber in eine Zeichenebene, wie sie uns zu Gebote steht, einen Winkel und entfernt sich im Winkelfelde recht weit vom Scheitel, so wird man stets nicht nur eine, sondern beliebig viele gerade Linien ziehen können, von denen beide Schenkel getroffen werden. Aber für unsere Zeichnungen stehen uns immer nur gar zu kleine Flächen zur Verfügung; wollten wir den Punkt in der Entfernung von Millionen Meilen vom Scheitel annehmen, so könnten wir es keineswegs als unbedingt sicher annehmen, dafs der Satz noch richtig ist. Demnach kann dieser Satz nicht einmal als durch die Erfahrung bewiesen angesehen werden.

Es ist überhaupt ein Mangel der in diesem Paragraphen angegebenen Versuche, denen sich noch manche ähnliche anreihen liefsen, dafs uns keine Erfahrung über ihre unbedingte Richtigkeit Aufschlufs giebt. Andererseits eignen sie sich alle auch ihrer äufsern Form nach nicht zu Grundsätzen; sie bezeichnen also jedenfalls keinen wesentlichen Fortschritt gegenüber dem von Euklid eingeschlagenen Verfahren.

Scheinbar fehlerlos ist folgende Voraussetzung:

Eine Gröfse kann nicht ganz in einer kleineren Gröfse enthalten sein.

Wenn wir diesen Satz ganz allgemein als richtig annehmen, so läfst sich leicht zeigen, dafs durch jeden Punkt nur eine einzige Parallele zu einer gegebenen Geraden gezogen werden kann. Angenommen nämlich, durch den Punkt P gingen zwei verschiedene Gerade, welche eine in derselben Ebene liegende Gerade AB nicht schnitten, so liefsen sich auf den durch P gezogenen Geraden zwei Richtungen PM und PN so bestimmen, dafs für einen auf AB gewählten Punkt C der gestreckte Winkel ACB innerhalb des Winkels MPN fiele, der kleiner ist als zwei Rechte.

Aber auch diese Behandlung ist fehlerhaft. Der Satz gilt ohne jeden Zweifel für allseitig begrenzte Gröfsen; aber man darf ihn keineswegs von vorn herein auf unendliche Gröfsen übertragen. Mit demselben Rechte könnte man annehmen, das Axiom Euklids: Der Teil ist stets kleiner als das Ganze, mufs allgemein richtig sein. Dies Axiom gilt aber selbst bei Euklid nicht allgemein. Um das zu erkennen, lasse man in einer Geraden die Punkte A, B, C der Reihe nach auf einander folgen; durch A sei ein beliebiger Strahl AD und durch B sei BE gleichgerichtet mit AD gezogen; dann sind die Winkel DAC und EBC gleich, obgleich der letztere nur einen Teil des ersteren bildet. Wenn man nun auch wohl sagen kann, der Unterschied beider Gröfsen, nämlich der Streifen DABE müsse im Vergleich zu den beiden Winkelfeldern als null bezeichnet werden, so zeigt sich hieran schon, dafs für unendliche Gebilde ganz andere Gesetze gelten, als für allseitig begrenzte.

In der That, wollte man die Erwägungen, aus denen die gemachte Voraussetzung hervorgegangen ist, auf die Analysis anwenden, so würde man zu grofsen Irrtümern geführt werden. Darauf brauchen wir aber hier nicht einzugehen. Nimmt man nämlich auch den obigen Satz für die Ebene als richtig an, so giebt es jedenfalls Flächen, für welche er nicht mehr richtig ist. Auf diese Flächen werden wir im § 6 eingehen und dann zeigen, dafs es gar nicht gestattet ist, die fragliche Eigenschaft für unendliche Gröfsen allgemein als richtig vorauszusetzen.[2])

§ 3.
Die Richtung der Geraden.

Wir gehen dazu über, ein Beweisverfahren zu prüfen, welches den Versuch macht, die Parallelentheorie auf den Begriff der Richtung zu gründen. Man sagt etwa: Eine gerade Linie ist bestimmt durch den Anfangspunkt und die Richtung; zwei gerade Linien, welche dieselbe Richtung, aber verschiedenen Anfangspunkt haben, heifsen parallel; der Winkel mifst den Richtungsunterschied zweier Geraden; folglich sind die beiden Winkel gleich, welche zwei Parallele mit derselben geraden Linie bilden.

Dieser Gedanke dürfte von Leibnitz herrühren, der ihn meines Wissens zuerst in seinen Studien über die Grundlagen der Geometrie entwickelt. Jedoch ist dies Verfahren mangelhafter als das von Euklid eingeschlagene, da man hier die Schwierigkeit verschleiert, während sie von Euklid offen ausgesprochen wird.

Soll denn der Begriff der Richtung ein Grundbegriff oder ein abgeleiteter sein? Nach den Lehrbüchern, in denen diese Methode angewandt wird, scheint er als Grundbegriff angesehen zu werden, da jede Definition fehlt. Indessen muſs man dann doch zum mindesten wissen, woran man gleiche und ungleiche Richtung erkennt. Hierauf fehlt jede Antwort. Vielfach gründet man den Begriff des Winkels auf den des Richtungsunterschiedes, aber dann kann man nicht angeben, wann Richtungsunterschiede gleich oder ungleich sind. Somit wird hier ein Wort eingeführt, dem man erst dann einen Inhalt geben kann, wenn man die gesamte Parallelentheorie bereits voraussetzt.

Nun kann man auch, da man doch den Begriff des Winkels nicht entbehren kann, eine Definition von gleicher und ungleicher Richtung aufzustellen versuchen. Diejenige, welche der hier beliebten Anschauung zu Grunde liegt, kann etwa so ausgesprochen werden: Zwei Geraden haben gleiche oder ungleiche Richtung, wenn sie mit einer beide schneidenden Geraden gleiche oder ungleiche Winkel bilden. Aber diese Definition ist unerlaubt, solange die Parallelentheorie nicht erwiesen ist; man darf nur sagen: sie haben gleiche oder ungleiche Richtung in Bezug auf eine bestimmte dritte Gerade; dann ist es aber ungewiſs, ob zwei Gerade, welche mit einer bestimmten Geraden gleiche Winkel bilden, auch von jeder Geraden unter gleichen Winkeln geschnitten werden.

Diesen Gedanken spricht Gauſs[8]) in folgender Weise aus: »Diese Bedeutung (nämlich die der Identität der Richtung zweier nicht koincidierender gerader Linien) ist so lange leer und ohne Haltung, bis wir wissen, was wir uns bei einer solcher Identität denken und woran wir dieselbe erkennen sollen. Soll sie an der Gleichheit der Winkel mit einer dritten geraden Linie erkannt werden, so wissen wir ohne vorangegangenen Beweis noch nicht, ob eben dieselbe Gleichheit auch bei den Winkeln mit einer vierten geraden Linie statt haben werde: soll die Gleichheit der Winkel mit jeder andern geraden Linie das Kriterium sein, so wissen wir wiederum nicht, ob gleiche Lage (Richtung) ohne Koincidenz möglich ist.«

§ 4.
Der Thibautsche Beweis.

Unter den Versuchen, die Parallelentheorie aus den übrigen Axiomen Euklids herzuleiten, gewährt das von Thibaut eingeschlagene Verfahren dadurch besonderes Interesse, dafs sein Urheber, der mit Gaufs zugleich Professor der Mathematik in Göttingen war, den Versuch zu einer Zeit (1818) veröffentlichte, wo Gaufs bereits mehrfach auf das Verfehlte hingewiesen, neue Beweise für das elfte Axiom zu suchen, und erklärt hatte, wir seien nicht weiter gekommen, als Euklid vor 2000 Jahren bereits gewesen sei. Dieser Thibautsche »Beweis« fand anfangs wenig Beachtung; erst später erlangte er teilweise grofse Beliebtheit und ist dann in manche Lehrbücher übergegangen. Das Verfahren ist folgendes:

Für ein Dreieck ABC verlängert man AB über B hinaus nach D, BC über C nach E und CA über A nach F. Nun läfst man zunächst vom Strahl BD den Winkel DBC $=$ x beschreiben; dann verschiebt man den Strahl in der Linie BC, bis sein Anfangspunkt nach C gelangt, und dreht den Strahl CE, bis er die Richtung CA deckt, wobei er den Winkel ECA $=$ y beschreibt; endlich verschiebt man den Strahl wieder, bis sein Anfangspunkt nach A kommt, und dreht ihn um A, so dafs er den Winkel FAB $=$ z beschreibt. Jetzt hat der Strahl eine volle Umdrehung gemacht, also einen Winkel von 360° beschrieben, oder es ist

$$x + y + z = 360°.$$

Bezeichnet man aber die Winkel des Dreiecks mit α, β, γ, so ist x $= 180° - \beta$, y $= 180° - \gamma$, z $= 180° - \alpha$, und demnach $\alpha + \beta + \gamma = 180°$.

Man kann das Verfahren dadurch abkürzen, dafs man BD hinlänglich grofs, nämlich gröfser als AB + BC + CA annimmt, und dann die Verschiebungen jedesmal wegläfst. Bei der Drehung um B gelange BD in die Richtung BC und D auf E; dann drehe man CE um C, bis es in die Richtung CA und E auf F zu liegen kommt; endlich drehe man AF um A, bis F in die Richtung AB gelangt. Dadurch hat BD seine ursprüngliche Richtung wieder erhalten und ist nur in seiner Richtung verschoben.

Das Verfahren scheint für manchen etwas Bestechendes an sich zu haben, dürfte jedoch schwerlich jemanden volle Befriedigung gewähren. Das ist auch ganz natürlich, da der Beweis eine Lücke enthält, und zwar an der Stelle, wo es heifst: Da der Strahl wieder in seine Anfangslage gekommen sei, habe er denselben Winkel beschrieben, als ob er um einen Punkt eine volle Umdrehung gemacht habe. Hier wird angenommen, es sei gleichgültig, ob man die Drehung um denselben Punkt oder der Reihe nach um verschiedene Punkte mache. Das folgt aber keineswegs aus den übrigen Voraussetzungen Euklids, ist vielmehr eine ganz neue Voraussetzung, der man etwa folgenden Ausdruck geben kann:

Wenn ein Strahl in der Ebene sich der Reihe nach um verschiedene seiner Punkte dreht und schliefslich wieder die Anfangslage erhält, so ist der von ihm beschriebene Winkel ein Vielfaches von 360°.

Etwas allgemeiner würde folgender Ausspruch sein:

Die Summe der Winkel, welche eine beliebig in der Ebene bewegte Gerade erzeugt, ist bis auf Vielfache von vier Rechten nur von ihrer Anfangs- und Endlage abhängig.

Somit stützt sich auch dieser Versuch wieder auf eine unbewiesene Voraussetzung, bei der man sogar, wenn man streng verfahren will, positive und negative Drehungen unterscheiden mufs.

Bei der Beliebtheit des Thibautschen Versuches ist es vielleicht nicht ohne Interesse, noch auf einem andern Wege das Mangelhafte des Beweisverfahrens zu zeigen. Man lasse von einem Punkte O drei Strahlen OA, OB, OC ausgehen, welche nicht in derselben Ebene liegen. Die ebenen Winkel BOC, COA, AOB mögen der Reihe nach mit a, b, c bezeichnet werden; die in OA zusammenstofsenden Ebenen b und c seien unter dem Winkel α zu einander geneigt, und ebenso sei an OB der Körperwinkel β und an OC der Winkel γ. Man erweitere die Ebene a über OC, die Ebene b über OA, und die Ebene c über OB. Dreht man die Erweiterung der Ebene a um OC, bis sie, den Nebenwinkel von γ beschreibend, in die Ebene b und ihre Erweiterung fällt, und drehe jetzt um OB, bis der Nebenwinkel von β, und endlich um OA, bis der Nebenwinkel von α beschrieben wird, so ist man wieder in dieselbe Ebene gekommen.

Dennoch hat man hier nicht einen Winkel von 360°, sondern einen kleineren Winkel beschrieben. Wenn also hier die Winkelsumme, welche eine Ebene bei einer Reihe gewisser Drehungen beschreibt, durch welche sie in ihre Anfangslage zurückgeführt wird, abhängig ist von den Geraden, um welche je eine Drehung ausgeführt wird, so darf die Unabhängigkeit nicht bei Drehungen einer Geraden in einer Ebene als selbstverständlich vorausgesetzt werden.[4])

§ 5.
Legendres Untersuchungen.

Manche andere Versuche müssen hier, um nicht gar zu weitläufig zu werden, mit Stillschweigen übergangen werden. Ich möchte nur kurz daran erinnern, dafs der bekannte Philosoph Chr. von Wolf die Parallelentheorie auf die Voraussetzung gründet, dafs in der Ebene alle Punkte, welche von einer Geraden derselben Ebene gleichen Abstand haben, einer geraden Linie angehören. Hiermit ist eigentlich schon zu viel vorausgesetzt; man braucht nur für einen einzigen Abstand anzunehmen, dafs drei derartige Punkte auf einer Geraden liegen, und kann daraus die Parallelentheorie ableiten.

Besondere Bedeutung ist den Untersuchungen Legendres beizulegen. Während man bis dahin zunächst versucht hatte, den Hauptsatz über die Parallelen (Euklids Propos. 29) zu beweisen, und darauf den Satz über die Winkelsumme eines Dreieck gestützt hatte, suchte Legendre zunächst den Satz zu beweisen, dafs die Summe der Winkel eines Dreiecks zwei Rechte beträgt.

Durch beliebig oftmalige Wiederholung einer von Euklid (Elemente I, 16) angegebenen Konstruktion zeigt Legendre, dafs diese Winkelsumme zwei Rechte nicht übersteigen kann. Dies

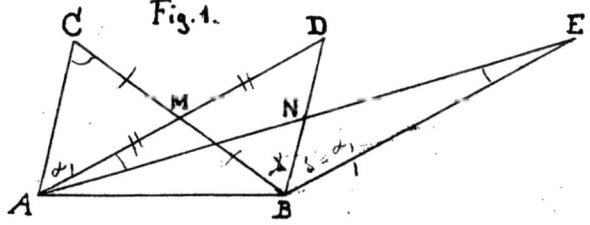

Fig. 1.

Verfahren, welches wir im folgenden noch benutzen werden, soll hier auseinander gesetzt werden. Die Winkel des vorgelegten Dreiecks ABC sollen mit α, β, γ bezeichnet werden. Man halbiere (Fig. 1) die Seite BC in M, ziehe AM und mache MD = AM. Wegen der Kongruenz der Dreiecke ACM und DBM ist ∢ ABD = $\beta + \gamma$, also die Summe dieser Winkel kleiner als zwei Rechte. Halbiert man jetzt DB in N und macht NE = AN, so ist der Winkel ABE = $\beta + \gamma$ + CAM, also die letztere Summe kleiner als zwei Rechte. Macht man diese Konstruktion bei passender Wahl der Seiten, so kann man bewirken, dafs CAM nicht kleiner als $\frac{1}{2}\alpha$ ist. Folglich ist gewifs $\beta + \gamma + \frac{1}{2}\alpha < 2R$. Wiederholt man die Konstruktion beliebig oft, so folgt, wenn n eine Potenz von 2 ist, dafs auch $\beta + \gamma + \frac{n-1}{n} \alpha < 2R$ oder dafs $\beta + \gamma + \alpha < 2R + \frac{1}{n}\alpha$ ist. Da aber $\frac{1}{n}\alpha$ beliebig klein gemacht werden kann, so kann $\alpha + \beta + \gamma$ nicht gröfser als 2R sein.

Daran schliefst sich folgende Erwägung: Wenn in einem einzigen Dreieck die Winkelsumme zwei Rechte beträgt, so teilt jede von einer Ecke ausgehende Gerade das Dreieck in zwei andere von derselben Winkelsumme. Durch passende Zusammensetzung derartig gefundener Dreiecke gelangt man zu dem Satze, dafs jedes Dreieck dieselbe Winkelsumme besitzt. Somit verdanken wir Legendre den Beweis des Satzes:

Wenn in einem Dreieck die Summe der Winkel zwei Rechte beträgt, so gilt dasselbe für jedes Dreieck.

Weiter konnte aber Legendre nicht gelangen; er machte allerdings verschiedene Versuche, aber fühlte sich von denselben selbst nicht befriedigt.

Indem man Legendres Untersuchungen weiter fortführte, hat man wohl das elfte Axiom Euklids durch folgende Behauptung ersetzt:

Es ist nicht möglich, die Winkelsumme eines Dreiecks unter jede angebbare Gröfse sinken zu lassen.

Gewifs wird mancher geneigt sein, es als selbstverständlich hinzustellen, dafs in keinem Dreieck die Summe aller drei Winkel etwa 1° beträgt. Aber wir müssen uns erinnern, dafs uns für

Zeichnungen nur ganz kleine Flächen zu Gebote stehen; wir können aber nicht wissen, was bei hinreichender Vergröfserung der Dreiecke eintritt.[5]

§ 6.
Die Geometrie auf den Flächen konstanter negativer Krümmung.

Wir wollen jetzt direkt nachweisen, dafs das fünfte Postulat Euklids keine Folgerung aus seinen übrigen Voraussetzungen ist. Dieser Nachweis gründet sich auf ein allgemeines Prinzip, das auch in andern Fällen benutzt werden kann und das wir deshalb hier anführen wollen. Gegeben sei ein System E von Begriffen und Urteilen; bei derjenigen Vorstellung, welche wir gewöhnlich mit diesem System verbinden, ist eine gewisse Behauptung A nicht nur mit E vereinbar, sondern scheint eine Folge der in E vereinigten Urteile zu sein. Jetzt ändern wir die mit E verbundene Vorstellung, natürlich so, dafs auch für die neue Vorstellung die in E enthaltenen Urteile gelten; bei dieser neuen Vorstellung möge eine Behauptung B mit E vereinbar sein; wenn dann die Behauptungen A und B einander ausschliefsen, so kann A keine Folge des Systems E sein.

Mit den ersten Voraussetzungen Euklids können aufser der gewöhnlichen noch manche andere Vorstellungen verbunden werden. So lange wir z. B. blofs die Sätze der ebenen Geometrie betrachten, können wir jedem solchen Satze einen andern zur Seite stellen, welcher für gewisse andere Flächen gilt. Diese neuen Flächen werden dadurch erhalten, dafs man die Ebene ohne Dehnung und Zusammenziehung biegt; sie besitzen also die Eigenschaft, auf eine Ebene abwickelbar zu sein. Von solchen Flächen sind aus dem elementaren Unterricht der Kegel und der Cylinder bekannt. Ich möchte aber hier besonders auf diejenige Fläche hinweisen, welche entsteht, wenn eine Gerade sich parallel zu ihrer Anfangslage längs einer Parabel bewegt. Nun lehrt die Mathematik, dafs bei beliebiger Biegung einer Fläche, wofern jede Dehnung ausgeschlossen ist, alle Längen und alle Winkel ungeändert bleiben. Ersetzt man also die Ebene durch eine solche Fläche und jede in der Ebene gelegene Gerade durch eine auf der Fläche gezogene kürzeste Linie, so gelten folgende Sätze:

Durch zwei Punkte der Fläche geht stets eine einzige kürzeste Linie; je zwei kürzeste Linien haben höchstens einen einzigen Punkt gemeinschaftlich; durch jeden Punkt der Fläche geht nur eine einzige kürzeste Linie, welche eine gegebene kürzeste Linie bei unbegrenzter Verlängerung nicht schneidet; die Winkelsumme in jedem, aus kürzesten Linien gebildeten Dreieck beträgt zwei Rechte.

Diese Vorstellung liefert genau dieselben Sätze, welche in der euklidischen Ebene gelten, kann also für den bezeichneten Zweck nicht benutzt werden. Indessen deutet sie doch den Weg an, welcher uns zu einer Entscheidung führt.

Alle in die Ebene abwickelbaren Flächen haben die Eigenschaft, so in sich verschoben werden zu können, dafs alle Längen und alle Winkel ungeändert bleiben. Dazu ist nur notwendig, mit jeder Verschiebung eine gewisse Biegung zu verbinden; jedoch ist jede Dehnung oder Verkürzung ausgeschlossen. Von Flächen, denen diese Eigenschaft zukommt, giebt es drei Klassen, nämlich a) diejenigen, welche sich in die Ebene, b) die, welche sich auf eine Kugel abwickeln lassen, und c) eine dritte Klasse, sattelförmige Flächen, welche aus einem hier nicht zu erörternden Grunde als Flächen konstanter negativer Krümmung bezeichnet werden. Von den Flächen der dritten Art sollen einige Eigenschaften hier mitgeteilt werden.

Durch je zwei Punkte einer solchen Fläche giebt es eine einzige kürzeste Linie. Alle Punkte, deren kürzeste (geodätische) Entfernung von einem festen Punkte konstant ist, liegen auf einer geschlossenen Linie. Bewegt man die Fläche ohne Dehnung so in sich, dafs ein Punkt in Ruhe bleibt, so wird jeder andere Punkt in einer geschlossenen Linie bewegt, welche wir der Kürze wegen geradezu als Kreis bezeichnen wollen. Man kann die Fläche auch derartig in sich bewegen, dafs ein Punkt die Lage eines beliebigen andern Punktes erhält. Bei jeder solchen Bewegung behält jede kürzeste Linie die in ihrem Namen liegende Eigenschaft bei, jeder Kreis bleibt Kreis mit demselben geodätischen Radius. Mag man den Winkel zweier geodätischen Linien einfach gleich setzen dem von den betreffenden Tangenten gebildeten Winkel, oder mag man ihn auf der Fläche selbst durch Vermittlung des Kreises messen, so gelangt man beidemal zu derselben Gröfse. Gleiche

Winkel, und nur solche, können zur Deckung gebracht werden. Man kann also aus denselben Gründen, wie in der euklidischen Ebene, auch auf einer solchen Fläche das Winkelfeld als Gröfse betrachten. Überhaupt kann man alle Sätze Euklids, bei denen er das Parallelaxiom nicht gebraucht, auf die vorliegende Fläche übertragen. Aber die weitere Untersuchung lehrt, dafs die Winkelsumme für ein aus kürzesten Linien gebildetes Dreieck weniger als zwei Rechte beträgt. Dementsprechend gilt die Parallelentheorie nicht, vielmehr kann man durch jeden Punkt aufserhalb einer geodätischen Linie unendlich viele ziehen, welche die gegebene nicht treffen, wenn man die Linien auch noch so weit verlängert. Hierdurch kann man bewirken, dafs ein gestreckter Winkel ganz in das Feld eines Winkels fällt, welcher kleiner ist als zwei Rechte. Wenn überhaupt die Scheitel zweier Winkel nicht zusammenfallen, so kann man ein Winkelfeld ganz in ein kleineres hineinlegen, so dafs es nur einen Teil des kleineren bildet.

Der Beweis aller dieser Sätze kann hier nicht mitgeteilt werden; für denselben mufs namentlich auf die Arbeiten des Herrn Beltrami verwiesen werden.[6])

§ 7.
Projektive Verschiebung einer Kreisfläche in sich.

Die starre Bewegung des Raumes stellt sich analytisch dar als spezieller Fall der allgemeinen projektiven Umgestaltung. Letztere wird dadurch erhalten, dafs man die drei Koordinaten durch linear-gebrochene Funktionen mit demselben Nenner ersetzt. So ist die allgemeinste projektive Umgestaltung der Ebene durch die Gleichungen gegeben:

$$x' = \frac{a'x + b'y + c'}{ax + by + c}, \quad y' = \frac{a''x + b''y + c''}{ax + by + c},$$

wo x und y die rechtwinkligen Koordinaten des gegebenen, x', y' die des entsprechenden Punktes bedeuten, während a, b, c, a', b', c', a'', b'', c'' konstante Gröfsen, die Transformations-Koeffizienten, sind.

Eine allgemeine Eigenschaft einer solchen Umgestaltung besteht darin, dafs alle geraden Linien wieder in Gerade verwandelt werden.

Denn wenn $\varkappa x + \lambda y + \mu = 0$ die Gleichung einer geraden Linie ist, so verwandelt sie sich in $\varkappa' x' + \lambda' y' + \mu' = 0$, wo die $\varkappa'$, λ', μ' von $\varkappa$, λ, μ und den Koeffizienten der Transformation abhangen.

Auch bleibt das Doppelverhältnis von irgend vier Punkten einer Geraden ungeändert; wenn also A, B, C, D vier Punkte einer geraden Linie sind, und diese in A', B', C', D' umgeändert werden, so ist $\dfrac{AC}{CB} : \dfrac{AD}{DB} = \dfrac{A'C'}{C'B'} : \dfrac{A'D'}{D'B'}$.

Wir können die Koeffizienten a, b, c, a', b', c', a'', b'', c'' in der mannigfachsten Weise so beschränken, daſs sie nur von drei Gröſsen abhängig sind. Dies gilt von der Gesamtheit der starren Bewegungen in der Ebene. Auch auf folgendes System wollen wir hinweisen. Wir setzen

$$u = \frac{\mu x - \varkappa y}{\nu x - \lambda y - (\varkappa \nu - \lambda \mu)}, \quad v = \frac{\nu x - \lambda y}{\nu x - \lambda y - (\varkappa \nu - \lambda \mu)},$$

und bestimmen, daſs links u', v' gesetzt werden soll, wenn rechts x, y durch x', y' ersetzt werden. Wenn nun zwischen u, v und u', v' die Transformationen der starren Bewegung

$$u' = u \cos t + v \sin t + m, \quad v' = u \sin t + v \cos t + n$$

zugelassen werden, so wird dadurch zwischen (x, y) und (x', y') ein gewisses System projektiver Beziehungen festgesetzt. Dabei bleiben die Punkte $(\varkappa + \lambda i, \mu + \nu i)$ und $(\varkappa - \lambda i, \mu - \nu i)$ ungeändert. Auf diese Vorstellungen kann man eine Art ebener Geometrie gründen, und diese ist mit der der euklidischen Ebene identisch. Hierauf näher einzugehen, ist nicht nötig. Dagegen wird es gut sein, ein anderes System recht genau zu betrachten.

Man gestatte, das Innere eines Kreises projektivisch so umzugestalten, daſs der begrenzende Kreis stets in Deckung mit seiner Anfangslage verbleibt. Auſser den Sätzen, welche wir bereits oben für jede projektivische Transformation angegeben haben, müssen wir, was allerdings auch mit Leichtigkeit aus den unten mitzuteilenden Formeln hervorgeht, den Satz voraussetzen, daſs das hier betrachtete System gestattet, einen beliebigen Innenpunkt in jeden andern zu verwandeln, und daſs bei der Ruhe eines Punktes noch eine einfache Unendlichkeit von Transformationen möglich ist. Sind a und b zwei Punkte im Innern, so muſs ihre Verbindungsgerade den Kreis in zwei Punkten p und q schneiden. Wir wählen den Punkt p von a aus über b;

dann ist das Doppelverhältnis $\frac{ap}{bp} : \frac{aq}{bq}$ stets positiv und gröfser als eins. Demnach bleibt $\log \left(\frac{ap}{bp} : \frac{aq}{bq} \right)$ bei jeder hier gestatteten Transformation ungeändert; ferner ist diese Gröfse stets positiv und nähert sich unbegrenzt der Null, je näher a und b einanderkommen, während sie unendlich wird, wenn einer der beiden Punkte auf den Kreis fällt. Wir fassen diese Gröfse als das Analogon zum Abstand der beiden Punkte a und b auf.

Der Winkel, dessen Scheitel im Mittelpunkt des Kreises liegt, bleibt ungeändert bei jeder hier möglichen Transformation, welche den Mittelpunkt ungeändert läfst. Um den Winkel zweier anderen geraden Linien zu definieren, nehme man eine hier gestattete projektive Umgestaltung vor, welche den Schnittpunkt in den Mittelpunkt bringt. Den Winkel, welchen die jetzt erhaltenen Geraden einschliefsen, bezeichnet man als Winkel der gegebenen Geraden. Bei dieser Bedeutung bleibt der Winkel ungeändert, wenn man in irgend einer projektiven Weise das Kreisinnere in sich umgestaltet; und für den so definierten Winkel gelten auch die Gröfsensätze.

Dadurch haben wir die Analoga zu allen durch die ersten Definitionen Euklids bestimmten ebenen Gebilden erhalten, und hierfür gelten seine Axiome und Postulate mit Ausnahme des fünften Postulats. Man beweist demnach auch die Kongruenzsätze für das Dreieck, sowie alle weiteren Sätze, bei denen die Parallelentheorie nicht benutzt wird. Speziell kann man in der oben angegebenen Weise zeigen, dafs die Summe der Winkel eines Dreiecks nicht gröfser sein kann als zwei Rechte.

Dagegen kann die Parallelentheorie nicht bestehen bleiben. Durch jeden Punkt lassen sich unendlich viele Gerade ziehen, welche eine den Punkt nicht enthaltende gegebene Gerade im Innern des Kreises und somit für die hier geltende Anschauung überhaupt nicht treffen. Benutzen wir also den Legendreschen Satz, dafs, wenn die Winkelsumme eines Dreiecks zwei Rechte beträgt, dann auch durch jeden Punkt nur eine einzige nicht schneidende Gerade in der Ebene hindurchgeht, so folgt, dafs hier die Winkelsumme kleiner ist als zwei Rechte.

Wir wollen wenigstens noch die einfachsten Formeln mitteilen,

welche für die angegebenen Transformationen gelten. Den Radius des Kreises setzen wir gleich eins und wählen den Mittelpunkt zum Anfangspunkte des Koordinatensystems, so dafs die Gleichung
$$x^2 + y^2 = 1$$
ungeändert bleiben mufs. Um den gemeinschaftlichen willkürlichen Faktor der neun Koeffizienten passend zu verwenden, setzen wir folgende Beziehungen zwischen denselben fest:

$a'^2 + a''^2 - a^2 = 1$, $b'^2 + b''^2 - b^2 = 1$, $c'^2 + c''^2 - c^2 = -1$, $a'b' + a''b'' - ab = 0$, $a'c' + a''c'' - ac = 0$, $b'c' + b''c'' - bc = 0$.

Damit bleiben drei Koeffizienten willkürlich. Soll hier der Mittelpunkt in einen beliebigen andern Punkt des Innern gebracht werden, so sind dadurch $c':c$ und $c'':c$ gegeben, und hieraus lassen sich alle Koeffizienten bis auf einen bestimmen.

Soll eine Gerade $mx + ny = p$ den Kreis schneiden, so mufs diejenige neue Gleichung, welche man aus der Verbindung der vorstehenden Gleichung mit der des Kreises $x^2 + y^2 = 1$ erhält, einen positiven Ausdruck unter dem Wurzelzeichen haben; es mufs also der Ausdruck $m^2 + n^2 - p^2$ positiv sein, und da man m, n, p mit einem beliebigen Faktor multiplizieren darf, ist es gestattet, die Beziehung
$$m^2 + n^2 - p^2 = 1$$
zwischen den Koeffizienten vorauszusetzen. Nimmt man dieselbe Beziehung zwischen den Koeffizienten m', n', p' einer zweiten geraden Linie an, so wird der Winkel φ, den die beiden Geraden mit einander bilden, durch die Gleichung bestimmt:
$$\cos \varphi = mm' + nn' - pp'.$$

Dies beweist man in folgender Weise: Formt man die Gleichungen $mx + ny - p = 0$ und $m'x + n'y - p' = 0$ durch Transformationen um, zwischen deren Koeffizienten die angegebenen Beziehungen bestehen, so bleibt die rechte Seite $mm' + nn' - pp'$ ungeändert; dieser Ausdruck hat aber den Wert $\cos \varphi$, wenn p und p' beide null sind; folglich hat er ihn ganz allgemein.

Bildet die Gerade $mx + ny - p = 0$ mit der x-Achse den Winkel α, so ist $\cos \alpha = m$; und wenn dieselbe Gerade mit der y-Achse den Winkel β bildet, so ist $\cos \beta = n$. Nun ist $m^2 + n^2 = 1 + p^2$, also für ein nicht verschwindendes p immer $m^2 + n^2 > 1$ oder $\cos^2 \alpha > 1 - \cos^2 \beta$ oder da α und β beides spitze Winkel sind, $\cos \alpha > \cos \left(\frac{\pi}{2} - \beta\right)$ oder $\alpha < \frac{\pi}{2} - \beta$, somit die Winkelsumme in diesem Dreieck kleiner als zwei Rechte.

Somit haben wir hier eine Anschauung gewonnen, welche mit den geometrischen Begriffen vereinbar ist, aber die Parallelentheorie keineswegs nach sich zieht. Diese Anschauung kann aber auch auf den Raum übertragen werden. Man transformiere das Innere einer Kugel in der Weise durch projektive Umgestaltungen, dafs die begrenzende Fläche immer in sich verbleibt. Dann geht jede Ebene wieder in eine Ebene, jede Gerade wieder in eine Gerade über. Der Abstand zweier Punkte und der Winkel zweier Ebenen und zweier schneidenden Geraden werden entsprechend den obigen Festsetzungen definiert. Die jetzt erhaltenen Resultate entsprechen genau den für die Ebene gefundenen, und in den Beweisen tritt auch keine Änderung ein.[7])

§ 8.
Beziehung der Parallelentheorie zur Erfahrung.

Nachdem wir bewiesen haben, dafs das fünfte Postulat Euklids keine Folgerung aus seinen übrigen Voraussetzungen bildet, müssen wir die Frage stellen, ob dasselbe nicht wenigstens von der Erfahrung verlangt wird. Darüber kann allerdings kein Zweifel herrschen, dafs dies Axiom sowie alle Folgerungen aus demselben aufs schönste mit der Erfahrung übereinstimmen, und es dürfte für die Anwendungen auf Astronomie und Physik meines Erachtens nicht das geringste Bedürfnis vorliegen, die Berechtigung noch eigens zu prüfen. Damit ist aber die Mathematik der hier gestellten Aufgabe nicht überhoben.

Zunächst könnte man eine direkte Prüfung versuchen. Wenn uns eine Gerade AB und aufserhalb derselben ein Punkt P gegeben ist, so fällen wir von P auf AB die Senkrechte PQ und errichten in P auf PQ die Senkrechte MN. Jetzt ziehe man von P nach einem Punkte D von QA die PD, und lege den Winkel PDQ als Wechselwinkel in P an PQ an. Fällt der zweite Schenkel genau mit PM zusammen, so ist damit ein direkter Beweis erbracht. Aber jeder noch so feine Strich mit dem Bleistift ist keine wirkliche Linie, sondern bedeckt einen Teil der Fläche. Zudem steht uns keine wirkliche Ebene für die Zeichnung zu Gebote; was wir als Ebene benutzen, ist im besten Falle ein Teil einer Kugelfläche. Somit kann ein Versuch der bezeichneten Art niemals eine volle Entscheidung liefern.

Zweitens könnte man versuchen, einen Satz, der mit dem Parallelaxiom steht oder fällt, durch die Erfahrung zu prüfen. Hierfür eignet sich am besten der Satz, dafs die Winkelsumme eines Dreiecks zwei Rechte beträgt. Um aber diese Messungen direkt vornehmen zu können, ohne sich wiederum bereits auf Sätze der Geometrie zu stützen, die aus dem Parallelaxiom fliefsen, darf man nur drei Punkte auf der Erde hierfür wählen. [So kann ich das von Lobatschewsky eingeschlagene Verfahren (man vergleiche: Frischauf, absolute Geometrie S. 137, 138) nicht für streng halten.] Eine derartige Messung ist z. B. für das Dreieck: Inselsberg, Brocken, hoher Hagen, ausgeführt und hat auf zwei rechte Winkel geführt. Aber keine unserer Messungen ist absolut genau, und deshalb können wir nur gewisse Grenzen angeben, zwischen denen die Fehler liegen. Somit ist nur die angenäherte, aber nicht die absolute Richtigkeit des Satzes erwiesen.

Endlich giebt es noch eine dritte Art der Prüfung. Man nimmt an, das Parallelaxiom sei unrichtig, und prüft, ob alle Folgerungen, welche aus dieser Annahme hervorgehen, mit der Erfahrung vereinbar sind. Ehe wir eine solche Prüfung vornehmen können, müssen wir diese Folgerungen erst ziehen. Zu dieser Aufgabe gehen wir jetzt über. Wenn wir aber dann die Übereinstimmung mit der Erfahrung prüfen wollen, so müssen wir wohl beachten, dafs der Geist unwillkürlich bereit ist, die durch direkte Erfahrung gewonnenen Anschauungen, für welche immer nur ein ganz kleines Gebiet zur Verfügung steht, zu verallgemeinern und als allgemein gültig anzusehen. Nun wird sich allerdings zeigen, dafs, wenn das Parallelaxiom ausgeschlossen ist, in gröfseren Entfernungen mehrfach andere Gesetze gelten, als der aus kleinen Gebieten gewonnenen Anschauung entsprechen. Namentlich möchte ich von vorn herein bemerken, dafs es häufig schwer ist, die neuen Sätze durch eine Figur zu erläutern, die naturgemäfs auf einen kleinen Raum beschränkt werden mufs.

§ 9.
Hülfssätze zur Einführung in die Lobatschewskysche Geometrie.

Diejenige Geometrie, welche sämtliche Voraussetzungen Euklids, also auch das elfte Axiom benutzt, bezeichnen wir als die euklidische. Indem wir aber alle übrigen Voraussetzungen beibehalten und nur dies eine Axiom ausschliefsen, soll die zu erhaltende Raumform als die Lobatschewskysche bezeichnet werden. Zur Einführung in dieselbe möchten wir das treffliche Werk des Herrn Frischauf: Einleitung in die absolute Geometrie (Leipzig 1876) dringend empfehlen. Es ist aber gut, wenn verschiedene Methoden angegeben werden können, welche geeignet sind, in ein noch unbekanntes Gebiet einzuführen, und deshalb erscheint es angemessen, im folgenden einen andern Weg mitzuteilen.[8]

Wir setzen dabei alle diejenigen Sätze voraus, für deren Beweis Euklid sein fünftes Postulat nicht benutzt, speziell die Propositionen 1—28 (incl.) des ersten Buches. Auch erinnern wir an den Legendreschen Beweis (§ 5 S. 9) dafür, dafs die Winkelsumme für ein Dreieck ebenso grofs oder kleiner ist als zwei Rechte. Demnach ist die Summe der Winkel eines Vierecks jedenfalls nicht gröfser als vier Rechte.

Der weitern Entwicklung schicken wir noch folgende Sätze voraus.

a) Errichtet man auf einer Geraden zwei Senkrechte, und macht dieselben gleich, so sind auch die Winkel gleich, welche diese Senkrechten mit der Verbindungsgeraden ihrer Endpunkte einschliefsen; sind aber die Senkrechten ungleich, so ist von den zwei Winkeln der an der kleineren Seite anliegende der gröfsere.

Umgekehrt, wenn in einem Viereck zwei Seiten auf derselben dritten senkrecht stehen, so sind diese beiden Seiten gleich oder ungleich, jenachdem die an der vierten Seite anliegenden Winkel des Vierecks gleich oder ungleich sind; bei ungleichen Winkeln ist die an dem kleineren anliegende Seite die gröfsere.

Man bringe, was nach den Annahmen möglich ist, das Viereck DECB (Fig. 2) in eine solche Lage, dafs E und C, sowie die Richtung CB und ED ihre Lagen vertauschen. Dann folgen die beiden ersten Teile des Satzes unmittelbar, während sich die beiden letzten leicht indirekt ergeben.

b) Wenn in einem Viereck drei Winkel Rechte sind, so ist jede der den vierten Winkel einschliefsenden Seiten nicht kleiner als ihre Gegenseite.

Wenn (Fig. 3) im Viereck BCEF die Winkel B, C, E Rechte sind, so ist F ⋚ R. Dann stehen BF und CE auf BC senkrecht, und es ist F ⋚ E, also nach dem vorangehenden Satze BF ≥ CE. Betrachtet man die auf CE senkrecht stehenden Linien CB und EF, so folgt EF ≥ BC.

c) Wenn zwei rechtwinklige Dreiecke in der Hypotenuse übereinstimmen, aber der eine spitze Winkel im einen gröfser ist als im andern, so ist die gegenüberliegende Kathete im ersten gröfser als im zweiten.

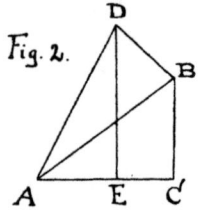

Fig. 2.

Man gebe den Dreiecken die in Fig. 2 angegebene Lage, wobei AD = AB ist. Dann mufs wegen der Sätze über die Summe der Winkel eines Dreiecks die AB von DE zwischen A und B getroffen werden. Da aber ∢ ADB = ABD ist, so mufs EDB < CBD sein; und jetzt folgt der Satz aus a).

d) Der senkrechte Abstand der Punkte des einen Schenkels eines Winkels vom andern Schenkel wächst unbegrenzt, wenn man nur die Entfernung der Punkte vom Scheitel genügend wachsen läfst.

Wenn (Fig. 3) der Winkel XAY beliebig gegeben ist, und ebenso eine Strecke G, so wollen wir nachweisen, dafs es auf

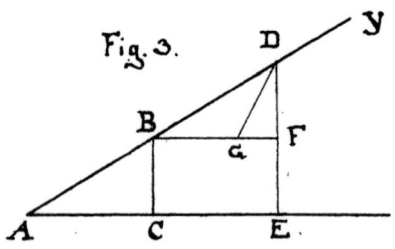

Fig. 3.

AY einen Punkt L giebt, für welchen die von L auf AX gefällte Senkrechte gröfser ist als G. Zum Beweise nehme ich auf AY beliebig den Punkt B an und fälle BC ⊥ AX; man mache BD = AB, fälle DE ⊥ AX und errichte in B die Senkrechte auf BC, welche DE zwischen D und E in F trifft. Dann ist (nach b) FE ≥ BC, und wenn man von D die Senkrechte

DG auf BF fällt, so ist DF entweder $=$ DG oder $>$ DG; ersteres, wenn F mit G zusammenfällt, letzteres im andern Falle, da dann DF Hypotenuse des rechtwinkligen Dreiecks DFG ist. Nun ist die Summe der Winkel des Dreiecks ABC $\lessgtr 2\,R$, folglich $\sphericalangle$ DBG $\gtrless$ BAC, also (nach c) auch DG $\lessgtr$ BC. Somit ist schließlich DE $\gtrless$ 2 BC.

Wiederhole ich dieselbe Konstruktion hinreichend oft, so muſs sich eine ganze Zahl v finden, für welche v . BC $>$ G ist; folglich giebt es Punkte L von der verlangten Eigenschaft.

e) Gegeben sei eine unbegrenzte Gerade AB und außerhalb derselben ein Punkt P. Von P fällen wir auf AB die Senkrechte PQ (Fig. 4) und errichten in P die Senkrechte PMN auf PQ. Dann kann MN die AB nicht schneiden. Dasselbe gilt von jeder in P begrenzt gedachten Halbgeraden PS, welche gegen MN in der entgegengesetzten Halbebene liegt, als AB. Entweder wird nun jede Halbgerade PT, welche in einem der Winkelfelder QPM und QPN liegt, die AB treffen, oder es giebt solche, für welche das nicht der Fall ist. Wenn das erstere eintritt, so geht durch P nur die eine gerade Linie MN, welche mit AB keinen Punkt gemeinschaftlich hat. Ziehen wir nun von P eine Gerade PC nach einem beliebigen Punkte C von QA, und legen den Winkel QCP als Wechselwinkel in P an PC, so muſs, da der zweite Schenkel desselben die AB nicht treffen darf, dieser zweite Schenkel mit PM zusammenfallen. Macht man also auf PM die PE $=$ QC, so steht CE auf AB und MN senkrecht. Da aber C auf AB willkürlich gewählt werden kann, so folgt, daſs jede Gerade, welche auf AB senkrecht steht, auch MN rechtwinklig trifft, und daſs jede gemeinschaftliche Senkrechte gleich PQ ist.

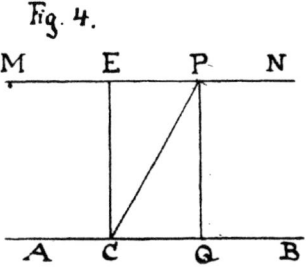

Fig. 4.

Errichtet man aber in einem beliebigen Punkte zwischen P und Q eine Senkrechte M'N' auf PQ, so trifft diese keine der beiden Linien AB und MN. Jede Linie durch P, mit alleiniger Ausnahme von MN, trifft aber die AB, folglich auch jedesmal die M'N'.

Endlich sei K ein beliebiger Punkt auf der Verlängerung von PQ über P hinaus. Man trage darauf, so oft es angeht, die PQ von P aus ab. Die weiteren Endpunkte seien P_1, P_2 ... P_n, so dafs $P_n K \leq PQ$ ist. Dann errichte man in den einzelnen Punkten $P_1 \ldots P_n$, K die Senkrechten $M_1 N_1$, ..., $M_n N_n$, $M_{n+1} N_{n+1}$ auf dieser Geraden. Dann geht, wie bereits bewiesen, durch K eine einzige Parallele zu $M_n N_n$. Ziehe ich also eine von $M_{n+1} N_{n+1}$ verschiedene Gerade l durch K, so trifft diese die $M_n N_n$. Da aber jeder Punkt auf $M_n N_n$ nach dem vorhin Bewiesenen von $M_{n-1} N_{n-1}$ den Abstand PQ hat, also durch jeden Punkt auf $M_n N_n$ nur die eine Gerade geht, welche die $M_{n-1} N_{n-1}$ nicht trifft, so schneidet l auch die $M_{n-1} N_{n-1}$ u. s. w. Somit geht durch jeden Punkt der Ebene eine einzige Gerade, welche zu einer gegebenen Linie der Ebene parallel ist.

§ 10.
Zwei gerade Linien in einer Lobatschewskyschen Ebene.

a) Wir betrachten von jetzt an nur die zweite in § 9 e) aufgestellte Möglichkeit. Es möge sich also im Winkelfelde QPM eine weitere Halbgerade ziehen lassen, welche die QA nicht trifft. Dann giebt es jedenfalls in diesem Winkelfelde noch weitere Halbgerade von derselben Eigenschaft, und infolge der Stetigkeit mufs eine gewisse Halbgerade PC die Grenze zwischen den schneidenden und nicht schneidenden Halbgeraden sein. Es soll also jede im Winkelfelde QPC gelegene Halbgerade schneiden; aber die im Winkelfelde MPC gelegenen sollen nicht schneiden. Macht man $\sphericalangle$ QPD = QPC, so werden PC und PD für alle durch P begrenzten Halbgeraden die Grenze zwischen den schneidenden und nicht schneidenden sein. Verlängern wir PC über P als PC' und ebenso PD als PD', so sollen die Geraden CC' und DD'

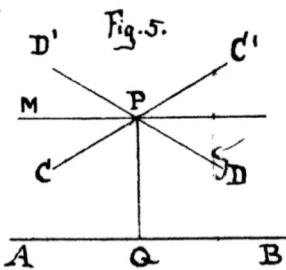
Fig. 5.

als die durch P gezogenen Parallelen zu AB, und jede in den beiden Scheitelwinkeln CPD' und C'PD enthaltene Gerade als nicht-schneidende bezeichnet werden.

Der Schluſs des vorigen Paragraphen zeigt, daſs eine ganz entsprechende Voraussetzung für jeden Punkt der Ebene gemacht werden muſs.

Der Winkel QPC wird von Lobatschewsky als der zum Abstand QP gehörige Parallelwinkel bezeichnet; derselbe kann sich offenbar mit dem Abstande ändern.

b) Fällt man von C′ die Senkrechte C′R auf AB, so muſs nach § 9 a) die C′R > PQ sein. Ferner muſs C′R die PD treffen, etwa in S; dann ist C′R > C′S, und somit auch gröſser als die von C′ auf PD gefällte Senkrechte. Da die letztere aber nach § 9 d) über jede Gröſse wächst, wenn man nur PC′ hinlänglich groſs nimmt, so wird auch die Linie C′R unbegrenzt wachsen. Somit giebt es auf jeder Linie, welche zu einer Geraden parallel ist, Punkte, deren senkrechter Abstand von der Geraden über alle Grenzen anwächst.

c) Ganz Entsprechendes gilt von der Geraden PM. Fällt man von M die Senkrechte MT auf AB, so schneidet dieselbe die PC, etwa in U; dann ist MT > MU, und da letztere beliebig groſs gemacht werden kann, wenn man nur M weit genug von P wegrücken läſst, so erlangt der Abstand der auf PM gelegenen Punkte von AB jede beliebige Gröſse. Die kürzeste Entfernung der beiden Linien ist die gemeinschaftliche Senkrechte; von da an entfernen sie sich nach beiden Richtungen unbegrenzt von einander.

d) Nehmen wir jetzt an, die Geraden EF und AB hätten eine gemeinschaftliche Senkrechte h, welche kleiner wäre als PQ. Dann muſs auf der Geraden EF ein Punkt liegen, dessen Abstand von AB gleich PQ ist. Folglich kann man (Fig. 6) durch P im Winkelfelde QPM eine Gerade ziehen, welche mit AB eine gemeinsame Senkrechte von der Länge h hat. Diese Gerade sei PH,

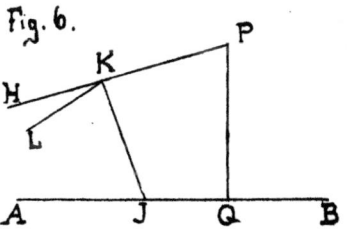

Fig. 6.

und es stehe KI auf PH und AB senkrecht und sei gleich h. Dann müssen (nach a) durch K im Winkelfelde HKI noch andere gerade Linien gezogen werden können, welche AB nicht treffen.

Eine solche sei KL. Verbinden wir P mit einem beliebigen Punkte der Halbgeraden KL, so tritt sie im Schnittpunkt auf diejenige Seite von KL, in welcher AB nicht liegt; folglich kann sie die AB nicht treffen. Somit giebt es im Winkelfelde HPQ nicht schneidende Halbgeraden (von P aus); PH kann also nicht selbst die Parallele sein, vielmehr muſs die letztere die KI zwischen K und I schneiden. Daher giebt es auf der Parallelen einen Punkt, dessen Abstand von AB kleiner als h ist. Dies führt zu dem Satze:

Wenn die Gerade PC parallel zu BA ist, so nähern sich die Punkte von PC der BA nach der einen Seite unbegrenzt, und nach der andern Seite entfernen sie sich unbegrenzt von ihr.

e) Es sei PC die eine Parallele von P aus zu BA, und PL irgend eine nicht schneidende Linie (Fig. 7). Dann zeigt man wie in b) und c), daſs der Abstand der auf PL gelegenen Punkte von AB unbeschränkt groſs wird, wenn man nur sich weit genug vom Punkte P entfernt. Wenn aber der Winkel QPL als spitz vorausgesetzt wird, so nimmt der Abstand anfangs ab; somit muſs auf PL ein zweiter Punkt P' vorkommen, dessen Abstand P'Q' von AB gleich PQ ist. Ist dann R die Mitte von PP' und S die von QQ', so steht die Gerade RS sowohl auf AB als auf PL senkrecht. Zugleich giebt RS den kürzesten Abstand der beiden Linien an. [Man konnte dies auch in folgender Weise zeigen. Steht LV ⊥ AB und ist LV > PQ, so muſs ∢ VLP < LPQ sein, also selbst ein spitzer; nun geht, wenn man die Senkrechte L'V' von allen zwischen P und L liegenden Punkten L' fällt, der Winkel PL'V' von einem stumpfen in einen spitzen über; er muſs also auch einmal ein rechter werden.] Daraus folgt:

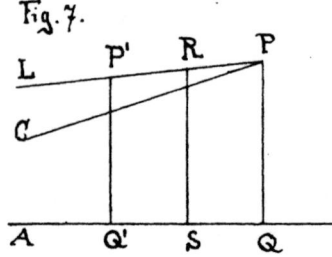

Fig. 7.

Irgend zwei nicht-schneidende Gerade haben eine gemeinschaftliche Senkrechte und in dieser einen kürzesten Abstand von endlicher Gröſse.

f) Demnach können wir jetzt auch den Satz d) umkehren und sagen:

Wenn sich eine gerade Linie nach der einen Richtung hin einer zweiten unbegrenzt nähert, ohne sie je zu treffen, so ist sie zu ihr parallel.

Wenn daher eine Gerade PC für den Punkt P eine Parallele zu AB ist, so ist sie es auch für jeden andern ihrer Punkte; ebenso gilt die Eigenschaft des Nicht-Schneidens für alle Punkte der betreffenden Geraden, wenn sie für einen gilt.

Wenn in der Ebene eine Gerade AB gegeben ist, so zerfallen die sämtlichen übrigen Geraden in drei Klassen:

1. schneidende Gerade, welche mit AB einen Punkt gemeinschaftlich haben,

2. parallele Gerade, welche sich der AB nach der einen Richtung unbegrenzt nähern, ohne sie je zu treffen, und sich nach der andern von ihr unbegrenzt entfernen,

3. nicht schneidende Gerade, deren Abstände ein bestimmtes Minimum besitzen; von da ab entfernen sich die Punkte der nicht-schneidenden unbegrenzt von AB.

g) Beim Ausdruck des Parallelismus von geraden Linien wollen wir zugleich die Richtung angeben, nach welcher hin sich die Geraden einander unbegrenzt nähern; so soll heifsen, PC sei zu BA parallel, dafs die Richtungen PC und BA eine unbegrenzte Annäherung besitzen.

h) Aus den Sätzen d) und e) ergiebt sich weiter, dafs, wenn PC zu BA, auch BA zu PC parallel ist, und dafs, wenn PL zu den nicht-schneidenden Linien für AB gehört, dies auch umgekehrt gilt.

i) Wenn drei Geraden in einer Ebene liegen und wenn zwei von ihnen der dritten nach derselben Richtung hin parallel sind, so sind sie auch unter einander parallel.

Wenn AB zu CD und zu EF parallel ist, so kann man einen Punkt auf AB bestimmen, dessen senkrechter Abstand sowohl von CD wie von EF beliebig klein ist; diese Abstände seien k und l; dann ist die Verbindungslinie der Fufspunkte schon kleiner als k + l, daher um so mehr der senkrechte Abstand.

§ 11.
Gerade Linien im Lobatschewskyschen Raume.

Auch aus der Stereometrie müssen wir einige Sätze vorausschicken, welche vom Parallelaxiom unabhängig sind.

a) Zwei Ebenen, welche einen Punkt gemeinschaftlich haben, schneiden sich in einer geraden Linie.

b) Wenn drei Ebenen einander je in drei Kanten a, b, c schneiden und wenn a und b, einen Punkt gemeinschaftlich haben, so geht auch c durch diesen Punkt.

c) Wenn eine Gerade senkrecht steht auf zwei Geraden einer Ebene, welche durch ihren Fußspunkt gehen, so steht sie auf allen in derselben Ebene durch ihren Fußspunkt gehenden Geraden senkrecht.

d) Errichtet man in jeder von zwei sich schneidenden Ebenen auf der Schnittlinie in demselben Punkte die Senkrechte, so ist die Größe des von diesen beiden Senkrechten gebildeten Winkels unabhängig von dem Punkte, in welchem die Senkrechten errichtet sind.

A und A' mögen in der Kante der beiden Ebenen liegen, und BA, B'A', CA, C'A' mögen auf der Kante senkrecht stehen, die beiden ersten sollen in der ersten, die letzten in der zweiten Ebene liegen. Um zu beweisen, daß die Winkel BAC und B'A'C'

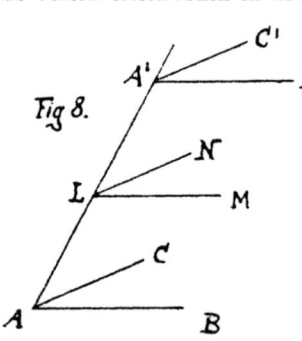

Fig 8.

(Fig. 8) gleich sind, halbiere man AA' in L, und ziehe durch L in den beiden Ebenen LM und LN senkrecht zu AA'. Nun bewege man die Figur so, daß die Schenkel des Winkels LMN ihre Lage vertauschen. Dann vertauschen auch die Richtungen LA und LA', sowie die Ebenen BMB' und CNC' ihre Lage; folglich fällt AB auf A'C' und AC auf A'B'.

e) Wenn der Neigungswinkel zweier Ebenen ein Rechter ist, so fällt die in einem Punkte der Kante auf der einen Ebene errichtete Senkrechte in die andere Ebene, und umgekehrt.

f) Zwei Gerade, welche auf derselben Ebene senkrecht stehen, liegen in einer Ebene.

g) Für zwei windschiefe Gerade giebt es einen kürzesten Abstand in einer Geraden, welche auf beiden senkrecht steht; von den Fußspunkten aus entfernen sich die Punkte der einen Geraden immer weiter von der andern.

Die Geraden seien AB und CD (Fig. 9); dann läßt sich durch AB und einen beliebigen Punkt von CD eine Ebene legen.

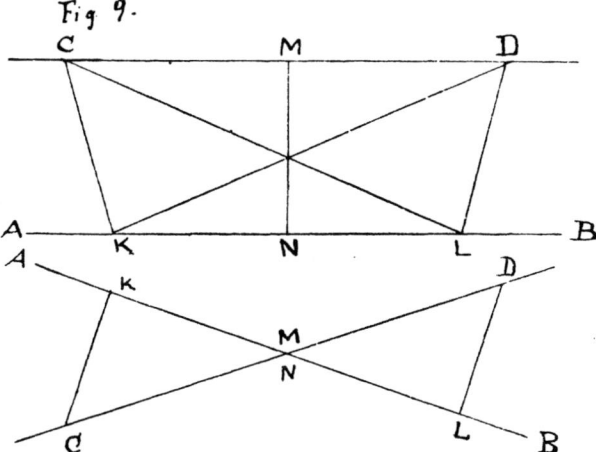

Fig. 9.

Da CD diese Ebene schneidet, so wächst (entsprechend § 9 d) die Entfernung ihrer Punkte von der Ebene nach beiden Richtungen unbegrenzt. Dasselbe gilt also auch für die Abstände von der Geraden AB. Wenn also CK ⊥ AB steht, und wenn gewisse Punkte von CD der AB näher liegen als C, so läßt sich ein solcher Punkt D finden, daß die von D auf AB gefällte Senkrechte DL gleich CK ist. Dann ist CKL ≅ DLK, also CL = DK, daher auch CDK ≅ DCL, also ∢ KCD = LDC. Nun halbiere man CD in M und KL in N, so ist zunächst CKM ≅ DLM, also MK = ML; somit auch wegen der Kongruenz der Dreiecke CMN und DMN die MN ⊥ KL. Ferner ist CKN ≅ DLN, und demnach MN ⊥ CD.

Dasselbe kann man auf folgendem Wege zeigen:

Wiederum sei CK $\perp$ AB, DL $\perp$ AB, CK = DL. Man suche die Mitte M von KL, errichte durch M in jeder der beiden Ebenen ABC und ABD auf der Schnittlinie AB die Senkrechten MR und MS und halbiere deren Winkel durch MO. Nun drehe man die Figur um MO, bis MR und MS und damit die Ebenen ABC und ABD ihre Lage vertauschen. Dann fällt C auf D, D auf C, also nimmt auch die Mitte N von CD wieder ihre Anfangslage ein. Da aber nur die Gerade MO ihre Lage beibehält, so liegt N in MO, und es ist $\sphericalangle$ MNC = MND oder MN steht auf beiden Geraden senkrecht.

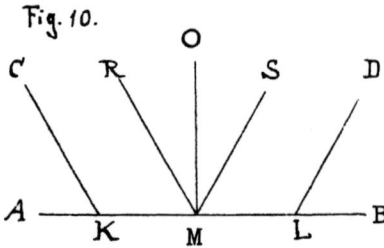

Fig. 10.

Einen zweiten Punkt M' in CD, dessen Abstand M'N' von AB gleich MN wäre, kann es nicht geben, da sonst die durch die Mitten von MM' und NN' gelegte Gerade auf AB und CD senkrecht stände, und die Fortsetzung des Verfahrens zeigen würde, daß die Geraden überall denselben Abstand hätten, was mit § 9 d) nicht übereinstimmt.

Daher kann es auch keinen Punkt M" auf CD geben, dessen Abstand M"N" von AB kleiner wäre als MN; denn sonst müßte, da der Abstand unbegrenzt wächst, für einen Punkt M' die Senkrechte M'N' = MN sein.

Als Winkel der beiden windschiefen Geraden bezeichnen wir den Neigungswinkel derjenigen Ebenen, welche beide durch die gemeinschaftliche Senkrechte gehen und von denen die eine die Gerade AB, die andere die CD enthält.

Auf die Berechtigung dieser Definition wollen wir nicht eingehen; wir bemerken nur, daß durch den Abstand und den Winkel die gegenseitige Lage zweier Geraden vollständig bestimmt ist.

Während die voranstehenden Sätze von der Annahme über die Parallelen unabhängig sind, legen wir jetzt die in § 10 aufgestellte Voraussetzung zu Grunde.

h) Wenn von den drei Kanten, welche durch den Schnitt dreier Ebenen erhalten werden, zwei sich nicht schneiden, sondern einen kürzesten Abstand haben, so ist auch die dritte für jede der beiden ersten eine nicht-schneidende Linie. Die Fußpunkte der drei gemeinschaftlichen Senkrechten fallen zu je zweien zusammen.

AB und CD (Fig. 11) seien zwei nicht schneidende Gerade in derselben Ebene, so daß sie eine gemeinschaftliche Senkrechte EF haben. Außerhalb dieser Ebene wähle man einen Punkt M; dann haben die Ebenen MAB und MCD eine Gerade MN gemeinschaftlich. Wir errichten in der Ebene ABMN auf AB in F die Senkrechte FG, so steht AB auf der Ebene FEG senkrecht, folglich auch die Ebene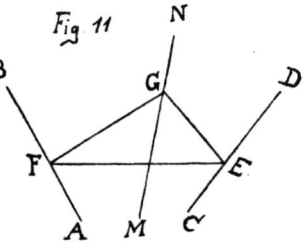
ABCD auf der Ebene FEG, somit (nach e) auch CE senkrecht auf FEG, speziell auf EG. Die in G auf der Ebene GEF errichtete Senkrechte liegt (nach f) sowohl in der Ebene CEG, wie in AFG, muß also mit ihrer Schnittlinie zusammenfallen.

i) Sind von den drei Schnittlinien dreier Ebenen zwei parallel, so sind sie alle unter einander parallel.

Von den drei Kanten l, m, n seien l und m parallel; schnitten sich l und n, so müßte (nach b) ihr Schnittpunkt auch auf m liegen; hätten aber l und n eine gemeinsame Senkrechte, so gälte (nach h) dasselbe für l und m.

k) Zwei Gerade, welche einer dritten nach derselben Richtung parallel sind, sind auch unter einander parallel.

l und m seien beide zu n parallel; man lege durch einen Punkt A auf l und jede der Linien m und n eine Ebene. Der Schnitt dieser beiden Ebenen ist (nach i) sowohl zu m als zu n parallel. Da aber durch A nur eine einzige Gerade geht, welche zu n nach der festgesetzten Richtung parallel ist, so wird der Schnitt durch l gebildet, und diese Linie ist auch zu m parallel.

§ 12.
Lage einer Geraden zu einer Ebene im Lobatschewskyschen Raume.

a) Alle Geraden, welche durch einen Punkt gehen und eine gegebene Ebene schneiden, liegen im Innern eines gewissen geraden Kegels.

Drehen wir einen Winkel um den einen Schenkel, so beschreibt der andere eine Ebene oder eine gerade Kegelfläche, jenachdem der Winkel ein Rechter ist oder nicht. In einer Ebene II liege (wie in Fig. 5 S. 22) die Gerade AB, aufser ihr der Punkt P, PQ stehe auf AB senkrecht, und C'C sei die durch P zu BA gezogene Parallele. Dreht man die Figur um PQ, so beschreibt AQ eine Ebene I, CC' einen Kegelmantel. Alle im Winkelfelde QPC durch P gezogenen Geraden treffen die Gerade AB, daher treffen auch alle von P ausgehenden und im Innern des Kegels gelegenen Geraden die Ebene I.

b) Wenn eine Ebene und ein Punkt aufserhalb derselben gegeben ist, so kann man durch den Punkt als Spitze einen geraden Kegel (den Parallelkegel) legen, welcher folgende Eigenschaften hat:

1. Jede durch die Spitze gelegte und auf der gegebenen Ebene senkrechte Ebene schneidet diese und den Kegelmantel in parallelen Geraden;

2. Zieht man durch die Spitze eine aufserhalb des Kegels verlaufende Gerade und legt hierdurch eine zur Ebene senkrechte Ebene, so wird deren Schnittlinie die gezogene Gerade nicht schneiden.

c) Zieht man durch den Scheitel des Parallelkegels eine Gerade aufserhalb desselben, so hat deren Entfernung von der Ebene ein bestimmtes Minimum; die kürzeste Verbindungslinie steht auf der Geraden und der Ebene senkrecht; vom Fufspunkt aus nach beiden Seiten erreicht der Abstand der Geraden von der Ebene jede beliebig gewählte Gröfse.

Wenn PH aufserhalb des Kegels liegt, so lege man eine auf I senkrecht stehende Ebene hindurch und bezeichne deren Schnitt mit I als QA. Dann giebt es (nach § 10 d) eine Gerade KI, welche auf PH und AB senkrecht steht (vergl. Fig. 6 S. 23). Da KI in der zu I senkrecht stehenden Ebene QPH liegt und mit der Kante einen rechten Winkel bildet, so steht sie (nach § 11 e) auch auf der Ebene I senkrecht. Die von jedem andern Punkte der PH auf I gefällte Senkrechte trifft (nach § 11 e) wieder die QA und wächst daher (nach § 10 c) nach beiden Richtungen unbegrenzt.

d) Jede Kante des Parallelkegels einer Ebene nähert sich der Ebene unbegrenzt; sie ist parallel zu jeder in der Ebene gelegenen Geraden, mit welcher sie wieder in einer Ebene liegt.

Ist PC eine Kante des Kegels, so lege man wieder durch sie die zu I senkrechte Ebene II und fälle von einem beliebigen Punkte von PC die Senkrechte auf I. Diese liegt in II und steht auf der Kante senkrecht. Daher folgt der erste Teil des Satzes aus § 10 d. Der zweite Teil folgt aus § 11 i; denn es wird behauptet, dafs PC parallel ist einer in I liegenden Geraden l, welche mit PC in einer Ebene III liegt.

e) Die Geraden des Raumes zerfallen in Bezug auf eine Ebene in drei Gruppen: schneidende, parallele und nicht-schneidende; für die letzten erreicht der Abstand ein bestimmtes Minimum, für die Parallelen wird der Abstand unbegrenzt kleiner, ohne je zu verschwinden.

f) Wenn eine Gerade zu einer in einer Ebene liegenden Geraden parallel ist, so ist sie zu der Ebene selbst parallel.

Ein entsprechender Satz gilt für nicht-schneidende Gerade, wenn angenommen wird, dafs zwei derartige Gerade jedesmal in derselben Ebene liegen.

§ 13.

Gegenseitige Lage mehrerer Ebenen im Lobatschewskyschen Raume.

a) Wenn eine Ebene und einer ihrer Parallelkegel gegeben ist, und wenn man dann durch die Spitze des Kegels eine Ebene legt, welche ihn in zwei Kanten trifft, so schneidet sie auch die gegebene Ebene.

Da die zweite Ebene in das Innere des Parallelkegels eintritt, so mufs sie nach § 12 a) die erste Ebene treffen.

b) Wenn eine Ebene den zu einer gegebenen Ebene parallelen Kegel längs einer Kante berührt, so nähert sie sich dieser Ebene unbegrenzt. Durch jeden Punkt der zweiten Ebene geht eine zur ersten parallele Gerade.

Wenn die Ebene III längs PC den Kegel berührt, so hat sie mit der Ebene I (nach § 12) keinen Punkt gemeinschaftlich. Zudem werden die Senkrechten immer kleiner, welche von Punkten von PC auf I gefällt werden. Ist l in III zur Richtung PC parallel gezogen, so wähle man auf l einen Punkt R, so dafs die Senkrechte RS auf PC, und zugleich die von S auf I gefällte Senkrechte ST beliebig klein wird. Dann wird auch RT und somit auch die von R auf I gefällte Senkrechte beliebig klein.

c) Wenn eine durch die Spitze eines Parallelkegels zu einer Ebene gelegte zweite Ebene ganz aufserhalb des Kegels liegt, so haben die beiden Ebenen einen kürzesten Abstand in einer gemeinsamen Senkrechten und entfernen sich von da an unbegrenzt weit von einander. Die eine Ebene enthält keine zur andern parallele Gerade.

Wenn die Ebene V ganz aufserhalb des Kegels liegt, so projiziere man die von P auf I gefällte Senkrechte auf V. Die Projektion wird ein Punkt, wenn PQ auf beiden Ebenen senkrecht steht, sonst eine Gerade PH. Diese hat (nach § 12 c) mit der Ebene I eine gemeinsame Senkrechte IK, und da letztere in der Ebene PQH liegt, welche auf V senkrecht steht, so steht sie auf der Ebene V senkrecht (§ 11 e). Von der gemeinschaftlichen Senkrechten an entfernt sich jede Gerade der Ebene V, also auch diese selbst, unbegrenzt von der ersten Ebene.

d) Inbetreff der gegenseitigen Lage zweier Ebenen sind also drei Fälle möglich: entweder schneiden sie sich, oder sie nähern sich unbegrenzt, ohne einander je zu treffen, oder sie haben einen kürzesten Abstand in einer gemeinsamen Senkrechten. Den zweiten Fall bezeichnen wir als den des Parallelismus, den dritten als den des Nichtschneidens.

e) Konstruiert man durch irgend zwei Punkte einer Ebene die Parallelkegel für eine zweite Ebene, so hat die erste Ebene zu den beiden Kegeln gleiche Lage: entweder schneiden beide Ebenen oder beide Ebenen berühren oder sie liegen beide ganz aufserhalb.

f) Wenn eine Gerade zu einer Ebene parallel ist, so geht nur eine einzige parallele Ebene hindurch; dagegen gehen durch eine die Ebene nicht schneidende Gerade zwei zur Ebene parallele Ebenen.

Zum Beweise konstruiere man durch einen Punkt der Geraden als Spitze den Parallelkegel für die Ebene. Durch jede Kante geht nur eine Tangentialebene, dagegen durch einen von der Spitze aus ins Äufsere des Kegels gezogene Gerade zwei Tangentialebenen.

g) Durch eine zu einer Ebene parallele Gerade gehen aufser der parallelen Ebene nur solche Ebenen, welche die gegebene Ebene schneiden; dagegen kann man durch eine nicht-schneidende Gerade schneidende, parallele und nicht-schneidende Ebenen legen.

h) Werden zwei Ebenen durch dieselbe dritte Ebene in parallelen Geraden geschnitten und sind die innern Winkel (Wechselkeile) gleich, welche die dritte Ebene nach verschiedenen Seiten hin mit den beiden Ebenen bildet, so sind die Ebenen parallel.

Die Ebene III (Fig. 12) schneide die beiden andern Ebenen in zwei parallelen Geraden g und h. Die erste Ebene werde von g in die Teile I und I', die zweite durch h in II und II' zerlegt, wo I und II auf derselben Seite gegen III liegen; der Neigungswinkel zwischen I und III sei gleich dem zwischen II' und III. Nun bringe man die Figur in eine solche Lage, dafs g und h, I und I' ihre Lage vertauschen, was

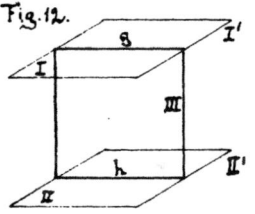
Fig. 12.

möglich ist; dann vertauschen auch I' und II die Lage. Schnitten sich die Ebenen, so wäre die Schnittgerade zu g und h parallel, läge also entweder ganz in I und II, oder in I' und II'. Dann würde die Umlegung eine zweite Schnittlinie ergeben.

i) Werden zwei parallele Ebenen von einer dritten Ebene in parallelen Geraden geschnitten, so beträgt die Summe der innern an derselben Seite gelegenen Winkel (Keile) zwei Rechte.

Dieser Satz folgt aus g) und h).

k) Wenn drei Ebenen sich in parallelen Kanten schneiden, so ist die Summe ihrer innern Winkel (Keile) zwei Rechte.

Zum Beweise lege man durch die eine Kante die zur gegenüberliegenden Ebene parallele Ebene.

l) Geht man von einer Geraden aus und betrachtet alle zu ihr nach derselben Richtung hin zu ziehenden Parallelen, so bildet deren Gesamtheit eine zweifach ausgedehnte Mannigfaltigkeit, welche durch ein stetiges, in sich abgeschlossenes System von Bewegungen in sich bewegt wird. Der Lobatschewskysche Raum läfst eine vierfache Unendlichkeit von Bewegungen zu, bei denen jede Gerade der bezeichneten Art wieder mit einer andern derartigen Geraden in Deckung gelangt. Die Eigenschaften dieser Mannigfaltigkeit bieten grofse Ähnlichkeit mit denen der euklidischen Ebenen, ohne mit letzteren identisch zu werden.

m) Wenn drei Ebenen einander in drei sich schneidenden Kanten begegnen, so ist die Summe ihrer Neigungswinkel (Keile) gröfser als zwei Rechte.

Dieser Satz kann in derselben Weise gezeigt werden, wie in der euklidischen Geometrie.

Man kann z. B. um den Schnittpunkt der drei Ebenen als Mittelpunkt eine Kugel beschreiben. Dann ist der Neigungswinkel zweier Ebenen gleich dem Winkel, den die entsprechenden Bogen bilden; letzterer kann aber durch das zugehörige Zweieck gemessen werden, wobei einem gestreckten Winkel die Fläche der Halbkugel entspricht. Die Summe der drei Zweiecke, welche bei den drei Ebenen erhalten werden, ist aber gröfser als die Fläche der Halbkugel.

Man kann auch in bekannter Weise zeigen, dafs in jeder dreiseitigen körperlichen Ecke die Summe der drei Seiten (d. h. der drei ebenen Winkel, welche je zwei Kanten mit einander bilden), kleiner ist als vier Rechte. Konstruiert man zu einer Ecke die Polarecke, so mufs für deren Seiten a', b', c' die Beziehung gelten: $a' + b' + c' < 4R$. Da aber $a' = 2R - \alpha$, $b' = 2R - \beta$, $c' = 2R - \gamma$ ist, wo α, β, γ die Neigungswinkel der gegebenen Ecke sind, so ist auch:
$(2R - \alpha) + (2R - \beta) + (2R - \gamma) < 4R$, oder $2R < \alpha + \beta + \gamma$.

n) Wenn die drei Kanten dreier Ebenen je nicht-schneidende Linien sind, so ist die Summe der Neigungswinkel (Keile) kleiner als zwei Rechte.

Die kürzesten Abstände liegen in einer Ebene (nach § 11 h); die Winkel zwischen zwei solchen Senkrechten sind aber die Neigungswinkel; somit ist die Summe der letzteren gleich der Summe der Winkel eines ebenen Dreiecks.

o) Die Gesamtheit aller Geraden, welche durch einen Punkt gehen, bildet eine zweifach ausgedehnte Mannigfaltigkeit, welche in sich verbleibt, wenn der Punkt in seiner Anfangslage verbleibt. Die Geometrie dieser Mannigfaltigkeit ist identisch mit der Sphärik.

p) Die Gesamtheit aller Geraden, welche auf einer Ebene senkrecht stehen, verbleibt in sich, wenn die Ebene beliebig in sich bewegt wird. Dieser zweifach ausgedehnten Mannigfaltigkeit kommen also dieselben Eigenschaften zu wie der Ebene.

§ 14.
Die einfachsten krummen Gebilde des Lobatschewskyschen Raumes.

Am Schlufs des vorigen Paragraphen haben wir drei verschiedene Bündel von Geraden kennen gelernt, denen folgende Eigenschaften gemeinsam sind:

1. durch jeden Punkt geht eine einzige Gerade des Bündels,
2. läfst man nur Bewegungen zu, bei denen die Gesamtheit der Geraden in sich verbleibt, so kann man doch eine Gerade in die Lage jeder andern bringen und bei der Ruhe einer Geraden noch eine Bewegung des Systems ausführen.

Diesen Bedingungen genügen die drei bezeichneten Bündel: der erste umfafst alle Geraden, welche durch einen festen Punkt gehen; zu dem zweiten gehören alle Geraden, welche zu einer festen Richtung parallel sind, und der dritte wird von allen Geraden gebildet, welche auf einer Ebene senkrecht stehen.

Der folgenden Entwicklung schicken wir folgende Hülfssätze voraus:

Irgend zwei Gerade des Systems liegen in derselben Ebene; diese Ebene wird von der Symmetrie-Ebene der beiden Geraden in einer Linie geschnitten, welche ebenfalls dem System angehört.

Wenn g und h zwei Linien des Systems sind und beide in derselben Richtung genommen werden (d. h. im ersten Falle beide nach dem festen Punkte zu, im zweiten Falle in der Richtung des Parallelismus, im dritten nach der festen Ebene zu), so kann man jedem Punkte A auf g einen auf h liegenden Punkt B so zuordnen, dafs die Gerade AB mit g und h gleiche Winkel bildet.

Den ersten Satz zeigt man am einfachsten für die einzelnen Bündelarten gesondert, wenn es auch leicht ist, ihn aus den zwei allgemeinen charakteristischen Eigenschaften herzuleiten. Der zweite folgt dann unmittelbar aus dem ersten. Man kann aber auch durch einfache Stetigkeitsbetrachtungen erst den zweiten herleiten und dann hieraus den ersten unmittelbar folgern.

a) Es sei ein derartiger Bündel von Geraden gegeben; auf einer dieser Geraden wählt man einen Punkt A beliebig und sucht eine Fläche, welche durch A gehen und jede Gerade des Bündels rechtwinklig schneiden soll. Nachdem der Bündel und der Punkt gegeben sind, wird durch die angegebenen Bedingungen eine einzige Fläche bestimmt. Diese ist eine Kugel, wenn die Geraden durch denselben Punkt gehen; wenn die Geraden parallel sind, so wird die Fläche nach Lobatschewskys Vorgange als Grenzfläche bezeichnet, und wenn die Geraden auf derselben Ebene senkrecht stehen, so haben alle Punkte der Fläche von der Ebene gleichen Abstand und die Fläche selbst heifst eine Fläche gleichen Abstandes.

Der Beweis dieser Behauptungen, sowie des Satzes, dafs jede solche Fläche starr in sich verschoben werden kann, wird (allerdings ganz einfache) infinitesimale Grenzbetrachtungen nicht entbehren können. Indem wir dieselben dem Leser überlassen, stellen wir eine zweite Entstehungsweise dieser Flächen auf.

b) Man geht von einer Geraden g des Systems und einem Punkte A aus, der auf g liegt; für jede zweite Gerade h des Systems bestimmt man den Punkt B so, dafs die Verbindungsgerade der Punkte A und B mit den Geraden g und h gleiche Winkel bildet; dann soll jeder derartige Punkt B der Fläche angehören.

Dafs im ersten Falle alle so erhaltenen Punkte B von dem festen Punkte und im dritten von der festen Ebene gleichen Abstand haben, bedarf keines Beweises. Wir wollen aber den Nachweis, dafs die so erhaltene Fläche in sich verschiebbar ist, auf einem Wege liefern, der für die drei Klassen von Bündeln gleichmäfsig gilt. Zu dem Ende haben wir nur zu zeigen:

Wenn g, h, k irgend drei Geraden des Systems sind, und wenn AB mit g und h, AC mit g und k gleiche Winkel bildet, so bildet auch BC mit h und k gleiche Winkel.

Zum Beweise nehmen wir zuvörderst an, daſs die drei Geraden nicht in einer Ebene liegen und daſs die Symmetrieebenen I von g und h, und II von g und k einander schneiden. Da die Punkte in I von A und B, die in II von A und C gleichen Abstand haben, so sind die Punkte der Schnittgeraden m von B und C gleichweit entfernt. Legt man also durch m und die Mitte M von BC eine Ebene III, so

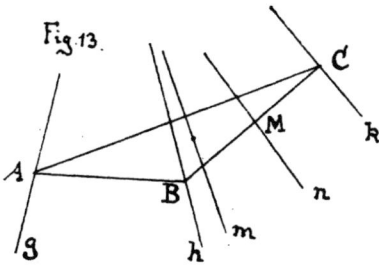

ist diese die Symmetrie-Ebene von B und C. Die durch h und k gelegte Ebene wird mit III eine Gerade n gemeinschaftlich haben, welche dem System angehört und auf BC in M senkrecht steht. Dreht man die Ebene (hk) um diese Gerade, bis B auf C fällt, so müssen, weil durch jeden Punkt nur eine Gerade des Systems geht, die Geraden h und k ihre Lage vertauschen. Somit bildet BC mit h und k gleiche Winkel.

Wenn die Symmetrie-Ebenen von (g, h) und (g, k) einander nicht schneiden, so nehme man eine Gerade l so hinzu, daſs einmal die Symmetrie-Ebenen von (g, h) und (g, l), andererseits die von (l, h) und (l, k) einander schneiden. Vermittelst des ersten Paares gilt der Satz für h und l; vermittelst des zweiten für h und k.

Liegen aber g, h, k in derselben Ebene, so füge man eine Gerade i des Systems hinzu, welche dieser Ebene nicht angehört. Aus (g, h, i) folgt der Satz für (h, i), aus (g, i, k) für (i, k) und dann aus (i, h, k) für (h, k).

c) Die erste Entstehungsart der Flächen ist mit der zweiten identisch; denn wenn die Geraden h, k .. dem Punkte A immer näher kommen, so muſs der Winkel an A sich immer mehr einem Rechten nähern. Auch sieht man, daſs, wenn alle Geraden durch O gehen, wegen der Gleichheit der Winkel OAB und OBA auch

OA = OB sein mufs. Ebenso, wenn die Geraden g, h ... auf derselben Ebene in A', B' ... senkrecht stehen, so folgt aus der Gleichheit der Winkel A'AB und B'BA, dafs auch AA' = BB' ist. Die zweite Entstehungsweise führt also für die erste Bündelart zur Kugel, für die dritte zur Fläche gleichen Abstandes (von einer Ebene).

d) Für eine Fläche der bezeichneten Art wird jede Gerade des Bündels am besten als Achse bezeichnet. Dann lassen sich die durchgeführten Entwicklungen in folgender Form aussprechen:

Jede Achse steht im Schnittpunkt auf der Fläche senkrecht.

Jede Sehne bildet mit den durch ihre Endpunkte gelegten Achsen gleiche Winkel.

e) Schneidet man auf jeder Achse vom Schnittpunkte aus nach derselben Richtung gleiche Strecken ab, so liegen deren Endpunkte wieder auf einer Fläche derselben Art.

Es seien g, h, k irgend drei Achsen, A, B, C ihre Schnittpunkte; schneidet man auf g, h, k von A aus nach derselben Richtung AA' = BB' = CC' ab, so bildet (Fig. 14) A'B' mit g und h, A'C' mit g und k gleiche Winkel. Konstruiert man also für denselben Bündel nach b) diejenige Fläche, welche durch A' geht, so umfafst sie auch die Punkte B' und C'. Liegen z. B. A, B, C auf einer Grenzfläche, so müssen auch die Punkte A'B'C' auf einer Grenzfläche liegen.

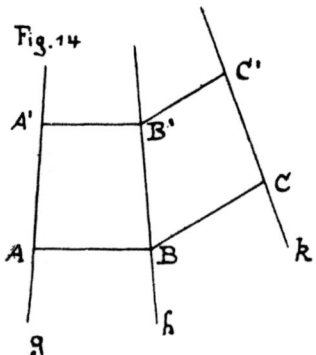

Fig. 14

f) Alle Grenzflächen sind einander kongruent.

Zur Bestimmung der ersten Grenzfläche sei ein Punkt A und eine von A ausgehende Richtung g gegeben; ebenso für die zweite ein Punkt E und eine hiervon ausgehende Richtung m. Man bringe die zweite Gerade m in eine solche Lage, dafs die Punkte A und E zusammenfallen und die Richtungen g und m identisch werden. Dann fallen auch die Parallelen des zweiten Systems mit denen des ersten zusammen.

g) Die vorstehenden Betrachtungen können auf die Ebene beschränkt werden und führen zum Kreise, zur Grenzlinie und zur Linie gleichen Abstandes. Danach ist die Grenzlinie eine Linie, welche alle in der Ebene zu einer Richtung parallelen Geraden senkrecht schneidet. Die Linie gleichen Abstandes hat von einer in ihrer Ebene gelegenen Geraden überall denselben Abstand.

h) Die Grenzfläche kann einerseits betrachtet werden als Kugel mit unendlich grofsem Radius, andererseits als Fläche gleichen Abstandes für einen unendlich grofsen Abstand.

Man gehe aus (Fig. 15) von einer Ebene I, nehme in ihr einen Punkt A und errichte in A auf I die Senkrechte g (in A begrenzt); in g wähle man einen Punkt O als Mittelpunkt einer Kugel, welche durch A hindurchgehen soll. Man nimmt in I einen beliebigen Punkt P, zieht PO und bestimmt auf PO den Punkt B so, dafs $\angle$ OAB = OBA ist. 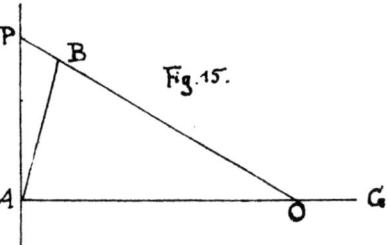 Läfst man O immer weiter rücken, so nähert sich PO immer mehr der Parallelen; also nähert sich auch B immermehr dem Schnittpunkt B' der Parallelen mit der Grenzfläche.

Jetzt nimmt man eine Ebene II, welche ebenfalls die Gerade g zur Senkrechten hat, und konstruiert durch A die Fläche, deren Punkte von II denselben Abstand haben. Je weiter man die Ebene II von I aus verschiebt, um so näher rückt (Fig. 16) der Fufspunkt G der von P auf II gefällten Senkrechten (nach § 10, b—e) an g heran. Diese Senkrechte nähert sich also 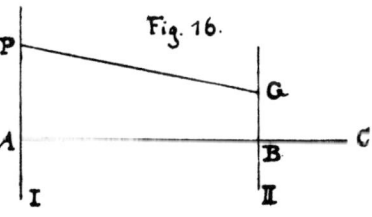 unbeschränkt der durch P zu g gezogenen Parallelen.

i) Wieder sei die Ebene I und auf ihr ein Punkt A gegeben.

Wir suchen alle Flächen der bezeichneten Art, welche die Ebene I in A berühren und auf derselben Seite der Ebene liegen. Dann ist hierdurch eine einzige Grenzfläche bestimmt; das Innere dieser Grenzfläche ist mit Kugeln angefüllt, der Raum zwischen der Grenzfläche und der Ebene mit Flächen gleichen Abstandes.

k) Wenn eine Ebene durch eine Achse einer Grenzfläche hindurchgeht, so schneidet sie die Fläche in einer Grenzlinie; wenn sie keine Achse derselben enthält, so schneidet sie in einem Kreise oder berührt in einem Punkte oder liegt ganz aufserhalb der Fläche.

Wenn die Ebene eine Achse, also eine aus der Schar der Parallelen enthält, so liegen deren unendlich viele in ihr. Man kann also hierauf die angegebene Konstruktion anwenden. — Wenn aber die Ebene keine Achse enthält, so ziehe man durch einen beliebigen Punkt P derselben die Parallele l zu den Achsen. Wenn diese auf der Ebene senkrecht steht, so kann entweder P in der Fläche liegen oder aufserhalb oder innerhalb derselben. Im ersten Falle findet Berührung in P statt; im zweiten Falle kann die Ebene nicht in das Innere der Fläche treten, im dritten mufs sie aber in das Äufsere gelangen. Dreht man aber um l, so bewegt man die Ebene und die Fläche in sich, also findet der Schnitt in einem Kreise statt. Steht l nicht auf der Ebene senkrecht, so sei m ihre Projektion auf die Ebene; zum Winkel (lm) als Parallelwinkel gehört ein gewisser Abstand. Diesen Abstand trage man als PQ auf m ab, so wird die in Q gezogene Parallele auf der Ebene senkrecht stehen. Wir haben also wieder den vorigen Fall.

l) Der Schnitt einer Ebene mit einer Fläche gleichen Abstandes ist entweder ein Kreis oder eine Grenzlinie oder eine Linie gleichen Abstandes; das erste findet statt, wenn die Ebene mit derjenigen Ebene, von welcher die Fläche überall denselben Abstand besitzt, eine gemeinschaftliche Senkrechte hat; das zweite, wenn diese Ebenen parallel sind; das dritte, wenn die Ebenen sich schneiden. Für den Fall, dafs die Schnittlinie ein Kreis ist, kann sie in einen Punkt zusammenschrumpfen oder imaginär sein.

Wenn die Ebenen I und II eine gemeinschaftliche Senkrechte $MN = b$ haben, kann ein Schnitt der Ebene II mit derjenigen Fläche, deren Punkte von I den Abstand a haben, nur eintreten, wenn die Fläche mit II auf derselben Seite gegen I liegt und wenn $b < a$ ist. Sind beide Bedingungen erfüllt, so entfernt sich die II immer weiter von I, erhält also auch für gewisse Punkte den Abstand a. Dreht man aber die ganze Figur um MN, so werden die drei Gebilde in sich verbleiben, also muſs auch die Schnittlinie in sich bewegt werden, muſs also ein Kreis sein. (Für $b = a$ haben wir eine Berührung, wobei die Ebene II im übrigen ganz im Äuſsern der Fläche liegt, da die Entfernung von I zunimmt.)

Daſs jede zu I parallele und jede die I schneidende Ebene die Fläche in einer Linie trifft, folgt unmittelbar aus § 13. Im letzten Falle haben die Punkte der Schnittlinie mit der Fläche auch konstante Entfernung von der Schnittlinie der Ebenen; der Schnitt besteht also in einer Linie gleichen Abstandes. Im Falle des Parallelismus muſs der Übergang zwischen Kreis und Linie gleichen Abstandes, die Grenzlinie, eintreten, was man auch direkt durch eine Bewegung zeigt, bei welcher die Ebenen in sich verschoben werden.

m) Auf der Grenzfläche wird die Gerade (Hauptlinie) durch die Grenzlinie vertreten; denn dies ist der Schnitt mit einer durch eine Achse gehenden Ebene. Für diese Linie zeigt man leicht, daſs sie die kürzeste Linie ist, welche auf einer solchen Fläche zwischen zwei ihrer Punkte gezogen werden kann. Ferner folgt aus § 13, h—l, daſs die Summe der Winkel eines aus solchen Linien gebildeten Dreiecks zwei Rechte beträgt, und daſs durch jeden Punkt nur eine einzige Parallele zu einer gegebenen Hauptlinie gezogen werden kann. Auf jeden dieser Sätze kann man aber das ganze Lehrgebäude Euklids stützen; somit gelten auf der Grenzfläche die Gesetze der euklidischen Ebene, speziell die Ähnlichkeitslehre und die Kreismessung.

n) Auf der Fläche gleichen Abstandes ist die Hauptlinie eine Kurve gleichen Abstandes, deren Schnittebene eine und damit unendlich viele Achsen enthält. Auch jede derartige Linie hat auf der Fläche die Eigenschaften der kürzesten Linie. Konstruiert man aus solchen Linien ein Dreieck, so ist seine Winkelsumme (nach § 13 n) kleiner als zwei Rechte. Daraus folgt, daſs auf einer solchen Fläche die Gesetze der Lobatschewskyschen Ebene gelten. Daſs speziell für den Schnitt von Hauptlinien dieselben

Gesetze gelten, wie für Gerade in der Lobatschewskyschen Ebene, ergiebt sich aus dem zweiten Teile von § 13 f.

o) Wir haben es nicht für nötig gehalten, zu jedem der letzten Sätze, welche für die Grenzfläche und die Flächen gleichen Abstandes gelten, die entsprechenden Eigenschaften der Kugel ausdrücklich anzuführen. Wir möchten aber auf dies Entsprechen wenigstens hingewiesen haben.

§ 15.
Die Trigonometrie im Lobatschewskyschen Raume.

Die cyklometrischen Funktionen sin, cos, tangens und cotangens sollen überall denselben Wert haben, wie in der gewöhnlichen Trigonometrie; es soll also $\sin 0 = 0$, $\sin 30° = \frac{1}{2}$, $\sin 45° = \frac{\sqrt{2}}{2}$, $\sin 60° = \frac{1}{2}\sqrt{3}$, $\sin 90° = 1$ sein u. s. w. Es sollen auch dieselben Formeln zwischen den Funktionen eines Winkels gelten; die Additions-Theoreme sollen ungeändert bleiben, — kurz, wir wollen hier ganz dieselben Funktionen anwenden, welche aus dem elementaren Unterrichte bekannt sind.

Obwohl diese Bemerkung für diesen § und für manche spätere Stelle vollkommen ausreicht, kann sie doch kaum als befriedigend angesehen werden, da man nicht weiß, wie diese Funktionen gewonnen werden können. Bei der gebräuchlichen Begründung muß die Ähnlichkeitslehre benutzt werden, welche sich wesentlich auf die Parallelen-Theorie stützt. Wir müssen daher andere Wege suchen, auf denen sie hergeleitet werden können. Ein solcher wird sich in § 24 angeben lassen; da derselbe jedoch Sätze benutzt, die erst dort bewiesen werden sollen, kann er hier nicht gut mitgeteilt werden.

Ein zweiter Weg eröffnet sich uns unter Benutzung der Sätze, welche in § 14, m) für die Grenzfläche erwiesen sind. Wenn auf einer solchen Flächen aus Stücken von Grenzlinien ein rechtwinkliges Dreieck gebildet ist, so darf das Verhältnis der dem einen spitzen Winkel α gegenüberliegenden Seite zur Gegenseite des rechten Winkels als Sinus von α definiert werden. Ähnliche Definitionen dürfen wir von den übrigen Funktionen aufstellen. Die hierdurch gewonnenen Funktionen sind aber identisch mit den gebräuchlichen Funktionen desselben Namens; man hat eben in den bekannten Beweisen der hierfür geltenden Sätze die Ebene nur durch die Grenzfläche zu ersetzen.

Drittens können wir die Funktionen rein analytisch definieren. Dabei dürfen wir jedoch den Winkel nicht nach Graden, Minuten und Sekunden messen, sondern müssen seine Gröfse durch Zahlen bestimmen. Zu dem Ende beschreiben wir um den Scheitel des Winkels mit einem beliebigen Radius einen Kreis. Wenn der Umfang des Kreises die Länge u, der im Winkelfelde gelegene Bogen die Länge l hat, so setzen wir

$$\frac{2\pi l}{u} = \alpha,$$

wo π die bekannte Zahl 3,14159... ist. Diese Zahl α hängt nur von dem Winkel, aber nicht von dem Radius des benutzten Kreises ab; sie kann demnach als Mafs des Winkels betrachtet werden. Bei der getroffenen Festsetzung hat der rechte Winkel die Gröfse $\frac{\pi}{2}$ und ein Winkel von m Grad die Mafszahl $\frac{\pi m}{180}$.

Für jede reelle Zahl α definieren wir jetzt die Funktionen Sinus und Cosinus durch die unendlichen, stets konvergierenden Reihen:

$$(1) \quad \sin \alpha = \alpha - \frac{\alpha^3}{3!} + \frac{\alpha^5}{5!} - \frac{\alpha^7}{7!} + \cdots$$

$$(2) \quad \cos \alpha = 1 - \frac{\alpha^2}{2!} + \frac{\alpha^4}{4!} - \frac{\alpha^6}{6!} + \cdots,$$

und setzen $\operatorname{tg} \alpha = \frac{\sin \alpha}{\cos \alpha}$, $\operatorname{cotg} \alpha = \frac{\cos \alpha}{\sin \alpha}$.

Für diese Funktionen gelten alle Beziehungen, welche gewöhnlich auf geometrischem Wege hergeleitet werden. So erhält man durch Quadrierung und Addition: $\sin^2 \alpha + \cos^2 \alpha = 1$.

Auf ähnliche Weise ergeben sich rein analytisch die Formeln:
$$\sin(\alpha + \beta) = \sin \alpha \cos \beta + \cos \alpha \sin \beta,$$
$$\cos(\alpha + \beta) = \cos \alpha \cos \beta - \sin \alpha \sin \beta.$$

Auch die weiteren Gesetze, wie

$$\sin \frac{\pi}{2} = 1, \quad \sin \pi = 0 \ldots, \quad \sin\left(\frac{\pi}{2} \pm \alpha\right) = \cos \alpha,$$

lassen sich durch blofse Benutzung der Reihen herleiten.

Auch der folgende Weg führt analytisch zu denselben Funktionen. Man geht aus von der Zahl $e = 2,71828\ldots$, welche durch die Formel

$$(3)\ e = \lim_{m=\infty} \left(1 + \frac{1}{m}\right)^m$$

als der Grenzwert definiert wird, dem sich die m^{te} Potenz der Summe $1 + \frac{1}{m}$ für immer größer werdende Werte von m nähert.

Nun weist man für jede reelle Zahl x die Beziehung nach:

$$(4)\ e^x = 1 + x + \frac{x^2}{2!} + \frac{x^3}{3!} + \frac{x^4}{4!} + \cdots$$

Will man auch imaginäre Exponenten zulassen, so müssen hierfür dieselben Gleichungen bestehen, wie für reelle Exponenten; man muß also $e^{\alpha i}$ durch die Gleichung definieren:

$$e^{\alpha i} = 1 + \alpha i + \frac{(\alpha i)^2}{2!} + \frac{(\alpha i)^3}{3!} + \cdots$$
$$= \left\{1 - \frac{\alpha^2}{2!} + \frac{\alpha^4}{4!} - \cdots\right\} + i\left\{\alpha - \frac{\alpha^3}{3!} + \frac{\alpha^5}{5!} - \cdots\right\}$$

Ersetzt man hierin αi durch $-\alpha i$, so folgt:

$$e^{-\alpha i} = \left\{1 - \frac{\alpha^2}{2!} + \frac{x^4}{4!} - \cdots\right\} - i\left\{\alpha - \frac{\alpha^3}{3!} + \frac{\alpha^5}{5!} - \cdots\right\}.$$

Für die einzelnen Klammern führe man neue Zeichen ein und setze:

$$e^{\alpha i} = \cos\alpha + i\sin\alpha.$$

Nun ist einerseits:

$e^{(\alpha+\beta)i} = \cos(\alpha+\beta) + i\sin(\alpha+\beta)$, andererseits
$e^{(\alpha+\beta)i} = e^{\alpha i} \cdot e^{\beta i} = (\cos\alpha + i\sin\alpha)(\cos\beta + i\sin b)$
$\qquad = (\cos\alpha\cos\beta - \sin\alpha\sin\beta) + i(\sin\alpha\cos\beta + \cos\alpha\sin\beta),$

woraus sich das Additions-Theorem ergiebt.

Jetzt bezeichnen wir den kleinsten positiven Wert, für welchen $\cos\alpha = 0$ ist, mit $\frac{\pi}{2}$, so folgt:

$$\sin\frac{\pi}{2} = 1,\ e^{\frac{\pi i}{2}} = i,\ e^{2\pi i} = 1,\ \sin\pi = 0,\ \cos\pi = -1,$$

und für jedes ganzzahlige k:

$$\cos(2k\pi + \alpha) = \cos\alpha,\ \sin(2k\pi + \alpha) = \sin\alpha,\ \cos\left(\frac{\pi}{2} - \alpha\right) = \sin\alpha,$$

u. s. w.

Dividiert man die Gleichungen für $e^{\alpha i}$ und $e^{-\alpha i}$, so folgt:

Berechtigung der nicht-euklidischen Raumformen.

$$e^{2\alpha i} = \frac{\cos\alpha + i\sin\alpha}{\cos\alpha - i\sin\alpha} = \frac{1 + i\,\mathrm{tg}\,\alpha}{1 - i\,\mathrm{tg}\,\alpha},$$

wo $\mathrm{tg}\,\alpha = \dfrac{\sin\alpha}{\cos\alpha}$ gesetzt ist. Hier nimmt man beiderseits den natürlichen Logarithmus (dessen Grundzahl $=$ e ist) und erhält:

$$2\alpha i = \log\frac{1 + i\,\mathrm{tg}\,\alpha}{1 - i\,\mathrm{tg}\,\alpha}.$$

Gewisse andere Untersuchungen führen aber auf die Formel:

$$\log\frac{1 + x}{1 - x} = 2\left(x + \frac{x^3}{3} + \frac{x^5}{5} + \frac{x^7}{7} + \cdots\right).$$

Ersetzt man hierin x durch $i\,\mathrm{tg}\,\alpha$, so folgt:

$$\alpha = \mathrm{tg}\,\alpha - \tfrac{1}{3}\mathrm{tg}\,^3\alpha + \tfrac{1}{5}\mathrm{tg}\,^5\alpha - \tfrac{1}{7}\mathrm{tg}\,^7\alpha + \cdots$$

Diese Gleichung gestattet für kleine Werte von $\mathrm{tg}\,\alpha$ das zugehörige α zu berechnen. Speziell folgt aus $\cos\dfrac{\pi}{2} = 0$, $\sin\dfrac{\pi}{2} = 1 : \mathrm{tg}\,\dfrac{\pi}{4} = 1$, und dann lehrt die vorstehende Reihe, dafs aus den vorstehenden analytischen Entwicklungen für π derselbe Wert 3,14... folgt, der geometrisch aus der Kreismessung erhalten werden kann.

Neben den Kreisfunktionen führen wir die vier Hyperbelfunktionen ein, und zwar den hyperbolischen Sinus (Sh), den hyperbolischen Cosinus (Ch), die hyperbolische Tangens (Th) und die hyperbolische Cotangens (Coth). Das geschieht durch die Formeln:

$$\mathrm{Sh}\,x = \frac{1}{i}\sin(xi) = \frac{e^x - e^{-x}}{2} = x + \frac{x^3}{3!} + \frac{x^5}{5!} + \cdots$$

$$\mathrm{Ch}\,x = \cos(xi) = \frac{e^x + e^{-x}}{2} = 1 + \frac{x^2}{2} + \frac{x^4}{4!} + \frac{x^6}{6!} + \cdots$$

$$\mathrm{Th}\,x = \frac{\mathrm{Sh}\,x}{\mathrm{Ch}\,x},\quad \mathrm{Coth}\,x = \frac{\mathrm{Ch}\,x}{\mathrm{Sh}\,x}.$$

Alle diese Funktionen lassen sich beim Gebrauch von Wurzeln durch eine einzige darstellen; es gelten nämlich die Gleichungen:

$$\mathrm{Ch}^2 x - \mathrm{Sh}^2 x = 1,\quad \frac{1}{\mathrm{Ch}^2 x} = 1 - \mathrm{Th}^2 x.$$

Auch besteht für diese Funktionen ein Additionstheorem, welches durch die Formeln dargestellt wird:

$$\text{Sh}(x \pm y) = \text{Sh}\,x\,\text{Ch}\,y \pm \text{Ch}\,x\,\text{Sh}\,y$$
$$\text{Ch}(x \pm y) = \text{Ch}\,x\,\text{Ch}\,y \pm \text{Sh}\,x\,\text{Sh}\,y.$$

Die vier Funktionen haben für positive Werte des Argumentes, (auf die es hier allein ankommt) auch positive Werte, und zwar wächst der Hyperbelsinus von null bis unendlich, der Hyperbelcosinus von eins bis unendlich; die Hyperbeltangens wächst von null bis eins, während Cotangens hyp. von unendlich bis eins fällt.

Nach dem Vorgange Lobatschewskys[9]) nehmen wir zwischen den Seiten und Winkeln eines rechtwinkligen Dreiecks drei Beziehungen scheinbar willkürlich an und leiten daraus Beziehungen zwischen den Seiten und Winkeln für ein beliebiges Dreieck her. Dann werden wir zeigen, daſs alle diese Beziehungen ein in sich widerspruchloses System bilden und daſs sie den in den vorangehenden §§ aufgestellten Sätzen genügen.

Indem wir a, b, c als die Seiten eines rechtwinkligen Dreiecks voraussetzen und dabei annehmen, a läge dem spitzen Winkel α, b dem spitzen Winkel β gegenüber, gehen wir von den Gleichungen aus:

$$\text{Sh}\frac{a}{k} = \text{Sh}\frac{c}{k}\sin\alpha, \quad \text{Sh}\frac{b}{k} = \text{Sh}\frac{c}{k}\sin\beta, \quad \text{Ch}\frac{c}{k} = \text{Ch}\frac{a}{k}\text{Ch}\frac{b}{k},$$

wo k eine gewisse Länge bezeichnet. Aus der ersten Gleichung schaffen wir vermittelst der dritten a weg und führen b ein, indem wir folgende Veränderung vornehmen:

$$\cos^2\alpha = 1 - \sin^2\alpha = \frac{\text{Sh}^2\frac{c}{k} - \text{Sh}^2\frac{a}{k}}{\text{Sh}^2\frac{c}{k}} = \frac{\text{Ch}^2\frac{c}{k} - \text{Ch}^2\frac{a}{k}}{\text{Sh}^2\frac{c}{k}} =$$

$$\frac{\text{Ch}^2\frac{c}{k}\text{Ch}^2\frac{b}{k} - \text{Ch}^2\frac{c}{k}}{\text{Sh}^2\frac{c}{k}\text{Ch}^2\frac{b}{k}} = \frac{\text{Ch}^2\frac{c}{k}\left(\text{Ch}^2\frac{b}{k} - 1\right)}{\text{Sh}^2\frac{c}{k}\cdot\text{Ch}^2\frac{b}{k}} = \frac{\text{Th}^2\frac{b}{a}}{\text{Th}^2\frac{c}{k}}, \text{ oder}$$

$$\cos\alpha = \frac{\text{Th}\frac{b}{k}}{\text{Th}\frac{c}{k}}; \text{ ebenso } \cos\beta = \frac{\text{Th}\frac{a}{k}}{\text{Th}\frac{c}{k}}.$$

Durch Verbindung dieser Gleichungen folgt leicht:

$$\operatorname{tg}\alpha = \frac{\operatorname{Th}\frac{a}{k}}{\operatorname{Sh}\frac{b}{k}},\ \operatorname{tg}\beta = \frac{\operatorname{Th}\frac{b}{k}}{\operatorname{Sh}\frac{a}{k}},\ \cos\beta = \operatorname{Ch}\frac{b}{k}\sin\alpha,\ \cos\alpha = \operatorname{Ch}\frac{a}{b}\sin\beta.$$

Ein beliebiges Dreieck teile man durch eine Höhe in zwei rechtwinklige Dreiecke; dann ergeben sich unmittelbar die Gleichungen:

$$\frac{\sin\alpha}{\operatorname{Sh}\frac{a}{k}} = \frac{\sin\beta}{\operatorname{Sh}\frac{b}{k}} = \frac{\sin\gamma}{\operatorname{Sh}\frac{c}{k}},$$

wo die Seiten a, b, c je den Winkeln α, β, γ gegenüberliegen.

Die Höhe h, von A auf a gefällt (Fig. 17), teile letztere in die Teile p und a — p; dann ist

$$\operatorname{Ch}\frac{c}{k} = \operatorname{Ch}\frac{h}{k}\operatorname{Ch}\frac{a-p}{k} = \frac{\operatorname{Ch}\frac{b}{k}}{\operatorname{Ch}\frac{p}{k}}\left(\operatorname{Ch}\frac{a}{k}\operatorname{Ch}\frac{p}{k} - \operatorname{Sh}\frac{a}{k}\operatorname{Sh}\frac{p}{k}\right)$$

$$= \operatorname{Ch}\frac{a}{k}\operatorname{Ch}\frac{b}{k} - \operatorname{Sh}\frac{a}{k}\operatorname{Sh}\frac{b}{k}\cos\gamma.$$

Indem wir die entsprechenden Gleichungen hinzunehmen, erhalten wir bereits fünf Gleichungen. Weitere Formeln, welche wir analytisch durch Verbindung der vorstehenden herleiten, können keine neuen Beziehungen herbeiführen. Alle Beziehungen, welche sich durch irgend eine Zerlegung des gegebenen Dreiecks in zwei rechtwinklige ergeben können, sind also in den vorstehenden fünf Gleichungen enthalten.

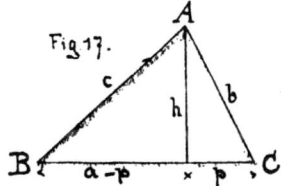

Fig. 17.

Diese liefern aber nur drei von einander unabhängige Beziehungen, wie man am besten in folgender Weise zeigt. Ersetzt man k durch ki, so gehen die vorstehenden Gleichungen in die der sphärischen Trigonometrie über, wofern der Radius der Kugel gleich k ist. Wenn man also aus unsern Voraussetzungen irgend welche Beziehungen zwischen den in einem Dreieck vorhandenen Längen und Winkeln herleitet, so entsprechen dieselben gewissen

Formeln der sphärischen Trigonometrie; letztere sind mit einander vereinbar und enthalten für das Dreieck drei willkürliche Gröfsen; dasselbe gilt also auch von unsern Formeln.

Auf dieselbe Weise ergiebt sich noch folgendes. Wenn durch Verbindung mehrerer Dreiecke eine neue Figur entsteht, so sind die Beziehungen zwischen den in dieser letzten Figur vorkommenden Gröfsen unabhängig von den Hülfsfiguren. Wenn man z. B. gewisse Beziehungen für ein Viereck ABCD dadurch erhält, dafs man die Diagonale AC zieht, so müssen damit vereinbar sein alle Beziehungen, welche sich durch das Ziehen der Diagonale BD ergeben.

Auch mit den einfachsten geometrischen Konstruktionen müssen die Formeln vereinbar sein. Diese kommen aber auf die beiden Aufgaben hinaus: Ein Dreieck zu konstruieren aus den drei Seiten; und ein Dreieck zu konstruieren, von dem zwei Seiten und der eingeschlossene Winkel gegeben sind. Es genüge, über die erste einige Worte zu sagen. Damit eine geometrische Lösung möglich ist, mufs die Summe zweier Seiten jedesmal gröfser sein als die dritte. Ist aber $a+b>c>a-b$, so folgt

$$\operatorname{Ch}\frac{a}{k}\operatorname{Ch}\frac{b}{k} - \operatorname{Ch}\frac{a-b}{k} > \operatorname{Ch}\frac{a}{k}\operatorname{Ch}\frac{b}{k} - \operatorname{Ch}\frac{c}{k} > \operatorname{Ch}\frac{a}{k}\operatorname{Ch}\frac{b}{k} - \operatorname{Ch}\frac{a+b}{k},$$

woraus unter Anwendung der obigen Formeln folgt, dafs $\cos \gamma$ zwischen $+1$ und -1 liegt, sodafs sich für γ ein einziger Wert zwischen 0 und π ergiebt.

Wir beweisen, dafs unter Anwendung unserer Formeln die Winkelsumme in jedem Dreieck kleiner ist als zwei Rechte. Es genügt, dies für ein rechtwinkliges Dreieck mit den spitzen Winkeln α und β zu beweisen. Dafür ist aber:

$$\cos(\alpha+\beta) = \cos\alpha\cos\beta - \sin\alpha\sin\beta = \frac{\operatorname{Th}\frac{a}{k}\operatorname{Th}\frac{b}{k}}{\operatorname{Th}^2\frac{c}{k}} - \frac{\operatorname{Sh}\frac{a}{k}\operatorname{Sh}\frac{b}{k}}{\operatorname{Sh}^2\frac{c}{k}}$$

$$= \frac{\operatorname{Sh}\frac{a}{k}\operatorname{Sh}\frac{b}{k}}{\operatorname{Sh}^2\frac{c}{k}}\left(\frac{\operatorname{Ch}^2\frac{c}{k}}{\operatorname{Ch}\frac{a}{k}\operatorname{Ch}\frac{b}{k}} - 1\right) = \frac{\operatorname{Sh}\frac{a}{k}\operatorname{Sh}\frac{b}{k}}{\operatorname{Sh}^2\frac{c}{k}}\left(\operatorname{Ch}\frac{c}{k} - 1\right),$$

was stets positiv ist.

Wir können auch in einem rechtwinkligen Dreieck die Formel betrachten:
$$\cos \alpha = \frac{\operatorname{Th}\frac{b}{k}}{\operatorname{Th}\frac{c}{k}}.$$

Nehmen wir darin b fest an und legen α veränderliche Werte bei, welche von null an wachsen, so wächst c von null an. Wenn aber $\cos \alpha = \operatorname{Th}\frac{b}{k}$ wird, so wird $\operatorname{Th}\frac{c}{k} = 1$, also $c = \infty$. Für $\cos \alpha = \operatorname{Th}\frac{b}{k}$ giebt also α den Parallelwinkel an, welcher zum Abstande b gehört.

Wählen wir die Linien a, b, c sämtlich unendlich klein oder lassen wir k unendlich grofs werden, so haben wir in der Entwicklung von k $\operatorname{Sh}\frac{x}{k}$ und $\operatorname{Ch}\frac{x}{k}$ nur die ersten (ein oder zwei) Glieder zu nehmen. Dann erhalten wir die Formeln:
$$\frac{a}{\sin \alpha} = \frac{b}{\sin \beta} = \frac{c}{\sin \gamma}, \quad c^2 = a^2 + b^2 - 2ab \cos \gamma.$$

Somit finden wir die beiden Sätze:

1. Die vorgelegte Geometrie stimmt um so mehr mit der euklidischen überein, je kleiner das betrachtete Gebiet ist,
2. die euklidische Geometrie ist der Grenzwert, dem sich die Lobatschewskysche für unbegrenzt wachsende Werte von k nähert.

Wir haben bisher nur gezeigt, dafs die aufgestellten trigonometrischen Formeln den in § 10 angegebenen Voraussetzungen genügen. Nun könnte man den Beweis erwarten, dafs nicht auch andere trigonometrische Formeln diese Voraussetzungen befriedigen. Das wird sich in § 24 auf einem andern Wege ergeben.

§ 10.

Analytische Behandlung der Lobatschewskyschen Geometrie.

Für die analytische Geometrie der Ebene hat es sich als praktisch erwiesen, drei Bestimmungsgröfsen zu wählen, zwischen denen dann eine Gleichung bestehen mufs.[10]) Wir gehen (Fig. 18) von zwei rechtwinkligen Achsen OX und OY aus, bezeichnen die Entfernung PO des zu bestimmenden Punktes P vom Anfangspunkte O mit r, und den Winkel, welchen diese Linie mit der positiven X-Achse bildet, mit φ. Dann setzen wir

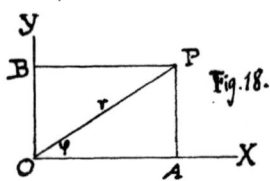

Fig. 18.

$$p = \operatorname{Ch}\frac{r}{k}, \quad x = k\operatorname{Sh}\frac{r}{k}\cos\varphi,$$
$$y = k\operatorname{Sh}\frac{r}{k}\sin\varphi.$$

Stehen PA und PB senkrecht auf den Achsen, so ist
$$x = k\operatorname{Sh}\frac{PB}{k}, \quad y = k\operatorname{Sh}\frac{PA}{k}.$$
Zwischen p, x, y besteht die Relation:
$$k^2 p^2 - x^2 - y^2 = k^2.$$
Wenn umgekehrt p, x, y dieser Bedingung genügen, und $p > 1$ ist, so bestimmen sie immer einen, und zwar einen einzigen Punkt. Somit ist jeder Punkt durch das Verhältnis der drei Größen p, x, y gegeben, (letzteres darf allerdings nicht ganz willkürlich sein).

Ist e die Entfernung der Punkte $P (= x, y, p)$ und $P' (= x', y', p')$, so ist nach dem Cosinussatze:
$$\operatorname{Ch}\frac{e}{k} = \operatorname{Ch}\frac{OP}{k}\operatorname{Ch}\frac{OP'}{k} - \operatorname{Sh}\frac{OP}{k}\operatorname{Sh}\frac{OP'}{k}\cos(\varphi' - \varphi)$$
$$= \operatorname{Ch}\frac{OP}{k}\operatorname{Ch}\frac{OP'}{k} - \operatorname{Sh}\frac{OP}{k}\operatorname{Sh}\frac{OP'}{k}(\cos\varphi'\cos\varphi + \sin\varphi'\sin\varphi),$$
woraus unmittelbar folgt:
$$k^2 \operatorname{Ch}\frac{e}{k} = k^2 pp' - xx' - yy'.$$

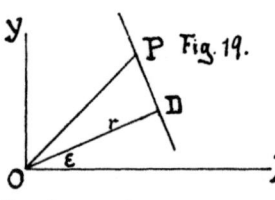

Fig. 19.

Um die Gleichung einer Geraden zu bestimmen, fällen wir vom Anfangspunkte die Senkrechte $OD = r$ (Fig. 19) auf dieselbe und bezeichnen den Winkel DOX mit ε. Ist nun P ein beliebiger Punkt dieser Geraden, so ist
$$\operatorname{Ch}\frac{OP}{k} = \operatorname{Ch}\frac{OD}{k}\operatorname{Ch}\frac{DP}{k} \quad \text{oder}$$

$$k^2 p = \operatorname{Ch}\frac{r}{k}\left(k^2 p \operatorname{Ch}\frac{r}{k} - kx\operatorname{Sh}\frac{r}{k}\cos\varepsilon - ky\operatorname{Sh}\frac{r}{k}\sin\varepsilon\right).$$

Indem wir $\operatorname{Ch}^2\frac{r}{k} - 1$ durch $\operatorname{Sh}^2\frac{r}{k}$ ersetzen und durch $\operatorname{Sh}\frac{r}{k}$ dividieren, erhalten wir als Gleichung der geraden Linie:

$$kp\operatorname{Sh}\frac{r}{k} - x\operatorname{Ch}\frac{r}{k}\cos\varepsilon - y\operatorname{Ch}\frac{r}{k}\sin\varepsilon = 0.$$

Dieselbe ist homogen und linear in den Koordinaten, und zwischen den Konstanten e, a, b in ihrer Gleichung:
$$ep + ax + by = 0$$
besteht die Gleichung:
$$-\frac{e^2}{k^2} + a^2 + b^2 = 1.$$

Soll umgekehrt die Gleichung $ep + ax + by = 0$ eine Gerade darstellen, so muſs $a^2 + b^2 - \frac{e^2}{k^2} > 0$ sein.

Für den Raum gehen wir von drei auf einander senkrecht stehenden Ebenen aus, welche sich in O treffen. Zur Bestimmung des Punktes P fällen wir die Senkrechten PA, PB, PC auf die Ebenen, und setzen:

$$\operatorname{Ch}\frac{OP}{k} = p,\ k\operatorname{Sh}\frac{PA}{k} = x,\ k\operatorname{Sh}\frac{PB}{k} = y,\ k\operatorname{Sh}\frac{PC}{k} = z.$$

Wenn OP mit den Koordinatenebenen die Winkel φ, φ', φ'' bildet, so ist auch:

$$x = k\operatorname{Sh}\frac{r}{k}\sin\varphi,\ y = k\operatorname{Sh}\frac{r}{k}\sin\varphi',\ z = k\operatorname{Sh}\frac{r}{k}\sin\varphi''.$$

Jetzt besteht also die Beziehung:
$$k^2 p^2 - x^2 - y^2 - z^2 = k^2.$$

Umgekehrt, wenn zwischen vier Gröſsen p, x, y, z diese Beziehung besteht und $p > 1$ ist, so genügen sie zur Bestimmung eines und zwar eines einzigen Punktes.

Die Entfernung e zweier Punkte (p, x, y, z) und (p', x', y', z') wird durch die Formel bestimmt:

$$k^2 \operatorname{Ch}\frac{e}{k} = k^2 pp' - xx' - yy' - zz'.$$

Ebenso wird jede Ebene durch eine Gleichung von der Form dargestellt:

$$ep + ax + by + cz = 0,$$
$$\text{wo } -\frac{e^2}{k^2} + a^2 + b^2 + c^2 > 0 \text{ ist.}$$

Der Beweis der letzten Sätze ist wesentlich identisch mit dem der entsprechenden Sätze der Ebene.

Der wirkliche Aufbau der Geometrie vermittelst der Analysis dürfte hier nicht notwendig sein.

§ 17.
Vergleichung der Geometrie auf der Kugelfläche mit der der Ebene.

In § 14 traten uns Kugelfläche, Grenzfläche und Fläche gleichen Abstandes in mancher Beziehung als gleichberechtigt entgegen. Die Grenzfläche zeigt die Eigenschaften der euklidischen, die Fläche gleichen Abstandes die der Lobatschewskyschen Ebene. Eine Vergleichung beider ergiebt sich aus den vorstehenden Untersuchungen, braucht also nicht weiter durchgeführt zu werden. Wir haben jetzt noch die Aufgabe, die Kugelfläche genauer mit der Ebene zu vergleichen.

Zuvörderst ist der Grad der Beweglichkeit für beide Flächen derselbe. Man kann auch die Kugelfläche so in sich bewegen, daſs ein Punkt in die Lage eines beliebigen andern Punktes gelangt, und dann kann man die Fläche noch bei der Ruhe eines Punktes so drehen, daſs jeder bewegte Punkt eine geschlossene Linie (einen Kreis) beschreibt. Demnach kann man die Fläche so in sich verschieben, daſs ein Punkt und eine davon ausgehende Richtung in Deckung gelangt mit einem zweiten Punkte und einer davon ausgehenden beliebig gewählten Richtung. Gleichwie die Gerade die kürzeste Linie auf der Ebene, ist der Hauptkreis (die Hauptlinie) die kürzeste Linie auf der Kugel. Durch jeden Punkt geht eine einfach unendliche Schar von Hauptlinien. Jede Hauptlinie kann in sich verschoben werden; man kann aber auch die Fläche so in sich bewegen, daſs die Hauptlinie umgekehrt in Deckung mit ihrer Anfangslage gelangt.

Aber auf der Kugel ist die Hauptlinie geschlossen, und zwei Hauptlinien der Kugel schneiden sich immer in zwei Punkten, einem Punkte und seinem Gegenpunkte. Infolgedessen erleidet der Satz, daſs durch zwei Punkte eine einzige Hauptlinie geht, eine Ausnahme, wenn die beiden Punkte Gegenpunkte sind. Man kann sich hiervon in etwa unabhängig machen, wenn man die Betrachtung auf eine Kalotte einschränkt, welche kleiner ist als die krumme Fläche einer Halbkugel. Durch zwei Punkte eines solchen Flächenteiles geht immer eine einzige Hauptlinie. Daher kann man diejenigen Sätze aus Euklids Planimetrie vollständig übertragen, bei deren Beweis die Unendlichkeit der Geraden weder direkt noch indirekt benutzt wird. Hieraus ergeben sich unmittelbar Sätze über die Kongruenz der Dreiecke, über das gleichschenklige Dreieck, namentlich auch über den Kreis.

Im übrigen möchten wir noch folgende Sätze der Sphärik besonders hervorheben: Zwei beliebige Hauptlinien schneiden einander; zugleich giebt es eine dritte Hauptlinie, welche auf beiden senkrecht steht. Die Summe der Winkel eines Dreiecks beträgt mehr als zwei Rechte, nähert sich aber zwei Rechten um so mehr, je kleiner der Inhalt ist.

Wir werden hierdurch darauf geführt, die Frage zu stellen: Ist die Unendlichkeit der Geraden durch die übrigen von ihr vorausgesetzten Eigenschaften gefordert, oder zeigt uns wenigstens die Erfahrung, dafs die Gerade (und damit der Raum) unendlich ist? Dafs der erste Teil der Frage verneint werden mufs, legen uns die angeführten Sätze der Sphärik schon nahe, soll aber in den folgenden Paragraphen noch genauer bewiesen werden. Was den zweiten Teil betrifft, so erinnern wir uns, dafs unsere Erfahrung immer nur auf ganz kleine Gebiete beschränkt ist und dafs wir den aus zahlreichen Beobachtungen geschöpften Wahrnehmungen unwillkürlich allgemeine Gültigkeit beilegen. Wir müssen aber bedenken, dafs unsere genauesten Beobachtungen auf der Erdoberfläche vor sich gehen, dafs also z. B. das, was wir als eine Gerade betrachten, im günstigsten Falle ein Stück eines Hauptkreises der Erdkugel ist.

Wie wir uns in den letzten Paragraphen vom elften Axiom Euklids unabhängig gemacht haben, müssen wir jetzt prüfen, ob seine Annahme, dafs die Gerade unendlich sei, im Wesen der geraden Linie ihren Grund findet.

§ 18.
Die Gerade als geschlossene Linie vorausgesetzt.

a) Wir verfolgen jetzt die Voraussetzung, dafs die gerade Linie geschlossen ist.[11]) Dabei müssen alle Sätze Euklids, in deren Ausspruch und bei deren Beweise die Unendlichkeit der Geraden weder direkt noch indirekt vorausgesetzt wird, unverändert bestehen bleiben. Das gilt also z. B. für die Sätze vom gleichschenkligen Dreieck, ferner für die in § 11 a—e angegebenen Sätze.

b) Da alle Geraden einander kongruent sind, haben sie auch alle dieselbe Länge. Gehen jetzt von einem Punkte A zwei gerade Linien AB und AC aus, so müssen sie notwendig einmal wieder zusammentreffen, und zwar, wenn es nicht schon früher geschieht, im Punkte A, von dem aus beide Gerade wieder ihre frühere Bahn fortsetzen. Wir bezeichnen den ersten Schnittpunkt der Geraden AB und AC von A aus mit A', (wobei wir die Möglichkeit zulassen, dafs A' mit A identisch ist). Dann ist jedenfalls die Länge ABA' gleich der von ACA'.

Man beweist dies etwa dadurch, dafs man die Figur in eine Lage bringt, in welcher die Richtung AB mit der Richtung AC vertauscht ist.

c) Treffen sich die Geraden AB und AC zuerst in A' wieder, so ist der Winkel, den die Geraden in A einschliefsen, gleich dem von ihnen in A' gebildeten Winkel.

Man drehe die Figur in ihrer Ebene um den Punkt A, bis AB in die Richtung AC fällt; dann möge AC die Lage AD annehmen. Da aber der Schnittpunkt von AC und AD auf AC fällt und ABA' = ACA' ist, so fällt auch der Schnittpunkt von AC und AD auf A'. Fährt man hiermit fort, so mufs nach einer endlichen Zahl von Wiederholungen AB entweder in die Anfangslage zurückkehren oder zum erstenmale in das Winkelfeld BAC fallen. Dasselbe mufs dann aber für A'B gelten. Gelangt AB in die Anfangslage zurück, so gilt dasselbe von AC, und es ist sowohl BAC wie BA'C gleich $\frac{2}{n}\pi$ für ein ganzzahliges n. Ist das nicht der Fall, so liegen beide Winkel zwischen $\frac{2}{n}\pi$ und

$\frac{2}{n+1}\pi$. Fährt man dann aber mit diesem Prozeſs weiter fort, bis AB wieder in die Anfangslage oder zwischen AB und AC gelangt, so ergeben sich für beide Winkel immer engere Grenzen von gleicher Gröſse.

Man kann den Beweis auch dadurch führen, daſs man den einen Winkel direkt auf den andern legt und zeigt, daſs hierbei Deckung eintritt.

d) Wie auch die zweite Linie AC gewählt ist, immer ist ABA′ ein ganzzahliger Teil der ganzen Linie AB . . A (also entweder die ganze Linie oder die Hälfte oder ein Drittel u. s. w.).

Verschiebt man die ganze Figur in ihrer Ebene längs der Geraden AB, bis A auf A′ gelangt, so muſs auch AC wieder in dieselbe gerade Linie fallen. Folglich wird auch die neue Lage A″ von A′ ein Schnittpunkt der beiden gegebenen Geraden sein, und es ist AA′ = A′A″ u. s. w. Da aber A selbst ein gemeinschaftlicher Punkt der Geraden ist, so muſs man durch eine endliche Anzahl von Wiederholungen zu diesem Punkte gelangen.

e) Wenn sich irgend zwei Gerade AB und AC, von A ausgehend, zuerst wieder in A′ treffen, so steht die Gerade, welche die Mitten von ABA′ und ACA′ mit einander verbindet, auf beiden Geraden senkrecht.

Es sei (Fig. 20) AM = MA′ auf AB und AN = NA′ auf AC, so sind die Dreiecke AMN und A′NM kongruent. Da aber beide Dreiecke gleichschenklig sind, so sind die vier Winkel an M und N einander gleich, also jeder ein Rechter.

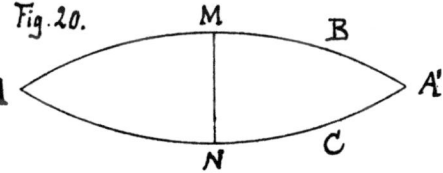

Fig. 20.

f) Wenn sich irgend zwei von A ausgehende gerade Linien zuerst wieder in A′ treffen, so müssen auch alle von A ausgehenden Geraden wieder durch A′ hindurchgehen.

Für eine ganze Reihe von Linien ist der Satz bereits in c) bewiesen; wir drehen die Figur um ABA′, so muſs auch jede neue Lage von ACA′ durch A′ hindurchgehen; dreht man aber jetzt um die Anfangslage von AC, so erhält man in der gegebenen

Ebene selbst weitere derartige Linien, welche einen an A liegenden Winkel einschliefsen; somit gilt der Satz allgemein.

Will man in der Ebene bleiben, so halbiere man in der vorigen Figur MN in O, ziehe AO und A'O und zeige, dafs dies eine gerade Linie ist, so dafs die Gerade AO durch A' geht. Durch Fortsetzung dieses und des in c) eingeschlagenen Verfahrens kann man jeder durch A gehenden Geraden unbegrenzt nahe kommen.

g) Die Mitten aller Geraden von einem Punkte A bis zum nächsten Schnittpunkt A' liegen in einer Ebene, deren sämtliche Punkte sowohl von A wie von A' gleichen Abstand haben.

Es sei (vergl. die vorige Figur) ABA' eine gerade Linie; M die Mitte derselben; in M sei MN beliebig auf ihr senkrecht errichtet; dann mufs die Gerade AN durch A' gehen; wegen der Kongruenz der Dreiecke AMN und A'MN ist auch AN = ½AA' und ∢ ANM ein Rechter; folglich ist AN = AM.

Dreht man jetzt AM in derselben Ebene um A, bis auch ∢ MAP (Fig. 21) ein rechter ist, so sind die drei Winkel von MAP gleich, also auch die drei Seiten.

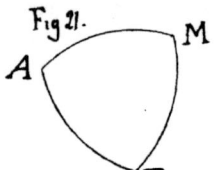

Fig 21.

Bezeichnen wir die Länge einer jeden mit $\frac{1}{2}k\pi$; so entspricht dem Winkel MAN = φ die Länge MN = $k\varphi$. Ferner ist AA' = 2 AM = $k\pi$.

h) Alle von einem Punkte ausgehenden geraden Linien schneiden sich entweder noch in einem zweiten Punkte oder haben keinen weiteren Punkt gemeinschaftlich.

Wir drehen die Gerade AM, wo M in der Mitte zwischen A und A' liegt, um den Punkt A in einer Ebene. Dann beschreibt M eine gerade Linie. Soll der Punkt M in seine Anfangslage zurückkehren, so mufs auch die Gerade AM wieder in Deckung mit ihrer Anfangslage gelangen. Das geschieht bei einer Drehung von zwei Rechten (= π) und von jedem Vielfachen von zwei Rechten (also bei nπ). Wenn AM sich um den Winkel π gedreht hat, so hat M die Länge $k\pi$ zurückgelegt, ist also zum ersten Schnittpunkt M' gekommen, in dem die von M ausgehenden Geraden wieder zusammentreffen. Als erste Möglichkeit ergiebt sich demnach die, dafs M' mit M zusammenfällt, dafs also überhaupt je zwei gerade Linien höchstens einen Punkt gemeinschaftlich haben.

Wenn aber die Drehung π noch nicht den Punkt M in seine Anfangslage, sondern in einen von M verschiedenen Punkt M' führt, so muſs doch bei der Drehung 2π jeder um A beschriebene Kreis vollständig durchlaufen sein, also muſs hierdurch auch M wieder in seine Anfangslage gelangen. Dann ist MM' die Hälfte der ganzen Geraden. Folglich ist auch der Punkt A' vom Punkte A verschieden, und alle Geraden, welche von einem Punkte ausgehen, begegnen sich noch in einem zweiten Punkte, dem Gegenpunkte des ersten; durch zwei Gegenpunkte wird jede hindurchgehende Gerade in zwei gleiche Teile zerlegt.

i) Dadurch sind wir auf zwei, sich gegenseitig ausschlieſsende Möglichkeiten, zwei Raumformen geführt. Wir werden beide im folgenden genauer untersuchen und zeigen, daſs keine von ihnen zu einem Widerspruche führt. Um die Untersuchung möglichst gleichförmig zu machen, legen wir für den Fall zweier gemeinschaftlicher Punkte der Geraden die Länge $2k\pi$ bei; wenn dagegen zwei von demselben Punkte ausgehende gerade Linien nur diesen einen Punkt gemeinschaftlich haben, so bezeichnen wir die Länge der geraden Linie mit $k\pi$. Die erste Möglichkeit wurde zuerst von Riemann angegeben und soll daher die Riemannsche Raumform heiſsen; auf die zweite wurden die Herren Klein und Newcomb[12]) geführt, ohne indessen zu erkennen, daſs die Riemannsche Raumform ebenfalls berechtigt ist. Beide Raumformen werden häufig wegen der endlichen Länge der geraden Linie selbst als endlich bezeichnet. Wir wenden uns zunächst der Riemannschen Geometrie zu.

§ 19.

Die einfachsten Gebilde des Riemannschen Raumes.

a) Wenn jeder Punkt von seinem Gegenpunkte verschieden ist, so geht jede Gerade, sowie jede Ebene, welche einen Punkt P enthält, auch noch durch den Gegenpunkt P' hindurch. Eine Gerade, welche mit einer Ebene zwei Punkte gemeinschaftlich hat, fällt daher ganz in die Ebene hinein, wofern nur die Punkte nicht Gegenpunkte von einander sind.

b) Der gröfste Abstand, welchen zwei Punkte von einander erhalten können, ist gleich der halben Länge der geraden Linie, und nachdem ein Punkt gegeben ist, hat nur ein anderer Punkt von ihm diesen gröfsten Abstand.

Sind A und B irgend zwei Punkte des Raumes, so läfst sich eine gerade Linie durch sie hindurchlegen (wenn sie Gegenpunkte sind, unendlich viele). Diese Gerade wird durch die beiden Punkte in zwei Teile zerlegt, welche nur gleich sind, wenn jeder gleich $k\pi$ ist; wenn sie aber ungleich sind, so mufs einer von ihnen kleiner als $k\pi$ sein. Man kann also im allgemeinen zwischen zwei Punkten eine gerade Strecke ziehen, welche kleiner ist als $k\pi$. Der Abstand $k\pi$ führt aber längs jeder beliebigen Geraden auf den Gegenpunkt.

c) Die Ebene des Riemannschen Raumes hat für sich betrachtet die Eigenschaften einer Kugelfläche (im euklidischen Raume). Der Unterschied tritt erst hervor, wenn man die Beziehungen der Ebene zu den aufser ihr gelegenen Gebilden betrachtet; die Ebene ist nämlich umkehrbar, die Kugelfläche aber nicht. Dadurch werden aber noch weitere Verschiedenheiten begründet.

Auch die gewöhnliche Sphärik kann man darauf stützen, dafs alle Hauptlinien kongruent sind und die von einem Punkte ausgehenden sich noch in einem zweiten Punkte begegnen. Nach den Entwicklungen des vorigen Paragraphen und unter Hinzunahme der in d—h dieses Paragraphen benutzten Methoden ergeben sich die Beweise mit Leichtigkeit.

d) Alle Punkte, welche von einem festen Punkte den Abstand $\frac{1}{2}k\pi$ haben, liegen auf einer Ebene, der Polarebene des Punktes; alle geraden Linien, welche durch einen Punkt gehen, stehen auf seiner Polarebene senkrecht, und umgekehrt gehen alle geraden Linien, welche auf einer Ebene senkrecht stehen, durch ihre Pole hindurch; je zwei Senkrechte derselben Ebene liegen wieder in einer Ebene.

Von einem Punkte A des Raumes lassen wir beliebig viele gerade Linien ausgehen; alle diese schneiden sich noch im Gegenpunkte A'. Die Mitten aller Strecken AA' liegen in einer Ebene α. Bei jeder Drehung um den Punkt A wird die Ebene α in sich verschoben. Verbinden wir den Punkt A mit irgend einem Punkte von α durch eine gerade Linie, so steht dieselbe auf α senkrecht. Überhaupt trifft jede durch A gelegte Gerade die Ebene α senkrecht, und jede auf α errichtete Senkrechte geht durch A und A', da die Verbindungsgerade ihres Fußpunktes mit A auf α senkrecht steht und es in jedem Punkte der Ebene nur eine auf ihr senkrechte Gerade giebt.

Ist aber eine zweite Ebene β gegeben, so können wir dieselbe mit α zur Deckung bringen; in dieser neuen Lage geht jede ihrer Senkrechten durch A und A'. Somit sind auch der Ebene β zwei Punkte B und B' in derselben Weise zugeordnet, wie A und A' zu α. Die beiden Punkte, welche Gegenpunkte von einander sind, heißen die Pole der Ebene, letztere die Polarebene jedes der beiden Punkte.

e) Indem man jedem Punkte seine Polarebene zuordnet, kann man jeder Mannigfaltigkeit von Punkten eine solche von Ebenen zuordnen und umgekehrt. Um die letztere Zuordnung eindeutig zu machen, ordnet man der Ebene einen ihrer Pole willkürlich zu; dann setzt man fest, daß einer stetigen Folge von Ebenen auch eine stetige Folge von Punkten entsprechen soll. Die vorstehende Zuordnung ist reziprok: Ist dem Punkte 1 die Ebene I zugeordnet, und wird in der Ebene I ein Punkt 2 angenommen, so geht dessen Polarebene II durch den Punkt 1 hindurch.

Dies folgt daraus, daß die Entfernung eines Punktes von jedem Punkte der Polarebene gleich $\tfrac{1}{2}k\pi$ ist und daß alle Punkte, welche diese Entfernung haben, in der Polarebene liegen.

f) Der größte Abstand, den ein Punkt von einer gegebenen Ebene erlangen kann, beträgt $\tfrac{1}{2}k\pi$, und nur die Pole besitzen diesen Abstand. Alle Punkte, welche einen kleineren Abstand a von der Ebene haben, gehören zwei Kugeln an, von denen jede mit dem Radius $(\tfrac{1}{2}k\pi - a)$ um einen der Pole als Mittelpunkt beschrieben wird.

Um den Abstand eines Punktes P von einer Ebene I zu bestimmen, fällen wir von P auf I die Senkrechte. Die beiden Fußpunkte M und M' dieser Senkrechten zerlegen in Verbindung mit den Polen A und A' der Ebene die Gerade in vier gleiche Teile. Einem dieser Teile gehört der Punkt P an, wenn er nicht auf der Grenze zweier Teile liegt. Somit ist der Abstand eines Punktes von der Ebene nur für die Pole gleich $\tfrac{1}{2}k\pi$. Hat P eine andere Lage, so beschreibe man um A eine Kugelfläche, welche durch P geht; dann wird jede Gerade AQ, welche von A aus durch einen Punkt O auf der Oberfläche der Kugel geht, auf der Ebene I senkrecht stehen. Begegnet AQ der Ebene zuerst in N, so ist $AQ + QN = \frac{1}{4}k\pi$, somit die Senkrechte QN für alle Punkte Q der Kugel von konstanter Länge.

g) Jeder geraden Linie entspricht eine einzige zweite als ihre reziproke Polare, in dem Sinne, dafs die Pole zu den durch die eine gelegten Ebenen in der andern liegen, und die Polarebenen der Punkte der einen sich in der andern schneiden.

Den Punkten einer Geraden g entspricht eine einfach unendliche Schar von Polarebenen γ, γ' ... Legen wir aber durch g eine beliebige Ebene, so mufs ihr Pol auf allen Polarebenen γ, γ' ... liegen. Daher müssen alle diese Ebenen sich in einer Schar von Punkten, also in einer geraden Linie g' treffen. Zugleich müssen aber auch die Polarebenen der Punkte von g' die Gerade g gemeinschaftlich haben.

h) Zwei beliebige Ebenen schneiden sich stets in einer geraden Linie und besitzen zugleich stets eine gemeinschaftliche Senkrechte. Ist φ der Winkel der beiden Ebenen, so ist die Länge der gemeinschaftlichen Senkrechten gleich $k\varphi$. Die Schnittlinie und die Senkrechte sind reziproke Polaren von einander.

Gegeben seien die Ebenen α und β; A und A' seien die Pole der Ebene α, B und B' die der Ebene β. Die gerade Linie g, welche durch diese beiden Paare von Gegenpunkten geht, steht auf beiden Ebenen senkrecht. Die reziproke Polare von g liegt in den Polarebenen aller Punkte von g, also auch in denen von A und B oder in den Ebenen α und β.

i) Alle Ebenen, welche eine gegebene Ebene unter demselben Winkel schneiden, berühren eine Kugel, deren Mittelpunkt ein Pol der Ebene ist.

Die Ebenen haben von dem Pol der gegebenen Ebene gleichen Abstand.

k) Eine Ebene wird von jeder nicht in ihr verlaufenden Geraden geschnitten; wenn die Gerade nicht auf der Ebene senkrecht steht, so giebt es stets eine einzige Gerade, welche auf beiden senkrecht steht.

Wenn eine Gerade g und eine Ebene α gegeben sind, so bestimme man zu g die Polare g' und zu α die Pole A und A'. Durch g', A, A' läfst sich eine einzige Ebene B legen, und zu letzterer giebt es ein Paar B und B' von Polen, welche in g und in α liegen müssen.

Wenn g nicht auf α senkrecht steht, also nicht durch A geht, so schneidet die durch A und g gelegte Ebene die Ebene β in einer Geraden, welche auf α und g senkrecht steht.

l) Jeder Punkt einer Geraden hat von jedem Punkte der Polare die Entfernung $\frac{1}{2}$ kπ. Jede Gerade, welche beide reziproke Polaren trifft, steht auf beiden senkrecht, und jede Gerade, welche auf der einen senkrecht steht, schneidet auch die andere.

Liegt der Punkt P in der Geraden g, so mufs die Polare g' von g in der Polarebene von P liegen. P hat von jedem Punkte der Polarebene, also auch von den Punkten der Linie g' die Entfernung $\frac{1}{2}$ kπ. Da jede Gerade, welche von P nach einem Punkte seiner Polarebene gezogen wird, auf der Polarebene senkrecht steht, gilt dies für alle von P nach g' gezogenen Geraden. Da aber g und g' mit einander vertauscht werden können, mufs die bezeichnete Gerade auf beiden senkrecht stehen. Legt man durch P und g' eine Ebene, so mufs sie alle Senkrechten enthalten, welche in P auf g errichtet werden können.

m) Der Raum kann so bewegt werden, dafs jeder Punkt seine Lage mit der seines Gegenpunktes vertauscht; mit andern Worten:

Jeder Körper ist zu seinem Gegenkörper kongruent.

Man nehme irgend zwei reziproke Polaren k und l. Zuerst mache man eine halbe Umdrehung um k; dann wird jeder Punkt von l in Deckung mit seinem Gegenpunkte gelangen. Darauf mache man eine halbe Umdrehung um l (in seiner neuen Lage); dadurch erreicht man, dafs auch jeder Punkt von k die Lage mit der seines Gegenpunktes vertauscht. Jetzt sei A ein beliebiger Punkt des Raumes; man lege diejenige Gerade a hindurch, welche k und l trifft; die Schnittpunkte mit k seien B und B', die mit l seien C und C'. Durch die ausgeführte Bewegung haben B und B', C und C' je ihre Lage vertauscht. Da durch die zwei Paare von Gegenpunkten B und B', C und C' nur eine gerade Linie geht, so deckt die Gerade a ihre Anfangslage wieder und jeder ihrer Punkte gelangt in die Anfangslage des Gegenpunktes, speziell der Punkt A in seinen Gegenpunkt A'.

n) Fällt man von zwei Gegenpunkten auf dieselbe gerade Linie die Senkrechten, so sind dieselben gleich grofs, gehören derselben geraden Linie an und ihre Fufspunkte sind wiederum Gegenpunkte.

Hierbei wird vorausgesetzt, dafs der Abstand nicht gleich $\frac{1}{2} k\pi$ ist, und dafs man in den Senkrechten beidemal dasjenige Stück gewählt habe, welches $< \frac{1}{2} k\pi$ ist. Der Beweis folgt unmittelbar aus m) und a).

o) Aus l) folgen unmittelbar die beiden Sätze:

Sind k und l irgend zwei reziproke Polaren, und wählt man auf k die Punkte E und F, auf l die Punkte G und H beliebig aus, so stehen k und l sowohl auf der Geraden EG, wie auf FH senkrecht.

Wenn eine gerade Linie k zwei Gerade a und b senkrecht schneidet, so thut dasselbe ihre reziproke Polare l.

Der zweite Satz folgt daraus, dafs jede gerade Linie, welche auf k senkrecht steht, auch die reziproke Polare l senkrecht treffen mufs; auf k senkrecht zu stehen, wird aber von den Geraden a und b vorausgesetzt.

p) Wenn zwei Punkte einer geraden Linie, ohne Gegenpunkte zu sein, von einer zweiten Geraden gleichen Abstand haben, so steht die von der Mitte der beiden Punkte auf die zweite gefällte Senkrechte auch auf der ersten senkrecht.

Die beiden in § 11 g) angegebenen Beweise bleiben ungeändert, wofern nur die Punkte keine Gegenpunkte sind und damit nicht unendlich viele gerade Linien hindurchgelegt werden können.

q) Zu irgend zwei Geraden, welche nicht derselben Ebene angehören, giebt es mindestens zwei gerade Linien, durch welche sie senkrecht geschnitten werden.

Von zwei Punkten A und B der ersten Geraden a fälle man die beiden Senkrechten auf b. Wenn diese beiden Senkrechten gleich sind, so wird die von ihrer Mitte M auf b gefällte Senkrechte auch auf a senkrecht stehen. Zugleich wird die reziproke Polare dieser gemeinschaftlichen Senkrechten (nach dem zweiten Satze von o) ebenfalls beide Geraden senkrecht treffen.

Wenn aber etwa unter den beiden von A und B aus gefällten Senkrechten die erste die gröfsere ist, so fälle man auch vom Gegenpunkte A' von A die Senkrechte auf b. Wählt man also eine Länge, welche kleiner ist als die gröfsere, aber gröfser als die kleinere Senkrechte, so mufs auf a sowohl zwischen B und A, wie zwischen B und A' ein Punkt liegen, dessen senkrechter Abstand von der Geraden b dieser Länge gleich kommt. Damit haben wir diesen Fall auf den vorigen zurückgeführt.

Bem. 1. Wenn die Geraden derselben Ebene angehören, so haben wir ebenfalls zwei gemeinschaftliche Senkrechte, welche reziproke Polaren von einander sind; nämlich 1. die Gerade, welche im Schnittpunkt auf beiden senkrecht steht, 2. die in ihrer Ebene gelegene Polare des Schnittpunktes.

Bem. 2. Ohne auf o) zurückzugehen, kann man die Existenz der zweiten gemeinschaftlichen Senkrechten auch durch Stetigkeitsbetrachtungen beweisen, wie sie zum Nachweis der ersten Senkrechten hier benutzt sind.

r) Wenn zu zwei Geraden zwei gemeinschaftliche Senkrechte existieren, welche nicht reziproke Polaren sind, so giebt es unendlich viele gemeinschaftliche Senkrechte, und alle diese sind gleich grofs.

Angenommen, zu den Geraden a und b gebe es zwei gemeinschaftliche Senkrechte g und h, welche nicht absolute Polaren von einander sind. Man lasse die Figur eine Drehung gleich π um g ausführen. Dann nehmen die Geraden a und b als Ganze wieder ihre Anfangslage an; dagegen wird h eine Lage h_1 erhalten, welche von h verschieden ist, und h_1 mufs ebenfalls auf a und b senkrecht stehen. Sind A und B die Fufspunkte von h, C und D die von g, A_1 und B_1 die von h_1, so sind in dem windschiefen Viereck ABA_1B_1 alle Winkel Rechte und ein Paar Gegenseiten gleich; daraus folgt leicht, dafs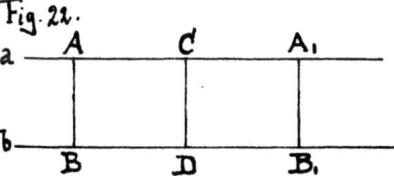
auch das andere Paar Gegenseiten gleich ist. Dann ist auch AC = BD, also in ABCD das eine Paar Gegenseiten gleich, ohne dafs ihre Längen gleich $\tfrac{1}{4}k\pi$ sind. Somit ist auch AB = CD.

Es muſs also die Gerade, welche durch die Mitte von AC und von BD hindurchgeht, auf a und b senkrecht stehen, und man erkennt sofort, daſs auch diese Strecke gleich AB ist. Durch Fortsetzung dieses Verfahrens läſst sich die Richtigkeit der Behauptung erweisen.

s) Für zwei gerade Linien des Riemannschen Raumes sind zwei Fälle, möglich: entweder haben sie zwei oder unendlich viele gemeinschaftliche Senkrechte. Im ersten Falle gelten noch die folgenden Beziehungen:

α) Die beiden Senkrechten sind von ungleicher Länge.

Hätten sie nämlich gleiche Längen, so würden (nach n) noch weitere Senkrechte vorhanden sein.

β) Die beiden Senkrechten geben den kleinsten und gröſsten Wert, welchen der Abstand der Punkte der einen Geraden von der andern erreichen kann.

Es stehe $AA_1 \perp AB$ und $\perp A_1B_1$, und ebenso $BB_1 \perp AB$ und $\perp A_1B_1$, und es sei $AB < A_1B_1$; gäbe es auf AA_1 einen Punkt C, dessen Abstand von BB_1 kleiner als AB wäre, so müſste zwischen C und A_1 ein Punkt D liegen, dessen Abstand von BB_1 gleich AB wäre. Dann müſste

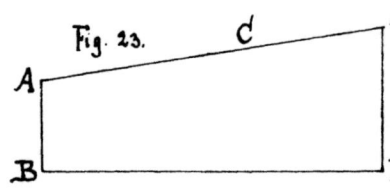

Fig. 23.

es zwischen A und D noch eine gemeinschaftliche Senkrechte geben. Ebenso würde man noch weitere Senkrechte erhalten, wenn irgend ein Punkt der ersten Geraden von der zweiten einen Abstand hätte, der gröſser wäre als A_1B_1.

Die beiden Senkrechten stellen also die stationären Abstände der beiden Geraden von einander dar.

γ) Durch die beiden stationären Abstände zweier Geraden ist ihre gegenseitige Lage vollständig bestimmt.

Sollen die beiden gemeinschaftlichen Senkrechten zweier Geraden die Längen αk und βk haben, wo α und β höchstens den Wert $\frac{1}{2}\pi$ erreichen können, so wähle man eine der gemeinschaftlichen Senkrechten g ganz willkürlich, und konstruiere zu ihr die **absolute Polare** h. Auf g trage man eine Strecke gleich αk und auf h eine Strecke gleich βk willkürlich ab; dann haben die beiden

Geraden, welche die Endpunkte paarweise verbinden, die verlangte Eigenschaft.

δ) Sind $k\alpha$ und $k\beta$ die stationären Werte für die Abstände der beiden Geraden, so sind auch α und β die stationären Werte für die Winkel, welche irgend zwei Ebenen mit einander bilden, von denen jede durch eine der beiden Geraden hindurchgeht. Man kann daher auch α und β als die Neigungswinkel der beiden Geraden definieren. Auch kann man diese Eigenschaft zur Konstruktion der in γ) gelösten Aufgabe benutzen. Gegeben sei die Gerade a; man soll eine zweite Gerade b finden, für welche die gemeinschaftlichen Senkrechten die Längen $k\alpha$ und $k\beta$ haben. Man wähle in a einen Punkt A beliebig, errichte in A auf a eine beliebige Senkrechte und mache ihre Länge AB gleich $k\alpha$; durch AB lege man eine Ebene II, welche mit der Ebene durch a und B den Winkel β bildet, und errichte in ihr durch B die Senkrechte b auf AB.

ε) Zwei gerade Linien des Riemannschen Raumes können aber auch unendlich viele gemeinschaftliche Senkrechten haben. Man schneide auf zwei reziproken Polaren gleiche Längen ab und verbinde deren Endpunkte durch gerade Linien, so werden diese die verlangte Eigenschaft haben. Hierüber gelten folgende Sätze, deren Beweis so leicht ist, dafs er nicht durchgeführt zu werden braucht:

α) Zwei solche Linien haben überall gleichen (senkrechten) Abstand.

β) Von jeder dritten Geraden, welche beide Linien trifft, werden sie unter gleichen Winkeln geschnitten.

Sind g und h zwei solche Linien und werden beide von der Geraden k getroffen, so ist $\sphericalangle$ (gk) = (kh), wie man sofort sieht, wenn man von jedem der beiden Schnittpunkte die Senkrechte auf die andere Gerade fällt.

γ) Verbindet man die Endpunkte gleicher Strecken AB und CD, welche einem derartigen Linienpaare angehören, in der richtigen Folge, so haben auch die Geraden AC und BD überall gleichen Abstand und in dem windschiefen Viereck sind die gegenüberliegenden Seiten und Winkel je einander gleich.

δ) Durch die in den drei vorangehenden Sätzen angegebenen Eigenschaften treten diese Linien in enge Beziehung zu den

Parallelen der euklidischen Ebene, und aus diesem Grunde mögen gerade Linien des Riemannschen Raumes, welche überall gleichen Abstand haben, nach Cliffords Vorschlage als Parallele bezeichnet werden. Sollte in einzelnen Fällen eine Verwechslung mit den im § 10 besprochenen Parallelen zu befürchten sein, so können wir Cliffordsche und Lobatschewskysche Parallelen unterscheiden.

ε) Durch jeden Punkt lassen sich zu einer gegebenen Geraden zwei Parallele ziehen.

Wenn die Gerade g und der Punkt P gegeben sind, so fälle man von P auf g die Senkrechte PQ. Ist deren Länge $= k\alpha$, so lege man durch P eine Gerade, welche auf PQ senkrecht steht und zur Ebene (P, g) unter dem Winkel α geneigt ist. Diese Gerade kann auf der einen oder der andern Seite der Ebene angelegt werden, und deshalb unterscheidet Clifford zwischen rechts- und links-gewendeten Parallelen.

ζ) Wenn zwei Parallele gegeben sind, so geht durch jeden Punkt des Raumes eine einzige Gerade, welche zu beiden parallel ist.

g und h seien parallel und A sei ein Punkt, welcher in keiner von ihnen liegt. Man lege durch A diejenige Gerade, welche beide trifft; das geschehe in B und C. Nun trage man auf g und h die gleichen Strecken BD und CE in richtiger Folge ab, ziehe DE und mache auf ihr $DG = BA$, $EG = CA$, so ist die Gerade AG zu g und h parallel.

η) Man kann im Raume eine zweifach unendliche Schar von Geraden so konstruieren, daß

1. durch jeden Punkt des Raumes eine einzige Gerade der Schar geht, und daß

2. irgend zwei Geraden der Schar zu einander parallel sind.

Alsdann kann man den Raum so in sich bewegen, daß jede Gerade der Schar in sich verschoben wird; man hat nur jede Verschiebung $k\alpha$ längs einer beliebigen Geraden der Schar mit einer Drehung α um dieselbe Gerade zu verbinden.

Zusatz. Geht man von zwei gemeinschaftlichen Senkrechten aus, welche reziproken Polaren angehören, so kann man unter Anwendung der in § 21 anzuführenden trigonometrischen Formeln die unter s) und t) mitgeteilten Eigenschaften leicht durch Rechnung beweisen.

Die gegebenen Geraden mögen die gemeinschaftlichen Senkrechten a und b haben. Von einem Punkte der einen Geraden, welcher das Stück zwischen den Fußpunkten in die Teile x und $\frac{1}{2}k\pi - x$ teilt, möge auf die andere Gerade die Senkrechte y gefällt werden, durch deren Fußpunkt auf der zweiten Geraden die Stücke z und $\frac{1}{2}k\pi - z$ erhalten werden.

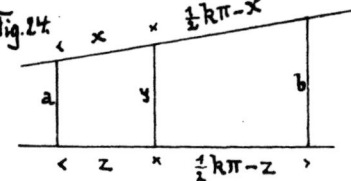

Fig. 24.

Die Strecken x und y mögen den Winkel α bilden. Dann gelten die Gleichungen:

$$\cos\frac{y}{k}\cos\frac{z}{k} = \cos\frac{a}{k}\cos\frac{x}{k}$$

$$\cos\frac{a}{k}\cos\frac{z}{k} = \cos\frac{x}{k}\cos\frac{y}{k} + \sin\frac{x}{k}\sin\frac{y}{k}\cos\alpha.$$

$$\cos\frac{y}{k}\sin\frac{z}{k} = \cos\frac{b}{k}\sin\frac{x}{k}$$

$$\cos\frac{b}{k}\sin\frac{z}{k} = \sin\frac{x}{k}\cos\frac{y}{k} - \cos\frac{x}{k}\sin\frac{y}{k}\cos\alpha.$$

Indem man aus der zweiten und vierten Gleichung $\cos\alpha$ entfernt, erhält man:

$$\cos\frac{a}{k}\cos\frac{z}{k}\cos\frac{x}{k} + \cos\frac{b}{k}\sin\frac{z}{k}\sin\frac{x}{k} = \cos\frac{y}{k}.$$

Hierin setze man für $\cos\frac{z}{k}$ und $\sin\frac{z}{k}$ die Werte aus der ersten und dritten Gleichung ein; dann folgt:

$$\cos^2\frac{y}{k} = \cos^2\frac{a}{k}\cos^2\frac{x}{k} + \cos^2\frac{b}{k}\sin^2\frac{x}{k}.$$

Dieser Gleichung kann man auch die vier folgenden Formen geben, aus denen sich die obigen Eigenschaften unmittelbar ergeben:

$$\cos^2\frac{y}{k} = \cos^2\frac{a}{k} + \left(\cos^2\frac{b}{k} - \cos^2\frac{a}{k}\right)\sin^2\frac{x}{k}$$

$$= \cos^2\frac{b}{k} - \left(\cos^2\frac{b}{k} - \cos^2\frac{a}{k}\right)\cos^2\frac{x}{k},$$

$$\sin^2\frac{y}{k} = \sin^2\frac{a}{k} + \left(\sin^2\frac{b}{k} - \sin^2\frac{a}{k}\right)\sin^2\frac{x}{k}$$

$$= \sin^2\frac{b}{k} - \left(\sin^2\frac{b}{k} - \sin^2\frac{a}{k}\right)\cos^2\frac{x}{k}.$$

Wenn $\tfrac{1}{2}k\pi \geq b > a$ ist, so liegt auch y zwischen a und b und erreicht die Grenzwerte nur für $x = 0, \tfrac{1}{2}k\pi, \pi, \tfrac{3}{2}k\pi$. Dagegen wird für $a = b$ auch stets $y = a$ und zugleich $x = z$, $\alpha = \tfrac{1}{2}\pi$, wie es die oben gegebene geometrische Herleitung erfordert.

§ 20.
Die Polarform des Riemannschen Raumes.

Wir legen jetzt die Voraussetzung zu Grunde, dafs zwei gerade Linien, welche von demselben Punkte ausgehen, nur in ihrem Anfangspunkte wieder zusammenstofsen. Im allgemeinen gelangen wir zu den im vorigen Paragraphen angegebenen Gesetzen; auch tritt in den Beweisen kaum eine Verschiedenheit auf. Indem wir jetzt die Länge der geraden Linie gleich $k\pi$ setzen, stellt sich die Gerade als ein Kreis mit dem Radius $\tfrac{1}{2}k\pi$ dar; jedoch wird jeder ihrer Punkte bereits durch eine Drehung von der Gröfse π in seine Anfangslage gebracht. Die im vorigen Paragraphen entwickelte Polarität bleibt ungeändert; jedem Punkte entspricht eine Ebene, jeder Ebene ein Punkt, jeder Geraden eine zweite Gerade. Demnach ändern sich die Beweise über den Schnitt von Ebenen unter einander, sowie von Ebenen mit Geraden, und über die Abstände von Geraden durchaus nicht; nur mufs das Paar von Gegenpunkten durch einen einzigen Punkt ersetzt werden. Von den Sätzen des § 19 gelten die unter a), b), c) mitgeteilten nicht für den hier betrachteten Raum. An Stelle derselben treten die folgenden:

Der Raum wird durch die Ebene, und die Ebene durch eine in ihr gelegene Gerade nicht zerlegt; man kann daher, wenn irgend zwei Punkte des Raumes gegeben sind, von denen keiner in einer gegebenen Ebene liegt, stets von einem zum andern Punkte gelangen, ohne die Ebene zu treffen.

Der gröfste Abstand zweier Punkte des Raumes beträgt $\tfrac{1}{2}k\pi$, ist also gleich der Hälfte der geraden Linie; alle Punkte, welche von einem festen Punkt diesen gröfsten Abstand haben, liegen in der Polarebene des Punktes.

Zum Beweise des ersten Satzes betrachte man eine Ebene und zwei nicht in ihr gelegene Punkte; durch letztere lege man eine gerade Linie; dann kann nur einer der beiden Teile, in welche diese Gerade durch die gegebenen Punkte zerlegt wird, den Schnittpunkt mit der Ebene enthalten; der andere Teil liefert einen Weg von der verlangten Eigenschaft.

Um den zweiten Satz zu beweisen, lege man wieder durch die beiden Punkte eine gerade Linie; diese wird durch die Punkte in zwei Teile zerlegt; diese Teile sind entweder beide gleich $\frac{1}{2}k\pi$ oder der eine ist kleiner als $\frac{1}{2}k\pi$. Die gröfste Entfernung zweier Punkte beträgt also $\frac{1}{2}k\pi$, und alle Punkte, welche diesen Abstand von einem gegebenen Punkte haben, gehören der Polarebene desselben an.

Wir fügen hier eine Betrachtung bei, welche es ermöglicht, die zuletzt betrachtete Raumform aus der Riemannschen herzuleiten. Wir betrachten nämlich nach dem Vorgange von Plücker in einem Raume die Ebene als Element. Diejenige Beziehung zwischen zwei Elementen, welche sich bei beliebiger starrer Bewegung nicht ändert, wird dann das Analogon des Abstandes bieten. Wollte man diese Betrachtung auf den euklidischen Raum anwenden, so würde man zu Vorstellungen geführt, auf welche sich die ersten Begriffe Euklids nicht mehr anwenden lassen. Dagegen ist es wohl gestattet, im Riemannschen Raume die Ebene als Element zu betrachten. Bei jeder starren Bewegung dieses Raumes bleibt auch die Länge der für zwei Ebenen gemeinschaftlichen Senkrechten ungeändert. Dieser Abstand darf daher als Abstand der beiden Elemente bezeichnet werden; natürlich ist, wie auch früher wenigstens stillschweigend vorausgesetzt wurde, wenn die betr. Längen auf der Senkrechten ungleich sind, die kleinere als Abstand zu bezeichnen. Dann ist der gröfste Abstand zweier Elemente gleich $\frac{1}{2}k\pi$, und wenn ein Element gegeben ist, so giebt es eine zweifache Unendlichkeit von Elementen, denen dieser gröfste Abstand zukommt; es sind das alle Ebenen, welche durch ihre Pole hindurchgehen. Ersetzen wir also in der Riemannschen Raumform den Punkt durch die Ebene, so mufs die Ebene durch die Gesamtheit aller Ebenen ersetzt werden, welche durch ein Paar Gegenpunkte gelegt werden können. Demnach mufs auch die Gerade durch den Ebenenbüschel (d. h. alle Ebenen, welche sich in derselben Geraden schneiden) ersetzt werden. Für diese Begriffe gelten alle Sätze, welche Euklid in den seinem ersten Buche vorgeschickten Bemerkungen voraussetzt, abgesehen von der Unendlichkeit der Geraden (und demnach auch vom fünften Postulat).

Bewegt man ein Element in der so definierten Geraden (also die Ebene im Ebenenbüschel), so kehrt es nach Zurücklegung des Weges $k\pi$ wieder in sich zurück. Entsprechend haben zwei gerade Linien (zwei Ebenenbüschel) höchstens ein einziges Element gemeinschaftlich. Das sind aber gerade diejenigen Voraussetzungen, von denen wir in diesem Paragraphen ausgegangen sind; deshalb kann man jeden der Sätze § 19 d) — n) für die hier betrachtete Anschauung verwenden. Aus diesem Grunde bezeichnen wir die vorliegende Raumform als die Polarform des Riemannschen Raumes. Da die Anwendung dieses Namens jedoch oft lästig ist, werden wir diese Raumform mit Herrn M. Simon als Kleinsche, oder wenn eine Verwechslung mit den später zu erwähnenden Clifford-Kleinschen Raumformen zu befürchten ist, als Klein-Newcombsche Raumform bezeichnen.

§ 21.
Analytische Behandlung der endlichen Raumformen.

Da wir später die Formeln der Trigonometrie direkt aus den ersten Begriffen und Sätzen herleiten wollen, können wir uns hier damit begnügen, darauf hinzuweisen, daſs die Geometrie in der Riemannschen Ebene identisch ist mit der Geometrie auf einer Kugel vom Radius k (im euklidischen Raume), daſs demgemäſs für beide Flächen auch dieselbe Trigonometrie gelten muſs. Nur miſst man in der Sphärik die Seiten gewöhnlich nach Winkelmaſs, so daſs die Länge der Hauptkreise gleich 2π wird. Da wir aber hier die Länge der Geraden gleich $2k\pi$ gesetzt haben, muſs in den Formeln die Länge einer jeden Seite durch k dividiert werden. Wenn also a, b, c die Seiten und α, β, γ die gegenüberliegenden Winkel eines ebenen Dreiecks sind, so gelten folgende Formeln:

$$\sin\frac{a}{k} : \sin\frac{b}{k} : \sin\frac{c}{k} = \sin\alpha : \sin\beta : \sin\gamma,$$

$$\cos\frac{a}{k} = \cos\frac{b}{k}\cos\frac{c}{k} + \sin\frac{a}{k}\sin\frac{b}{k}\cos\alpha.$$

Um die analytische Geometrie der Ebene aufzubauen, legen wir etwa ein dreirechtwinkliges Dreieck zu Grunde, und bestimmen die Lage eines jeden Punktes durch die Cosinus seiner (durch k dividierten) Abstände von den Ecken. Hieran kann man jedoch eine kleine Änderung anbringen, welche es gestattet, die zu erhaltenden Formeln auch für die euklidische und die Lobatschewskysche Ebene zu benutzen. Zu dem Ende gehen wir von zwei auf einander senkrecht stehenden Geraden OX und OY aus. Um die Lage eines Punktes P zu bestimmen, ziehen wir die Gerade OP und fällen von P die Senkrechten PA und PB auf OX und OY. Dann setzen wir:

$$p = \cos\frac{OP}{k}, \quad x = k\sin\frac{PB}{k}, \quad y = k\sin\frac{PA}{k}.$$

Jetzt besteht zwischen p, x, y die Relation:

$$k^2 p^2 + x^2 + y^2 = k^2.$$

Wählt man umgekehrt drei reelle Gröfsen so, dafs sie dieser Gleichung genügen, so stellen sie einen Punkt dar. Zwei Punkte (p, x, y) und (p', x', y') können nur zusammenfallen, wenn $p = p'$, $x = x'$, $y = y'$ ist. Durch das Verhältnis der drei Gröfsen p, x, y sind zwei Punkte bestimmt, und jedem beliebigen Verhältnis genügen zwei Punkte.

Ganz wie in § 15 leiten wir für den Abstand e zweier Punkte (p, x, y) und (p', x', y') die Formel her:

$$k^2 \cos\frac{e}{k} = k^2 pp' + xx' + yy'.$$

Ferner erhalten wir wie dort die Gleichung einer geraden Linie, und zwar ist dieselbe wieder homogen linear in den Koordinaten p, x, y, also von der Form:

$$ep + ax + by = 0;$$

jedoch braucht hier zwischen e, a, b keine Bedingung zu bestehen.

In ähnlicher Weise lassen sich die Koordinaten für den Raum aufstellen. Wir wählen drei auf einander senkrecht stehende Ebenen mit dem Schnittpunkte O und benutzen zur Bestimmung von P die Gröfsen:

$$p = \cos\frac{OP}{k}, \quad x = k\sin\frac{PA}{k}, \quad y = k\sin\frac{PB}{k}, \quad z = k\sin\frac{PC}{k},$$

wo PA, PB, PC die Längen der auf die drei Ebenen gefällten Senkrechten sind. Dann besteht die Relation:

$$k^2 p^2 + x^2 + y^2 + z^2 = k^2.$$

Für die Entfernung e zweier Punkte (p, x, y, z) und (p', x', y', z') gilt die Beziehung:

$$k^2 \cos\frac{e}{k} = k^2 pp' + xx' + yy' + zz'.$$

Ebenso wird die Gleichung der Ebene:
$$ep + ax + by + cz = 0.$$
Die Polarform des Riemannschen Raumes unterscheidet sich dadurch von demselben, dafs, wenn beidemal der Abstand eines Punktes von seiner Polarebene gleich $\frac{1}{2} k\pi$ gesetzt wird, die Länge der Geraden im Riemannschen Raume gleich $2k\pi$, in seiner Polarform gleich $k\pi$ ist. Für die Trigonometrie bleiben also die obigen Formeln bestehen. Auch können wir der analytischen Behandlung dieselben Koordinaten zu Grunde legen, nur werden jetzt die Wertsysteme (p, x, y, z) und $(-p, -x, -y, -z)$ denselben Punkt darstellen. Hiernach sind die Formeln für die beiden endlichen Raumformen identisch; nur zuweilen tritt bei der Deutung ein kleiner Unterschied ein.

Läfst man k immer gröfser werden oder beschränkt man sich auf ein immer kleineres Gebiet, so werden die Formeln immer mehr mit denen der euklidischen Geometrie identisch. Somit geht einerseits der endliche Raum für ein unendliches grofses k in den euklidischen über, andererseits zeigt der endliche Raum sich dem euklidischen um so ähnlicher, je kleiner das Gebiet ist, welches zur Untersuchung gewählt wird.

§ 22.
Vergleichung der verschiedenen Raumformen mit einander.

Die in den §§ 14 und 15 für die Lobatschewskysche Raumform angegebenen Formeln werden aus den im vorigen Paragraphen mitgeteilten dadurch erhalten, dafs man k^2 mit $-k^2$ vertauscht. Man kann daher für die analytische Behandlung des Lobatschewskyschen Raumes die Formeln des Riemannschen zu Grunde legen, wenn man nur der Gröfse k^2 einen negativen Wert beilegt. Dies gewährt den grofsen Vorteil, dafs man in den verschiedenen Raumformen stets dieselben Gleichungen benutzen kann, wobei auch der euklidische Raum für $k^2 = \infty$ mit eingeschlossen ist. Der Unterschied des Lobatschewskyschen und Riemannschen Raumes ergiebt sich vor allem daraus, dafs $k^2 p^2 + x^2 + y^2 + z^2$ für ein positives k^2 eine positive definite Form ist, d. h. für alle reellen Werte der Variabeln einen positiven Wert annimmt und nur beim Verschwinden aller Veränderlichen gleich null werden kann, während diese Form für ein negatives k^2 auch zum Verschwinden gebracht werden kann, ohne dafs alle Variabeln gleich null sind.

Sehen wir demnach von den (doch nur geringen) Unterschieden zwischen der Riemannschen Geometrie und ihrer Polarform ab, so wird jede Raumform durch eine reelle Konstante $\frac{1}{k^2}$ charakterisiert. Diese verdient mit vollstem Rechte den Namen der charakteristischen Konstante, so dafs wir den endlichen Raum als einen Raum mit positiver, den euklidischen als einen mit verschwindender und den Lobatschewskyschen als einen mit negativer charakteristischer Konstante bezeichnen können. Die hohe Bedeutung dieser Gröfse wurde zuerst von Riemann erkannt, und da sie sich ihm aus analytischen Untersuchungen ergab und ihr allgemeiner Ausdruck grofse Ähnlichkeit mit dem für das Gaufsische Krümmungsmafs der Flächen zeigte, so nannte er sie das Krümmungsmafs der Raumform. Indem er eine Verallgemeinerung des Begriffes Raum einführt, auf welche wir hier nicht eingehen können, mufs er für die von uns betrachteten Raumformen das Krümmungsmafs als konstant voraussetzen; somit unterscheidet er Räume positiven, verschwindenden und negativen konstanten Krümmungsmafses. Dieser Name hat vielfach zu Mifsverständnissen Veranlassung gegeben, weil man sich des analytischen Ursprunges nicht erinnerte und das Wort in seiner geometrischen Bedeutung auffafste.

Bezeichnen*) wir die Gesamtheit der Begriffe und Urteile, zu denen wir bei beliebiger Wahl von $\frac{1}{k^2}$ gelangen, als eine Raumform, so stellt die Gesamtheit aller Raumformen eine stetige Folge dar. Ist in mehreren Raumformen die charakteristische Konstante positiv, so zeigen sie, solange man jede einzelne in sich betrachtet, genau dieselben Eigenschaften; sie unterscheiden sich aber durch die Länge der geraden Linie und andere dem entsprechende Längen. Will man in allen dieselbe Längeneinheit

---

*) Um nicht gar zu weitläufig zu werden, glaube ich es mir versagen zu müssen, im folgenden Teile dieses Paragraphen stets die Entwicklungen vollständig durchzuführen und alle Sätze mit ausführlichen Beweisen zu versehen. Da es sich nicht um die strenge Theorie handelt, dürfte ein solches Verfahren wohl gestattet sein. Auf einzelne Punkte müssen wir an einer spätern Stelle nochmals eingehen und dann soll eine genauere Darlegung erfolgen.

zu Grunde legen, so müssen wir die Räume als verschieden betrachten. Ebenso zeigen alle Raumformen mit negativer charakteristischer Konstante, so lange man jede nur in sich betrachtet, dieselben Eigenschaften, während sie von einander verschieden sind, wenn man in allen dieselbe Längeneinheit voraussetzt. Dagegen ist im euklidischen Raume die Gröfse der charakteristischen Konstante von der Wahl der Längeneinheit ganz unabhängig. Nimmt man also in den verschiedenen Raumformen dieselbe Längeneinheit an, so stellt sich die euklidische Geometrie als einzelner Fall zwischen unendlich vielen gleichberechtigten dar.

Legen wir unsern Messungen ein festes Längenmafs, etwa das Meter, zu Grunde, so belehrt uns die Erfahrung, dafs k^2 seinem absoluten Betrage nach gröfser sein mufs als eine gewisse Zahl; dagegen sagt sie uns nicht, welcher Zahl k^2 in Wirklichkeit gleich kommt. Für den reziproken Wert $1:k^2$ müssen wir demnach ein gewisses Continuum, nämlich jede der Zahlen zwischen ε und $-\varepsilon$ als möglich anerkennen. Somit sind noch unendlich viele positive und unendlich viele negative Zahlen als möglich anzusehen. Entspricht eine dieser positiven Zahlen der Wirklichkeit, so hat der Erfahrungsraum die in § 19—21 gelehrten Eigenschaften; wenn aber $1:k^2$ in Wirklichkeit eine negative Zahl ist, so gelten für den Raum die in den §§ 11—16 angegebenen Sätze. Dagegen gelten Euklids Sätze nur dann, wenn die Konstante den einen Wert null besitzt. Auch hier finden wir unendlich viele gleichberechtigte Werte, und nur einer entspricht der euklidischen Geometrie.

Derselbe enge Zusammenhang, welcher hier in den analytischen Formeln sich offenbart, mufs sich auch in den geometrischen Sätzen selbst zeigen. Zunächst ist das weite Gebiet der Projektivität in allen Raumformen durchaus identisch.[14]) Um zu demselben zu gelangen, gehen wir etwa von vier Punkten A, B, C, D auf einer geraden Linie aus und ziehen von einem Punkte O aus die vier Strahlen OA, OB, OC, OD. Dann folgt aus dem Sinussatz:

$$\frac{\sin \frac{AC}{k}}{\sin \frac{CB}{k}} : \frac{\sin \frac{AD}{k}}{\sin \frac{DB}{k}} = \frac{\sin AOC}{\sin COB} : \frac{\sin AOD}{\sin DOB}.$$

Durchschneidet man also die vier Strahlen durch eine zweite gerade Linie und entsprechen A', B', C', D' den Punkten A, B, C, D, so muſs dieselbe Gleichung auch für die Punkte A', B', C', D' bestehen. Nun sind die rechten Seiten der so erhaltenen Gleichungen identisch, also müssen es auch die linken sein. Definieren wir also die linke Seite der obigen Gleichung als das Doppelverhältnis der vier Punkte A, B, C, D, und bezeichnen es mit (ABCD), so ist

$$(ABCD) = (A'B'C'D').$$

Dieser Satz genügt, um die projektive Geometrie aufzubauen. Man kann speziell die Kurven und Flächen zweiten Grades rein projektivisch definieren und vor allem ihre Polareigenschaften beweisen. Dabei ergeben sich nicht nur die reellen, sondern auch die imaginären Gebilde zweiten Grades.

Zu demselben Resultat gelangt man von der Gleichung der Ebene aus. Betrachten wir für die verschiedenen Punkte des Raumes den Ausdruck $ep + ax + by + cz$, wo p, x, y, z die in den §§ 16 und 21 eingeführten Gröſsen sind, so stellt derselbe, bis auf einen konstanten Faktor, eine bestimmte Funktion $\left(kf\left[\frac{r}{k}\right] \right)$ des Abstandes r des Punktes von einer festen Ebene dar. Demgemäſs mögen für die Marke $k = 1 \ldots 4$ die Ausdrücke

$$x_k = e_k p + a_k x + b_k y + c_k z$$

eingeführt werden. Dann wird durch das Verhältnis $x_1 : x_2 : x_3 : x_4$ ein Punkt oder in der Riemannschen Geometrie ein Paar von Gegenpunkten bestimmt. In den vier Gröſsen $x_1 \ldots x_4$ wird sich aber die Gleichung jeder Ebene homogen linear darstellen, und bei jeder projektiven Umgestaltung drücken sich die Verhältnisse der neuen Koordinaten durch homogene lineare Funktionen der alten aus. Damit ist die analytische Grundlage für die projektive Geometrie gegeben, und man kann sie selbst jetzt in bekannter Weise aufbauen.

Umgekehrt kann man die projektive Geometrie unabhängig von jeder Messung begründen und dann von ihr aus zur Metrik zurückgelangen, ja, die metrischen Eigenschaften rein projektivisch erklären. Die Wichtigkeit dieser Thatsache und die groſse Zahl von Erwägungen, welche zur Herleitung des Beweises notwendig sind, lassen es rätlich erscheinen, diese Untersuchungen im folgenden zweiten Abschnitt abgesondert zu behandeln.

Aber auch in den metrischen Eigenschaften selbst zeigt sich eine grofse Übereinstimmung. Wir müssen uns, da wir nur wenige Sätze aus jeder Raumform mitgeteilt haben, auf wenige Beispiele beschränken.

In der Ebene giebt es eine zweifache Unendlichkeit von geraden Linien. In der Riemannschen und Kleinschen Ebene wird jede Gerade von jeder zweiten geschnitten und besitzt mit ihr eine gemeinschaftliche Senkrechte. In der Lobatschewskyschen Ebene zerfallen die sämtlichen Geraden in Bezug auf eine gegebene gerade Linie in zwei Gruppen, deren jede ebenfalls eine zweifach ausgedehnte Mannigfaltigkeit bildet; die erste Gruppe umfafst diejenigen Geraden, welche die gegebene gerade Linie schneiden; der zweiten Gruppe gehören diejenigen Linien an, welche mit der gegebenen eine gemeinschaftliche Senkrechte besitzen. Als Übergang kommen zwei Scharen von Parallelen hinzu, aber jede ist nur einfach unendlich. Zugleich bestimmt die Schar der durch denselben Punkt gehenden Geraden, wie die aller Geraden, welche auf derselben Geraden senkrecht stehen, sowie endlich die Schar aller, welche zu einer festen Richtung parallel sind, jedesmal einen Büschel.

Ebenso enthält der Raum eine dreifache Unendlichkeit von Ebenen. Im Riemannschen Raume wird eine Ebene von jeder andern in einer Geraden geschnitten und beide Ebenen haben eine gemeinschaftliche Senkrechte. Im Lobatschewskyschen Raume hingegen giebt es Ebenen, welche die gegebene schneiden, und andere, welche mit ihr eine gemeinschaftliche Senkrechte besitzen; beide sind in dreifacher Unendlichkeit vorhanden; der Übergang wird von den zweifach unendlich vielen Ebenen gebildet, welche zu der gegebenen parallel sind.

Für die vier Raumformen gilt folgender Satz ganz allgemein: Durch drei Punkte läfst sich immer eine einzige in sich verschiebbare ebene Linie legen; wird ein vierter Punkt aufserhalb dieser Linie angenommen, so läfst sich durch die Linie und den Punkt immer eine einzige Fläche legen, welche bei der Ruhe eines Punktes noch in sich verschoben werden kann. Die Punkte dieser Fläche haben für den Riemannscheu Raum gleichen Abstand sowohl von einem Punkte wie von einer Ebene. Dagegen existiert im Lobatschewskyschen Raume im allgemeinen entweder ein Punkt oder eine Ebene von der angegebenen Eigenschaft; nur für die spezielle Übergangsfläche, die Grenzfläche Lobatschewskys, existiert weder ein solcher Punkt noch eine solche Ebene; wir haben beide in unendlicher Entfernung anzunehmen.

§ 23.
Saccheris Untersuchungen.

Als wir die Lobatschewskysche Geometrie begründeten, sind wir von der Voraussetzung ausgegangen, dafs die Gerade unendlich sei; ebenso haben wir der Untersuchung des endlichen Raumes die Annahme zu Grunde gelegt, dafs die Gerade eine geschlossene Linie sei. Nun ist es aber vom theoretischen Standpunkte aus schon mifslich, eine solche willkürliche Annahme zum Ausgangspunkte der Untersuchung zu machen. Aufserdem legt die Gleichartigkeit der gewonnenen Resultate es nahe, auch eine Übereinstimmung in der Grundlage anzustreben. Endlich dürfte es angebracht sein, eine Grundlage zu wählen, deren Berechtigung der Erfahrung unterworfen werden kann. Deshalb ist es hoch interessant, dafs auch die ältesten sorgfältigen Untersuchungen, welche zu dem Zwecke angestellt sind, um über das elfte Axiom Euklids ins reine zu kommen, diesen Weg einschlagen. Diese Untersuchungen sind bereits vor mehr als anderthalb Jahrhunderten angestellt und in dem Werke veröffentlicht: Euclides ab omni naevo vindicatus, sive conatus geometricus quo stabiliuntur prima ipsa universae geometriae principia, auctore Hieronymo Saccherio, societate Jesu, in Ticinensi universitate Matheseos professore (Mailand 1733).

Das Werk ist erst ganz vor kurzem durch Herrn Manganotti wiederaufgefunden und seine hohe Bedeutung von Herrn Beltrami erkannt worden. Ich erachte es für angebracht, einzelnes aus diesem Werke mitzuteilen, wobei ich mich auf ein genaues Referat des Herrn Beltrami[15]) stütze. Da Saccheri nur ebene Figuren betrachtet, wird es nicht nötig sein, jedesmal hervorzuheben, dafs die zu einer Figur vereinigten Linien und Punkte in derselben Ebene vorausgesetzt werden.

In den beiden Endpunkten A und B einer geraden Strecke errichten wir nach derselben Seite zwei gleichgrofse Senkrechte AC und BD; wenn wir deren Endpunkte durch eine gerade Strecke CD mit einander verbinden, so sind die Winkel, welche diese mit den Senkrechten bildet, notwendig gleich; also sind die Winkel an C und an D beide entweder rechte oder stumpfe oder spitze. Im ersten Falle ist die Strecke CD gleich AB, im zweiten kleiner, im dritten gröfser als AB; und umgekehrt. Diese drei Fälle betrachtet Saccheri zunächst (ab initio) als gleich möglich, und er beweist für jede der drei Hypothesen, dafs, si in uno casu sit vera, semper in omni casu illa sola est vera. Demnach unterscheidet er die Hypothese anguli recti, anguli obtusi und anguli acuti.

Für jede der drei Hypothesen stellt Saccheri weitere Sätze auf, von denen jeder für die Hypothese charakteristisch ist. Hierher gehört der Satz über die Winkelsumme eines Dreiecks, welche entsprechend den drei Hypothesen ebenso grofs, gröfser oder kleiner als zwei Rechte sein mufs. Ebenso ist charakteristisch die Gröfse des Winkels im Halbkreise, welcher ganz entsprechend ein rechter oder ein stumpfer oder ein spitzer ist. Ferner gilt der Satz: Wenn man von der Mitte der Hypotenuse eines rechtwinkligen Dreiecks die Senkrechte auf eine Kathete fällt, so wird die Kathete entweder in zwei gleiche Teile zerlegt oder der kleinere Abschnitt liegt am Scheitel des spitzen oder an dem des rechten Dreieckswinkels, jenachdem man von der Hypothese des rechten, stumpfen oder spitzen Winkels ausgeht.

Da die unwillkürlich gemachte Voraussetzung, die Gerade sei unendlich, den Verfasser bald erkennen liefs, die »hypothesis anguli obtusi« sei »absolute falsa«, so verweilt er mit besonderer Liebe bei seiner »hypothesis anguli acuti«. Hierfür stellt er z. B. folgenden Satz auf: Wenn irgend ein noch so kleiner Winkel YAX gegeben ist, so müssen (bei dieser Hypothese) nur bis zu einer gewissen Grenze hin die auf AX errichteten Senkrechten den Schenkel AY schneiden; dagegen kann von dieser Grenze ab der Schnitt nicht mehr stattfinden. Hieran anknüpfend stellt er den Begriff des Parallelwinkels auf, wie ihn Lobatschewsky erst hundert Jahre später wieder eingeführt hat. So hat Saccheri aus seiner hypothesis anguli acuti bereits alle in § 10 aufgestellten Sätze hergeleitet. Ich möchte nur noch an folgenden erinnern:

Auf einer Geraden BX sei in B die Senkrechte BA errichtet; wenn dann eine Gerade um A so gedreht wird, dafs sie zuerst mit AB zusammenfällt, so wird sie anfangs stets einen Schnittpunkt mit BX haben, aber der Schnittpunkt wird sich immer weiter von B entfernen; dreht man die Gerade dagegen so, dafs sie bei Beginn der Drehung mit der in A auf AB errichteten Senkrechte AY zusammenfällt, so wird sie anfangs stets eine gemeinschaftliche Senkrechte mit BX haben, aber diese Senkrechte wird immer kleiner. Zwischen den durch A gehenden Geraden, welche die BX schneiden, und denen, welche mit ihr eine gemeinschaftliche Senkrechte haben, giebt es eine Gerade AC der Art, dafs alle Geraden zwischen AB und AC schneiden, und alle Geraden zwischen AC und AY eine gemeinschaftliche Senkrechte haben.

Eine derartige Kenntnis der aus der genannten Voraussetzung folgenden Sätze ist ganz bewunderungswürdig, um so mehr, da der Verfasser keineswegs die Berechtigung derselben anerkennt. Dieser Standpunkt ergiebt sich schon aus der Vorrede, worin er die Richtigkeit des elften Axioms Euklids als zweifellos hinstellt und nur Euklids Behandlungsweise tadelt. Dementsprechend giebt er auch mehrere Merkmale an, welche für die Hypothese des rechten Winkels charakteristisch sind, und erachtet diese für durchaus erfüllt. Eins dieser Kriterien besteht für ihn darin, dafs wenn in einem Kreise die Sehnen EF, FG, GH je gleich dem Radius sind, die Gerade EH durch den Mittelpunkt geht. Hierin glaubt er einen direkten Erfahrungsbeweis zu erblicken (utpote quae subest communi, facillimae, paratissimaeque experientiae).

Sein Kampf gegen die hypothesis anguli acuti stellt sich denn auch, nach Herrn Beltramis Angabe, ganz als Resultat einer vorgefafsten Meinung dar. Darauf dürfen wir nicht näher eingehen; wir wollten nur auf den Weg hinweisen, der unseres Erachtens auf die natürlichste und einfachste Weise zu den verschiedenen Raumformen führt, und von dem wir wünschen möchten, er sei vollständig entwickelt.

Die Fruchtbarkeit des hier gewählten Ausganges ist auch vor wenigen Jahren, ehe das Werk Saccheris aufgefunden war, von Herrn Stolz[16]) erkannt worden. Derselbe macht die Annahme, dafs in einem speziellen Falle die oben bezeichneten Winkel C und D rechte seien, und leitet daraus mit besonderer Leichtigkeit die euklidische Geometrie her.

§ 24.
Gemeinschaftliche Begründung der verschiedenen Raumformen.

Es wird gut sein, noch einen andern Weg[17]) anzugeben, welcher zu den verschiedenen Raumformen führt, ohne über ein beliebig kleines endliches Gebiet hinauszugehen. Dieser Weg benutzt allerdings die ersten Sätze der Differential- und Integralrechnung; indessen wird es dem Leser ohne Zweifel leicht werden, diejenigen Stellen, in denen von der Rechnung Gebrauch gemacht wird, ihres analytischen Charakters zu entkleiden und dafür rein geometrische Erwägungen zu benutzen. Ich selbst glaubte diese Form der Darstellung nicht wählen zu dürfen, weil die Breite, die dabei unvermeidlich ist, dem Leser nur lästig fallen müfste.

Wir gehen davon aus, dafs in dem angenommenen Gebiete die Voraussetzungen Euklids gelten; nur soll die Unendlichkeit der Geraden und sein fünftes Postulat nicht vorausgesetzt werden. Zunächst beschränken wir uns auf ein unendlich kleines Gebiet, d. h. wir gehen von irgend einer Figur aus und lassen sie nach einem festen Gesetze in der Weise sich ändern, dafs alle in ihr vorkommenden Linien beliebig klein werden. So behalten wir etwa in einem Dreieck zwei seiner Winkel bei, lassen aber diejenige Seite, an der diese beiden Winkel liegen, unbegrenzt abnehmen; wir können auch einen Winkel ungeändert lassen und die ihn einschliefsenden Seiten nach irgend einem Gesetze unbegrenzt verkleinern. Jetzt weist schon die Erfahrung darauf hin und eine genauere Untersuchung bestätigt es, dafs man die Winkelsumme eines Dreiecks beliebig nahe an zwei Rechte bringen kann, wofern man nur die Seiten hinreichend klein werden läfst. Daraus folgt, dafs die Verhältnisse der Seiten eines Dreiecks, in dem zwei Winkel konstant bleiben, sich festen Gröfsen immer mehr nähern, je kleiner die von den beiden Winkeln eingeschlossene Seite wird. Geht man speziell von einem rechtwinkligen Dreieck aus, in dem ein spitzer Winkel α konstant erhalten wird, während man eine Seite immer kleiner werden läfst, so nähert sich das Verhältnis der dem Winkel α gegenüberliegenden Kathete zur Hypotenuse immer mehr einer festen Grenze, welche als der

Sinus von α definiert werden kann. Vermittelst desselben Dreiecks kann man auch die übrigen trigonometrischen Funktionen einführen; dann erleidet die Herleitung der für sie geltenden Gesetze keine wesentliche Veränderung, und die Funktionen selbst sind dieselben, welche im elementaren Unterricht mit diesem Namen bezeichnet werden.

In ähnlicher Weise kann man zwei Winkel α und β eines beliebigen Dreiecks unverändert lassen und die von ihnen eingeschlossene Seite c immer kleiner machen; dann werden, wenn der dritte Winkel γ ist und die Seiten a und b den Winkeln α und β gegenüberliegen, die Gleichungen
$$\alpha + \beta + \gamma = \pi,$$
$$a : \sin \alpha = b : \sin \beta = c : \sin \gamma$$
der Wahrheit immer näher kommen, je kleiner die Seite c wird. Der Fall, dafs diese Formeln vollkommen richtig sind, ist natürlich nicht ausgeschlossen.

Dasselbe Verfahren können wir auf irgend eine Figur anwenden; wir benutzen bei den folgenden Entwicklungen speziell das Viereck und den Kreis. Überall zeigt sich, dafs die Gesetze der euklidischen Geometrie entweder in voller Strenge gelten oder doch der Wahrheit immer näher kommen, je kleiner das Gebiet wird, auf das man sich beschränkt. Um dies kurz auszudrücken, sagt man wohl, für ein unendlich kleines Gebiet gälte die euklidische Geometrie.

Den Nachweis für diese Behauptung möchten wir hier um so eher übergehen, weil er bereits von verschiedenen Seiten mitgeteilt ist. Wir erinnern nur daran, dafs die euklidische Geometrie jedenfalls mit allen unsern Beobachtungen im schönsten Einklang steht. Wofern sie also der Wahrheit nicht vollständig entspricht, liegt innerhalb eines jeden unserer Beobachtung zugänglichen Gebietes die Abweichung jedenfalls nur innerhalb derjenigen Fehlergrenzen, welche bei unsern Messungen unvermeidlich sind. Demnach dürfen wir uns fragen: Welche Gesetze können für den Raum als streng richtig angesehen werden, wofern man die (durch die Erfahrung bestätigte) angenäherte Richtigkeit der Sätze Euklids voraussetzt? Diese Frage ist nicht wesentlich verschieden von der folgenden: Welche Gesetze gelten für einen endlichen Raum, wenn in einem unendlich kleinen Gebiet die euklidische

Geometrie als richtig angenommen wird? Die Annahme, für ein unendlich kleines Gebiet gälten die Sätze Euklids, kommt aber darauf hinaus, alle von Euklid gemachten Voraussetzungen mit Ausschlufs der Unendlichkeit der Geraden und des Parallel-Axioms beizubehalten.

Um die gestellte Frage zu beantworten, betrachten wir ein Dreieck, in welchem eine Seite und der eine anliegende Winkel unveränderliche endliche Gröfse besitzen, während der andere an ihr anliegende Winkel unendlich klein wird. Lassen wir im Dreieck AEF (Fig. 25) die Seite $AE = y$, $AF = y + dy$, $EF = dx$, den Winkel $AEF = \pi - \psi$, $EAF = d\varphi$, $AFE = \psi + d\psi$ sein, so ist EF eine Funktion von y, ψ und $d\varphi$. Da aber $d\varphi$ unendlich klein ist, so mufs EF, wie man leicht beweist, mit $d\varphi$ proportional sein. Wir können also setzen: $dx = F(y, \psi) d\varphi$.

Fig. 25.

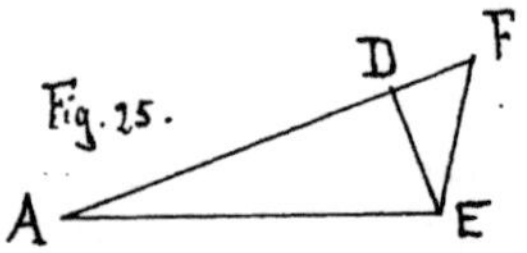

Bezeichne ich den Wert, welchen die Funktion $F(y, \psi)$ für $\psi = \frac{\pi}{2}$ erhält, mit $f(y)$, so wird, wenn ich in E die $ED \perp AE$ errichte, $ED = f(y) d\varphi$ sein. Im Dreieck EDF nähert sich aber $\angle$ EDF immer mehr einem rechten; zugleich ist $DEF = \frac{\pi}{2} - \psi$, folglich $ED = EF \cdot \sin \psi$, oder

$$(1) \quad dx = \frac{f(y) d\varphi}{\sin \psi}.$$

Die vorstehenden Betrachtungen, soweit sie nicht das Dreieck DEF benutzen, können durch folgende ersetzt werden: Der Umfang u eines Kreises mit dem Radius r ist offenbar eine Funktion des Radius; man kann also setzen: $u = 2\pi f(r)$. Nun ist der Bogen dem zugehörigen Centriwinkel proportional, somit ist der zu einem unendlich kleinen Winkel $d\varphi$ gehörige Bogen $= f(r) d\varphi$.

In der obigen Figur wird AD immer näher an AE kommen, je kleiner der Winkel A gemacht wird; somit wird $DF = dy$, $EDF = \frac{\pi}{2}$, $DEF = \frac{\pi}{2} - \psi$, folglich ist:

$$(2) \quad \frac{dy}{dx} = \cos \psi.$$

Wir verlängern jetzt AE um EG $=$ h (Fig. 26) und legen GH unter dem Winkel $\pi - \psi$ an, so ist offenbar wie vorher

$$GH = \frac{d\varphi \cdot f(y+h)}{\sin \psi}.$$

Da $\sphericalangle$ AFE $= \psi + d\psi$ gesetzt ist, wird HFJ $= - d\psi$ sein, wenn EFJ $= \pi - \psi$ gemacht wird. Dann ist, wenn h unendlich klein angenommen wird,

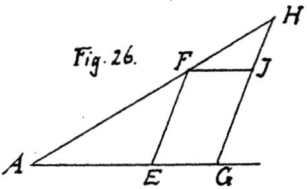

Fig. 26.

EF $=$ GJ, FJ $=$ EG. Weil aber HJ $=$ HG $-$ EF $= \dfrac{d\varphi}{\sin \psi}$ $\{f(y+h) - f(y)\}$ ist, und im Dreieck FHJ der Seite HJ der unendlich kleine Winkel HFJ $= - d\psi$ gegenüberliegt, dessen Sinus gleich dem Bogen selbst ist, so folgt zunächst

$$\frac{HJ}{FJ} = - \frac{d\psi}{\sin(\psi + d\psi)},$$

und wenn hierin die obigen Werte eingesetzt werden:

$$\frac{f(y+h) - f(y)}{h} = - \frac{d\psi}{d\varphi}.$$

Da der Wert auf der rechten Seite dieser Gleichung von h unabhängig ist, wenn h nur unendlich klein angenommen wird, so erreicht auch die linke Seite für immer kleiner werdende Werte von h einen bestimmten Grenzwert, nämlich den Differentialquotienten f′(y) von f(y) nach y; das giebt die Gleichung:

$$(3) \quad \frac{d\psi}{d\varphi} = - f'(y).$$

Ich betrachte jetzt ein Dreieck ABC (Fig. 27) und teile es durch gerade Linien, welche von A ausgehen, in lauter beliebig kleine Dreiecke. Setze ich C′AB $= \varphi$, AC′ $=$ y, $\sphericalangle$ AC′B $= \psi$, C′B $=$ x, so entsprechen diesen Festsetzungen: C″AB $= \varphi + d\varphi$, $\sphericalangle$ AC″B $= \psi + d\psi$, AC″ $= y + dy$, C″C′ $= dx$, und es gelten die aufgestellten Gleichungen (1) — (3). Indem ich die erste mit der zweiten multipliziere und durch die dritte dividiere, folgt:

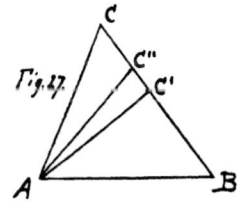

Fig. 27.

$$\frac{dy}{d\psi} = -\frac{f(y)\cos\psi}{f'(y)\sin\psi} \text{ oder}$$

$$f(y).\cos\psi.d\psi + \sin\psi.f'(y)dy = 0 \text{ oder}$$

$$d[f(y).\sin\psi] = 0, \text{ also } f(y)\sin\psi = \text{const}.$$

Wie die Figur zeigt, wird für $\varphi = 0$ zugleich $y = c$ und $\psi = \pi - \beta$. Folglich gilt die Gleichung:

$$f(y)\sin\psi = f(c)\sin\beta.$$

Diese Gleichung besteht auch, wenn $y = b$, $\psi = \gamma$ wird, und sagt also aus:

$$(4) \quad f(b)\sin\gamma = f(c)\sin\beta.$$

Nun hätte ich aber das Dreieck ABC auch von B aus in lauter kleine Streifen zerlegen können; dann würde man ganz in derselben Weise zu der Gleichung gelangt sein:

$$f(c)\sin\alpha = f(a)\sin\gamma.$$

Diese Gleichung gilt auch für die beiden Dreiecke ABC' und ABC". Für das erstere liefert sie die Beziehung:

$$f(c)\sin\varphi = f(x)\sin\psi.$$

Die für das zweite Dreieck geltende Gleichung wird aus der vorstehenden durch Differentiation gefunden, so daſs sich ergiebt:

$$f(c)\cos\varphi.d\varphi = f'(x)\sin\psi.dx + f(x)\cos\psi.d\psi.$$

Werden hierin die Werte aus (1) — (3) eingesetzt, so findet man:

$$f(c)\cos\varphi = f(x)f(y) - f(x)f'(y)\cos\psi.$$

Diese Gleichung gilt auch für $\varphi = \alpha$, $y = b$, $x = a$, $\psi = \gamma$ und lautet dann:

$$(5) \quad f(c)\cos\alpha = f(a)f(b) - f(a)f'(b)\cos\gamma.$$

Wie oben, muſs diese Gleichung auch gelten, wenn α und γ, a und c vertauscht werden; also folgt:

$$f(a)\cos\gamma = f'(c)f(b) - f(c)f'(b)\cos\alpha.$$

Aus den beiden letzten Gleichungen eliminiert man $\cos\gamma$ und findet:

$$f(c)\{1 - [f'(b)]^2\}\cos\alpha = f(b)\{f'(a) - f'(b)f'(c)\}.$$

Damit verbindet man die folgende:

$$f(b)\{1 - [f'(c)]^2\}\cos\alpha = f(c)\{f'(a) - f'(b)f'(c)\},$$

und erhält durch Division beider:

$$(6) \quad \frac{[f(b)]^2}{1 - [f'(b)]^2} = \frac{[f(c)]^2}{1 - [f'(c)]^2}.$$

Diese Gleichung muſs für irgend zwei Strecken b und c gelten, welche Seiten eines Dreiecks sein können. Wir setzen den gemeinschaftlichen Wert beider Seiten der Gleichung gleich k^2, und erkennen, daſs k^2 positiv, negativ oder unendlich groſs sein kann, aber notwendig von null verschieden ist. Demgemäſs ist für jeden Wert von b:

$$(7) \quad \frac{[f(b)]^2}{1-[f'(b)]^2} = k^2.$$

Ersetzen wir $f'(b)$ durch $\frac{df(b)}{db}$, so folgt: $\frac{df}{\sqrt{1-\frac{f^2}{k^2}}} = db$,

und daraus ergiebt sich, wenn man berücksichtigt, daſs f und b gleichzeitig verschwinden: arc $\sin \frac{f}{k} = \frac{b}{k}$, oder

$$(8) \quad f(b) = k \sin \frac{b}{k}, \quad f'(b) = \cos \frac{b}{k}.$$

Indem wir diese Werte in (4) — (6) einsetzen, erhalten wir die Hauptsätze der Trigonometrie, nämlich:

$$(9) \quad \sin \frac{b}{k} \sin \gamma = \sin \frac{c}{k} \sin \beta \quad \text{(Sinussatz).}$$

$$(10) \quad \sin \frac{c}{k} \cos \alpha + \sin \frac{a}{k} \cos \frac{b}{k} \cos \gamma = \sin \frac{b}{k} \cos \frac{a}{k}.$$

$$(11) \quad \cos \frac{a}{k} = \cos \frac{b}{k} \cos \frac{c}{k} + \sin \frac{b}{k} \sin \frac{c}{k} \cos \alpha \quad \text{(Cosinussatz).}$$

Für $\frac{1}{k^2} = 0$ wird $f(b) = b$, $f'(b) = 1$. Zugleich gehen die beiden ersten Gleichungen über in:

$$b \sin \gamma = c \sin \beta, \quad c \cos \alpha + a \cos \gamma = b,$$

woraus die übrigen Formeln der gewöhnlichen Trigonometrie leicht hergeleitet werden können, während die Formel (11) nicht unmittelbar benutzt werden kann, da bei ihrer Herleitung die Konstante k^2 als von unendlich verschieden angenommen wurde.

Euklids Voraussetzungen führen demnach, wofern man von der Unendlichkeit der Geraden und seinem fünften Postulat absieht, zu drei verschiedenen Formelsystemen für die Beziehungen zwischen den Seiten und Winkeln eines Dreiecks. Das eine dieser Systeme entspricht der euklidischen, das zweite der Lobatschewskyschen, das dritte der Riemannschen Geometrie und ihrer Polarform. Wir sind daher wieder zu den früher behandelten Raumformen geführt.

§ 25.
Zweite Behandlung eines ebenen endlichen Gebietes.

Solange man die Gesetze für unbegrenzt wachsende Gebiete nicht kennt, ist es von der gröfsten Wichtigkeit, sich auf ein endliches, vollständig begrenztes Gebiet zu beschränken und zuerst die in demselben geltenden Gesetze zu ergründen. Indessen scheinen sich dann für die geometrische Untersuchung ganz besondere Schwierigkeiten zu ergeben. So hat z. B. Legendre im allgemeinen versucht, seinen Entwicklungen ein ganz bestimmtes endliches Dreieck zu Grunde zu legen; aber für diejenige Konstruktion, durch welche er einen für seine Theorie fundamentalen Satz beweist, benutzt er ein Dreieck, von welchem zwei Seiten unbegrenzt zunehmen (vergl. § 5. S. 9). Ebenso scheint Saccheri zu verfahren, indem er zwar im allgemeinen von einer gewissen endlichen Figur ausgeht, aber doch für gewisse Sätze die Linien unbegrenzt verlängert. Die im vorigen Paragraphen gegebene Herleitung geht über ein bestimmtes Gebiet nach keiner Richtung hinaus und beweist, dafs dafür nur drei Fälle möglich sind. Dabei ist es aber notwendig, vorher unendlich kleine Gebiete zu untersuchen und Rechnungen mit infinitesimalen Gröfsen vorzunehmen. Zwar ist es recht wohl möglich, die Rechnung durch rein geometrische Betrachtungen zu ersetzen; aber es ist nicht zu leugnen, dafs dadurch der Beweis etwas schwerfällig wird. Bei der Wichtigkeit des gefundenen Resultates dürfte es sich immerhin lohnen, eine zweite Herleitung zu geben, wenngleich dieselbe wesentlich an denselben Mängeln leidet. Auch hier müssen wir die Gesetze für unendlich kleine Figuren voraussetzen und von der Rechnung einigen Gebrauch machen. Der Unterschied der beiden Herleitungen liegt in folgendem.

Der vorhin gegebene Beweis schliefst sich an einen Gedanken an, der im wesentlichen bereits von Gaufs in seinen Disquisitiones circa superficies curvas benutzt worden ist und dann in Entwicklungen der Herren Flye St. Marie und Newcomb eine Rolle gespielt hat, indem man von einem Punkte zwei kürzeste Linien ausgehen läfst, welche einen unendlich kleinen Winkel einschliefsen. Die folgende Herleitung schliefst sich an einen Gedanken an, welchen Saccheri seinen Untersuchungen zu Grunde legt. Man geht von einer geraden Strecke DE aus, errichtet auf ihr in derselben Ebene zwei gleich grofse Senkrechte DF und EG, und zieht die Gerade FG. Ich nehme jetzt DE = dx unendlich klein an und setze DF = EG = y. Dann ist FG für ein unendlich kleines DE dieser Länge porportional, und zudem abhängig von DF, so dafs gesetzt werden kann:

(1) $FG = \varphi(y) \cdot dx$.

Je kleiner y wird, um so näher kommt FG an DE, also ist

(2) $\varphi(0) = 1$.

Verlängern wir DF und EG je um dieselbe unendlich kleine Strecke FH = GJ = dy, so ist auch

$HJ = \varphi(y + dy) \cdot dx$.

Auf das unendlich kleine Viereck FGJH kann man die euklidische Geometrie anwenden; zieht man durch G die GK ∥ FH und durch F eine Gerade LF, welche die GJ in M trifft, so ist ∢ LMG = LFD − KGJ. Wird also ∢ LFD = ϱ, ∢ LMG = ϱ + dϱ gesetzt, so ist KGJ = − dϱ.

Nun ist

$$\sin \tfrac{1}{2} KGJ = \frac{\tfrac{1}{2} KJ}{GJ}$$

oder wegen der Kleinheit des Winkels:

$$-\frac{d\varrho}{dx} = \frac{\varphi(y + dy) - \varphi(y)}{dy}.$$

Hier ist die linke Seite unabhängig von dy; also erhalten wir auf beiden Seiten einen bestimmten Grenzwert. Unter den gemachten Annahmen ist demnach:

(3) $\dfrac{d\varrho}{dx} = -\varphi'(y)$.

Nach diesen Vorbereitungen betrachte ich ein rechtwinkliges Dreieck ABC, wo C der rechte Winkel ist. Ich zerlege dieses Dreieck durch lauter Senkrechte, welche auf AC errichtet werden, in unendlich kleine Streifen. Nun wird gesetzt: AD = x, DE = dx, DF = y,

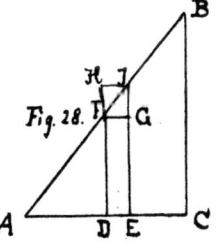

Fig. 28.

$AF = z$, $FJ = dz$, $\sphericalangle\, AFD = \varrho$, $AJE = \varrho + d\varrho$, $JG = dy$. Dann ist $FG = \varphi(y)\, dx$; also gelten die drei Beziehungen:

(4) $\sin \varrho\, dz = \varphi(y)\, dx$, $dy = dz \cdot \cos \varrho$, $d\varrho = -\varphi'(y)\, dx$.

Daraus folgt durch Elimination von dx und dz:
$$\sin \varrho \cdot \varphi'(y)\, dy + \cos \varrho \cdot \varphi(y)\, d\varrho = 0 \text{ oder}$$
(5) $d[\sin \varrho \cdot \varphi(y)] = 0$, $\sin \varrho \cdot \varphi(y) = \text{Const.}$

Für $y = 0$ wird aber $\varrho = \dfrac{\pi}{2} - \alpha$, $\varphi(0) = 1$, somit

(6) $\varphi(y) \sin \varrho = \cos \alpha$,

speziell also auch:

(7) $\varphi(a) \sin \beta = \cos \alpha$.

Eine entsprechende Gleichung wird man auch für das Dreieck ADF erhalten, wenn man es durch lauter auf DF errichtete Senkrechte zerlegt. Dann gilt die Gleichung:

(8) $\varphi(x) \sin \alpha = \cos \varrho$.

Da dieselbe Gleichung auch für das Dreieck AEJ gilt, so muß sein:
$$\varphi'(x) \sin \alpha\, dx = -\sin \varrho\, d\varrho,$$
oder wenn man hierin aus (4) den Wert für $d\varrho$ einsetzt:

(9) $\varphi'(x) \sin \alpha = \varphi'(y) \cdot \sin \varrho$.

Quadrieren wir die Gleichungen (6) und (8) und subtrahieren die eine von der andern, so folgt:
$$(1 - [\varphi(y)]^2) \sin^2 \varrho = (1 - [\varphi(x)]^2) \sin^2 \alpha.$$

Hiermit verbinden wir die Gleichung (9); alsdann fallen ϱ und α ganz weg und es ergiebt sich:

(10) $\dfrac{[\varphi'(y)]^2}{1 - [\varphi(y)]^2} = \dfrac{[\varphi'(x)]^2}{1 - [\varphi(x)]^2}$.

Wären wir von einem andern rechtwinkligen Dreieck ausgegangen, so müßte zwischen irgend zwei entsprechenden Strecken x und y dieselbe Relation bestehen; somit müssen beide Seiten der Gleichung (10) konstante Werte besitzen. Wir setzen also:

(11) $\dfrac{[\varphi'(x)]^2}{1 - [\varphi(x)]^2} = k^2$.

Hieraus folgt für einen von null und unendlich verschiedenen Wert von k^2:

(12) $\varphi(x) = \cos \dfrac{x}{k}$.

In die zweite Gleichung (4) setzen wir den aus (6) für $\cos \varrho = \sqrt{1 - \sin^2 \varrho}$ folgenden Wert ein und erhalten:

$$\frac{d\left(\dfrac{\sin\frac{y}{k}}{\sin\alpha}\right)}{\sqrt{1-\left(\dfrac{\sin\frac{y}{k}}{\sin\alpha}\right)^2}} = d\left(\frac{z}{k}\right),$$

woraus durch Integration folgt:

(13) $\sin\dfrac{y}{k} = \sin\dfrac{z}{k}\sin\alpha,$

wobei berücksichtigt werden mufs, dafs z und x zugleich verschwinden. Aus den Gleichungen (7), (8), (13) für $\varrho = \beta$, $x = b$, $y = a$ leiten wir aber leicht die Formeln für jedes Dreieck her.

Der Fall, dafs $k^2 = \infty$ und damit $\varphi'(y) = 0$, $\varphi(y) = 1$ ist, erledigt sich sehr einfach, da alsdann nach (4) $d\varrho = 0$, $y = z\cos\beta$, $x = z\sin\beta$ ist, so dafs sich die Gleichungen der gewöhnlichen Trigonometrie ergeben. Der Fall $k^2 = 0$ mufs, wie man leicht sieht, ausgeschlossen werden.

Wir fügen noch folgenden Satz bei:

Errichtet man in zwei unendlich nahen Punkten M und N einer Geraden gleiche Senkrechte nach derselben Seite in einer Ebene, und durchschneidet sie durch eine Gerade LPR, so ist das Verhältnis

$$\frac{(\angle LRN - LPM)^2}{MN^2 - PQ^2}$$

für alle Längen MP und alle Winkel LPM konstant und gleich dem Riemannschen Krümmungsmafs der Raumform.

Ersetzt man auf der linken Seite von (11) x durch y, und nimmt dann für $\varphi(y)$ und $\varphi'(y)$ ihre aus (4) folgenden Werte, so folgt

$$\frac{1}{k^2} = \frac{d\varrho^2}{dx^2 - dz^2 \cdot \sin^2\varrho},$$

wodurch der Satz bewiesen ist.

§ 26.
Rückblick.

Als Euklid sein System aufbaute, gelangte er mit voller Strenge zu dem Satze: Wenn zwei gerade Linien (derselben

Ebene) von einer dritten Geraden geschnitten werden und die Summe der beiden innern, an derselben Seite gelegenen Winkel zwei Rechte beträgt, so können sie sich nicht schneiden, wie weit man sie auch verlängern mag. Indessen war es ihm nicht möglich, für die Umkehrung dieses Satzes einen Beweis zu finden. Da er aber die Umkehrung für sein System nicht entbehren konnte, setzte er sie als fünftes Postulat in den Anfang des Werkes. Dadurch erkannte er offen an, daſs hier eine für ihn unlösliche Schwierigkeit vorhanden war, und indem kein Versuch gemacht wurde, sie zu verschleiern, wurde sie dem Leser leicht erkennbar. Es fehlte daher auch nicht an Versuchen, ein genügendes Fundament für die Theorie zu schaffen; gar mancher glaubte, es sei ihm gelungen, die Lücke auszufüllen; auch fanden einzelne Versuche einen gröſseren oder kleineren Kreis von Anhängern; aber kein einziger konnte sich allgemeiner Zustimmung erfreuen. Schon dieser Umstand macht es sehr wahrscheinlich, daſs ein genügendes Fundament nicht möglich ist. Denn wir befinden uns hier auf einem durchaus elementaren Gebiet; wenn da ein genügender Beweis erbracht werden könnte, so müſste er gewiſs in den zweitausend Jahren, während welcher die Gelehrten sich um seine Auffindung bemüht haben, geliefert worden sein. Desungeachtet haben wir die bekanntesten Versuche (§§ 2—5) genauer geprüft und für alle die Fehlerquelle nachgewiesen.

Dadurch werden wir mit zwingender Notwendigkeit auf die Vermutung geführt, es sei vielleicht gar nicht möglich, das fünfte Postulat Euklids aus seinen übrigen Voraussetzungen herzuleiten. Um hierüber ins reine zu kommen, ersetzen wir die Begriffe der Geometrie durch andere Begriffe, für welche ebenfalls alle übrigen von Euklid gemachten Voraussetzungen gelten, und wir fragen uns, ob es möglich ist, die neuen Begriffe derartig zu wählen, daſs für sie das fünfte Postulat nicht mehr gültig ist. Das gelingt in mehrfacher Weise.

Einmal (§ 6) ersetzen wir die Ebene durch gewisse Flächen, welche nach dem Vorgange von Gauſs als solche von konstanter negativer Krümmung bezeichnet werden. Die Geraden der Ebene finden ihr Analogon in den kürzesten Linien der Fläche, und die Kreise in gewissen geschlossenen Kurven. Bei dieser Übertragung können wir zu allen ebenen Gebilden ein Analogon aufstellen;

die sämtlichen weiteren Voraussetzungen Euklids und infolge dessen auch alle seine Sätze, welche von der Parallelentheorie unabhängig sind, bleiben in Gültigkeit. Aber die Lehre von den Parallelen und die aus ihr fliefsenden Folgerungen müssen durch andere Wahrheiten ersetzt werden; namentlich ist die Winkelsumme für ein aus kürzesten Linien gebildetes Dreieck kleiner als zwei Rechte.

So interessant diese Übertragung ist, leidet sie für unsere Zwecke an einigen Mängeln. Der Beweis derjenigen Sätze, auf welche es uns ankommt, erfordert ein recht tiefes Eingehen in schwierigere Partieen der Mathematik; wir mufsten uns deshalb damit begnügen, die einzelnen Sätze ohne Beweis rein historisch anzuführen. Andererseits kann man noch einwenden: Die Betrachtung dieser Flächen zeigt wohl, dafs die Parallelen-Theorie durch Untersuchung der Ebene nicht bewiesen werden kann, aber es ist denkbar, dafs uns räumliche Betrachtungen den gesuchten Beweis liefern. Dieser Einwand wird durch eine Übertragung beseitigt, welche zudem den Vorzug besitzt, nur geringere mathematische Kenntnisse vorauszusetzen.

Die einzelnen Teile des Raumes können in mannigfacher Weise auf einander bezogen werden; man bezeichnet jede solche Operation kurz als eine Umformung des Raumes. Besonders wichtig sind diejenigen Transformationen, bei denen die Ebenen und Geraden wieder in Ebenen und Geraden übergehen. Eine solche Transformation wird als eine projektive bezeichnet. Die Schar derselben kann so beschränkt werden, dafs eine Kugelfläche (oder allgemeiner eine ungeradlinige Fläche zweiten Grades) in sich verbleibt. Indem man sich auf das Innere dieser Kugel beschränkt, welches natürlich in sich verbleibt, und nur Transformationen der bezeichneten Art betrachtet, bleiben die Begriffe von Ebene und Gerade unverändert; Kugel und Kreis müssen durch gewisse andere Gebilde ersetzt werden; auch mufs man für die Länge einer Strecke und für die Gröfse eines Winkels neue Gröfsen einführen. Dieser Anschauung genügen alle Gesetze, welche im Beginne der Geometrie aufgestellt werden, speziell die von Euklid gegebenen Definitionen, Axiome und Postulate, soweit sie nicht vom Parallelaxiom abhangen. Aber die Parallelen-Theorie gilt bei dieser Anschauung nicht mehr; es ist also unmöglich, das fünfte Postulat aus den übrigen Voraussetzungen der Geometrie herzuleiten (§ 7).

Nun kann man noch die Frage stellen, ob die Parallelentheorie wenigstens durch die Erfahrung gefordert wird. Auch diese Frage mufste in § 8 wenigstens vorläufig verneint werden. Gewifs pafst Euklids System ganz vorzüglich zu unserer Erfahrung; aber da wir unsere Zeichnungen statt mit Linien stets mit Körpern ausführen, da alle unsere Messungen mit Fehlern behaftet sind, können wir die Parallelen-Theorie höchstens als sehr wahrscheinlich, aber nicht als unbedingt gewifs hinstellen.

Wir schlagen daher jetzt (§§ 9—13) den umgekehrten Weg ein. Wir machen die Annahme, das Parallel-Axiom sei falsch, und untersuchen, ob wir zu einem innern Widerspruch geführt werden. Das ist nicht der Fall, vielmehr ergiebt sich eine vollständig in sich abgeschlossene Theorie über die gegenseitige Lage von Geraden in einer Ebene und von Geraden und Ebenen des Raumes. Auch die einfachsten krummen Gebilde (§ 14) folgen Gesetzen, wie sie bereits bei der Kugelfläche vorgezeichnet sind. Schon hiermit ist die innere Berechtigung einer Geometrie erwiesen, welche sich in Gegensatz stellt zu Euklids Voraussetzung über die Parallelen. Denn alle weiteren Beziehungen der Raumgebilde sind nur weitere Fortbildungen der für die Ebenen und Geraden geltenden Gesetze, können also zu keinem Widerspruch führen, wenn ein solcher nicht bereits in den früheren Sätzen hervortritt.

Für die Beziehungen zwischen den Seiten und Winkeln eines Dreiecks können Formeln (§ 15) aufgestellt werden, welche mit der hier verfolgten Voraussetzung in Einklang stehen, welche gestatten, aus drei Bestimmungsgröfsen die übrigen zu berechnen, und welche in allen Fällen, wo durch Konstruktion eine geometrische Lösung möglich ist, auch zu reellen Resultaten führen. Endlich giebt es analytische Formeln (§ 16), welche einerseits mit dem Parallel-Axiom unvereinbar sind, anderseits aber allen weiteren Voraussetzungen Euklids genügen. Mit solchen Formeln ist aber implicite die ganze Geometrie gegeben; denn nachdem die Grundformeln aufgestellt sind, gründen sich alle geometrischen Sätze auf analytische Umformungen. Wenn die Grundlagen der Rechnung den geometrischen Anschauungen genügen, so können die Folgerungen aus der Rechnung weder unter einander noch mit den aufgestellten Voraussetzungen in Gegensatz treten.

Neben das von Euklid entwickelte System der Geometrie stellt sich demnach als theoretisch gleichberechtigt ein zweites, worin die Summe der Winkel eines Dreiecks weniger als zwei Rechte beträgt. Dasselbe kann auch durch die Annahme charakterisiert werden, dafs durch jeden Punkt aufserhalb einer Geraden mehrere in derselben Ebene liegende gerade Linien möglich sind, welche die gegebene Gerade bei unbegrenzter Verlängerung nicht treffen. Es wird am passendsten nach Lobatschewsky benannt, der zuerst öffentlich darüber gehandelt hat, wenngleich Gaufs seine Eigenschaften wahrscheinlich früher gekannt hat.

Die Geometrie Lobatschewskys behält die Annahme bei, dafs die Gerade unendlich sei. Diese Voraussetzung erscheint vielleicht manchem selbstverständlich. Aber es kann nicht oft genug darauf hingewiesen werden, dafs der Geist nur zu gern bereit ist, diejenigen Sätze, welche er regelmäfsig in der Erfahrung, wenn auch nur angenähert, verwirklicht findet, als allgemein und streng gültig vorauszusetzen. Aber bei allen Anschauungen können wir nur ein sehr kleines Gebiet des Raumes benutzen; zudem liefern uns die Figuren, aus denen wir derartige Erfahrungen schöpfen, niemals ein völlig getreues Bild. Nun können wir allerdings eine gerade Linie unbegrenzt verlängern, und für eine beliebig gewählte Fläche der Zeichnung entfernen wir uns vom Ausgangspunkte immer mehr, je weiter wir die Verlängerung fortsetzen. Aber diese Thatsache gilt nur für beschränkte Räume; es fehlt uns vielmehr jede Möglichkeit, die allgemeine Gültigkeit dieser Erfahrung zu prüfen. Daher ist es denkbar, dafs die Gerade bei fortgesetzter Verlängerung in ihren Anfangspunkt zurückkehrt. Darauf deutet die enge Beziehung hin, welche nach § 14 zwischen den einfachsten krummen Flächen des Lobatschewskyschen Raumes besteht. Die Geometrie auf der Kugel hat ferner, wie § 17 zeigt, so grofse Ähnlichkeit mit der der (euklidischen) Ebene, wofern die Gerade durch den Hauptkreis ersetzt wird, dafs es jedenfalls der Untersuchung lohnt, ob wirklich die Unendlichkeit im Begriff der Geraden liegt.

Sobald man versucht, aus der Annahme, dafs die Gerade geschlossen sei, weitere Folgerungen zu ziehen, ergeben sich zwei verschiedene Möglichkeiten (§ 18): einmal können alle von einem Punkte ausgehenden geraden Linien noch durch einen zweiten Punkt gehen, zweitens können zwei gerade Linien, welche von einem Punkte ausgehen, in den Anfangspunkt zurückkehren, ohne einen weitern Schnittpunkt zu besitzen. Beide Möglichkeiten führen zu einem in sich abgeschlossenen, widerspruchsfreien Systeme, dessen Aufbau sich sehr einfach ergiebt (§ 19, 20) und für welches die trigonometrischen Formeln ganz denen der Sphärik entsprechen, so dafs die analytische Behandlung keinerlei Schwierigkeit macht (§ 21). Die beiden Systeme zeigen eine grofse Übereinstimmung, ohne jedoch identisch zu sein; die erstere Möglichkeit möge nach Riemann benannt werden, welcher zuerst ihre Berechtigung nachgewiesen hat, die andere als deren Polarform oder auch als Kleinsche Raumform bezeichnet werden.

Nach den durchgeführten Entwicklungen kann an der theoretischen Berechtigung der verschiedenen Raumformen nicht gezweifelt werden. Schon die mitgeteilten geometrischen Sätze machen es zum mindesten sehr unwahrscheinlich, dafs sich beim weiteren Aufbau ein innerer Widerspruch ergeben sollte; die Aufstellung analytischer Formeln, welche allen notwendigen Voraussetzungen der Geometrie entsprechen, schliefst eine solche Möglichkeit ganz aus.

Dadurch ist denn der tiefere Grund für die Lücke gefunden, welche sich in Euklids Elementen findet. Wenn die Geometrie mit voller Strenge aufgebaut wird, so darf sie keine Voraussetzung über die Unendlichkeit der Geraden und über die Parallelen-Theorie machen. Dann kann sie eine Reihe von Sätzen unmittelbar entwickeln; es sind vor allem die Sätze 1—15, 18—26 des ersten Buches Euklids, dann der erste Teil der Kreislehre (Buch III bei Euklid) mit Ausnahme des Satzes vom Peripheriewinkel und der daraus fliefsenden Folgerungen, endlich manche Sätze der Stereometrie, und zwar zum Teil auch solche, bei deren Beweise Euklid die Parallelentheorie benutzt. Darauf spaltet sich die Geometrie in mehrere, theoretisch gleich berechtigte Zweige, und nur dann ist die Geometrie ein volles Ganze, wenn alle diese Möglichkeiten bis zu einem gewissen Abschlufs entwickelt werden. Es ist am natürlichsten, jede einzelne Figur nach den verschiedenen Möglichkeiten hin zu untersuchen. Dann erkennt man bei jedem weitern Schritt die enge Zusammengehörigkeit (§ 22). In dem ganzen Gebiete der projektiven Geometrie (der Geometrie der Lage nach v. Staudts Ausdruck) zeigen die Sätze kaum eine Verschiedenheit. Aber auch in den metrischen Sätzen tritt bei genauerer Betrachtung eine auffallende Zusammengehörigkeit hervor; man kann sagen, die eine Raumform ergänze die andere. Wenn man von den geringen Verschiedenheiten der endlichen Raumformen absieht, so kann der ganze Unterschied der behandelten Raumformen durch eine einzige Konstante $1 : k^2$ charakterisiert werden.

Wir fragen uns demnach: An welcher Stelle läfst man naturgemäfs am besten die besprochene Teilung eintreten? Der im vorliegenden Werke eingeschlagene Weg kann unmöglich als naturgemäfs bezeichnet werden; er schliefst sich der wirklichen Auffindung recht eng an und läfst die Eigenschaften der einzelnen Raumformen ziemlich leicht auffinden. Aber die Zusammengehörigkeit wird anfangs ganz verdunkelt und tritt erst an einer späteren Stelle hervor. Deshalb ist es von grofsem historischen Interesse zu erfahren, dafs ein sehr schöner Versuch, die verschiedenen Raumformen aus einer gemeinschaftlichen Quelle herzuleiten, bereits vor mehr als 150 Jahren gemacht ist (§ 23). Saccheri geht von einer ganz einfachen Figur aus, für welche sich drei verschiedene Möglichkeiten ergeben, von denen wenigstens anfangs keine zurückgewiesen werden kann. Deshalb entwickelt er ganz streng nach Euklids Methode jede einzelne Möglichkeit und stellt so die ersten Sätze für die verschiedenen Raumformen auf. Leider läfst er sich dann, dem Vorurteil seiner Zeit folgend, dazu verleiten, sein eigenes Werk wieder umzustofsen.

Eine andere Methode, die verschiedenen Raumformen aus einer gemeinsamen Quelle herzuleiten, ist in § 24 mitgeteilt. Für ein gewisses endliches Stück der Ebene werden Euklids Voraussetzungen als richtig angenommen; darin wird ein Dreieck gezeichnet und dieses von einem Eckpunkt aus in unendlich kleine Teile zerlegt. Darauf läfst sich, wie streng nachgewiesen wird, die Rechnung anwenden, und man gelangt zu den verschiedenen Raumformen ohne jede weitere Voraussetzung, ist jedoch, wenn man nicht weitläufig werden will, genötigt, die ersten Sätze der Differential- und Integralrechnung zu benutzen. Ein zweiter Weg führt in § 25 zu demselben Resultate.

Nachdem so die Frage theoretisch ziemlich allseitig erörtert ist, müssen wir nochmals einen Blick auf die Erfahrung werfen, um zu gestehen, daſs dieselbe keines der mitgeteilten Systeme mit voller Strenge als das richtige hinstellt. Man kann daher folgende Erwägung anstellen: Nach den Entwicklungen des § 22 (S. 74) sind für unsere Erfahrung, soweit wir sie bis jetzt beurteilen können, unendlich viele Fälle gleich möglich; nur einer von diesen entspricht der euklidischen Geometrie; also darf (wenigstens augenblicklich) die Wahrscheinlichkeit, daſs sie die wirklich bestehende sei, nur als unendlich klein bezeichnet werden. Dem entgegen muſs aber darauf hingewiesen werden, daſs es strenge Forderung jeder Naturerklärung ist, stets unter den verschiedenen Erklärungs-Versuchen den einfachsten zu wählen. Nun hat allerdings jede Raumform vor den andern ihre charakteristischen Vorzüge, so daſs die Frage, welches die interessanteste und schönste sei, ohne Zweifel ganz verschieden beantwortet wird. Aber das kann doch nicht bezweifelt werden, daſs die Geometrie Euklids unter allen die einfachste ist. Folglich darf sie allein zur Erklärung der Beobachtungen benutzt, muſs also vorläufig allein als richtig angenommen werden.

Zweiter Abschnitt.

Die projektive Geometrie.

§ 1.

Vorbemerkungen.

Bei der gewöhnlichen Behandlung der Lehre von den harmonischen Punkten geht man von der Messung aus. Wenn vier Punkte A, B, C, D in gerader Linie liegen, so denkt man sich die vier Strecken AC, CB, AD, DB durch dasselbe Maſs gemessen; dann bildet man den Quotienten aus den beiden ersten und den aus den beiden letzten Zahlen; wenn diese beide Quotienten (bis auf das Vorzeichen) einander gleich sind, so sagt man, das Punktepaar CD liege harmonisch zum Punktepaare AB. Man schreibt diese Bedingung unter Berücksichtigung der Zeichen in der Form:

$$\frac{AC}{CB} = -\frac{AD}{DB}.$$

Um nun Sätze über harmonische Punkte- und Strahlenpaare herzuleiten, gebraucht man die Sätze der Ähnlichkeitslehre, welche sich durchaus auf das Parallel-Axiom gründen, sowie dieses selbst. Indessen zeigen die Sätze, zu denen man im Verlauf der Untersuchung gelangt, einen wesentlich andern Charakter, als die meisten Sätze, welche man bei Euklid findet. Während bei diesen der Begriff der Gröſse in den Vordergrund tritt, erlangt in den neuen Sätzen die gegenseitige Lage der Gebilde eine Bedeutung, welche ihr in der Geometrie der Alten nicht zukommt. Das ersieht man schon in der sog. neueren synthetischen Geometrie, wie sie namentlich von Steiner entwickelt ist. Während die Alten die einzelnen Kegelschnitte für sich behandelten und die allgemeinen Eigenschaften derselben ganz zurücktreten ließen, nehmen bei Steiner die gemeinsamen Sätze über Kegelschnitte als Kurven zweiter Ordnung und zweiter Klasse den ersten Platz ein und ergeben sich aus einfachen Lagenbeziehungen.

Aus diesem Grunde hat man schon längst zwischen metrischen und projektiven Beziehungen unterschieden, weil für die ersteren die Größensätze in den Vordergrund treten, während es bei den letzteren nur auf die gegenseitige Lage der Gebilde ankommt. Indessen blieb es ein Mangel, daß zur Begründung der Projektivität metrische Eigenschaften benutzt werden mußten. Deshalb war es als ein wesentlicher Fortschritt anzuerkennen, daß Chr. von Staudt die Projektivität selbständig begründete und die Geometrie der Lage schuf. Leider mußte er die Parallelen-Theorie noch voraussetzen, welche doch bei ihrer Begründung die metrischen Eigenschaften nicht entbehren kann.

Als nun die Theorie der nicht-euklidischen Raumformen immer weiter entwickelt wurde, zeigte es sich, daß zwar die Begründung der Projektivität für sie verschieden ist von der in der euklidischen Geometrie gebräuchlichen, daß aber die einzelnen Sätze ungeändert bleiben. Von diesem Gedanken ausgehend, führte Herr Klein die Staudtsche Grundlage weiter aus und zeigte, daß auch das Parallel-Axiom für die Begründung und Entwicklung der projektiven Eigenschaften entbehrt werden kann. Die hohe Bedeutung dieses Schrittes kann hier auch nicht andeutungsweise dargelegt werden; sie wird schon in den folgenden Paragraphen recht deutlich hervortreten, kann aber erst im zweiten Bande abschließend erörtert werden.

Bevor wir dazu übergehen, im Anschluß an die Entdeckungen Staudts und Kleins[16]) die Projektivität ohne jede Messung und unabhängig vom Parallel-Axiom zu begründen, schicken wir einige Bemerkungen voraus.

Wenn jemand in den nachfolgenden Entwicklungen die Natürlichkeit vermissen sollte, so möge er bedenken, daß es angemessen erschien, die einzelnen Darlegungen nicht gar zu weit auszudehnen. Auch würde der Leser nur ermüdet werden, wenn alle Erwägungen in solcher Breite vorgetragen würden, daß ihre Natürlichkeit unmittelbar zu Tage tritt. Ein aufmerksamer Leser wird sich die nötigen Ergänzungen mit Leichtigkeit selbst machen können.

Während gewöhnlich (ob immer zum Vorteil, möge unerörtert bleiben) die ebene Geometrie von der des Raumes getrennt wird, müssen wir im folgenden räumliche Beziehungen an die Spitze stellen. Die Notwendigkeit dieses Schrittes werden wir später begründen.

Endlich bemerken wir noch, dafs wir der ganzen Untersuchung einen gewissen, allseitig begrenzten Raumteil zu Grunde legen. Wie derselbe begrenzt ist, kommt nicht in Betracht; der Leser kann etwa voraussetzen, wir blieben bei allen unsern Operationen im Innern einer Kugel oder, was den folgenden Entwicklungen besser entspricht, im Innern eines festen Tetraeders.[19]) Dabei sind für die §§ 2—6 die folgenden Sätze von wesentlicher Bedeutung:

a) Durch irgend zwei Punkte im Innern des Körpers geht eine und zwar eine einzige gerade Linie.

b) Wenn zwei gerade Linien einen Punkt im Innern des Körpers gemeinschaftlich haben, so treffen sie sich in keinem zweiten Punkte des Körpers.

c) Durch eine gerade Linie und einen Punkt, welcher ihr nicht angehört, läfst sich eine einzige Ebene legen.

d) Wenn zwei Ebenen einen Punkt gemeinschaftlich haben, so schneiden sie sich in einer, und zwar einer einzigen geraden Linie.

Auf diesen Sätzen suchen wir jetzt die projektive Geometrie aufzubauen.

§ 2.

Die harmonischen Gebilde.

a) Wenn drei Punkte in gerader Linie gegeben sind, so kann man durch blofses Ziehen von geraden Linien einen vierten Punkt in derselben Geraden bestimmen, dessen Lage nur von den drei gegebenen Punkten, aber nicht von den bei der Zeichnung benutzten Linien abhängt.

Die drei gegebenen Punkte seien A, B, C; durch die gerade Linie, in welcher sie enthalten sind, lege man eine beliebige Ebene und nehme in ihr einen Punkt x, ziehe Ax und Bx, durchschneide die beiden Linien durch eine von C ausgehende Gerade in α und β, ziehe $A\beta$ und $B\alpha$, welche sich in λ schneiden,

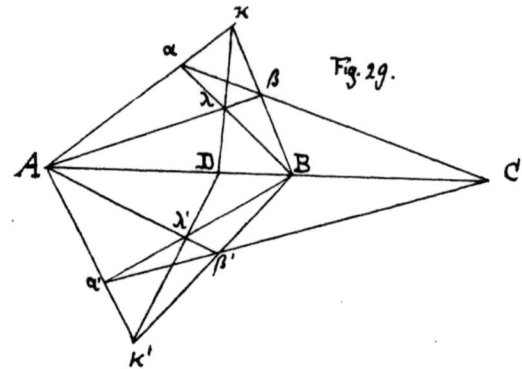

Fig. 29.

und endlich $\varkappa\lambda$, welche mit der Geraden AB in einem Punkte D zusammentrifft. Dann ist der Punkt D unabhängig von der Wahl der Ebene und von den benutzten Hülfslinien, also eindeutig durch ABC (in dieser Reihenfolge) bestimmt.

Wir weisen zunächst nach, daſs der Punkt D unabhängig ist von der durch AB gelegten Ebene; wir wählen daher eine zweite Ebene, nehmen in ihr den Punkt $\varkappa'$ beliebig an, durchschneiden die Geraden $A\varkappa'$ und $B\varkappa'$ durch eine von C ausgehende Gerade in α' und β', ziehen $A\beta'$ und $B\alpha'$, welche sich in λ' schneiden, und weisen nach, daſs $\varkappa'\lambda'$ durch D hindurchgeht.

Durch die Geraden $C\alpha\beta$ und $C\alpha'\beta'$ läſst sich eine Ebene legen; demnach treffen sich auch die Geraden $\alpha\beta'$ und $\alpha'\beta$ in einem Punkte μ. Die Gerade $\alpha\beta'$ liegt in der Ebene $B\alpha\beta'$ und die Gerade $\alpha'\beta$ in der Ebene $A\alpha'\beta$. Diese beiden Ebenen haben die Linie $\varkappa'\lambda$ gemeinschaftlich, in welcher der Punkt μ ebenfalls liegen muſs. Ebenso liegt μ in den Ebenen $A\alpha\beta'$ und $B\alpha'\beta$, also auch in deren Kante $\varkappa\lambda'$. Die fünf Punkte μ, $\varkappa$, $\varkappa'$, λ, λ' liegen also in einer Ebene, und die Geraden $\varkappa\lambda$ und $\varkappa'\lambda'$ gehören dieser selben Ebene an. Diese Ebene kann mit der Geraden AB nur einen einzigen Punkt gemeinschaftlich haben, und da D als Punkt von $\varkappa\lambda$ dieser Ebene angehört, muſs auch $\varkappa'\lambda'$ durch D hindurchgehen.

Nehmen wir jetzt an, der Punkt x'' sei in der Ebene ABx gewählt, und die Punkte α'', β'', λ'' seien in entsprechender Weise bestimmt. Wir fügen eine zweite Ebene hinzu und machen hierin die Konstruktion vermittelst der Punkte x', α', β', λ'; dann müssen, weil die Ebenen ABx und ABx' verschieden sind, die Geraden $x\lambda$ und $x'\lambda'$ durch denselben Punkt von AB hindurchgehen; aus demselben Grunde müssen sich auch die Geraden $x'\lambda'$ und $x''\lambda''$ auf AB schneiden, oder $x''\lambda''$ geht ebenfalls durch den Punkt D.

b) Die vier Punkte A, B, C, D mit der gegenseitigen Lage, wie sie so eben erörtert ist, heifsen vier harmonische Punkte,[20]) und zwar sagen wir, der Punkt D sei dem Punkte C in Bezug auf die Punkte A und B harmonisch zugeordnet. Um das angegebene Verfahren kurz zusammenzufassen, stellen wir den Satz auf:

Die Verbindungsgerade der Punkte, in denen sich die Gegenseiten eines gewöhnlichen Vierecks paarweise schneiden, wird durch ihre Schnittpunkte mit den beiden Diagonalen harmonisch geteilt.

In der That ist $\alpha x \beta \lambda$ ein gewöhnliches Viereck; das eine Paar von Gegenseiten, nämlich αx und $\beta \lambda$, hat in A, das andere, $\alpha \lambda$ und βx, in B seinen Schnittpunkt.

Wir können aber die Figur noch in anderer Weise auffassen. Die aus den vier Geraden Aαx, A$\lambda \beta$, B$\lambda \alpha$, Bβx gebildete Figur nennen wir ein vollständiges Vierseit, die vier Linien seine Seiten und die sechs Schnittpunkte von je zwei Seiten seine Eckpunkte. Dann liegt jedem Eckpunkte ein zweiter gegenüber, und die Verbindungslinie zweier solcher Eckpunkte heifst eine Diagonale. Dann ist AB eine Diagonale, und die Punkte C und D sind ihre Schnittpunkte mit den beiden andern Diagonalen. Daher können wir auch sagen:

Jede Diagonale eines vollständigen Vierseits wird durch ihre Schnittpunkte mit den beiden andern Diagonalen harmonisch geteilt.

c) Um tiefer auf die Theorie der harmonischen Teilung eingehen zu können, schicken wir die ersten Sätze über die perspektivische Lage von Gebilden voraus. Zwei Gebilde heifsen einander perspektivisch zugeordnet, wenn jedem Punkte des einen ein Punkt des andern entspricht und jedesmal die Verbindungslinie entsprechender Punkte durch einen festen Punkt, das Perspektions-Centrum, geht. Wir benutzen fast nur perspektivische Dreiecke und können sagen: Zwei Dreiecke $\alpha\beta\gamma$ und $\alpha'\beta'\gamma'$ sind perspektivisch gelegen, wenn die drei geraden Linien $\alpha\alpha'$, $\beta\beta'$, $\gamma\gamma'$ durch denselben Punkt O gehen. Hierfür gilt der Satz:

Die entsprechenden Seiten zweier perspektivischen Dreiecke schneiden sich in drei Punkten, welche in gerader Linie liegen.

Zum Beweise bezeichnen wir mit O den gemeinsamen Schnittpunkt der Geraden $\alpha\alpha'$, $\beta\beta'$, $\gamma\gamma'$; ferner mögen sich die Geraden $\beta\gamma$ und $\beta'\gamma'$, bez. $\gamma\alpha$ und $\gamma'\alpha'$, bez. $\alpha\beta$ und $\alpha'\beta'$ in A bez. B bez. C schneiden.

Wenn die Dreiecke $\alpha\beta\gamma$ und $\alpha'\beta'\gamma'$ in zwei verschiedenen Ebenen liegen (Fig. 30), so befinden sich die Punkte A, B, C gleichzeitig in beiden Ebenen, also auch in ihrer Schnittlinie, mithin in derselben Geraden.

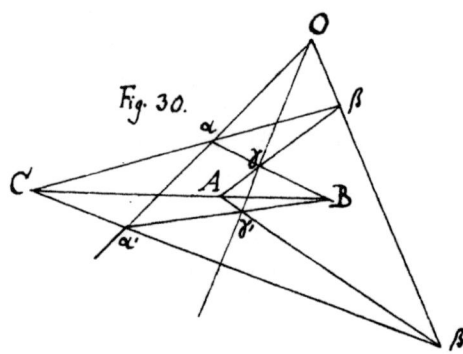

Wenn aber die Dreiecke in ein und derselben Ebene liegen, so ziehe man die Geraden $\alpha'O'$, $\beta'O'$, $\gamma'O'$ nach einem Punkte O', welcher der Ebene nicht angehört. Man wähle auf der Geraden OO' beliebig einen Punkt O'' und ziehe die Geraden O''A, O''B, O''C. Die Geraden OA und OO'' bestimmen eine Ebene, in welcher die Geraden O'α' und O''α liegen; bei passender Wahl der Punkte O' und O'' kann man bewirken, daß O'α' und O''α sich in einem Punkte α'' schneiden. Entsprechend findet man durch den Schnitt von O''β und O'β' einen Punkt β'' und durch den Schnitt von O''γ und O'γ' einen Punkt γ''. Der Punkt A, in welchem sich $\beta\gamma$ und $\beta'\gamma'$ schneiden, gehört auch der Ebene O''$\beta\gamma$ und O'$\beta'\gamma'$, also auch der Geraden $\beta''\gamma''$ an; ebenso gehört B den Ebenen O''$\alpha\gamma$ und O'$\alpha'\gamma'$, also auch der

Geraden $\alpha''\gamma''$, und endlich der Punkt C den Geraden $\alpha\beta$, $\alpha'\beta'$ und $\alpha''\beta''$ an; die Punkte A, B, C liegen also in der Schnittlinie der beiden Ebenen.

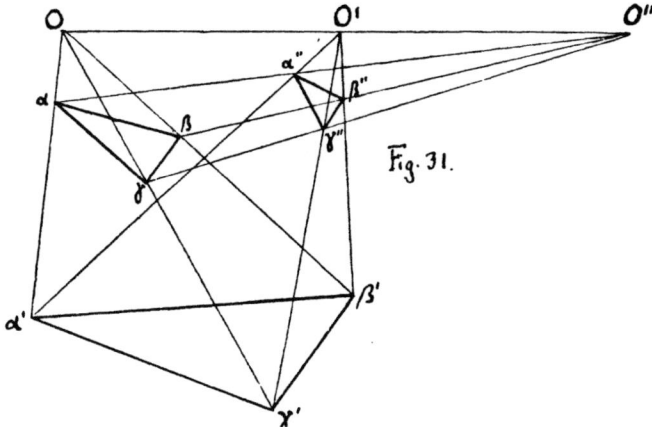

Fig. 31.

d) Wenn umgekehrt die drei Seiten eines Dreiecks sich je mit einer Seite eines zweiten in drei Punkten einer geraden Linie schneiden, so gehen die Verbindungsgeraden entsprechender Eckpunkte durch denselben Punkt.

Beweis. — Nach der Voraussetzung gehen die Verbindungsgeraden entsprechender Punkte der Dreiecke $\alpha\alpha'B$ und $\beta\beta'A$, nämlich die Geraden $\alpha\beta$, $\alpha'\beta'$ und BA durch denselben Punkt C; folglich müssen die Schnittpunkte von $\alpha\alpha'$ und $\beta\beta'$, von $\alpha'B$ und $\beta'A$, und von $B\alpha$ und $A\beta$ in gerader Linie liegen, oder die Gerade durch γ' und γ enthält auch den Schnittpunkt von $\alpha\alpha'$ und $\beta\beta'$.

e) Hiernach läfst sich der Beweis des in a) aufgestellten Satzes, nämlich der Behauptung, dafs der Schnittpunkt von $\varkappa\lambda$ und $\varkappa'\lambda'$ auf AB liegt, auch in folgender Weise führen. Da sich $\alpha\beta$ und $\alpha'\beta'$ in C, $\beta\lambda$ und $\beta'\lambda'$ in A, $\alpha\lambda$ und $\alpha'\lambda'$ in B treffen und diese Punkte in gerader Linie liegen, so gehen $\alpha\alpha'$, $\beta\beta'$ und $\lambda\lambda'$ durch einen Punkt. Aus demselben Grunde gehen auch die drei Geraden $\alpha\alpha'$, $\beta\beta'$ und $\varkappa\varkappa'$ durch einen Punkt. Folglich müssen auch die Dreiecke $\beta\varkappa\lambda$ und $\beta'\varkappa'\lambda'$ perspektivisch liegen, und infolge dessen mufs der Schnittpunkt von $\varkappa\lambda$ und $\varkappa'\lambda'$ derjenigen

Geraden angehören, welche die Schnittpunkte sowohl von $\beta\varkappa$ und $\beta'\varkappa'$, als auch von $\beta\lambda$ und $\beta'\lambda'$ enthält.

f) Die vier harmonischen Punkte A, B, C, D zerfallen in zwei Paare AB und CD; man darf die beiden Paare mit einander vertauschen und in jedem Paare die beiden Punkte. Wenn daher von den acht Anordnungen

ABCD, ABDC, BACD, BADC,
CDAB, CDBA, DCAB, DCBA

eine harmonisch ist, so sind es auch die übrigen, aber keine weitere Anordnung der vier Punkte.

In der Konstruktion, welche in a) angegeben ist, kommen die Punkte A und B ganz gleichmäfsig vor; sie können also mit einander vertauscht werden. Wäre man von den Punkten ABD ausgegangen, so hätte man C als vierten harmonischen Punkt erhalten; man ziehe nämlich von α die Geraden nach A und B, lege durch D die Gerade, welche Aα und Bα in $\varkappa$ und λ trifft; dann werden die Geraden Aλ und B$\varkappa$ sich in β schneiden und $\alpha\beta$ wird durch C gehen.

Um zu CDA den vierten harmonischen Punkt zu konstruieren, bezeichne man den Schnittpunkt von $\alpha\beta$ und $\varkappa\lambda$ mit ϱ und beachte, dafs die Seiten des Dreiecks DCϱ denen des Dreiecks $\beta\lambda$B

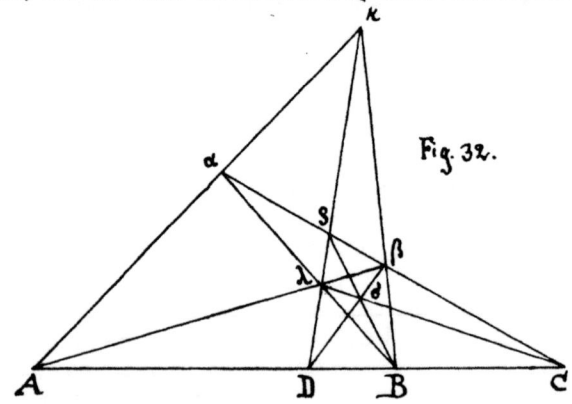

Fig. 32.

in drei Punkten einer geraden Linie begegnen, nämlich DC und $\beta\lambda$ in A, Cϱ und $\lambda\beta$ in α, ϱD und Bλ in $\varkappa$. Daher liegen die Dreiecke perspektivisch oder es schneiden sich die Linien Dβ,

Cλ und ϱB in einem Punkte σ. Zur Konstruktion des vierten harmonischen Punktes zu DCA wähle man den Punkt ϱ, ziehe die Geraden Cϱ und Dϱ, lege durch A die Gerade A$\beta\lambda$, ziehe Dβ und Cλ, welche sich in σ treffen. Da die Gerade $\varrho\sigma$ die CD in B trifft, ist B der vierte harmonische Punkt.

Durch Verbindung der drei Vertauschungen werden auch die übrigen Anordnungen erhalten, welche oben angegeben sind.

Dafs aber keine weitere Anordnung vier harmonische Punkte liefert, folgt schon daraus, dafs die Punkte des einen Paares durch die des andern getrennt werden müssen.

g) Um zu einer weiteren Definition von vier harmonischen Punkten zu gelangen, beachten wir, dafs die vier Punkte ABCD sowohl zu $\alpha\beta$Cϱ als zu $\beta\alpha$Cϱ perspektivisch liegen, wo ϱ den Schnittpunkt von $\alpha\beta$ und $\varkappa\lambda$ bezeichnet. Wir können also die Frage stellen: Welche Lage müssen vier Punkte A, B, C, D einer geraden Linie annehmen, damit sowohl ABCD wie BACD zu demselben Punktquadrupel $\varkappa\lambda\mu\nu$ einer zweiten geraden Linie perspektivisch liegen?

Zu dem Ende gehen wir etwa von den drei Punkten A, B, D aus und nehmen an, diesen drei Punkten liefse sich einmal das Tripel $\varkappa\lambda\nu$ und dann das Tripel $\lambda\varkappa\nu$ perspektivisch zuordnen. Ginge die Gerade $\varkappa\lambda\nu$ durch A hindurch, so müfste der Punkt A bei jedem Perspektionscentrum sich selbst zugeordnet sein. Da aber dem Punkte A einmal der Punkt $\varkappa$ und dann der Punkt λ zugeordnet ist, so darf die Gerade $\varkappa\lambda\nu$ nicht durch A, und aus demselben Grunde nicht durch B gehen. Wenn jetzt die Gerade $\varkappa\lambda\nu$ auch nicht durch D hindurchgeht, so müssen sich A$\varkappa$ und Bλ in einem Punkte σ, Aλ und B$\varkappa$ in einem Punkte τ schneiden. Dann gehen die Geraden σD und τD auch durch ν hindurch, oder die Punkte D und ν ergeben sich als Schnittpunkte mit $\sigma\tau$. Die Geraden σC und τC müssen beide durch μ gehen, was nur möglich ist, wenn die beiden Punkte μ und C im Schnittpunkt der Geraden AB und $\varkappa\lambda$ zusammenfallen. Wir können also sagen:

Sollen denselben drei Punkten $\varkappa$, λ, μ einer Geraden sowohl die drei Punkte A, B, C als auch die Punkte B, A, C einer zweiten Geraden perspektivisch zugeordnet sein, so müssen sich die beiden Geraden entweder in C oder in dem ihm zugeordneten vierten harmonischen Punkte schneiden.

h) Die Gesamtheit der geraden Linien, welche durch einen Punkt gehen und in derselben Ebene liegen, bezeichnen wir als einen Strahlenbüschel. Ebenso sagen wir: Verschiedene Ebenen gehören einem Büschel an, wenn sie durch dieselbe gerade Linie hindurchgehen. Hiernach gelten die beiden Sätze:

Vier Strahlen, welche durch einen Punkt gehen und eine gerade Linie in vier harmonischen Punkten treffen, bestimmen auf jeder Geraden, welche von ihnen geschnitten wird, vier harmonische Punkte;

oder mit andern Worten:

Wenn vier Strahlen eines Büschels irgend eine Gerade in vier harmonischen Punkten schneiden, so liegen jedesmal die vier Punkte harmonisch, in denen die Strahlen von irgend einer andern Geraden geschnitten werden.

Ferner besteht der Satz:

Wenn vier Ebenen eines Büschels irgend eine Gerade in vier harmonischen Punkten schneiden, so liegen die vier Punkte, in denen eine beliebige andere Gerade von den vier Ebenen geschnitten wird, ebenfalls harmonisch.

Es genügt, den ersten der beiden Sätze zu beweisen. Dabei nehmen wir zunächst an, die beiden Geraden ABCD und $\alpha\beta C\varrho$ hätten den Punkt C gemeinschaftlich. Der Scheitel des Büschels sei $\varkappa$ (Fig. 29) und λ sei in der bekannten Weise bestimmt. Die drei Diagonalen des in b) angegebenen vollständigen Vierseits sind AB, $\alpha\beta$ und $\varkappa\lambda$; jede wird durch den Schnitt mit den andern harmonisch geteilt, also auch $\alpha\beta$ durch AB und $\varkappa\lambda$.

Jetzt mögen die vier von einem Punkte O ausgehenden Strahlen die eine Gerade in A, B, C, D, die andere in A', B', C', D' treffen und die vier ersten mögen harmonisch liegen. Wenn etwa die Gerade AB' von den beiden Strahlen OC und OD geschnitten wird in C'' und D'', so sind nach dem bereits Bewiesenen A, B', C'', D'' und deshalb auch A', B', C', D' je vier harmonische Punkte. Ganz ähnlich läßt sich der Beweis stets liefern, indem man nötigenfalls noch weitere Schnittlinien einschiebt.

Demnach dürfen wir vier Strahlen oder Ebenen eines Büschels als harmonisch bezeichnen, wenn sie eine, und damit jede hindurchgelegte Gerade in vier harmonischen Punkten treffen.

§ 3.
Das Doppelverhältnis von vier Punkten einer Geraden.

a) Wenn drei Punkte einer Geraden beliebig gewählt sind, so kann man jeder ganzen positiven Zahl einen und zwar nur einen Punkt der Geraden zuordnen. Die gegebenen Punkte bezeichnen wir als P_0, P_1, P_∞ und nehmen an, P_1 liege zwischen P_0 und P_∞. Dann suchen wir zu $P_\infty P_1 P_0$ den vierten harmonischen Punkt und bezeichnen ihn als P_2; ebenso bestimmen wir P_3 durch die Forderung, daſs $P_\infty P_2 P_1 P_3$ vier harmonische Punkte sind. Auf diese Weise kann man aber beliebig fortfahren und jeder ganzen positiven Zahl ν einen Punkt P_ν durch die Forderung zuordnen, daſs allgemein
$$P_\infty P_{\nu-1} P_{\nu-2} P_\nu,$$
wo ν eine positive ganze Zahl ist, harmonisch liegen sollen.

Da P_1 zwischen P_0 und P_∞ angenommen ist, so liegt P_2 zwischen P_1 und P_∞, P_3 zwischen P_2 und P_∞, überhaupt P_ν zwischen $P_{\nu-1}$ und P_∞, oder die Punkte folgen in derselben Weise, wie die Zahlen der natürlichen Zahlenreihe.

b) Diese Zuordnung[21]) von Zahlen und Punkten kann durch eine einfache und übersichtliche Konstruktion bewerkstelligt werden. Man lege durch P_∞ eine beliebige Gerade (Fig. 33) und nehme

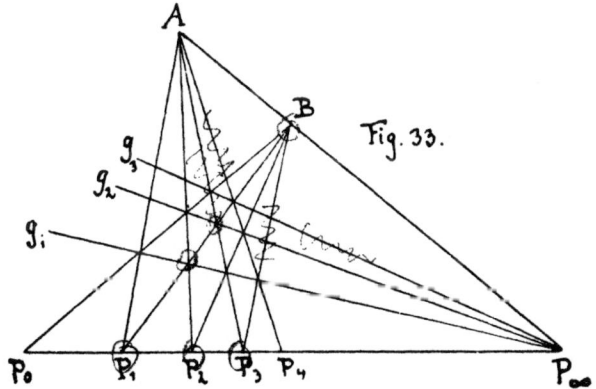

auf ihr zwei Punkte A und B an. Nach dem Schnittpunkte von $P_0 B$ und $P_1 A$ ziehe man durch P_∞ eine Gerade g_1; deren Schnittpunkt mit P_1B verbinde man mit A, wodurch man zu P_2 gelangt; der Schnittpunkt von P_2B mit g_1 führt durch seine Verbindung mit A zu P_3 u. s. w. Um von P_ν zu $P_{\nu+1}$ zu gelangen, ziehe man $P_\nu B$ und lege durch ihren Schnittpunkt mit g_1 und A eine neue Gerade; ihr Schnittpunkt mit der gegebenen Geraden ist der Punkt $P_{\nu+1}$.

c) Da die ganze Zahl ν eine bestimmte Operation angiebt, durch welche der Punkt P_ν aus den Punkten P_∞, P_0, P_1 erhalten wird und da diese Operation von den gegebenen drei Punkten aus für ein gegebenes ν einen einzigen Punkt liefert, so soll sie das **Doppelverhältnis** der vier Punkte $P_\infty P_0 P_1 P_\nu$ (in dieser Folge) genannt und mit $(P_\infty P_0 P_1 P_\nu)$ bezeichnet werden. In diesem Sinne ist die symbolische Gleichung:

$$\nu = (P_\infty P_0 P_1 P_\nu)$$

zu verstehen, welche stets ein System von $\nu - 1$ analogen symbolischen Gleichungen von der Form

$$(P_\infty P_0 P_1 P_2) = 2, \ (P_\infty P_0 P_1 P_3) = 3 \ldots (P_\infty P_0 P_1 P_\nu) = \nu$$

vertritt, in denen P_2 den vierten harmonischen Punkt zu $P_\infty P_1 P_0$, P_3 den vierten harmonischen Punkt zu $P_\infty P_2 P_1$ u. s. w. bedeutet. Das Symbol ist dadurch gerechtfertigt, dafs man, um von den Punkten P_∞, P_0, P_1 zum Punkte P_ν zu gelangen, $(\nu - 1)$-mal nach der gegebenen Vorschrift den vierten harmonischen Punkt suchen mufs.

d) Wenn vier von einem Punkte ausgehende Strahlen von zwei Geraden durchschnitten werden und ihre Schnittpunkte auf der einen Geraden das Doppelverhältnis ν haben, so haben die entsprechenden Schnittpunkte auf der andern Geraden dasselbe Doppelverhältnis; demnach bezeichnen wir diese Zahl als das Doppelverhältnis der vier Strahlen.

Dieser Satz folgt unmittelbar daraus, dafs das Doppelverhältnis durch Konstruktion harmonischer Punkte bestimmt wird, letztere aber bei perspektivischer Zuordnung wieder in harmonische Punkte übergehen. In der That seien auf der einen Geraden die Punkte P_∞, P_0, P_1, P_ν so gegeben, dafs $(P_\infty P_0 P_1 P_\nu) = \nu$ ist. Von S mögen die vier Strahlen s_∞, s_0, s_1, s_ν nach diesen vier Punkten gehen und eine zweite Gerade in Q_∞, Q_0, Q_1, Q_ν treffen. Man füge die Punkte P_2, $P_3 \ldots P_{\nu-1}$ hinzu, so dafs

$$P_\infty P_1 P_0 P_2, \ P_\infty P_2 P_1 P_3 \ldots P_\infty P_{\nu-1} P_{\nu-2} P_\nu$$

Die projektive Geometrie.

jedesmal vier harmonische Punkte sind. Zieht man von S die Strahlen $s_2, s_3 \ldots s_{\nu-1}$ nach $P_2, P_3 \ldots P_{\nu-1}$ und bezeichnet deren Schnittpunkte mit der zweiten Geraden als $Q_2, Q_3 \ldots Q_{\nu-1}$, so sind auch
$$Q_\infty Q_1 Q_0 Q_2, \ Q_\infty Q_2 Q_1 Q_3 \ldots \ldots \ Q_\infty Q_{\nu-1} Q_{\nu-2} Q_\nu$$
vier harmonische Punkte. Diese Eigenschaft sagt aber aus, daſs $(Q_\infty Q_\iota Q_1 Q_\nu) = \nu$ ist.

e) Das Doppelverhältnis der vier Punkte P_∞, P_μ, $P_{\mu+1}$, $P_{\mu+\nu}$ ist gleich ν.

Wir können dies unmittelbar aus der obigen Figur ablesen. Gehen wir von den drei Punkten P_∞, P_μ, $P_{\mu+1}$ aus und suchen jedesmal den vierten harmonischen Punkt nach dem Schema
$$P_\infty P_{\mu+1} P_\mu P_{\mu+2}, \ P_\infty P_{\mu+2} P_{\mu+1} P_{\mu+3} \ldots P_\infty P_{\mu+\nu-1} P_{\mu+\nu-2} P_{\mu+\nu},$$
so sagt diese Konstruktion, daſs $(P_\infty P_\mu P_{\mu+1} P_{\mu+\nu}) = \nu$ ist.

Man kann auch folgendermaſsen schlieſsen. Das Doppelverhältnis $(P_\infty P_\mu P_{\mu+1} P_{\mu+\nu})$ ist gleich dem Doppelverhältnis der von A aus nach diesen Punkten gezogenen Strahlen $a_\infty a_\mu a_{\mu+1} a_{\mu+\nu}$, also auch gleich dem Doppelverhältnis ihrer Schnittpunkte mit g_1. Diese vier Schnittpunkte werden aber von B aus durch vier Strahlen projiziert, welche die gegebene Gerade in den Punkten $P_\infty P_{\mu-1} P_\mu P_{\mu+\nu-1}$ treffen. Somit ist
$$(P_\infty P_\mu P_{\mu+1} P_{\mu+\nu}) = (P_\infty P_{\mu-1} P_\mu P_{\mu+\nu-1}) =$$
$$(P_\infty P_{\mu-2} P_{\mu-1}, P_{\mu+\nu-2}) = \ldots = (P_\infty P_0 P_1 P_\nu).$$

f) In der oben angegebenen Konstruktion möge jeder von A aus nach einem Punkte P_ν gezogene Strahl mit a_ν und ebenso der von B ausgehende Strahl, welcher den Punkt P_ν enthält, mit b_ν bezeichnet werden. Dann beruht das Wesen der Konstruktion darin, daſs sich die Geraden b_μ und $a_{\mu+1}$ jedesmal in der festen durch P_∞ gehenden Geraden g_1 schneiden. Allgemein schneiden sich die Geraden b_μ und $a_{\mu+\nu}$ in einer von P_∞ ausgehenden Geraden g_ν, und indem wir die gegebene Gerade als g_0, die Gerade AB als g_∞ bezeichnen, erhalten wir das Doppelverhältnis
$$(g_\infty g_0 g_1 g_\nu) = \nu.$$

Beim Beweise haben wir mehrmals den unter d) angegebenen Satz zu benutzen, welcher besagt, daſs das Doppelverhältnis von vier Punkten auch den vier Strahlen zukommt, welche von einem beliebigen fünften Punkte nach den vier Punkten gezogen werden, und daſs das Doppelverhältnis von vier Strahlen auch das der vier Punkte ist, in denen sie von einer beliebigen Geraden geschnitten werden. Im vorliegenden Falle ziehe man vom Punkte A aus die vier Strahlen a_∞, a_μ, $a_{\mu+1}$, $a_{\mu+\nu}$ nach den vier Punkten P_∞, P_μ, $P_{\mu+1}$, $P_{\mu+\nu}$; diese vier Strahlen durchschneide man durch die Gerade b_μ und ziehe nach den vier Schnittpunkten die Strahlen vom Punkte P_∞ aus. Nun wird die Gerade b_μ von a_∞ in B, von a_μ in P_μ geschnitten, während der Schnittpunkt von b_μ mit $a_{\mu+1}$ in g_1 liegt. Zieht man also von P_∞ die Gerade g_ν nach dem Schnittpunkt von b_μ mit $a_{\mu+\nu}$, so ist das Doppelverhältnis der vier Geraden g_∞, g_0, g_1, g_ν gleich ν. Da aber durch P_∞ nach fester Wahl von g_∞, g_0, g_1 nur eine einzige Gerade g_ν geht, für welche das Doppelverhältnis $(g_\infty g_0 g_1 g_\nu) = \nu$ ist, so gelangt man immer zu derselben Geraden g_ν, von welchem Punkte P_μ man auch ausgeht.

g) Das Doppelverhältnis der vier Punkte P_∞, P_0, P_α, $P_{\alpha\nu}$ ist gleich ν.

Um zu den drei Punkten P_∞, P_α, P_0 den vierten harmonischen Punkt zu konstruieren, benutzt man wieder die Punkte A und B, indem man die Geraden BP_0 und AP_α zieht, ihren Schnittpunkt durch eine Gerade g' mit P_∞ verbindet, darauf die neue Gerade BP_α zieht, ihren Schnittpunkt mit g' bestimmt und ihn von A aus auf die gegebene Gerade projiziert. Der auf diese Weise gefundene Punkt ist mit $P_{2\alpha}$ identisch, weil die Gerade g' dieselbe Linie ist, welche in f) mit g_α bezeichnet wurde. Um die Punkte $P_{3\alpha}$, $P_{4\alpha}$ ... $P_{\nu\alpha}$ unmittelbar zu erhalten, hat man in der unter b) angegebenen Konstruktion nur g_1 durch g_α zu ersetzen.

h) Faſst man die Sätze e) und g) zusammen, so folgt: $(P_\infty P_\alpha P_{\alpha+\mu} P_{\alpha+\mu\nu}) = \nu$, oder wenn α, β, γ und $\dfrac{\gamma-\alpha}{\beta-\alpha}$ ganze positive Zahlen sind, so ist:

$$(P_\infty P_\alpha P_\beta P_\gamma) = \frac{\gamma-\alpha}{\beta-\alpha}.$$

Es ist vielleicht angebracht, diesen Satz auf den vorangehenden direkt zurückzuführen. Man projiziere die vier Punkte P_∞, P_α, P_β, P_γ von B aus auf g_1 und die vier hierdurch auf g_1 bestimmten Punkte von A aus auf g_0. Diese Konstruktion führt jeden Punkt P_ϱ in $P_{\varrho-1}$ über, und da hierbei die Doppel-

Die projektive Geometrie. 111

verhältnisse ungeändert bleiben, so ist $(P_\infty P_\alpha P_\beta P_\gamma) = (P_\infty P_{\alpha-1} P_{\beta-1} P_{\gamma-1})$, also auch, wie man durch Wiederholung des Verfahrens zeigt, gleich $(P_\infty P_0 P_{\beta-\alpha} P_{\gamma-\alpha})$. Für $\gamma - \alpha = \nu\, (\beta - \alpha)$ hat man also nur den unter g) bewiesenen Satz zu benutzen.

i) Um auch den negativen Zahlen Punkte auf der Geraden zuordnen zu können, beachte man den Weg, welcher von P_ν zu $P_{\nu-1}$ führt. Verbindet man die Punkte A und P_ν durch a_ν, zieht von B nach dem Schnittpunkt von a_ν und g_1 die Gerade, so wird diese Gerade die g_0 in $P_{\nu-1}$ treffen. Demnach wird man die Punkte A und P_0 durch die Gerade a_0 verbinden, nach dem Schnittpunkte von a_0 und g_1 von B aus eine Gerade ziehen und ihren Schnittpunkt mit g_0 als P_{-1} bezeichnen. Ebenso ziehe man von A die Gerade a_{-1} nach P_{-1}, bestimme ihren Schnittpunkt mit g_1 und ziehe nach ihm von B aus die Gerade b_{-2}, deren Schnittpunkt mit g_0 den Punkt P_{-2} liefert. Ist man unter Fortsetzung dieser Operation nach $P_{-\nu}$ gelangt, so ziehe man nach ihm von A die Gerade $a_{-\nu}$ und projiziere den Schnittpunkt von g_1 mit $a_{-\nu}$ von B aus durch die Gerade $b_{-\nu-1}$ auf g_0, wodurch man zu dem Punkte $P_{-\nu-1}$ gelangt.

Die symbolische Gleichung
$$-\nu = (P_\infty P_0 P_1 P_{-\nu})$$
vertritt also die ν Forderungen, daſs jedesmal die vier Punkte $P_\infty P_0 P_{-1} P_1$, $P_\infty P_{-1} P_{-2} P_0$, $P_\infty P_{-2} P_{-3} P_{-1} \ldots P_\infty P_{-\nu+1} P_{-\nu} P_{-\nu+2}$ harmonisch liegen sollen.

Diese Operation spiegelt geometrisch vollständig den Weg wieder, welcher algebraisch zu den negativen Zahlen führt. Demnach müssen die vorhin für positive Zahlen abgeleiteten Gesetze auch für negative Zahlen bestehen bleiben. Wir dürfen also auch annehmen, daſs von den vier in h) benutzten ganzen Zahlen α, β, γ, $\dfrac{\gamma - \alpha}{\beta - \alpha}$ einige negativ sind. Speziell folgt, daſs die vier Punkte P_∞, P_0, P_α, $P_{-\alpha}$ harmonisch liegen.

k) Wir haben die drei Punkte P_∞, P_0, P_1 in demjenigen Raumteile angenommen, auf dessen Untersuchung wir uns vorläufig durchaus beschränken. Dann liegt auch jeder Punkt, welcher irgend einer ganzen positiven Zahl entspricht, in demselben Raumteile. Wenn wir dagegen der Reihe nach die Punkte P_{-1}, $P_{-2}\ldots$

suchen, so werden wir über einen gewissen Wert: $-\alpha$ nicht hinausgehen können. Nun liegt aber ein gewisser Teil der Geraden über P_∞ hinaus. Zu den Punkten dieses Teiles gelangt man auf folgende Weise: Man nimmt β recht grofs positiv an und bestimmt zu $P\beta$ den zugeordneten vierten harmonischen Punkt; ist β hinreichend grofs, so wird letzterer noch dem Bereich angehören. Die Schlufsbemerkung in i) verlangt, dafs dieser Punkt als $P_{-\beta}$ bezeichnet wird.

l) Um nach demselben Gesetze, das wir bisher für ganze Zahlen befolgt haben, auch den rationalen Zahlen, deren Nenner gleich zwei ist, Doppelverhältnisse zuordnen zu können, berücksichtigen wir, dafs nach g) die vier Punkte P_∞, P_α, P_0, $P_{2\alpha}$ harmonisch liegen, wofern α eine ganze Zahl ist. Demnach müssen auch für jede ganze Zahl β die vier Punkte P_∞, $P_{\frac{1}{2}\beta}$, P_0, P_β harmonische Punkte sein. Man erhält demnach den Punkt $P_{\frac{1}{2}}$, indem man zu P_0, P_1, P_∞ den vierten harmonischen Punkt konstruiert. Jetzt mufs der Punkt $P_{\frac{\nu}{2}}$ aus P_∞, P_0, $P_{\frac{1}{2}}$ in derselben Weise gefunden werden, wie der Punkt P_ν aus P_∞, P_0, P_1. Speziell mufs $P_{\frac{2}{2}}$ der vierte harmonische Punkt zu $P_\infty P_{\frac{1}{2}} P_0$ sein; da nach der Definition $P_\infty P_{\frac{1}{2}} P_0 P_1$ vier harmonische Punkte sind, so fällt $P_{\frac{2}{2}}$ mit P_1 zusammen. Nun zeigt sich, wie in g), dafs allgemein $P_{\frac{2\alpha}{2}}$ mit P_α zusammenfällt.

m) Zu den weiteren Brüchen, deren Nenner eine Potenz von zwei ist, gelangt man in entsprechender Weise durch die Festsetzung, dafs

$$P_0 P_{\frac{1}{4}} P_\infty P_{\frac{1}{2}},\ P_0 P_{\frac{1}{4}} P_\infty P_{\frac{3}{4}} \ldots \ldots P_0 P_{2-\alpha} P_\infty P_{2-\alpha-1}$$

harmonisch liegen sollen. Ist nun $\mu = 2^\alpha$, so findet man die Punkte $P_{\frac{\nu}{\mu}}$ bei ganzzahligem ν ganz entsprechend der Art und Weise, wie wir den ganzen Zahlen Punkte zugeordnet haben; es sollen nämlich jedesmal die vier Punkte

$$P_\infty P_{\frac{1}{\mu}} P_0 P_{\frac{2}{\mu}},\ P_\infty P_{\frac{2}{\mu}} P_{\frac{1}{\mu}} P_{\frac{3}{\mu}} \ldots \ldots P_\infty P_{\frac{\nu-1}{\mu}} P_{\frac{\nu-2}{\mu}} P_{\frac{\nu}{\mu}}$$

harmonische Punkte sein. Wenn a irgend eine solche Zahl $a = \frac{\nu}{\mu}$ für $\mu = 2^\alpha$ ist, so soll a als das Doppelverhältnis der Punkte $P_\infty P_0 P_1 P_a$ bezeichnet werden.

Die projektive Geometrie.   113

Gerade wie in g) für ganze Zahlen ist auch hier für $\mu = 2^\alpha$
$(P_\infty\ P_0\ P_{\underset{\mu}{\varrho}}P_{\underset{\mu}{\varrho\sigma}}) = \sigma$ und da der Punkt $P_{\underset{2\mu}{2}}$ mit $P_{\underset{\mu}{1}}$ zusammenfällt, müssen stets zwei Punkte identisch sein, für welche die
Marken $\dfrac{\alpha}{2^\nu}$ und $\dfrac{\alpha \cdot 2^\varrho}{2^{\nu+\varrho}}$ gleich sind.

n) Im vorangehenden Teile sind wir zu allen rationalen
Zahlen gelangt, deren Nenner eine Potenz von zwei ist. Ist σ
irgend eine andere Zahl, so kann man immer zu jeder Zahl μ
eine ganze Zahl $G\mu$ so zuordnen, daſs ist:

$$\frac{G\mu}{2^\mu} < \sigma < \frac{G\mu + 1}{2^\mu}.$$

Wenn umgekehrt zu jedem μ ein $G\mu$ zugeordnet ist, und
zugleich immer die Beziehung besteht:
$G_{2\mu} = 2G\mu + h_\mu$, wo h_μ gleich 0 oder 1 ist, so ist σ durch
die Reihe:

$$\sigma = G_0 + \frac{h_0}{2} + \frac{h_1}{4} + \frac{h_2}{8} + \cdots$$

eindeutig bestimmt. Jetzt soll der zu σ zugeordnete Punkt für
jedes μ zwischen den zu $\dfrac{G\mu}{2^\mu}$ und $\dfrac{G\mu + 1}{2^\mu}$ zugeordneten Punkten
liegen. Dadurch wird die Strecke, auf welcher P_σ liegen soll,
immer mehr eingeschränkt, und die unbegrenzte Fortsetzung des
Prozesses für jeden ganzzahligen Wert von μ führt uns zu einem
einzigen Punkte.

Im andern Falle würde nämlich die Lage des Punktes nur
auf eine gewisse Strecke eingeschränkt, und das käme, wie man
mit Hülfe des Satzes h) zeigt, darauf hinaus, daſs es eine Strecke
P_0M gäbe, die einen Teil von P_0P_1 bildet und in der kein Punkt
P_τ für $\dfrac{1}{\tau} = 2^\mu$ bei beliebig groſsem Werte von μ liegt, während
man durch die angegebene Operation zwischen die Punkte M
und N gelangt, wofern N nur auf der Strecke MP_1 angenommen
wird. Man bestimme N durch die Forderung, daſs die Punkte
P_0, N, M, P_∞ harmonisch liegen. Da N zwischen M und P_∞
liegt, so giebt es sicherlich einen Punkt P_τ für $\tau = 2^{-\mu}$, welcher
zwischen M und N liegt. Bestimmen wir jetzt den vierten

harmonischen Punkt zu P_0, P_τ, P_∞, so muſs er zwischen P_0 und M liegen. Diesem Punkte haben wir aber die Marke $2^{-\mu-1}$ beizulegen, so daſs die obige Annahme als unmöglich erwiesen ist.

Als Beispiel betrachte ich die Reihe:
$$\tfrac{1}{4},\ \tfrac{5}{16},\ \tfrac{21}{64},\ \tfrac{85}{256},\ \tfrac{341}{1024}\ \ldots$$
Nehme ich einen dieser Brüche gleich μ und suche ich den Punkt $P_{3\mu}$ durch die Festsetzung, daſs $P_\infty P_\mu P_0 P_{2\mu}$, $P_\infty P_{2\mu} P_\mu P_{3\mu}$ harmonische Punkte sind, so erhalte ich für $P_{3\mu}$ der Reihe nach Punkte mit den Marken
$$\tfrac{3}{4},\ \tfrac{15}{16},\ \tfrac{63}{64},\ \tfrac{255}{256},\ \tfrac{1023}{1024}\ \ldots$$
Dieser Punkt kann an P_1 unbegrenzt nahe gebracht werden; folglich habe ich auch den durch die erste Reihe definierten Punkt mit der Marke $\tfrac{1}{3}$ zu versehen.

Noch deutlicher übersieht man dies, wenn man den gesuchten Punkt zwischen je zwei auf einander folgenden Punkten einschlieſst, deren Marken sind:
$$\tfrac{1}{4},\ \tfrac{3}{8},\ \tfrac{5}{16},\ \tfrac{11}{32},\ \tfrac{21}{64},\ \tfrac{43}{128},\ \tfrac{85}{256}\ \ldots$$

o) Will man sich nicht auf die bloſse Aufsuchung von vierten harmonischen Punkten beschränken, so kann man den Punkt $P_{\frac{1}{\mu}}$ auch durch die Forderung
$$(P_\infty P_0 P_{\frac{1}{\mu}} P_1) = (P_\infty P_0 P_1 P_\mu)$$
definieren. Auch jetzt kann man den Punkt $P_{\frac{1}{\mu}}$ durch bloſses Ziehen von geraden Linien finden. Wir ordnen die Punkte der Geraden g_0 denen einer zweiten und diese denen einer dritten und die der letzten wiederum den Punkten von g_0 perspektivisch zu und richten die Zuordnung so ein, daſs P_∞ und P_0 sich selbst entsprechen, daſs aber dem P_μ der Punkt P_1 entspricht; dann muſs dem Punkte P_1 der Punkt $P_{\frac{1}{\mu}}$ entsprechen. Wie die Zeichnung zu machen ist, findet man in jedem Lehrbuch der neueren synthetischen Geometrie. Daſs alle früheren Gesetze bestehen bleiben, braucht nicht näher bewiesen zu werden.

p) Ein Doppelverhältnis geht in seinen reziproken Wert über, wenn man entweder den ersten und zweiten oder den dritten und vierten Punkt mit einander vertauscht.

Wofern dieser Satz richtig ist, muſs das Doppelverhältnis ungeändert bleiben, wenn man sowohl den ersten und zweiten als auch den dritten und vierten Punkt mit einander vertauscht. Dies läſst sich sehr leicht zeigen. Sind A, B, C, D vier Punkte einer Geraden, so wähle man einen Punkt M beliebig, ziehe die Geraden MA, MB, MC und lege durch D eine neue Gerade, welche die drei von M ausgehenden Strahlen in E, F, G treffe, während der Schnittpunkt von AF und MC mit N bezeichnet werden möge; dann ist:

(ABCD) = (EFGD) = (MNGC) = (BADC),

da das erste Quadrupel von M aus auf das zweite, dies von A aus auf das dritte und dies endlich von F aus auf das vierte projiziert wird.

Sind α und β irgend zwei Zahlwerte, so ist das Doppelverhältnis $(P_\infty P_0 P_\alpha P_\beta) = \frac{\beta}{\alpha}$, weil der Satz in g) für beliebige Zahlen bestehen bleibt. Aus demselben Grunde ist $(P_\infty P_0 P_\beta P_\alpha) = \frac{\alpha}{\beta}$, wodurch der Satz für die Vertauschung des dritten und vierten Punktes erwiesen ist. Nun ist

$$\frac{\alpha}{\beta} = (P_\infty P_0 P_\beta P_\alpha) = (P_0 P_\infty P_\alpha P_\beta),$$

weil die Punkte eines jeden Paares vertauscht sind, also

$$(P_0 P_\infty P_\alpha P_\beta) = \frac{1}{(P_\infty P_0 P_\alpha P_\beta)}.$$

q) Wenn vier Punkte bei beliebiger Wahl der Punkte P_∞ und P_1 die Marken $0, \beta, \gamma, \delta$ erhalten haben, so ist ihr Doppelverhältnis

$$(P_0 P_\beta P_\gamma P_\delta) = \frac{\gamma}{\delta} : \frac{\beta - \gamma}{\beta - \delta}.$$

Indem wir von den Punkten P_∞, P_1, P_0 ausgegangen sind, haben wir jedem Punkte P' der Geraden eine Zahl zugeordnet, nämlich den Wert des Doppelverhältnisses $(P_\infty P_0 P_1 P')$. Vertausche ich aber P_0 und P_∞ und behalte P_1 bei, so geht jedes Doppelverhältnis in seinen reziproken Wert über; es ist also jetzt dem Punkte P_β die Zahl $\frac{1}{\beta}$, dem Punkte P_γ die Zahl $\frac{1}{\gamma}$ und dem

Punkte P_δ die Zahl $\frac{1}{\delta}$ zuzuordnen. Nun hat nach h) das Doppelverhältnis $(Q_\infty Q_\varkappa Q_\lambda Q_\mu)$ den Wert $\frac{\mu-\varkappa}{\lambda-\varkappa}$, wofern $(Q_\infty Q_0 Q_1 Q_\varkappa) = \varkappa$, $(Q_\infty Q_0 Q_1 Q_\lambda) = \lambda$, $(Q_\infty Q_0 Q_1 Q_\mu) = \mu$ ist. Ersetze ich hier Q_∞, Q_0, Q_1, $Q_\varkappa$, Q_λ, Q_μ der Reihe nach durch P_0, P_∞, P_1, P_β, P_γ, P_δ, so wird $\varkappa = \frac{1}{\beta}$, $\lambda = \frac{1}{\gamma}$, $\mu = \frac{1}{\delta}$; folglich ist

$$(P_0 P_\beta P_\gamma P_\delta) = \frac{\frac{1}{\delta}-\frac{1}{\beta}}{\frac{1}{\gamma}-\frac{1}{\beta}} = \frac{\gamma}{\delta} \cdot \frac{\beta-\delta}{\beta-\gamma} = \frac{\gamma}{\delta} : \frac{\beta-\gamma}{\beta-\delta}.$$

r) Wenn vier Punkte die Marken α, β, γ, δ erhalten, so ist ihr Doppelverhältnis

$$(P_\alpha P_\beta P_\gamma P_\delta) = \frac{\alpha-\gamma}{\alpha-\delta} : \frac{\beta-\gamma}{\beta-\delta}.$$

Ersetzt man P_0 durch P_α, so hat man β, γ, δ zu ersetzen resp. durch $\beta-\alpha$, $\gamma-\alpha$, $\delta-\alpha$. Nimmt man diese Werte statt der in q) gewählten, so erhält man die angegebene Formel.

Hiernach ist der Name Doppelverhältnis auch vom projektiven Standpunkte aus gerechtfertigt.

Zusatz.[22]) Ordnen wir auf der Geraden je zwei Punkte einander zu, welche zu P_∞ und P_α harmonisch liegen, oder mit andern Worten, ordnen wir für jeden Wert von ϱ die Punkte $P_{\alpha+\varrho}$ und $P_{\alpha-\varrho}$ einander zu, so wird hierdurch eine Involution bestimmt. Kennt man den Punkt P_∞ und ein Paar P_μ und P_ν einander entsprechender Punkte (für $\mu + \nu = 2\alpha$), so ist es möglich, zu jedem Punkte den zugeordneten zu finden, und zwar wird dem Punkte P_0 der Punkt $P_{\mu+\nu}$ entsprechen. Diese Bemerkung kommt auf die Erklärung der Staudtschen Addition von Würfen hinaus. Staudt bezeichnet die Zusammenstellung von vier Elementen ABCD als Wurf. Jedem Wurf ABCD ordnen wir das Doppelverhältnis (CABD) zu. Sind zwei Würfe $ABCD_1$ und $ABCD_2$ gegeben, so bezeichnet Staudt den Wurf ABCS als deren Summe, wenn die Punktpaare CC, $D_1 D_2$ und AS einer Involution angehören. Ersetzen wir C durch P_∞, A durch P_0, B durch P_1, D_1 durch P_μ und D_2 durch P_ν, so haben wir nach

Die projektive Geometrie.

dem Obigen S durch $P_{\mu+\nu}$ zu ersetzen. Somit ist ein Wurf ABCS die Summe zweier Würfe $ABCD_1$ |und $ABCD_2$, wenn das Doppelverhältnis (CABS) gleich der Summe der Doppelverhältnisse $(CABD_1)$ und $(CABD_2)$ ist.

Ordnen wir je zwei Punkte P_α und P_β einander zu, für welche das Produkt $\alpha\beta$ einen konstanten Wert hat, so erhalten wir auf der Geraden wieder eine Involution. Demnach bilden die drei Punktepaare $P_\infty P_0$, $P_\mu P_\nu$, $P_1 P_{\mu\nu}$ eine Involution. Will man also den Punkt $P_{\mu\nu}$ finden, so kann man in der Involution, welche durch die beiden ersten Punktepaare bestimmt ist, zu P_1 den zugeordneten Punkt suchen. Entsprechend bezeichnet Staudt den Wurf ABCP als Produkt der Würfe $ABCD_1$ und $ABCD_2$, wenn die drei Paare CA, $D_1 D_2$, BP einer Involution angehören. Demnach ist ein Wurf ABCP das Produkt der Würfe $ABCD_1$ und $ABCD_2$, wenn das Doppelverhältnis (CABP) gleich dem Produkt der Doppelverhältnisse $(CABD_1)$ und $(CABD_2)$ ist.

§ 4.
Über den synthetischen Aufbau der projektiven Geometrie.

Indem Staudt die Punkte einer Geraden, sowie die Geraden und Ebenen eines Büschels unter dem Namen einstufiger Gebilde zusammenfafst, stellt er als Bedingung für die projektive Zuordnung solcher Gebilde die Forderung auf, dafs irgend vier harmonische Gebilde des einen jedesmal harmonischen Elementen des andern entsprechen. Dadurch ist man imstande, die Entwicklungen des vorigen Paragraphen zu entbehren und den weiteren Aufbau direkt an den zweiten Paragraphen anzuschliefsen. Nur der Nachweis, dafs man, ausgehend von irgend drei Elementen durch fortgesetzte Konstruktion vierter harmonischer Elemente jedem Elemente beliebig nahe kommen kann, erfordert noch gewisse weitere Untersuchungen. Diese werden überflüssig, wenn man die Entwicklungen des § 3 voraussetzt, der ja auch mit Ausnahme der (überhaupt entbehrlichen) Bemerkung in o) nur die Konstruktion harmonischer Punkte von drei gegebenen Punkten aus benutzt und somit seinem Wesen nach nur für die Reihenfolge der Operationen bestimmte Regeln aufstellt.

Der vorige Paragraph gestattet uns aber, die projektive Geometrie auch in der Steinerschen Weise aufzubauen. Zwar benutzt

Steiner gewisse metrische Beziehungen; aber da es sich stets um Doppelverhältnisse handelt, so darf die im vorigen § angegebene Zuordnung von Punkten und Zahlen zu Grunde gelegt werden. Wo also bei Steiner eine Länge AB benutzt wird, hat man sie durch die Differenz der den Punkten A und B zugeordneten Zahlwerte zu ersetzen. Dabei wird es zuweilen notwendig, den als P_∞ bezeichneten Punkt hinzuzunehmen, der bei Steiner als »unendlich ferner« Punkt außer Betracht kommt. Wir können daher sagen, zwei einstufige Gebilde seien projektivisch auf einander bezogen, wenn für irgend zwei einander entsprechende Quadrupel die Doppelverhältnisse gleich sind.

Die Kegelschnitte als Kurven zweiter Ordnung werden durch die Schnittpunkte entsprechender Strahlen in zwei projektivisch zu einander bezogenen Strahlbüscheln erhalten. Hierdurch gelangt man jedoch nur zu den reellen Kegelschnitten. Um auch die imaginären Kurven zweiter Ordnung zu erhalten, beziehe man die Punkte und Geraden einer Ebene reziprok zu einander, d. h. so, daß jedesmal, wenn ein Punkt auf einer Geraden liegt, auch der dem Punkte zugeordnete Strahl durch den der Geraden entsprechenden Punkt geht. Um eine derartige Zuordnung zu bestimmen, gehe man von einem Dreieck aus und ordne jedem Eckpunkte die gegenüberliegende Seite zu; außerdem ordne man einem beliebigen Punkte der Ebene eine Gerade zu. Dann sind wir imstande, jedem Punkte der Ebene einen Strahl und umgekehrt zuzuordnen. Wir erhalten ein ebenes Polarsystem und fragen nach der Gesamtheit derjenigen Punkte, welche auf den zugeordneten Strahlen liegen. Hierdurch gelangen wir wieder zu den Kegelschnitten und zwar nicht bloß zu den reellen, sondern auch zu den imaginären.

In ähnlicher Weise können wir die Flächen zweiter Ordnung definieren, entweder durch den Schnitt der Strahlen eines Strahlbündels mit den Ebenen eines reziproken Ebenenbündels, oder vermittelst eines räumlichen Polarsystems. Sobald man aber die Kurven und Flächen zweiter Ordnung kennt, kann man auch rein projektivisch zu der euklidischen und den nicht-euklidischen Raumformen gelangen. Wir müssen es uns jedoch versagen, diese Andeutungen weiter auszuführen; denn wir erachten es für notwendig, für jede Raumform das Formelsystem aufzustellen,

Die projektive Geometrie. 119

von welchem aus sich die gesamte Geometrie vermittelst rein analytischer Umformungen gewinnen läfst. Zu dem Ende müssen wir aber zunächst die Formeln für die projektive Geometrie herleiten.

§ 5.
Die Koordinaten in der Ebene.

Um die Lage eines Punktes in einer Ebene durch Zahlen zu bestimmen, gehen wir von einem Dreieck $A_1 A_2 A_3$ und einem Punkte E aus, welcher auf keiner der drei Geraden $A_2 A_3$, $A_3 A_1$, $A_1 A_2$ liegt. Von den Eckpunkten ziehen wir gerade Linien zum Punkte E und zu dem zu bestimmenden Punkte P; diese mögen die jedesmal gegenüberliegenden Seiten des Dreiecks in den Punkten E_1, E_2, E_3 und P_1, P_2, P_3 treffen, wobei E_1 in den Geraden $A_2 A_3$ und $A_1 E$ liegen soll u. s. w.*) Jetzt setze ich:
(1) $(A_2 A_1 E_3 P_3) = x$, $(A_3 A_1 E_2 P_2) = y$,
und nenne x und y die Koordinaten [28]) des Punktes P.

Hiernach sind auf den beiden vom Punkte A_1 ausgehenden Dreiecksseiten je vier Punkte bestimmt, und das Doppelverhältnis stellt eine Koordinate dar. Wir wollen untersuchen, in welcher Beziehung das auf der dritten Seite durch die Punkte E_1 und P_1 bestimmte Doppelverhältnis zu den Werten x und y steht.

Zu dem Ende denken wir jedem Punkte der Geraden $A_1 E_1$ nach der in § 3 gelehrten Methode eine Zahl zugeordnet, wobei die Wahl der Grundpunkte ganz willkürlich ist. Sind hiernach den Punkten Q und R

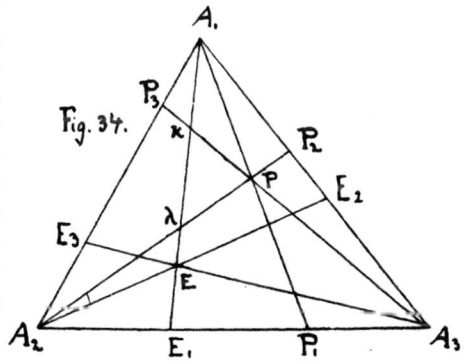

Fig. 34.

---

*) Die Einführung dieser Punkte geschieht hauptsächlich, um die im folgenden zu benutzenden Doppelverhältnisse möglichst einfach schreiben zu können. In anderer Beziehung wäre es vielleicht besser, die Doppelverhältnisse der von A_3 resp. A_2 ausgehenden Strahlen als Koordinaten zu wählen.

auf dieser Geraden die Zahlen α und β zugeordnet, so möge die Differenz $\alpha - \beta$ der Kürze wegen durch QR bezeichnet werden. Die Gerade $A_1 E_1$ möge von $A_3 P$ in $\varkappa$ und von $A_2 P$ in λ geschnitten werden. Dann ist:

$$x = (A_2 A_1 E_3 P_3) = (E_1 A_1 E\varkappa) = \frac{E_1 E}{E A_1} : \frac{E_1 \varkappa}{\varkappa A_1},$$

$$y = (A_3 A_1 E_2 P_2) = (E_1 A_1 E\lambda) = \frac{E_1 E}{E A_1} : \frac{E_1 \lambda}{\lambda A_1}.$$

Daraus folgt:

$$\frac{x}{y} = \frac{E_1 \lambda}{\lambda A_1} : \frac{E_1 \varkappa}{\varkappa A_1} = (E_1 A_1 \lambda \varkappa).$$

Dies Doppelverhältnis ist aber, wie man durch Projektion von A_2 aus erkennt, gleich $(A_3 P_3 P \varkappa)$, und dies, wie die Projektion von A_1 aus zeigt, gleich $(A_3 A_2 P_1 E_1)$.

Demnach folgt unter Berücksichtigung von § 3, p):

(2) $\quad \dfrac{x}{y} = (A_2 A_3 E_1 P_1).$

Jetzt können wir für jede gerade Linie, welche durch einen der drei Eckpunkte des Koordinaten-Dreiecks geht, die Gleichung aufstellen. Wählen wir P beliebig in der Geraden $A_3 P_3$, so ändert sich das Doppelverhältnis $(A_2 A_1 E_3 P_3)$ nicht; somit stellt die Gleichung:

$$x = \text{const.}$$

eine durch A_3 gehende Gerade dar. Ebenso wird für jede Gerade, welche durch A_2 geht, y ungeändert bleiben, oder $y = $ const. sein. Endlich wird, wenn P in der Geraden $A_1 P_1$ beliebig verschoben wird, das Doppelverhältnis $(A_2 A_3 E_1 P_1)$ ungeändert bleiben, oder die Gleichung: $x = \mu y$ stellt bei konstantem Werte von μ eine durch A_1 gehende Gerade dar.

Um die Gleichung einer beliebigen andern Geraden zu finden ändere ich das Koordinatensystem um. Zunächst bemerke ich, daſs eine andere Wahl des Punktes E keinen weiteren Erfolg hat, als daſs die Punkte E_1, E_2, E_3 auf den Seiten andere Lagen erhalten und daſs demnach hierbei x und y (nach § 3 g) nur mit konstanten Faktoren multipliziert werden. Wir werden daher diese Änderung im folgenden nicht weiter erwähnen, und möchten nur darauf hinweisen, daſs eine Änderung in der Wahl des Punktes

E dann notwendig wird, wenn eine Seite des neuen Koordinatendreiecks durch den Punkt E geht.

Jetzt behalte ich die Punkte A_2 und A_3 bei, ersetze aber A_1 durch einen Punkt $A_1{'}$, welcher auf der Geraden A_1A_2 liegt und für den das Doppelverhältnis $(A_2A_1EA_1{'}) = a$ ist. Da y das Doppelverhältnis der vier Strahlen darstellt, welche von A_2 aus nach den Punkten A_3, A_1, E, P gezogen werden und diese Strahlen bei der neuen Wahl von $A_1{'}$ ungeändert bleiben, so wird $y' = y$ sein. Dagegen wird man die Koordinate x durch $x' = (A_2A_1{'}EP)$ zu ersetzen haben; der Wert dieses Doppelverhältnisses ist aber gleich $\frac{x-a}{1-a}$, wie sich aus § 3 h) ergiebt, indem man die dort benutzten Zahlen α, β, γ der Reihe nach durch a, 1, x ersetzt. Hierbei mufs, wie wir schon bemerkt haben, vermieden werden, dafs E_3 in die Gerade $A_1{'}A_3$ fällt. Wir können aber E_3 durch einen Punkt $E_3{'}$ ersetzen und diesen so wählen, dafs der angegebene Wert von x' mit $1-a$ multipliziert wird; alsdann tritt an die Stelle von x der Wert $x-a$. Es kommt dies darauf hinaus, den Punkt E_3 durch den Punkt $E_3{'}$ mit der Zahl $a+1$ zu ersetzen, so dafs man unmittelbar den Satz § 3, e) anwenden darf. Nimmt man jetzt E als Schnittpunkt der Geraden A_2E_2 und $A_3E_3{'}$, so bleibt x ungeändert und es wird $x' = x - a$.

Von $A_1{'}$ lasse man irgend eine gerade Linie ausgehen. Ihre Gleichung in den neuen Koordinaten wird sein: $x' = \mu y'$ oder, indem man zu den früheren Koordinaten zurückkehrt: $x - a = \mu y$.

Um uns in den Stand zu setzen, auch den übrigen Eckpunkten des Koordinatendreiecks eine andere Lage zu geben, müssen wir die bevorzugte Stellung aufheben, welche der Punkt A_1 besitzt. Zu dem Ende beachten wir, dafs das gegebene Dreieck unter Beibehaltung des Punktes E noch zu zwei weiteren Koordinatensystemen führt, da wir den Punkt A_1 durch jeden der beiden andern Eckpunkte ersetzen können. So können wir den Punkt P auch durch die beiden Doppelverhältnisse $(A_1B_2E_3P_3)$ und $(A_3A_2E_1P_1)$ bestimmen und setzen:

(3) $\quad x_1 = (A_1A_2E_3P_3), \quad y_1 = (A_3A_2E_1P_1)$.

Endlich können wir noch nehmen:

(4) $\quad x_2 = (A_2A_3E_1P_1), \quad y_2 = (A_1A_3E_2P_2)$.

Die neuen Koordinaten stehen aber zu den früheren in einer sehr einfachen Beziehung. Vergleichen wir die Definitionen (3) und (4) mit den in (1) aufgestellten, nehmen die Gleichung (2) hinzu und beachten, dafs nach § 3, p) jedes Doppelverhältnis bei Vertauschung der beiden ersten Elemente seinen reziproken Wert erhält, so folgen die Beziehungen:

$$(5)\ x_1 = \frac{1}{x},\ y_1 = \frac{y}{x},\ x_2 = \frac{x}{y},\ y_2 = \frac{1}{y}.$$

Hiernach ist es leicht, das Koordinatendreieck ganz beliebig umzuändern. Indem wir die Punkte A_2 und A_3 ungeändert lassen und A_1 durch einen Punkt A_1' auf A_1A_2 ersetzen, dann noch E durch einen passenden andern Punkt ersetzen, bleibt, wie wir gesehen haben, y ungeändert, während x in x — a übergeht. Wählen wir jetzt $A_1°$ in der Geraden $A_3 A_1'$, so wird y in y — b übergehen, während die andere Koordinate ungeändert bleibt. Indem wir also die Punkte A_2 und A_3 beibehalten, aber A_1 durch einen andern Punkt $A_1°$ der Ebene ersetzen, erhalten wir neue Koordinaten x', y', welche aus den früheren durch die Gleichungen erhalten werden:

$$(6)\ x' = x + a,\ y' = y + b.$$

Mit diesen Koordinaten (x', y') stehen aber wieder neue (x_1', y_1') in Verbindung durch die Beziehung:

$$x_1' = \frac{1}{x'},\ y_1' = \frac{y'}{x'}.$$

Von diesen gehen wir jetzt aus und ersetzen den bei ihnen bevorzugten Punkt A_2 durch einen anderen Punkt $A_2°$ der Ebene; die neuen Koordinaten nennen wir x_1'', y_1'' und finden in ganz entsprechender Weise:

$$x_1'' = x_1' + c,\ y_1'' = y_1' + d.$$

Nun bevorzugen wir aber wieder den Punkt $A_1°$ und nennen die so erhaltenen Koordinaten x'', y'', wodurch wir die Beziehungen erhalten:

$$x_1'' = \frac{1}{x''},\ y_1'' = \frac{y''}{x''}.$$

Daraus folgt:

$$(7)\ \frac{1}{x''} = \frac{1}{x'} + c,\ \frac{y''}{x''} = \frac{y'}{x'} + d.$$

Man kann aber auch in dem Koordinaten-Dreieck $A_1{}^0 A_2{}^0 A_3$ den Punkt A_3 bevorzugen und entsprechend den beiden letzten Gleichungen (5) setzen:
$$x_2'' = \frac{x''}{y''},\ y_2'' = \frac{1}{y''}.$$

Behalten wir die Punkte $A_1{}^0$ und $A_2{}^0$ bei, ersetzen aber A_3 durch einen Punkt $A_3{}^0$ und bezeichnen die neuen Koordinaten durch $(x_2''',\ y_2''')$, so folgt:
$$x_2''' = x_2'' + e,\ y_2''' = x_2'' + f,$$
oder, indem wir wieder den Punkt $A_1{}^0$ bevorzugen und die neuen Koordinaten $x''',\ y'''$ nennen:

(8) $\quad \dfrac{x'''}{y'''} = \dfrac{x''}{y''} + e,\quad \dfrac{1}{y'''} = \dfrac{1}{y''} + f.$

Die Gleichungen (6), (7), (8) gestatten, die Koordinaten $x''' = X,\ y''' = Y$ durch $x,\ y$ auszudrücken. Es ergiebt sich unmittelbar:
$$Y = \frac{y''}{1+fg''},\ X = \frac{x''+ey''}{1+fg''},\ x'' = \frac{x'}{1+cx'},\ y'' = \frac{y'+dx'}{1+cx'},$$
und indem wir diese Werte der Reihe nach einsetzen und endlich noch (6) hinzunehmen, folgt:

(9) $\quad X = \dfrac{\varkappa' x + \lambda' y + \mu'}{\varkappa x + \lambda y + \mu},\ Y = \dfrac{\varkappa'' x + \lambda'' y + \mu''}{\varkappa x + \lambda y + \mu},$

wo $\varkappa,\ \lambda,\ \mu,\ \varkappa_1'\ldots,\ k''\ldots$ konstante Gröfsen bedeuten.

Die Form (6) wurde allerdings nur bei der speziellen Wahl der neuen Punkte E erhalten; hätten wir beliebige andere Punkte genommen, so mufsten wir nur gewisse konstante Faktoren hinzunehmen. Das würde aber an dem Endresultat keine Änderung hervorrufen. Auch kann man jetzt aus X, Y neue Koordinaten wieder durch gebrochene lineare Funktionen X', Y' von X, Y herleiten, wo ebenfalls der Nenner derselbe sein mufs; dann kann man auch X', Y' in gleicher Weise durch x und y ausdrücken. Die Gleichungen (9) stellen also die allgemeinste Beziehung zwischen Koordinaten dar, welche nach den im Anfange dieses Paragraphen angegebenen Regeln aufgestellt werden können.

Als vorhin die Gleichung der geraden Linie hergeleitet wurde, mufste die Annahme gemacht werden, dafs mindestens eine Seite des Koordinaten-Dreiecks von der Geraden getroffen wird. Auch von dieser Voraussetzung kann man sich jetzt unabhängig machen.

Man ersetze die Koordinaten x, y durch andere X, Y, für welche wenigstens eine Seite getroffen wird. Dann ist in den neuen Koordinaten die Gleichung der Geraden:
$$AX + BY + C = 0.$$
Indem man hierin für X und Y die aus (9) fließenden Werte einsetzt, erhält man:
$$ax + by + c = 0,$$
wo A, B, C, a, b, c konstante Größen sind.

Man kann die Lage der Punkte einer Geraden noch in anderer Weise durch Koordinaten darstellen. Sind (x', y') und (x'', y'') zwei beliebige Punkte, so gehört der durch diese Punkte gelegten Geraden auch jeder Punkt an, dessen Koordinaten bei beliebigem Werte von λ sind $x' - \lambda(x' - x'')$ und $y' - \lambda(y' - y'')$. Wenn auf dieser Geraden ein vierter Punkt mit den Koordinaten $x' - \mu(x' - x'')$ und $y' - \mu(y' - y'')$ gewählt ist, so stellt der Quotient $\mu : \lambda$ das Doppelverhältnis der vier Punkte dar. In ähnlicher Weise können wir auch das Doppelverhältnis von vier Strahlen eines Büschels darstellen. Wenn nämlich:
$$(10) \quad ax + by + c = 0 \text{ und } a'x + b'y + c' = 0$$
die Gleichungen zweier Geraden sind, so geht für ein beliebiges λ die Gerade:
$$(11) \quad (a + \lambda a')x + (b + \lambda b')y + (c + \lambda c') = 0$$
durch den Schnittpunkt der beiden ersten Geraden hindurch; die Gleichung bestimmt also den Büschel aller Strahlen, welche durch den Schnittpunkt hindurchgehen. Man nennt jedoch die Gesamtheit der durch die Gleichung (11) bestimmten Geraden auch dann einen Büschel, wenn ein Schnittpunkt, wenigstens in dem abgegrenzten Gebiete nicht vorhanden ist.

Wir betrachten außer den drei Geraden (10) und (11) noch die Gerade:
$$(a + \mu a')x + (b + \mu b')y + (c + \mu c') = 0.$$
Dann weisen wir zunächst nach, daß der Quotient $\mu : \lambda$ sich bei beliebiger projektiver Transformation nicht ändert. Zu dem Ende bezeichnen wir die vier Geraden kurz durch $L = 0$, $M = 0$, $L + \lambda M = 0$, $L + \mu M = 0$. Durch eine Transformation mögen die beiden ersten Geraden in $pL' = 0$, und $qM' = 0$ übergehen. Dann wird die dritte Gleichung sein: $L' + \dfrac{\lambda q}{p} M' = 0$, und die vierte

$L' + \frac{\mu q}{p} M = 0$, also bleibt der Quotient $\lambda : \mu$ ungeändert. Nun darf man das Koordinatensystem so wählen, dafs etwa die Achse $y = 0$ von allen vier Geraden getroffen wird; dann folgt die Behauptung unmittelbar.

Bei der Wahl der Koordinaten x, y ist der Eckpunkt A_1 bevorzugt. Um die Eckpunkte gleichmäfsig zu benutzen, wähle man drei Gröfsen z_1, z_2, z_3, welche folgenden Bedingungen genügen:

1. sie sollen nicht gleichzeitig verschwinden,
2. keine von ihnen soll jemals unendlich werden,
3. es soll nicht auf ihre absoluten Werte, sondern nur auf ihre Quotienten ankommen; diese sollen aber so gewählt werden, dafs durch sie die Gröfsen x, y und damit auch x_1, y_1 und x_2, y_2 dargestellt werden.

Diese Gröfsen kann man aber, wofern man nur von den auf einer gewissen Geraden liegenden Punkten absieht, nach einer Angabe des Herrn Lüroth wieder als Doppelverhältnisse definieren. Man ziehe die Gerade EP und nenne ihre Schnittpunkte mit A_2A_3, A_3A_1, A_1A_2 der Reihe nach D_1, D_2, D_3; zudem wähle man eine beliebige Gerade und bezeichne ihren Schnittpunkt mit EP durch Q. Dann setze man:

$z_1 = (EPQD_1), z_2 = (EPQD_2), z_3 = (EPQD_3).$

Hiernach ist:

$$\frac{z_1}{z_3} = \frac{(EPQD_1)}{(EPQD_3)} = (PED_1Q) \cdot (PEQD_3) \text{ nach § 3, h).}$$

Nun ersetze man die Punkte P, E, D_1, Q, D_3 der Reihe nach durch $P_\infty, P_0, P_1, P_\alpha, P_\nu$; dann hat in dem vorstehenden Produkte das erste Doppelverhältnis den Wert α, das zweite den Wert $\frac{\nu}{\alpha}$, während $(PED_1D_3) = (P_\infty P_0 P_1 P_\nu) = \nu$ ist. Somit ist:

$$\frac{z_1}{z_3} = (PED_1D_3) = (D_3D_1EP) = (A_3A_1E_2P_2) = y.$$

Einen ähnlichen Ausdruck erhält man für x, so dafs die neue Definition auf die frühere hinauskommt.

§ 6.
Die Raum-Koordinaten.

Wir legen ein beliebiges Tetraeder mit den Ecken A_1, A_2, A_3, A_4 zu Grunde und wählen im Innern oder Äufsern desselben, nur nicht auf einer durch drei Eckpunkte gelegten Ebene, einen Punkt E, den Einheitspunkt. Man betrachte nun vier durch die Kante A_3A_4 gehende Ebenen, welche bezüglich durch A_2, A_1, E und durch den zu bestimmenden Punkt P gelegt seien, und setze das Doppelverhältnis dieser vier Ebenen, welches durch (A_3A_4; A_2A_1EP) bezeichnet werden soll, gleich x. Ebenso lege ich durch die Kante A_4A_2 vier Ebenen, deren erste den Punkt A_3 enthält, während je eine der andern wieder durch A_1, E, P hindurchgeht; ihr Doppelverhältnis (A_4A_2; A_3A_1EP) setze ich gleich y. Endlich sollen durch die Kante A_2A_3 vier Ebenen gehen, von denen jede einen der Punkte A_4, A_1, E, P enthält; ihr Doppelverhältnis (A_2A_3; A_4A_1EP) soll mit z bezeichnet werden.

Man ersetze den Punkt A_1 durch einen Punkt A_1', welcher auf der Kante A_1A_2 liegt und für den das Doppelverhältnis der vier durch die Kante A_3A_4 und je einen der Punkte A_2, A_1, E, A_1' gelegten Ebenen gleich a ist. Dann bleiben y und z ungeändert, aber x geht in $\dfrac{x-a}{1-a}$ oder bei passender Veränderung des Einheitspunktes in $x-a$ über. Ersetzt man jetzt den Punkt A_1' durch einen Punkt A_1'' der Geraden $A_1'A_3$, so wird man nur $y-b$ statt y nehmen müssen. Wenn man aber A_1'' durch einen Punkt A_1^0 der Geraden $A_1''A_4$ ersetzt, so geht nur z in $z-c$ über. Indem wir diese drei Operationen zusammenfassen, erhalten wir den Satz:

Ersetzen wir den bevorzugten Punkt A_1 des Koordinaten-Tetraeders durch irgend einen Punkt A_1^0 des Raumes, während wir die andern Eckpunkte beibehalten, so erhält man die neuen Koordinaten x', y', z' durch die Gleichungen:

$$x' = \alpha(x-a), \quad y' = b(y-b), \quad z' = \gamma(z-c).$$

Die Koeffizienten α, β, γ kann man durch Verlegung des Einheitspunktes noch beliebig verändern.

Um die Beziehungen zu erkennen, in denen die durch Bevorzugung von A_1 erhaltenen Werte x, y, z zu denjenigen Koordinaten stehen, welche durch Bevorzugung eines andern Eckpunktes gewonnen werden, ziehen wir die Gerade A_1E und bezeichnen ihren Schnittpunkt mit der Ebene $A_2A_3A_4$ mit E_1. Die Gerade A_1E_1 werde von der Ebene A_2A_4P in $\varkappa$, von der Ebene A_2A_3P in λ getroffen, während die in der Ebene A_2A_4P gelegenen

Die projektive Geometrie.

Geraden $A_2\varkappa$ und A_4P sich in μ schneiden mögen. Zudem möge jedem Punkte auf der Geraden A_1E_1 nach der in § 3 mitgeteilten Methode eine Zahl zugeordnet und die Differenz der zu zwei Punkten gehörigen Zahlen einfach durch Nebeneinanderstellung der Punkte bezeichnet werden. Dann ist:

$$y = (A_4A_2;\ A_3A_1EP) = (E_1A_1E\varkappa) = \frac{E_1E}{EA_1} : \frac{E_1\varkappa}{\varkappa A_1},$$

$$z = (A_2A_3;\ A_4A_1EP) = (E_1A_1E\lambda) = \frac{E_1E}{EA_1} : \frac{E_1\lambda}{\lambda A_1},$$

$$\text{also}\ \frac{y}{z} = \frac{E_1\lambda}{\lambda A_1} : \frac{E_1\varkappa}{\varkappa A_1} = (E_1A_1\lambda\varkappa).$$

Projizieren wir die vier Punkte E_1, A_1, λ, $\varkappa$ durch vier Ebenen, welche durch A_2A_3 gehen, auf die Gerade A_4P, deren Schnittpunkt mit der Ebene $A_1A_2A_3$ durch P_4 bezeichnet werden möge, so folgt:

$$\frac{y}{z} = (A_4P_4P\mu).$$

Die vier Punkte, deren Doppelverhältnis hier angegeben wird, sollen von A_1A_2 aus durch Ebenen projiziert werden. Dann geht die Ebene $A_1A_2P_4$ auch durch A_3, die Ebene $A_1A_2\mu$, weil μ auf der Geraden $A_2\varkappa$ liegt, durch $\varkappa$ und weil $A_1\varkappa$ in der Geraden A_1E liegt, auch durch E. Demnach ist:

$$\frac{y}{z} = (A_1A_2;\ A_4A_3PE) = (A_1A_2;\ A_3A_4EP).$$

Diese Beziehung ermöglicht es, diejenigen Koordinatenwerte, welche man unter Beibehaltung des Tetraeders $A_1A_2A_3A_4$ durch Bevorzugung eines andern Eckpunktes erhält, durch die obigen Werte x, y, z auszudrücken. Bevorzugt man z. B. den Punkt A_4 und setzt:

$(A_2A_3;\ A_1A_4EP) = x_3$, $(A_3A_1;\ A_2A_4EP) = y_3$,
$(A_1A_2;\ A_3A_4EP) = z_3$, so ersieht man, daſs ist:

$$x_3 = \frac{1}{z},\ y_3 = \frac{x}{z},\ z_3 = \frac{y}{z}.$$

Nach diesen Vorbereitungen kann man die Entwicklungen des vorigen Paragraphen sehr leicht auf den Raum übertragen.

§ 7.
Bewegung einer Geraden in sich.

In den bisherigen Untersuchungen wird der Begriff der Gleichheit von Strecken und Winkeln nicht benutzt. Indem wir im folgenden versuchen, die gewonnenen Resultate auch für metrische Beziehungen nutzbar zu machen, beachten wir vorläufig nur, dafs bei starren Bewegungen auch die Doppelverhältnisse ungeändert bleiben, oder mit andern Worten, dafs jedesmal, wenn sämtliche Linien, Winkel, Flächen u. s. w. ungeändert bleiben, auch die Doppelverhältnisse ihre Werte beibehalten. Es kommt dies darauf hinaus, vorauszusetzen, dafs hierbei die Ebenen wieder in Ebenen, die geraden Linien in Geraden übergehen. Jede Transformation, die einer Bewegung entspricht, mufs demnach von der Form sein, welche durch die Gleichung (9) § 5 für die Ebene angegeben ist. Wir beschränken uns vorläufig auf eine einzige Gerade und lassen sie in sich verbleiben. Indem wir diese Gerade zur Achse $y = z = 0$ wählen, mufs auch $y' = z' = 0$ sein. Dann wird die Änderung der Koordinate x durch die Gleichung gegeben:

$$(1) \quad x' = \frac{ax + b}{cx + d}.$$

Die Determinante $ad - bc$ kann positiv, gleich null oder negativ sein. Wir werden später nachweisen, dafs die beiden letzten Fälle ausgeschlossen werden müssen. Demnach betrachten wir zunächst nur den Fall, dafs diese Gröfse positiv ist, und können alsdann dadurch, dafs wir a, b, c, d mit derselben reellen Konstanten multiplizieren, bewirken, dafs wird:

$$(2) \quad ad - bc = 1.$$

Um die sämtlichen durch die Gleichung (1) dargestellten Transformationen in gewisse Klassen einteilen zu können, betrachten wir die Gleichung:

$$(3) \quad cz^2 + (d - a)z - b = 0.$$

Diese hat entweder zwei reelle ungleiche oder eine einzige reelle oder zwei konjugiert komplexe Wurzeln. Es hängt dies davon ab, ob

$$(4) \quad (a + d)^2 \gtreqless 4$$

ist. Jede dieser Möglichkeiten ist für die Transformation (1)

Die projektive Geometrie.

charakteristisch. Betrachten wir nämlich die Transformation nur von der analytischen Seite ohne Rücksicht auf die geometrische Anwendung, so geben die Wurzeln der Gleichung (3) diejenigen Werte an, welche bei der Transformation ungeändert bleiben. Diese Werte selbst hangen natürlich von den Punkten P_∞, P_0, P_1 ab, welche wir zur Bestimmung der Gröfsen x benutzt haben; aber ihre Anzahl ist von der Wahl der Grundpunkte durchaus unabhängig. Zwar kann man durch eine reelle Transformation

$$\xi = \frac{\varkappa x + \lambda}{\mu x + \nu}$$

drei reelle Werte x_1, x_2, x_3 in drei beliebige andere Werte ξ_1, ξ_2, ξ_3 überführen; auch tritt an die Stelle der Gleichung (3) eine neue Gleichung, deren Wurzeln von denen der ersten im allgemeinen verschieden sind; aber reellen Werten von x entsprechen reelle Werte von ξ, und zwar jedem x ein einziges ξ; deshalb haben die Gleichungen entweder beide zwei reelle verschiedene oder beide zwei gleiche oder beide komplexe Wurzeln.

Im Fall zweier reellen Wurzeln sprechen wir von einer **hyperbolischen** Transformation; wenn die Wurzeln zusammenfallen, nennen wir die Transformation **parabolisch**, und wenn sie imaginär sind, **elliptisch**. Demgemäfs ergeben sich auch für die Darstellung der Bewegung einer Geraden in sich drei verschiedene Möglichkeiten. Jede von ihnen ist aber, wofern sie nicht etwa beim weiteren Aufbau zu einem Widerspruch führen sollte, für den Raum selbst charakteristisch. Wir unterscheiden also **hyperbolische, parabolische und elliptische Raumformen**, jenachdem zwischen den Koeffizienten a, b, c, d der Transformation, welche der starren Bewegung einer Geraden in sich entspricht, unter der Bedingung (2) die Beziehung statthat: $(a + d)^2 > 4$ oder $= 4$ oder < 4.

Dabei beachten wir, dafs der hier angegebene Unterschied schon in einem endlichen Gebiete des Raumes, welches den am Schlusse von § 1 angegebenen Forderungen genügt, erkannt werden könnte, wenn es möglich wäre, Messungen mit vollkommener Genauigkeit auszuführen. Denn dann brauchte man nur den Punkten einer Geraden nach der angegebenen Methode Zahlen zuzuordnen, alsdann die Gerade beliebig in sich zu verschieben und durch Vergleichung der beiden Lagen von je drei Punkten die Koeffizienten a, b, c, d zu bestimmen.

Wenn die Gleichung (3) zwei reelle Wurzeln α und β hat, so ist:
$$\alpha = \frac{a\alpha + b}{c\alpha + d}, \quad \beta = \frac{a\beta + b}{c\beta + d},$$
also
$$x' - \alpha = \frac{ax + b}{cx + d} - \frac{a\alpha - b}{c\alpha + d} = \frac{x - \alpha}{(cx + d)(c\alpha + d)};$$
ebenso:
$$x' - \beta = \frac{x - \beta}{(cx + d)(c\beta + d)}, \text{ also}$$
$$(5) \quad \frac{x' - \alpha}{x' - \beta} = \varrho \frac{x - \alpha}{x - \beta}, \text{ wo ist:}$$
$$(6) \quad \varrho = \frac{c\beta + d}{c\alpha + d} = \frac{(c\beta + d)^2}{(c\alpha + d)(c\beta + d)} = (c\beta + d)^2.$$

Von dieser Gleichungs-Form nicht wesentlich verschieden ist die folgende:
$$x' - \alpha = \varrho(x - \alpha),$$
welche aus der Form (5) erhalten wird, indem man x durch $\frac{\alpha(\alpha - \beta)}{x - \beta}$ und demnach x' durch $\frac{\alpha(\alpha - \beta)}{x' - \beta}$ ersetzt.

Wenn die Gleichung (3) nur die Wurzel $\alpha = \frac{a - d}{2c}$ hat, so ist $4(c\alpha + d)^2 = (a + d)^2 = 4$, also $(c\alpha + d)^2 = 1$. Nun ist, wie vorhin:
$$\frac{1}{x' - \alpha} = \frac{(cx + d)(c\alpha + d)}{x - \alpha} = \frac{[c(x - \alpha) + (c\alpha + d)](c\alpha + d)}{x - \alpha}$$
also
$$(7) \quad \frac{1}{x' - \alpha} = \frac{1}{x - \alpha} + \varrho, \text{ wo ist:}$$
$$(8) \quad \varrho = c(c\alpha + d).$$

Sind die beiden Wurzeln α und β konjugiert komplex, so kann man die bei (5) durchgeführte Rechnung wiederholen, alsdann auf beiden Seiten den reellen und imaginären Teil abtrennen und hierdurch die Transformation in reeller Form erhalten. Statt dessen kann man auch in folgender Weise verfahren.

Die projektive Geometrie.

Setzt man $\alpha = x + \lambda i$, $\beta = x - \lambda i$, so ist:
$$x + \lambda i = \frac{a(x + \lambda i) + b}{c(x + \lambda i) + d},$$
wo x, λ, a, b, c, d reelle Größen sind und die vier letzten der Bedingung: $ad - bc = 1$ genügen.

Man multipliziere rechts Zähler und Nenner mit $cx + d - c\lambda i$, so folgt:
$$x + \lambda i = \frac{(ax + b)(cx + d) + ac\lambda^2 + \lambda i (ad - bi)}{(cx + d)^2 + c^2\lambda^2}.$$

Durch Vergleichung der imaginären Teile folgt hieraus:
$$(cx + d)^2 + c^2\lambda^2 = 1.$$

Vergleicht man die reellen Teile, so folgt:
$$x = x(ad - bc) = (ax + b)(cx + d) + ac\lambda^2 \text{ oder}$$
$ac(x^2 + \lambda^2) + 2bcx + bd = 0$, woraus sich für $cx + d = \varrho$, $c\lambda = \sigma$ ergiebt:
$$c = \frac{\sigma}{\lambda}, \quad d = \frac{\varrho\lambda - x\sigma}{\lambda}, \quad a = \frac{\varrho\lambda + x\sigma}{\lambda}, \quad b = -\frac{\sigma(x^2 + \lambda^2)}{\lambda}.$$

Demnach können wir die Transformation in der Form darstellen:
$$(9) \quad \frac{x' - x}{\lambda} = \frac{\varrho(x - x) - \sigma\lambda}{\sigma(x - x) + \varrho\lambda} \text{ mit der Bedingung:}$$
$$(10) \quad \varrho^2 + \sigma^2 = 1.$$

Somit kann die hyperbolische, parabolische und elliptische Raumform in folgender Weise charakterisiert werden. Die Punkte einer Geraden seien durch ihr Doppelverhältnis x zu drei festen Punkten bestimmt; dann kann man eine (ganze oder gebrochene) lineare Funktion ξ von x vermittelst reeller Konstanten derartig bestimmen, daß die Verschiebung der Geraden in sich analytisch durch eine Gleichung von einer der drei Formen dargestellt wird:
$$(11) \quad \xi' = \tau\xi, \quad \xi' = \xi + \tau, \quad \xi' = \frac{\xi - \tau}{\tau\xi + 1},$$
wo τ eine konstante Größe ist. Im ersten Falle ist $\xi = \frac{x - \alpha}{x - \beta}$ oder $= x - \alpha$, im zweiten $\xi = \frac{1}{x - \alpha}$ oder $= x$, im dritten $\xi = \frac{x - x}{\lambda}$.

Bisher haben wir nur eine einzige Transformation betrachtet; die Geometrie gestattet uns aber, aus derselben weitere in unbegrenzter Anzahl herzuleiten. Zu dem Ende sondern wir in dem zu Grunde gelegten Raumteile ein Stück l der Geraden ab und lassen den einzelnen Punkten die Zahlen x in der angegebenen Weise entsprechen. Durch die Bewegung gelangt l zur Deckung mit einem neuen Stück l', dessen Punkte durch die Zahlen x' bestimmt sein mögen. Dann gilt für eine hyperbolische Raumform die Gleichung:

$$\frac{x' - \alpha}{x' - \beta} = \varrho \frac{x - \alpha}{x - \beta}.$$

Bei der Bewegung wird aber die ganze Gerade, der die Strecke l angehört, in sich verschoben. Daher gelangt auch die Strecke l' in Deckung mit einer weiteren Strecke l''. Wenn für diese die Zahlen x mit x'' bezeichnet werden, so muſs auch sein:

$$\frac{x'' - \alpha}{x'' - \beta} = \varrho \frac{x' - \alpha}{x' - \beta}.$$

Da die Strecke l'' mit l', letztere mit l zur Deckung gebracht werden kann, so kann man auch l mit l'' zur Deckung bringen; d. h. man darf in die vorstehende Gleichung den Wert für x' aus der vorangehenden einsetzen und erhält die Beziehung:

$$\frac{x'' - \alpha}{x'' - \beta} = \varrho^2 \frac{x - \alpha}{x - \beta}.$$

Nun wird aber durch die erste Bewegung die Strecke l'' auf eine Strecke l''' u. s. w. gelangen; man kann also auch die Punkte x in eine Lage $x^{(n)}$ bringen, für welche die Gleichung gilt:

$$\frac{x^{(n)} - \alpha}{x^{(n)} - \beta} = \varrho^n \frac{x - \alpha}{x - \beta}.$$

Die Bewegung, durch welche l nach l' gelangt, erfolgt aber stetig; es genügt daher nicht, dem Exponenten n nur ganze Zahlwerte beizulegen; man muſs vielmehr n das Zahlengebiet stetig durchlaufen lassen. Demnach läſst sich die Bewegung bei veränderlichem t durch die Gleichung darstellen:

$$(12) \quad \frac{X - \alpha}{X - \beta} = e^{\nu t} \frac{x - \alpha}{x - \beta},$$

wo α, β, ν konstante Gröſsen sind.

Für eine parabolische Raumform findet man ganz entsprechend:

$$(13) \quad \frac{1}{X-\alpha} = \frac{1}{x-\alpha} + \nu t.$$

Eine etwas weitläufigere Rechnung ist notwendig, falls die Raumform elliptisch ist. Wir setzen für den Augenblick $\xi = \frac{x-\varkappa}{\lambda}$ und erhalten die Transformation:

$$\xi' = \frac{\varrho\xi - \sigma}{\sigma\xi + \varrho} \quad \text{unter der Bedingung:} \quad \varrho^2 + \sigma^2 = 1.$$

Dann ist:

$$\xi'' = \frac{\varrho\xi' - \sigma}{\sigma\xi' + \varrho} = \frac{(\varrho^2 - \sigma^2)\xi^2 - 2\varrho\sigma}{2\varrho\sigma\xi + (\varrho^2 - \sigma^2)}.$$

Setze ich also:

$$\varrho = \cos\nu, \ \sigma = \sin\nu,$$

so folgt:

$$\xi'' = \frac{\xi\cos 2\nu - \sin 2\nu}{\xi\sin 2\nu + \cos 2\nu}.$$

Nun ergiebt sich aber unmittelbar für

$$\xi^{(n-1)} = \frac{\xi\cos(n-1)\nu - \sin(n-1)\nu}{\xi\sin(n-1)\nu + \cos(n-1)\nu}, \quad \xi^{(n)} = \frac{\xi^{(n-1)}\cos\nu - \sin\nu}{\xi^{(n-1)}\sin\nu + \cos\nu},$$

dafs ist:

$$\xi^{(n)} = \frac{\xi\cos n\nu - \sin n\nu}{\xi\sin n\nu + \cos n\nu}.$$

Wiederholen wir die frühern Erwägungen, so erhalten wir jetzt für ein veränderliches t und konstante Größen $\varkappa, \lambda, \nu$:

$$(14) \quad \frac{X-\varkappa}{\lambda} = \frac{(x-\varkappa)\cos\nu t - \lambda\sin\nu t}{(x-\varkappa)\sin\nu t + \lambda\cos\nu t}.$$

Die Formeln (12), (13), (14) werden in den folgenden Paragraphen eine wichtige Anwendung finden; hier nur noch einige Bemerkungen.

Der oben angegebenen Definition der hyperbolischen, parabolischen und elliptischen Raumformen liegt jedesmal eine einzige Gerade und eine ganz bestimmte Verschiebung derselben zu Grunde; soll die Definition fehlerlos sein, so muſs das unterscheidende Merkmal für jede Gerade und für jede Verschiebung derselben in sich gelten. Betrachten wir aber zwei Bewegungen, bei denen eine Gerade in sich verbleibt, so ist nach den vorstehenden Entwicklungen der Charakter der Transformation beidemal derselbe; die zweite Forderung wird also erfüllt. Daſs auch die Wahl der Geraden gleichgültig ist, erkennt man ebenso leicht. Man wähle irgend zwei Geraden des Raumes und ordne nach der angegebenen Methode den in jeder von ihnen gelegenen Punkten eine Zahl zu. Die Zahlen mögen für die erste Gerade mit u, für die zweite mit v bezeichnet werden. Legt man jetzt die erste Gerade auf die zweite, so sind diejenigen Zahlwerte, welche demselben Punkte entsprechen, nach den frühern Resultaten durch eine Gleichung von der Form:

$$u = \frac{\varkappa v + \lambda}{\mu v + \nu}$$

für reelle Werte von $\varkappa$, λ, μ, ν verbunden. Bewegt man aber die erste Gerade in sich und gelangt man dadurch zu der Transformation:

$$u' = \frac{au + b}{cu + d},$$

so muſs es möglich sein, auch diese zweite Lage auf die andere Gerade zu übertragen; also muſs deren Bewegung in sich durch eine Gleichung dargestellt werden, welche aus der vorstehenden erhalten wird, indem man

$$u \text{ durch } \frac{\varkappa v + \lambda}{\mu v + \nu} \text{ und } u' \text{ durch } \frac{\varkappa v' + \lambda}{\mu v' + \nu}$$

ersetzt. Daſs hierdurch aber der Charakter der Transformation nicht geändert wird, ist bereits oben gezeigt worden.

Sonach sind die angegebenen Möglichkeiten vollständig gegen einander abgegrenzt. Weitere Fälle sind aber ausgeschlossen, wofern wir nachweisen können, daſs die Determinante $ad - bc$ stets positiv sein muſs. Das läſst sich in der That sehr leicht zeigen. Wäre nämlich $ad - bc = 0$ oder $\frac{a}{c} = \frac{b}{d}$, so würde die Gleichung (1) verlangen, daſs für einen Wert von x, der von $-\frac{b}{a} = -\frac{d}{c}$ verschieden ist, jedesmal $x' = \frac{a}{c}$ würde. Eine derartige Veränderung, wodurch eine Strecke sich in einen Punkt zusammenzöge, ist aber dem Begriff der Bewegung nach vollständig ausgeschlossen. Ebensowenig darf $ad - bc$ negativ sein. Denn für die Ruhelage muſs $x' = x$, also $a = d$, $b = c = 0$ sein; somit ist $ad - bc$ für den Beginn der Bewegung positiv. Dieser Ausdruck darf sich aber nur stetig ändern. Würde er negativ,

Die projektive Geometrie.

so müfste er durch null hindurchgehen, was unmöglich ist; also bleibt er stets positiv.

Bei der Herleitung der Gleichung (14) sind die Eigenschaften der Funktionen Sinus und Cosinus als bekannt vorausgesetzt; man kann jedoch auch diese Funktionen vermittelst der Transformations-Koeffizienten definieren und ihre Eigenschaften durch Zusammensetzung mehrerer Transformationen ermitteln.

§ 8.
Drehung einer Ebene um einen Punkt.

Indem wir jetzt dazu übergehen, die Änderungen zu entwickeln, welche die Koordinaten der Punkte einer Ebene erleiden, wenn die Ebene um einen ihrer Punkte gedreht wird, benutzen wir einige einfache geometrische Sätze, bei deren Beweis keinerlei Voraussetzung über die Unendlichkeit der Geraden u. s. w. erforderlich ist. Es sind dies folgende Sätze:

1. Bei der Drehung der Ebene um einen ihrer Punkte beschreibt jeder andere Punkt eine geschlossene Linie, den Kreis.

2. Die von der Spitze eines gleichschenkligen Dreiecks auf die Grundlinie gefällte Senkrechte geht durch die Mitte derselben.

3. Jeder Punkt auf der Geraden, welche auf einer gegebenen Strecke in ihrer Mitte senkrecht steht, ist die Spitze eines gleichschenkligen Dreiecks, welches die Strecke zur Grundlinie hat.

4. Jede Tangente eines Kreises steht auf dem Radius senkrecht, der zum Berührungspunkte führt.

Die Sätze 2. und 3. werden in ihrer Anwendung auf den Kreis benutzt.

Der Untersuchung legen wir die in § 5 aufgestellten Koordinaten zu Grunde und nehmen den ruhenden Punkt zum Anfangspunkt. Dann möge eine zweite Lage der Ebene durch die Gleichungen bestimmt sein:

$$(1) \quad x' = \frac{a'x + b'y}{\alpha x + \beta y + \gamma}, \quad y' = \frac{a''x + \beta''y}{\alpha x + \beta y + \gamma}.$$

Wir betrachten zunächst die Veränderung, welche der durch den Ruhepunkt gehende Strahlbüschel erleidet. Hierfür gilt die Gleichung:

$$(2) \quad \frac{x'}{y'} = \frac{a'x + \beta'y}{a''x + \beta''y}.$$

Indem wir u als lineare (ganze oder gebrochene) Funktion von x:y in passender Weise bestimmen, kann die Gleichung (2) durch eine der folgenden ersetzt werden:

$$u' = e^{\nu t} \cdot u \quad \text{oder} \quad u' = u + \nu t \quad \text{oder} \quad u' = \frac{u \cos \nu t - \sin \nu t}{u \sin \nu t + \cos \nu t}.$$

Nun kann man die Drehung so weit fortsetzen, bis ein Strahl (und damit jeder Strahl) wieder in seine Anfangslage gelangt. Demnach muſs für einen reellen Wert von t das x:y und damit u auch wieder seinen frühern Wert annehmen. Das ist in den beiden ersten Fällen nicht möglich, wohl aber im dritten, wo für $\nu t = \pi$ allgemein u' = u wird. Setzen wir für u den Wert, welcher aus § 7 folgt, so ergiebt sich die Transformation:

$$(3) \quad \frac{x' + \varkappa y'}{\lambda y'} = \frac{(x + \varkappa y) \cos \varphi - \lambda y \cdot \sin \varphi}{(x + \varkappa y) \sin \varphi + \lambda y \cos \varphi}.$$

Jetzt gehen wir auf die Transformation (1) zurück und fragen uns, welche lineare Funktion $Ax + By + C$ durch dieselbe bis auf einen Faktor in sich übergeht. Da keine reelle Gerade, die durch den ruhenden Punkt geht, bei der Bewegung in sich verbleibt, so dürfen wir annehmen, daſs C von null verschieden ist. Dann muſs sein:

$$Ax' + By' + C = \frac{(A\alpha' + B\alpha'' + C\alpha) x + (A\beta' + B\beta'' + B\beta) y + C\gamma}{\alpha x + \beta y + \gamma}$$

$$= \frac{\omega (Ax + By + C)}{\alpha x + \beta y + \gamma}.$$

Daraus folgt: $\omega = \gamma$, und dann liefert die Vergleichung der Koeffizienten von x und y in den Zählern zwei Gleichungen, welche gestatten, die Verhältnisse von A, B, C eindeutig zu bestimmen. (Wären nämlich diese beiden Gleichungen identisch, so würde auch eine durch den Nullpunkt gehende Gerade in Ruhe bleiben, was ausgeschlossen ist.)

Demnach können wir jetzt der Transformation folgende Form geben:

$$\frac{x' + \varkappa y'}{Ax' + By' + C} = \varrho \frac{(x + \varkappa y) \cos \varphi - \lambda y \sin \psi}{Ax + By + C},$$

$$\frac{\lambda y'}{Ax' + By' + C} = \varrho \frac{(x + \varkappa y) \sin \varphi + \lambda y \cos \varphi}{Ax + By + C}.$$

Indem wir diese Transformation mehrmals wiederholen, müssen wir ϱ durch ϱ^n und φ durch $n\varphi$ ersetzen. Dann kann ein Punkt (x, y) nur in seine Anfangslage zurückkehren, wenn $\varrho^n = 1$ und $n\varphi$ gleich einem Vielfachen von 2π ist. Nun sind komplexe Werte von ϱ der Natur der Sache nach ausgeschlossen; ϱ kann aber auch nicht gleich -1 sein, wie dieselbe Erwägung zeigt, welche am Schlusse des vorigen Paragraphen angestellt wurde, um zu zeigen, daſs $ad - bc$ nicht negativ sein kann. Folglich muſs $\varrho = 1$ sein.

Bei der Herleitung dieses Resultates wurde der Nullpunkt nur deshalb als ruhender Punkt gewählt, um die Formeln einfacher schreiben zu können. Das gewonnene Resultat läſst sich aber sehr leicht auch für den Fall aussprechen, daſs irgend ein anderer Punkt der Ebene in Ruhe gehalten wird. Man hat drei lineare Funktionen L_1, L_2, L_3 der Koordinaten x und y zu benutzen. Indem man $L_x(x', y')$ kurz mit L'_x bezeichnet, gelten die Gleichungen:

(4) $\dfrac{L_1'}{L_3'} = \dfrac{L_1 \cos \varphi - L_2 \sin \varphi}{L_3}, \quad \dfrac{L_2'}{L_3'} = \dfrac{L_1 \sin \varphi + L_2 \cdot \cos \varphi}{L_3}.$

Daraus folgt:

$$\frac{L_1'^2 + L_2'^2}{L_3'^2} = \frac{L_1^2 + L_2^2}{L_3^2}.$$

Alle Kreise, welche einen festen Punkt zum Mittelpunkte haben, können somit durch die Gleichung dargestellt werden:

(5) $L_1^2 + L_2^2 = r^2 L_3^2$,

wo die Konstante r vom Radius abhängig ist.

Hier schneiden sich die Geraden $L_1 = 0$ und $L_2 = 0$ in dem ruhenden Punkte. Entsprechend dem Umstande, daſs die in den früheren Formeln benutzte Variabele y nur der Bedingung unterworfen ist, für die Punkte einer durch den Anfangspunkt gehenden Geraden zu verschwinden, darf auch L_2 im übrigen willkürlich gewählt werden; dagegen sind L_1 und L_3, wie wir später noch genauer sehen werden, durch die Wahl von L_2 vollständig bestimmt.

Statt der bisher benutzten Koordinaten darf man beliebige lineare gebrochene Funktionen von ihnen benutzen, sofern sie nur denselben Nenner haben. Dann bleiben alle Gleichungen in ihrer wesentlichen Form ungeändert; so z. B. sind die Transformations-Gleichungen wieder gebrochen-linear, und die Gleichung einer jeden Geraden bleibt vom ersten Grade. Gehen wir also wieder auf die Drehung um den Nullpunkt zurück und benutzen die oben eingeführten Konstanten, so möge gesetzt werden:

$$(6)\quad \xi = \frac{x - \varkappa}{Ax + By + C},\ \eta = \frac{\lambda y}{Ax + By + C}.$$

Dann gelten für die Drehung um den Punkt (0, 0) die Gleichungen:

$$(7)\quad \xi' = \xi \cos \varphi - \eta \sin \varphi,\ \eta' = \xi \sin \varphi + \eta \cos \varphi.$$

Zugleich wird die Gleichung eines beliebigen Kreises, der den Punkt (0,0) zum Mittelpunkt hat:

$$(8)\quad \xi^2 + \eta^2 = a^2.$$

Setzen wir $\frac{\xi}{\eta} = u$, $\frac{\xi'}{\eta'} = u'$, so wird die durch (7) dargestellte Bewegung die Gerade u zur Deckung mit u' bringen; somit muſs die Gröſse φ in Beziehung zu dem Winkel stehen, welchen die Geraden u und u' einschlieſsen. Setzt man aber

$$u'' = \frac{u' \cos \psi - \sin \psi}{u' \sin \psi + \cos \psi},\ \text{so folgt:}\ u'' = \frac{u \cos(\varphi + \psi) - \sin(\varphi + \psi)}{u \sin(\varphi + \psi) + \cos(\varphi + \psi)}.$$

Da zudem $u' = u$ wird für $\varphi = \pi$, so stellt φ den Winkel selbst dar. Wir können aber auch umgekehrt die Gleichungen (7) zur Definition der Funktionen $\cos \varphi$ und $\sin \varphi$ benutzen, indem wir das Additions-Gesetz dieser Funktionen durch die Verbindung zweier Drehungen herleiten.

Wie aus der ersten Gleichung (7) hervorgeht, bildet die Gerade

$$(9)\quad \xi \sin \alpha - \eta \cos \alpha = 0$$

mit der Achse $\eta = 0$ den Winkel α. Auf dieser Geraden liegt bei beliebigem Werte von m der Punkt (m $\cos \alpha$, m $\sin \alpha$). Dieser Punkt liegt auch auf dem Kreise: $\xi^2 + \eta^2 = m^2$. Bekannte Entwicklungen zeigen, daſs die Tangente, welche diesen Kreis in dem gegebenen Punkte berührt, durch die Gleichung dargestellt wird:

$$(10)\quad \xi \cos \alpha + \eta \sin \alpha = m.$$

Da diese Tangente auf dem Berührungsradius senkrecht steht, so stellt die Gleichung (9) eine Gerade dar, welche auf der Geraden $\xi \sin \alpha = \eta \cos \alpha$ senkrecht steht. Speziell steht also jede Gerade $\xi = m$ auf der Achse $\eta = 0$ und jede Gerade $\eta = m$ auf der Achse $\xi = 0$ senkrecht.

Die Gerade (10) trifft den Kreis (8) in zwei Punkten, deren Koordinaten aus

(11) $\xi = m\cos\alpha + \sin\alpha . \sqrt{a^2-m^2}$, $\eta = m\sin\alpha - \sin\alpha . \sqrt{a^2-m^2}$

erhalten werden, indem man der Wurzel ihre beiden Werte beilegt. Diese beiden Punkte haben von jedem Punkt der Geraden $\xi\sin\alpha = \eta\cos\alpha$ gleichen Abstand, oder mit andern Worten: Geht eine Kreislinie, die einen Punkt der Geraden (9) zum Mittelpunkte hat, durch einen der Punkte (11), so erhält sie auch den andern. Dieser Satz kann benutzt werden, um einige Koeffizienten in der Gleichung des Kreises zu bestimmen.

Zu dem Zwecke gehen wir von der Gleichung (5) aus. Die Geraden $L_1 = 0$ und $L_2 = 0$ müssen durch den Mittelpunkt ($p\cos\alpha$, $p\sin\alpha$) gehen, und man kann setzen:

$L_2 = \xi\sin\alpha - \eta\cos\alpha$,
$L_1 = \varkappa(\xi - p\cos\alpha) + \lambda(\eta - p\sin\alpha)$
$L_3 = \varrho\xi + \sigma\eta + \tau$.

Dadurch nimmt die Gleichung (5) die Gestalt an:
$$[\varkappa(\xi - p\cos\alpha) + \lambda(\eta - p\sin\alpha)]^2 + (\xi\sin\alpha - \eta\cos\alpha)^2 =$$
$$r^2(\varrho\xi + \sigma\eta + \tau)^2.$$

Hierin bestimme ich r so, daſs der Kreis durch den einen der Punkte (11) hindurchgeht; die Bedingung hierfür ist:
$$[(m-p)(\varkappa\cos\alpha + \lambda\sin\alpha) + (\varkappa\sin\alpha - \lambda\cos\alpha)\sqrt{m^2-a^2}]^2 + (m^2-a^2) =$$
$$r^2[\varrho m\cos\alpha + \sigma m\sin\alpha + \tau + (\varrho\cos\alpha - \sigma\cos\alpha)\sqrt{m^2-\alpha^2}]^2.$$

Diese Gleichung muſs aber auch befriedigt werden, wenn man der Wurzel das entgegengesetzte Zeichen beilegt. Daraus folgen die Bedingungen:

$\varkappa\sin\alpha - \lambda\cos\alpha = 0$, $\varrho\sin\alpha - \sigma\cos\alpha = 0$ oder
$\varkappa = \mu\cos\alpha$, $\lambda = \mu\sin\alpha$, $\varrho = \nu\cos\alpha$, $\sigma = \nu\sin\alpha$.

[Die Beziehung zwischen $\varkappa$ und λ konnte auch unmittelbar daraus hergeleitet werden, daſs die Geraden $L_1 = 0$ und $L_2 = 0$ auf einander senkrecht stehen.]

Demgemäſs lautet jetzt die Gleichung des Kreises:
(12) $\mu^2(\xi\cos\alpha + \eta\sin\alpha - p)^2 + (\xi\sin\alpha - \eta\cos\alpha)^2 =$
$$r^2(\nu\xi\cos\alpha + \nu\eta\sin\alpha + \tau)^2.$$

Ehe wir die noch unbekannten Gröſsen μ, ν, τ bestimmen, wollen wir die Entwicklungen des vorigen Paragraphen auf die Koordinaten ξ und η anwenden.

Da für $\eta = 0$ jeder Wert von ξ, wenn man in den Gleichungen (7) $\varphi = \pi$ setzt, in seinen entgegengesetzt gleichen übergeht, so ist die Strecke, welche von den Punkten $(\xi, 0)$ und $(\xi', 0)$ begrenzt wird, gleich derjenigen Strecke, deren Endpunkte $(-\xi', 0)$ und $(-\xi, 0)$ sind. Wenn demnach die Gerade $\eta = 0$ in sich verschoben wird und der Punkt ξ nach ξ' gelangt, so muſs zugleich $-\xi'$ in $-\xi$ übergehen. Betrachten wir zunächst eine hyperbolische Raumform, so kann die Verschiebung durch die Form dargestellt werden:

$$\frac{\xi' - \alpha}{\xi' - \beta} = \varrho \frac{\xi - \alpha}{\xi - \beta}.$$

Dann muſs für dasselbe ϱ die Gleichung bestehen:

$$\frac{-\xi - \alpha}{-\xi - \beta} = \varrho \frac{-\xi' - \alpha}{-\xi' - \beta},$$

was nur für $\beta = -\alpha$ möglich ist; wir setzen

$$\alpha = -\beta = 1.$$

Setzt man in (7) $\varphi = \frac{\pi}{2}$, so geht der Punkt $(\alpha, 0)$ über in $(0, \alpha)$. Folglich wird auch die Änderung der η bei einer Bewegung, durch welche die Gerade $\xi = 0$ in sich verschoben wird, für $\xi = 0$ durch die Gleichung dargestellt:

$$\frac{\eta' - 1}{\eta' + 1} = \varrho \frac{\eta - 1}{\eta + 1}.$$

Wir suchen die Schnittpunkte des Kreises (12) mit der Geraden $\eta = 0$. Nennen wir ξ_1 und ξ_2 die beiden Wurzeln, welche die Gleichung (12) für $\eta = 0$ besitzt, so gelten die Beziehungen:

(13) $\quad \xi_1 + \xi_2 = \dfrac{2(\mu^2 p + r^2 \nu \tau) \cos \alpha}{\mu^2 \cos^2 \alpha + \sin^2 \alpha - r^2 \nu^2 \cos^2 \alpha},$

$\qquad \xi_1 \xi_2 = \dfrac{\mu^2 p^2 - r^2 \tau^2}{\mu^2 \cos^2 \alpha + \sin^2 \alpha - r^2 \nu^2 \cos^2 \alpha}.$

Fällen wir aber vom Mittelpunkte $(p \cos \alpha, p \sin \alpha)$ auf die Gerade $\eta = 0$ die Senkrechte, so ist ihre Gleichung, wie wir im Anschluſs an die Gleichung (8) bemerkt haben: $\xi = p \cos \alpha$; der Fuſspunkt hat also die Koordinaten: $\eta_0 = 0$, $\xi_0 = p \cos \alpha$. Dieser Punkt liegt aber in der Mitte zwischen den beiden Schnittpunkten mit dem Kreise; man kann also durch Verschiebung der

Geraden in sich bewirken, dafs zugleich ξ_1 nach ξ_0 und ξ_0 nach ξ_2 gelangt. Es mufs also sein:
$$\frac{\xi_0-1}{\xi_0+1} = \varrho\frac{\xi_1-1}{\xi_1+1}, \ \frac{\xi_2-1}{\xi_2+1} = \varrho\frac{\xi_0-1}{\xi_0+1}.$$
Hieraus folgt:
$$\frac{\xi_1-1}{\xi_1+1} \cdot \frac{\xi_2-1}{\xi_2+1} = \left(\frac{\xi_0-1}{\xi_0+1}\right)^2 \text{ oder: } 2(\xi_1\xi_2+1^2)\xi_0 = (\xi_1+\xi_2)(\xi_0{}^2+1^2).$$

Indem ich hierin die Werte aus (13) einsetze und berücksichtige, dafs die entstehende Gleichung für jeden Wert von r^2 gilt, erhalte ich die beiden Relationen:
$$\mu^2 p^2 - \mu^2 l^2 + l^2 = 0,$$
$$\tau^2 p^2 + \tau\nu(p^2\cos^2\alpha + l^2) + \nu^2 p l^2 \cos^2\alpha = 0.$$

Die erste Gleichung liefert:
$$\mu^2 = \frac{l^2}{l^2-p^2}, \text{ die zweite } \frac{\tau}{\nu} = -\frac{l^2}{p} \text{ oder } \frac{\tau}{\nu} = -p\cos^2\alpha.$$

Hätte man den Schnitt des Kreises (12) mit der Geraden $\xi=0$ gesucht, so würde sich in entsprechender Weise die Gleichung ergeben haben:
$$\tau^2 p^2 + \tau\nu(p^2\sin^2\alpha + l^2) + \nu^2 p l^2 \sin^2\alpha = 0.$$

Somit gilt nur der erste Wert von $\tau:\nu$, und wir erhalten (bei einer kleinen Änderung von r) als Gleichung des Kreises:

(14) $\quad\dfrac{l^2}{l^2-p^2}(\xi\cos\alpha + \eta\sin\alpha - p)^2 + (\xi\sin\alpha - \eta\cos\alpha)^2 =$
$$r^2(p\xi\cos\alpha + p\eta\sin\alpha - l^2)^2.$$

Für eine elliptische Raumform kann dieselbe Rechnung durchgeführt werden; nur mufs überall l durch ki ersetzt werden. Somit lautet jetzt die Gleichung der Kreise:

(15) $\quad\dfrac{k^2}{k^2+p^2}(\xi\cos\alpha + \eta\sin\alpha - p)^2 + (\xi\sin\alpha - \eta\cos\alpha)^2 =$
$$r^2(p\xi\cos\alpha + p\eta\sin\alpha + k^2)^2.$$

Wir gehen jetzt zu einem parabolischen Raume über und lassen die Gerade $\eta=0$ in sich verschoben werden. Dann gilt eine der beiden Gleichungen:
$$\frac{1}{\xi_1-\alpha} = \frac{1}{\xi-\alpha} + \varrho \text{ oder } \xi' = \xi + \varrho.$$

Sollte es im ersten Falle möglich sein, ξ' mit $-\xi$ und ξ mit $-\xi'$ zu vertauschen, so würde $\alpha=0$ sein müssen, was

nicht angeht, da der Anfangspunkt bewegt werden kann. Demnach gilt die zweite Transformations-Gleichung und daraus folgt:
$$\xi_0 = \xi_1 + \varrho, \quad \xi_2 = \xi_0 + \varrho \quad \text{oder} \quad 2\xi_0 = \xi_1 + \xi_2.$$
Indem wir hierin die Werte aus (13) einsetzen, erhalten wir die Beziehung:
$$2p \cos \alpha = \frac{2 \cos \alpha \, (\mu^2 p^2 + r^2 \nu \tau)}{\mu^2 \cos^2 \alpha + \sin^2 \alpha - r^2 \nu^2 \cos^2 \alpha}.$$
Diese zerlegt sich wieder in zwei Gleichungen, und indem man noch den Schnitt mit der Achse $\xi = 0$ betrachtet, folgt:
$$\mu^2 = 1, \quad \nu = 0.$$
Die Gleichung des Kreises wird also:
$$(\xi \cos \alpha + \eta \sin \alpha - p)^2 + (\xi \sin \alpha - \eta \cos \alpha)^2 = r^2 \quad \text{oder}$$
(16) $\quad \xi^2 + \eta^2 - 2p\xi \cos \alpha - 2p\eta \sin \alpha = r^2 - p^2.$

Lassen wir in der Gleichung (14) das l^2 immer größer werden, so nähert sich die linke Seite einem festen endlichen Werte; dasselbe muß also auch auf der rechten Seite geschehen, oder es muß $r^2 l^4$ einen endlichen Grenzwert haben. Dann geht also die Gleichung (14) in (16) über. Dasselbe geschieht, wenn man in (15) k^2 immer größer werden läßt. Nun ist aber die allgemeine Gleichung des Kreises für die Raumform selbst charakteristisch, wie der folgende Paragraph noch deutlicher zeigen wird; wir können daher sagen, ein parabolischer Raum stelle den Übergang von einem elliptischen zu einem hyperbolischen dar.

§ 9.
Die einfachsten Formeln für die ebene Geometrie.

Die Gleichung (15) des vorigen Paragraphen kann sehr leicht auf die Form gebracht werden:

(1) $\quad \left(r^2 + \dfrac{1}{k^2 + p^2} \right) (p\xi \cos \alpha + p\eta \sin \alpha + k^2)^2 = \xi^2 + \eta^2 + k^2.$

Führt man diejenige Transformation aus, welche der Drehung um den Punkt ($p \cos \alpha$, $p \sin \alpha$) entspricht, so ändert sich diese Gleichung für jeden beliebigen Wert von r nicht. Setzt man also $r^2 = -\dfrac{1}{k^2 + p^2}$, so bleibt die Gleichung $\xi^2 + \eta^2 + k^2 = 0$ bei der angegebenen Transformation ungeändert, oder die Form $\xi^2 + \eta^2 + k^2$ wird nur mit einem Faktor multipliziert. In dieser Form kommt aber der ruhende Punkt nicht vor; folglich bleibt die Form bei jeder derartigen Transformation ungeändert. Da zudem jede Bewegung einer Ebene in sich aus Drehungen zusammengesetzt werden kann, so wird durch jede Transformation, welche einer starren Bewegung entspricht, die genannte Form nur mit einem Faktor multipliziert.

Dieser wichtige Satz kann in mancher anderen Weise hergeleitet werden; wir wollen einen zweiten Weg wenigstens andeuten. Die Gleichung: $A\xi + B\eta + C = 0$ stelle eine gerade Linie dar. Unter den Wertsystemen, welche dieser Gleichung genügen, giebt es zwei (ξ', η') und (ξ'', η''), die bei jeder, einer Verschiebung der Geraden in sich entsprechenden Transformation ungeändert bleiben. Gelangt bei einer beliebigen Bewegung der Ebene die obige Gerade auf eine andere, so mögen durch die entsprechende Transformation die Wertsysteme (ξ', η') und (ξ'', η'') in (ξ_1', η_1') und (ξ_1'', η_1'') übergehen. Dann genügen diese letzteren auch der Gleichung der zweiten Geraden und bleiben ungeändert bei einer Transformation für diejenige Bewegung, bei welcher die zweite Gerade in sich verschoben wird. Zugleich genügen alle derartigen Wertsysteme der Gleichung: $\xi^2 + \eta^2 + k^2 = 0$. Demnach bleibt diese Gleichung ungeändert bei jeder Transformation, welche einer Bewegung der Ebene in sich entspricht. Wie diese Sätze für eine elliptische Raumform aus den Resultaten des vorigen § herzuleiten sind, soll uns nicht weiter beschäftigen.

Da durch die Form der Gleichung (15) § 8 alle in L_1, L_2, L_3 vorkommenden Konstanten angegeben sind, können die Gleichungen (4) § 8 benutzt werden, um die Koeffizienten einer jeder Transformation zu bestimmen, bei der ein beliebiger Punkt der Ebene in Ruhe gehalten wird. Indessen bedarf es zu ihrer vollständigen Angabe noch der Auflösung linearer Gleichungen. Die Unveränderlichkeit der Form $\xi^2 + \eta^2 + k^2$ gestattet uns aber, die Transformations-Koeffizienten niederzuschreiben, ohne jene Gleichungen aufzulösen. Zu dem Ende ersetzen wir die Variabeln ξ, η durch das Verhältnis von drei Größen t, u, v, indem sein soll: $\xi = \dfrac{u}{t}$, $\eta = \dfrac{v}{t}$. Dann kann man aber zwischen t, u, v noch eine Beziehung festsetzen, und zwar ist es am natürlichsten, die Form $k^2 t^2 + u^2 + v^2$, welche bei den angegebenen Transformationen jedenfalls nur mit einem Faktor multipliziert wird, einer Konstanten gleichzusetzen. Wir stellen also die Bedingung auf:

$$(2) \quad k^2 t^2 + u^2 + v^2 = k^2.$$

Die Transformationen müssen in t, u, v homogen linear sein; sie haben also die Form:

$$(3) \quad \begin{cases} t' = at + bu + cv \\ u' = a't + b'u + c'v \\ v' = a''t + b''u + c''v. \end{cases}$$

Dann mufs auch zwischen t', u', v' die Relation (2) statthaben; also mufs sein:

$$(4) \quad \begin{cases} k^2 a^2 + a'^2 + a''^2 = k^2, & k^2 ab + a'b' + a''b'' = 0 \\ k^2 b^2 + b'^2 + b''^2 = 1, & k^2 ac + a'c' + a''c'' = 0 \\ k^2 c^2 + b'^2 + c''^2 = 1, & k^2 bc + b'c' + b''c'' = 0. \end{cases}$$

Da alle Transformationen (3), welche den Bedingungen (4) genügen, die Form (2) ungeändert lassen, so werden sie auch, bei Anwendung der Koordinaten von zwei Punkten (t_1, u_1, v_1) und (t_2, u_2, v_2) die Form $k^2 t_1 t_2 + u_1 u_2 + v_1 v_2$ nicht verändern. Diese mufs also eine Funktion der Entfernung e der beiden Punkte sein, und wir dürfen setzen:

$$(5) \quad k^2 t_1 t_2 + u_1 u_2 + v_1 v_2 = \varphi(e).$$

Die Funktion $\varphi(e)$ läfst sich auf demselben Wege ermitteln, der in § 10 zur Herleitungen der Gleichungen (5), (6) und (9) eingeschlagen werden soll. Man kann aber auch durch die beiden Punkte (t_1, u_1, v_1) und (t_2, u_2, v_2) eine gerade Linie legen und sie so in sich verschieben, bis der erste Punkt mit dem zweiten zur Deckung gelangt. Drückt man diese Verschiebung vermittelst der Gleichung (14) § 7 aus, so mufs die dort benutzte Gröfse t der Entfernung der beiden Punkte proportional sein. Nun kann man den ersten Punkt mit dem Punkte $(1, 0, 0)$ zusammenfallen lassen und den zweiten in die Gerade $v = 0$ legen. Soll aber die Transformation

$$\frac{t \sin \mu e + u \cos \mu e}{t \cos \mu e - u \sin \mu e}$$

den Punkt $(1, 0, 0)$ in den Punkt $(t_2, u_2, 0)$ überführen, so mufs $\dfrac{u_2}{t_2} = \dfrac{\sin \mu e}{\cos \mu e}$ oder $t_2 = \cos \mu e$ sein. Also ist im vorliegenden Falle, da die linke Seite der Gleichung (5) in $k^2 t_2$ übergeht,

Die projektive Geometrie.   145

$\varphi(e) = k^2 \cos \mu e$. Indem man noch die Längeneinheit so wählt, dafs $\mu = \frac{1}{k}$ wird, folgt allgemein:

(6) $\quad k^2 t_1 t_2 + u_1 u_2 + v_1 v_2 = k^2 \cos \frac{e}{k}$.

Beiläufig folgt hieraus, dafs für einen Punkt, der vom Anfangspunkte der Koordinaten die Entfernung e hat, die Koordinate t den Wert besitzt: $t = \cos \frac{e}{k}$.

Die Gleichung einer geraden Linie sei:
$$At + Bu + Cv = 0.$$
Wendet man hierauf die Transformation (3) an und geht hierdurch die Gleichung über in
$$A't' + B'u' + C'v' = 0,$$
so ist
$A't' + B'u' + C'v' = (A'a + B'a' + C'a'')t + (A'b + B'b' + C'b'')u$
$\qquad + (A'c + B'c' + C'c'')v = At + Bu + Cv,$
also

(7) $\quad A = A'a + B'a' + C'a''$
$\qquad \cdots \cdots \cdots \cdots$

Infolge der Beziehungen (4) ist also:
$$\frac{A^2}{k^2} + B^2 + C^2 = \frac{A'^2}{k^2} + B'^2 + C'^2.$$

Da aber der links stehende Ausdruck positiv ist, so können wir durch Multiplikation mit einer reellen Zahl erreichen, dafs ist:

(8) $\quad \frac{A^2}{k^2} + B^2 + C^2 = 1,$

und dann bleibt diese Beziehung bei den angegebenen Transformationen ungeändert.

Genügen die Koeffizienten (A_1, B_1, C_1) und (A_2, B_2, C_2) in den Gleichungen zweier Geraden der Forderung (8), so bleibt bei jeder Transformation (7), zwischen deren Koeffizienten die Beziehungen (4) bestehen, der Ausdruck $\frac{A_1 A_2}{k^2} + B_1 B_2 + C_1 C_2$ ungeändert. Wenn die Geraden einander schneiden, so können wir ihre Gleichungen so transformieren, dafs A_1 und A_2 verschwinden. Dann stellt nach den Entwicklungen des vorigen

Paragraphen der vorstehende Ausdruck den Cosinus des von ihnen gebildeten Winkels dar; wir können also allgemein setzen:

$$(9) \quad \frac{A_1 A_2}{k^2} + B_1 B_2 + C_1 C_2 = \cos \varphi,$$

wo φ den Winkel bezeichnet, den die Geraden mit einander einschliefsen.

Wir setzen jetzt in die linke Seite der Gleichung einer geraden Linie die Koordinaten eines beliebigen Punktes ein; d. h. wir betrachten den Ausdruck

$$At + Bu + Cv,$$

wo A, B, C die Koeffizienten in der Gleichung einer geraden Linie sind und der Bedingung (8) genügen, während zwischen t, u, v als den Koordinaten eines beliebigen Punktes der Ebene die Relation (2) besteht. Unterwerfen wir diesen Ausdruck einer Transformation (3), (4), so bleibt er ungeändert; er stellt also eine feste Beziehung zwischen dem Punkte und der Geraden dar und mufs somit eine Funktion des senkrechten Abstandes des Punktes von der Geraden sein. Nun kann ich aber durch eine Transformation von der angegebenen Form bewirken, dafs $A = B = 0$, $C = 1$, und $u = 0$ wird; der Ausdruck geht also in v über. Ist der Abstand gleich h, so ist $t = \cos\frac{h}{k}$, und weil $u = 0$ ist, folgt $v = k \sin\frac{h}{k}$. Folglich gilt unter den Bedingungen (2) und (8) ganz allgemein die Beziehung:

$$(10) \quad At + Bu + Cv = k \sin\frac{h}{k},$$

wo h den senkrechten Abstand des Punktes (t, u, v) von der Geraden (A, B, C) bezeichnet. Speziell ist noch:

$$u = k \sin\frac{m}{k}, \quad v = k \sin\frac{n}{k},$$

wenn m und n die Senkrechten bezeichnen, welche von dem zu bestimmenden Punkte auf die Achsen gefällt werden können.

Hierdurch sind wir zu den analytischen Formeln gelangt, welche wir in I § 21 für die Riemannsche Ebene und ihre Polarform gefunden haben. Diese Formeln genügen aber, um die gesamte ebene Geometrie aufzubauen. Wir wollen sie noch benutzen, um die einfachsten Sätze der Trigonometrie herzuleiten.

Die projektive Geometrie.

Wenn ein Punkt (t_0, u_0, v_0) vom Anfangspunkte der Koordinaten die Entfernung r hat, so ist $t_0 = \cos\frac{r}{k}$. Dann folgt aus der Gleichung (2) unmittelbar:

$$u_0{}^2 + v_0{}^2 = k^2 \sin^2\frac{r}{k}.$$

Jeder Kreis, dessen Mittelpunkt mit dem Punkte $(1, 0, 0)$ zusammenfällt, hat nach § 8 die Gleichung: $\xi^2 + \eta^2 = a^2$ oder $u^2 + v^2 = a^2 t^2$. Wenn also sein Radius gleich r ist, so folgt: $a = k \operatorname{tg}\frac{r}{k}$. Zugleich ist: $\xi = a \cos\alpha$, $\eta = a \sin\alpha$, wenn α den Winkel bezeichnet, den die Gerade $\eta = 0$ mit der durch die Punkte $(1, 0, 0)$ und (t_0, u_0, v_0) gelegten Geraden bildet. Folglich ist

$$\frac{v_0}{t_0} = k \operatorname{tg}\frac{r}{k} \cdot \sin\alpha,$$

oder, indem man für v_0 und t_0 die oben angegebenen Werte einsetzt:

$$(11) \quad \sin\frac{n}{k} = \sin\frac{r}{k} \cdot \sin\alpha.$$

Hier bezeichnet r die Hypotenuse eines rechtwinkligen Dreiecks, n die eine Kathete und α den dieser Kathete gegenüberliegenden Winkel.

Die Gleichung der vom Punkte (t_0, u_0, v_0) auf die Gerade $v = 0$ gefällten Senkrechten ist:

$$tu_0 - ut_0 = 0.$$

Für ihren Fußpunkt ist:

$$k^2 t^2 + u^2 = k^2, \text{ also } t^2 = \frac{k^2 t_0{}^2}{k^2 t_0{}^2 + u_0{}^2} = \frac{k^2 t_0{}^2}{k^2 - v_0{}^2}.$$

Bezeichnen wir die Entfernung des Fußpunktes vom Anfangspunkte mit p, so ist:

$$t = \cos\frac{p}{k}, \; t_0 = \cos\frac{r}{k}, \; k^2 - v_0{}^2 = k^2 \cos^2\frac{n}{k},$$

wo r und n wieder die frühere Bedeutung haben.

Sind demnach p und n die Katheten, r die Hypotenuse eines rechtwinkligen Dreiecks, so besteht die Beziehung:

$$(12) \quad \cos\frac{n}{k} \cdot \cos\frac{p}{k} = \cos\frac{r}{k}.$$

Aus den Gleichungen (11) und (12) kann man aber die sämtlichen Formeln der Trigonometrie herleiten.

Die vorstehenden Entwicklungen gingen von der Gleichung (14) § 8 aus; die Folgerungen stützten sich, aufser auf die elementarsten geometrischen Anschauungen, auf die Sätze der Analysis. Wir können also auch dieselben Entwicklungen durchführen, wenn wir die Gleichung (13) § 8 zu Grunde legen, wofern wir nur k^2 mit $-l^2$ vertauschen. Indem wir wieder die Gröfsen t, u, v durch die Beziehung $\xi = \dfrac{u}{t}$, $\eta = \dfrac{v}{t}$ einführen, erkennen wir, dafs die Form $-l^2 t^2 + u^2 + v^2$ stets negativ ist; wir dürfen also die Bedingung festsetzen:
$$-l^2 t^2 + u^2 + v = -l^2.$$

Dagegen ist der Ausdruck $-\dfrac{A^2}{l^2} + B^2 + C^2$, wo A, B, C die Koeffizienten in der Gleichung einer geraden Linie sind, stets positiv; wir dürfen also wieder
$$-\frac{A^2}{l^2} + B^2 + C^2 = 1$$
setzen. Dann bleiben die vorstehenden Entwicklungen ungeändert; wir müssen nur $k \sin \dfrac{m}{k}$ durch $li \sin \dfrac{m}{li} = l\,\text{Sh}\,\dfrac{m}{l}$ und $\cos \dfrac{m}{k}$ durch $\cos \dfrac{m}{li} = \text{Ch}\,\dfrac{m}{l}$ ersetzen. Wir erhalten also die analytischen Formeln des 16. Paragraphen im ersten Abschnitt und die trigonometrischen Gleichungen, welche wir in I § 15 für die Lobatschewskysche Ebene aufgestellt haben.

Es wird nicht nötig sein, die Formeln für die parabolische Geometrie ausführlich zu entwickeln. Legen wir die Gleichung des Kreises in der Form § 8 (15) zu Grunde, so erkennen wir, dafs durch jede Transformation, welche einer starren Bewegung entspricht, die Form $(\xi - a)^2 + (\eta - b)^2$ in $(\xi' - a')^2 + (\eta' - b')^2$ übergehen mufs, wo a, b, a', b', beliebige Konstanten sind. Zunächst erkennt man hieraus, dafs die Transformationen durch ganze Funktionen vermittelt werden. Setzen wir aber:
$$\xi' = \varkappa \xi + \lambda \eta + \mu$$
$$\eta' = \varrho \xi + \sigma \eta + \tau,$$
so folgt: $\varkappa^2 + \varrho^2 = 1$, $\lambda^2 + \sigma^2 = 1$, $\varkappa\lambda + \varrho\sigma = 0$.

Die projektive Geometrie. 149

Somit sind ξ, η identisch mit den rechtwinkligen Cartesischen Koordinaten, und wir gelangen zu den bekannten Formeln der euklidischen Geometrie.

§ 10.

Andere Herleitungen der gewonnenen Resultate.

Die Resultate des vorigen Paragraphen können in mancherlei anderer Weise gewonnen werden. So kann man von der Thatsache ausgehen, dafs die Gesamtheit der starren Bewegungen in der Ebene eine dreifach unendliche Mannigfaltigkeit bildet, die Transformationen, durch welche diese Bewegung analytisch beschrieben wird, demnach drei willkürliche Parameter enthalten. Das System dieser Transformationen hat aber die charakteristische Eigenschaft, dafs jedesmal die aus zwei Transformationen des Systems zusammengesetzte Transformation wieder dem System angehört. Nehmen wir noch die Eigenschaft des Kreises als einer geschlossenen Linie hinzu, so kann man das System der Transformationen vollständig bestimmen. Die Rechnung, welche zu diesem Resultate führt, läfst sich bedeutend erleichtern, wenn man berücksichtigt, dafs die Transformationen linear gebrochene Funktionen der Koordinaten sind. Indessen bleiben diese Entwicklungen, so lange man nicht die ersten Sätze aus der Theorie der Transformations-Gruppen voraussetzt, so weitläufig, dafs wir von ihrer Mitteilung Abstand nehmen müssen.

Ein zweiter Weg scheint geeignet, den von uns gelieferten Beweis beträchtlich abzukürzen. Den Ausgangspunkt bilden wieder die Entwicklungen von § 7. Hier stellt sich die Verschiebung einer Geraden in sich in dem einen Falle (der einer hyperbolischen Transformation) durch die Gleichung dar:

$$\frac{x' - \alpha}{x' - \beta} = e^{\nu t}\frac{x - \alpha}{x - \beta}.$$

Wenn hier $\nu > 0$ ist, so wird, von welchem Werte x man auch ausgehen mag, für ein immer gröfser werdendes t die rechte Seite ihrem absoluten Betrage nach unbegrenzt wachsen, also mufs x' immer näher an β herankommen; dagegen wird, wenn t negativ, aber seinem absoluten Betrage nach immer gröfser wird, die rechte Seite immer näher an null, also x' immer näher an α kommen. Für ein negatives ν hat man nur die beiden Fälle umzutauschen, im übrigen bleibt das Resultat ungeändert. Da sich demnach die den Punkt bestimmende Zahl bei jeder Transformation, durch welche eine Verschiebung der Geraden in sich dargestellt wird, einem von zwei bestimmten Zahlwerten unbegrenzt nähert, denkt man auch diesen beiden Zahlen im uneigentlichen Sinne Punkte zugeordnet und nennt sie die unendlich fernen Punkte der Geraden. Macht man jetzt die ersten Entwicklungen von § 8 und führt die Koordinaten (ξ, η) ein, so stellt sich in ihnen die Gleichung eines jeden um den Nullpunkt beschriebenen Kreises durch die Gleichung: $\xi^2 + \eta^2 = a^2$ dar. Folglich liegen auch die unendlich fernen Punkte für eine jede durch den Anfangspunkt gehende Gerade auf einem Kegelschnitt, dessen Gleichung ist: $\xi^2 + \eta^2 = 1^2$. Diese Gleichung stellt also die sämtlichen unendlich fernen Punkte der Ebene dar; folglich muſs sie bei jeder Transformation, welche einer Bewegung der Ebene in sich entspricht, ungeändert bleiben. Man hat also auſser dem § 7 nur die ersten Entwicklungen von § 8 nötig und kann die langwierigen Rechnungen des letzteren ganz entbehren.

Leider kann aber ein solches Verfahren nicht als streng anerkannt werden. Die »unendlich fernen« Punkte sind eben nur für eine einzelne Gerade und für eine Verschiebung dieser Geraden in sich definiert. Ein Wertsystem ($\xi = m$, $\eta = n$) stellt einen unendlich fernen Punkt der Geraden $A\xi + B\eta + C = 0$ dar, wenn 1. die Gleichung $Am + Bn + C = 0$ erfüllt ist, und 2. diejenige Transformation, für welche die Gerade in sich verschoben wird, das Wertsystem (m, n) nicht ändert. Hieraus kann man aber keineswegs den Schluſs ziehen, daſs, wofern auch die Gleichung einer zweiten Geraden $A'\xi + B'\eta + C' = 0$ für das Wertsystem (m, n) befriedigt wird, auch diejenige Transformation, für welche die zweite Gerade in sich verschoben wird, das genannte Wertsystem ungeändert läſst. Das erfordert vielmehr unbedingt einen Beweis. Ob er nicht so langwierige Entwicklungen nötig macht, als wir in § 8 angestellt haben, mag dahin gestellt bleiben; jedenfalls muſs er gewisse geometrische Sätze oder das vorhin erwähnte System von Transformationen (die dreigliedrige Transformations-Gruppe) benutzen. Zudem ist meines Erachtens ein Beweis nur dann vollständig befriedigend, wenn er nicht über ein einmal fest gewähltes, allseitig begrenztes Gebiet hinausgeht.

Ein vierter Weg setzt von der Metrik nichts voraus, sondern verbleibt mit voller Konsequenz innerhalb der Projektivität. [25] Die Entwicklungen des § 5 gestatten uns, ebene algebraische Kurven von jeder Ordnungszahl durch die dort aufgestellten Koordinaten x und y zu definieren. Dabei sind sog. imaginäre Kurven keineswegs ausgeschlossen. Wenn z. B. zwischen x und y eine Gleichung zweiten Grades besteht und diese für kein reelles Wertepaar befriedigt wird, so wird durch die Gleichung ein Polarsystem bestimmt, welches imstande ist, die Kurve zu ersetzen. Statt also diejenigen Voraussetzungen zu machen, welche die Grundlage der Metrik bilden, kann man die Forderung stellen, daſs nur solche Transformationen angewandt werden sollen, bei denen eine gewisse Gleichung ungeändert bleibt. Eine einzelne Transformation und deren Fortsetzung läſst selbstverständlich eine Schar von Gleichungen ungeändert, nämlich die aller Kurven, in denen sich die Punkte bewegen. Im allgemeinen wird aber eine solche Gleichung nicht auch noch durch andere Transformationen ungeändert bleiben. Es kann hier nicht unsere Aufgabe sein, alle Gleichungen aufzusuchen, welche bei allen Transformationen einer mehrgliedrigen Gruppe sich nicht ändern; wir erinnern nur daran, daſs sämtliche Gleichungen ersten und zweiten Grades die angegebene Eigenschaft haben. Indem wir homogene Koordinaten x_1, x_2, x_3 benutzen, legen wir die Form zweiten Grades

(1) $\Omega_{xx} = \Sigma a_{\iota \varkappa} x_\iota x_\varkappa$

zu Grunde und denken die Transformations-Koeffizienten so bestimmt, daſs diese Form ungeändert bleibt.

Wenn vier Punkte in gerader Linie liegen und durch eine Transformation auf vier Punkte einer andern geraden Linie gebracht werden, so muſs das Doppelverhältnis für die beiden Quadrupel dasselbe sein. Das gilt aber nicht bloſs für eigentliche Punkte, sondern auch für Wertsysteme, welche den betreffenden Gleichungen genügen. So seien zwei Punkte (x_1, x_2, x_3) und (y_1, y_2, y_3) gegeben. Wir suchen die Schnittpunkte ihrer Verbindungsgeraden mit dem Kegelschnitt $\Omega = 0$, oder mit andern Worten: wir bestimmen diejenigen beiden Wertsysteme, welche 1. der Gleichung $\Omega = 0$, und 2. der Gleichung der durch die beiden Punkte gelegten geraden Linie genügen. Diese vier Punkte bestimmen ein Doppelverhältnis, und dies bleibt ungeändert, wofern man nur solche Transformationen zuläfst, bei denen die Form Ω in sich übergeht. Denn wenn durch eine solche Transformation die beiden ersten Wertsysteme, welche zu den beiden Punkten gehören, in zwei andere übergehen, so wird die Verbindungsgerade der ersten in die der neuen Punkte verwandelt werden. Die beiden letzten Wertsysteme gehen also in zwei andere über, welche 1. der Gleichung der Verbindungsgeraden der neuen Punkte, und 2. der Gleichung $\Omega = 0$ genügen. Um demnach zu erkennen, ob die Koordinaten zweier Punkte durch eine Transformation der bezeichneten Art in die zweier anderer Punkte übergeführt werden können, bestimme man das Doppelverhältnis der ersten Punkte zu den beiden Punkten, in denen ihre Verbindungsgerade den Kegelschnitt $\Omega = 0$ schneidet, und suche das entsprechende Doppelverhältnis für die beiden andern Punkte; sind diese Doppelverhältnisse gleich, so ist die Überführung durch eine solche Transformation ausführbar. Demnach stellt dies Doppelverhältnis eine feste Beziehung zwischen den beiden Punkten dar; es entspricht somit der Entfernung oder ist, genauer ausgedrückt, eine Funktion derselben.

Um das Doppelverhältnis analytisch darzustellen, stelle ich alle Punkte der durch die Punkte (x) und (y) gehenden Geraden in der Form $(x + \lambda y)$ dar. Soll ein solcher Punkt der Gleichung $\Omega(x + \lambda y) = 0$ genügen, so mufs die Gleichung erfüllt sein:
$$\Sigma a_{\iota \varkappa}(x_\iota + \lambda y_\iota)(x_\varkappa + \lambda y_\varkappa) = 0 \text{ oder:}$$
$$\Sigma a_{\iota \varkappa} x_\iota x_\varkappa + 2\lambda \Sigma a_{\iota \varkappa} x_\iota y_\varkappa + \lambda^2 \Sigma a_{\iota \varkappa} y_\iota y_\varkappa = 0.$$
Diese möge kürzer in der Form geschrieben werden:
$$(2) \quad \Omega_{xx} + 2\lambda \Omega_{xy} + \lambda^2 \Omega_{yy} = 0,$$
wo sich die Bedeutung von Ω_{yy} und von $\Omega_{xy} = \Omega_{yx}$ aus der vorangehenden Form ergibt. Da die Wurzeln der Gleichung (2) sind:
$$(3) \quad \lambda = \frac{-\Omega_{xy} \pm \sqrt{\Omega_{xy}\Omega_{xy} - \Omega_{xx}\Omega_{yy}}}{\Omega_{yy}},$$
und da das Doppelverhältnis der vier Punkte (x), (y), $(x + \lambda_1 y)$, $(x + \lambda_2 y)$ gleich $\lambda_1 : \lambda_2$ ist, hat das gesuchte Doppelverhältnis den Wert:
$$(4) \quad D_{xy} = \frac{\Omega_{xy} + \sqrt{\Omega_{xy}\Omega_{xy} - \Omega_{xx}\Omega_{yy}}}{\Omega_{xy} - \sqrt{\Omega_{xy}\Omega_{xy} - \Omega_{xx}\Omega_{yy}}}.$$
Um die Beziehung zu finden, in welcher dies Doppelver-

hältnis zu der Entfernung der beiden Punkte steht, beachten wir folgendes. Drei Punkte a, b, c mögen in gerader Linie liegen und zwar b auf der Strecke ac; werden dann die Entfernungen je zweier dieser Punkte durch (ab), (bc) und (ac) bezeichnet, so ist (ab) + (bc) = (ac). Setzen wir aber (ac) = — (ca), so gilt die Beziehung:

$$(ab) + (bc) + (ca) = 0.$$

In dieser Relation kommen aber die Punkte a, b, c ganz gleichmäfsig vor; sie wird also stets gelten, wenn die drei Punkte in gerader Linie liegen.

Um demnach die Entfernung E_{xy} der Punkte (x) und (y) als Funktion ψ (D_{xy}) dieses Doppelverhältnisses darzustellen, wählen wir einen dritten Punkt ($z = x + \mu y$) auf der Verbindungsgeraden der beiden ersten. Dann mufs sein:

$$E_{yz} + E_{zx} + E_{xy} = 0, \text{ oder}$$
$$\psi(D_{yz}) + \psi(D_{zx}) + \psi(D_{xy}) = 0.$$

Bei Entwicklung dieser Gleichung beachte man, dafs

$$\Omega_{xz} = \Omega_{xx} + \mu \Omega_{xy} \text{ u. s. w.}$$

ist. Dann kommen in den nach (4) zu bildenden Ausdrücken für D_{yz}, D_{zy}, D_{xy} noch Wurzelgröfsen vor, deren Zeichen so zu wählen sind, dafs $D_{yz} \cdot D_{zy} = D_{zx} \cdot D_{xz} = D_{xy} \cdot D_{yx} = 1$ ist. Nachdem eine solche Wahl getroffen ist, bietet die Bestimmung der Funktionalgleichung ψ keine Schwierigkeit. Indessen eröffnet sich ein anderer Weg, der keinerlei Rechnung erfordert.

Man denke wieder nach § 3 jedem Punkte einer Geraden eine Zahl zugeordnet. Wählt man drei eigentliche Punkte auf der Geraden, so mögen ihnen die Zahlen ϱ, σ, τ entsprechen, während den beiden uneigentlichen Punkten die Zahlen α und β zugeordnet sein sollen. Die Doppelverhältnisse je zweier unter den drei ersten Punkten zu den beiden letzten werden dann durch die drei Ausdrücke:

$$\frac{\varrho-\alpha}{\alpha-\sigma} : \frac{\varrho-\beta}{\beta-\sigma}, \quad \frac{\sigma-\alpha}{\alpha-\tau} : \frac{\sigma-\beta}{\beta-\tau}, \quad \frac{\tau-\alpha}{\alpha-\varrho} : \frac{\tau-\beta}{\beta-\tau}$$

dargestellt. Setzt man $\dfrac{\varrho-\alpha}{\varrho-\beta} = \varrho'$ und führt σ', τ' entsprechend ein, so sind die drei Doppelverhältnisse:

$$\frac{\varrho'}{\sigma'}, \frac{\sigma'}{\tau'}, \frac{\tau'}{\varrho'}.$$

Diese sind an die Stelle von D_{xy}, D_{yz}, D_{zx} zu setzen, so daſs man die Gleichung erhält:

$$\psi\left(\frac{\varrho'}{\sigma'}\right) + \psi\left(\frac{\sigma'}{\tau'}\right) + \psi\left(\frac{\tau'}{\varrho'}\right) = 0.$$

Dieser Gleichung genügt man nur, wenn man die Funktion ψ gleich dem mit einer beliebigen Konstanten multiplizierten Logarithmus setzt. In der That ist, wenn c eine beliebige Konstante bezeichnet:

$$c \cdot \ln\frac{\varrho'}{\sigma'} + c\ln\frac{\sigma'}{\tau'} + c\ln\frac{\tau'}{\varrho'} = 0.$$

Demnach erhalten wir für die Entfernung E_{xy} der Punkte (x) und (y) die Gleichung:

$$(5)\quad E_{xy} = c \cdot \ln\frac{\Omega_{xy} + \sqrt{\Omega_{xy}\Omega_{xy} - \Omega_{xx}\Omega_{yy}}}{\Omega_{xy} - \sqrt{\Omega_{xy}\Omega_{xy} - \Omega_{xx}\Omega_{yy}}}.$$

Wenn der Ausdruck unter dem Wurzelzeichen positiv ist, so muſs c offenbar einen reellen Wert haben; wenn aber dieser Ausdruck negativ ist, so hat man der Konstanten c einen rein imaginären Wert beizulegen. Die letzte Behauptung beweist man durch die folgende Rechnung, welche zugleich den Abstand in reeller Form liefert.

Setzt man $a + bi = M(\cos\alpha + i\sin\alpha)$, so folgt:

$$\ln\frac{a+bi}{a-bi} = \ln\frac{\cos\alpha + i\sin\alpha}{\cos\alpha - i\sin\alpha} = \ln\frac{e^{\alpha i}}{e^{-\alpha i}} = \ln e^{2\alpha i} = 2\alpha i.$$

Wenn also

$$a = \Omega_{xy},\ b = \sqrt{\Omega_{xx}\Omega_{yy} - \Omega_{xy}\Omega_{xy}}$$

gesetzt wird, so folgt aus

$$M^2 = a^2 + b^2 = \Omega_{xx}\Omega_{yy}\ \text{und}\ M\cos\alpha = a:$$

$$\cos\alpha = \frac{\Omega_{xy}}{\sqrt{\Omega_{xx}\Omega_{yy}}}.$$

Aus (5) ergiebt sich:

$$E_{xy} = c \cdot 2\alpha i\ \text{oder für}\ E_{xy} = \alpha k : c = \frac{k}{2i},\ \text{also}$$

$$(6)\quad \cos\frac{E_{xy}}{k} = \frac{\Omega_{xy}}{\sqrt{\Omega_{xx}\Omega_{yy}}}.$$

Die Kurve $\Omega = 0$ soll jetzt in bekannter Weise durch Linienkoordinaten u_1, u_2, u_3 dargestellt werden, und die neue Gleichung sei:

Die projektive Geometrie. 155

(7) $H_{uu} = \Sigma A_{\iota\varkappa} u_\iota u_\varkappa = 0$.

Zwei Gerade (u) und (v) mögen sich schneiden und die vom Schnittpunkte an das Gebilde (7) gelegten Tangenten mögen die Koordinaten haben $(u + \mu_1 v)$ und $(u + \mu_2 v)$. Dann ergeben sich μ_1 und μ_2 als Wurzeln der Gleichung:

(8) $H_{uu} + 2\mu H_{uv} + \mu^2 H_{vv} = 0$,

wo die Bedeutung der Ausdrücke H_{uu}, H_{uv}, H_{vv} unmittelbar klar ist. Demnach ist das Doppelverhältnis der vier Strahlen:

$$\frac{\mu_1}{\mu_2} = \frac{H_{uv} + \sqrt{H_{uv}H_{uv} - H_{uu}H_{vv}}}{H_{uv} - \sqrt{H_{uv}H_{uv} - H_{uu}H_{vv}}}.$$

Dies bleibt bei jeder Transformation ungeändert, durch welche Ω und somit auch H in sich verwandelt wird; es ist also eine Funktion des Winkels ε der beiden Geraden. Demnach kann der Winkel ganz entsprechend der Gleichung (5) oder (6) dargestellt werden. Wenn speziell die Wurzel einen imaginären Wert hat, so setze man $c = \dfrac{1}{2i}$ und erhält auf demselben Wege, der uns vorhin zur Gleichung (6) geführt hat:

(9) $\cos \varepsilon = \dfrac{H_{uv}}{\sqrt{H_{uu}H_{vv}}}$.

Nennen wir der Kürze wegen den Kegelschnitt $\Omega = 0$ den unendlich fernen Kegelschnitt, so können wir die erhaltenen Resultate in folgender Weise aussprechen:

Die Entfernung zweier Punkte ist gleich dem mit einer gewissen Konstanten multiplizierten Logarithmus des Doppelverhältnisses der Punkte zu den beiden Schnittpunkten ihrer Verbindungsgerade mit dem unendlich fernen Kegelschnitt. Ebenso ist der Winkel, den zwei Gerade mit einander bilden, bis auf einen konstanten Faktor gleich dem Logarithmus des Doppelverhältnisses, in dem die Geraden zu den beiden Tangenten stehen, welche von ihrem Schnittpunkte aus an den unendlich fernen Kegelschnitt gezogen werden können.

Wenn der Kegelschnitt $\Omega = 0$ imaginär ist, d. h. wenn die Form Ω für reelle Größen x_1, x_2, x_3 nur dadurch zum Verschwinden gebracht werden kann, dafs man $x_1 = x_2 = x_3 = 0$ setzt, so können auch die Schnittpunkte mit keiner reellen Geraden reell sein. Daher mufs in (5) unter dem Wurzelzeichen eine negative Größe stehen; für die Entfernung gilt also die Formel (6). In diesem Falle wird auch bei reellen Werten von u_1, u_2, u_3 die Form H nur für $u_1 = u_2 = u_3 = 0$ verschwinden können; somit wird der Winkel zweier Geraden (u) und (v) durch die Formel (9) dargestellt. Schon hieraus erkennen wir, daß hierdurch eine elliptische Raumform dargestellt wird.

Wenn es aber reelle Zahlen giebt, für welche die Form Ω verschwindet, so möge der dargestellte Kegelschnitt nicht zerfallen. Wir betrachten zunächst nur Punkte im Innern des Kegelschnitts, d. h. Punkte von der Eigenschaft, daß jede hindurchgelegte Gerade den Kegelschnitt schneidet. Dann hat die Gleichung (2) stets zwei reelle Wurzeln; demnach ist die Konstante c in (5) reell zu wählen. Wir können aber auch in (6) für k eine rein imaginäre Größe li setzen und erhalten:

$$(10) \quad \operatorname{Ch}\frac{e}{l} = \frac{\Omega_{xy}}{\sqrt{\Omega_{xx}\Omega_{yv}}}.$$

Wenn sich zwei Gerade im Innern des Kegelschnitts schneiden, so kann offenbar durch den Schnittpunkt keine Tangente an den Kegelschnitt gelegt werden; die Gleichung (8) hat also zwei imaginäre Wurzeln und infolgedessen bleibt die Formel (9) ungeändert. Alles dies steht in Übereinstimmung mit der hyperbolischen Geometrie.

Wollten wir aber den Punkt im Äußern des Kegelschnitts annehmen, so würden wir zu einem System von Sätzen gelangen, welches mit der Erfahrung nicht übereinstimmt. So werden bei der Ruhe eines Punktes zwei gerade Linien, nämlich die beiden von ihm aus an den Kegelschnitt gelegten Tangenten, in Deckung mit ihrer Anfangslage bleiben; jeder nicht in einer von ihnen gelegene Punkt nähert sich bei unbeschränkter Fortsetzung der Bewegung einer der beiden Tangenten, kann also hierbei nicht in seine Anfangslage zurückkehren. Noch in anderer Weise erkennt man leicht die Unzulässigkeit dieser Bedingung. Für unsere Geometrie ist es wesentlich, daß jede Gerade mit jeder andern Geraden zur Deckung gebracht werden kann. Wenn aber eine Gerade den Kegelschnitt schneidet, so kann sie durch die zulässigen Transformationen nur in solche Gerade übergeführt werden, welche ebenfalls schneiden, aber nicht in jede beliebige Gerade. Deshalb müssen wir von diesem Falle absehen.

Die projektive Geometrie.

Um die Übereinstimmung der durch die vorstehende Betrachtung gewonnenen Raumformen mit den früher entwickelten noch deutlicher hervortreten zu lassen, denken wir uns die Koordinaten x_1, x_2, x_3 so gewählt, dafs die Form $\varOmega$ sich als Summe von Quadraten darstellt. Wir wollen zunächst
$$(11) \quad \varOmega_{xx} = k^2 x_1{}^2 + x_2{}^2 + x_3{}^2$$
voraussetzen. Dann gelten für die Transformations-Koeffizienten die in § 9 Gleichung (4) aufgestellten Bedingungen. Zudem können wir, da es nur auf die Verhältnisse $x_1 : x_2 : x_3$ ankommt, die Voraussetzung machen:
$$\varOmega_{xx} = \varOmega_{yy} = k^2.$$
Dann geht die Gleichung (6) über in:
$$k^2 \cos \frac{e}{k} = k^2 x_1 y_1 + x_2 y_2 + x_3 y_3.$$
Jetzt nimmt H die Gestalt an:
$$(12) \quad H_{uu} = \frac{u_1{}^2}{k^2} + u_2{}^2 + u_3{}^2,$$
und wir können allgemein $H = 1$ voraussetzen. Dadurch wird:
$$\cos \varepsilon = \frac{u_1 v_1}{k^2} + u_2 v_2 + u_3 v_3.$$

Die Formeln werden also mit den im vorigen Paragraphen für eine elliptische Raumform aufgestellten identisch.

Der Fall, dafs der Kegelschnitt reell ist und nur Punkte in seinem Innern betrachtet werden, wird aus dem vorigen erhalten, indem wir k^2 mit $-l^2$ vertauschen; wir erhalten also die Formeln einer hyperbolischen Raumform.

§ 11.

Übertragung auf den Raum.

Da die in den §§ 8 und 9 entwickelten Gesetze für jede Ebene gelten, übertragen sich die gewonnenen Resultate unmittelbar auf den Raum. Für einen endlichen Teil desselben, in welchem die am Schlufs des ersten Paragraphen aufgestellten Forderungen erfüllt sind, giebt es nur drei Möglichkeiten, und solange wir nur einen solchen Bereich betrachten, haben wir nur einen hyperbolischen, parabolischen und elliptischen Raum zu unterscheiden. Jeder ist charakterisiert durch die Form der Transformation, welche für die Verschiebung einer Geraden in sich gilt. Vergleichen wir hiermit die Ergebnisse des vorigen Abschnitts, so folgt, dafs die euklidische Raumform als parabolisch, die Lobatschewskysche als hyperbolisch, dagegen die Riemannsche und ihre Polarform beide als elliptisch zu bezeichnen sind.

Wollen wir ganz auf dem Boden der projektiven Geometrie bleiben, so können wir folgende Erwägung anstellen. Die allgemeine projektive Umgestaltung des Raumes hängt von fünfzehn willkürlichen Parametern, den Verhältnissen der 16 Transformations-Koeffizienten ab. Diese wollen wir so beschränken, dafs die Gesamtheit der auszuwählenden Transformationen nur noch von sechs Parametern abhängt. Allerdings erhalten wir dadurch noch ganz verschiedene sechsgliedrige Transformations-Gruppen. Wir wählen diejenigen aus, für welche jedesmal bei der Ruhe zweier Punkte ein bewegter Punkt bei fortschreitender Bewegung in seine Anfangslage zurückgeführt werden kann; oder was auf dasselbe hinauskommt, wir suchen diejenigen sechsgliedrigen Transformations-Gruppen, welche gestatten, eine Gerade mit jeder andern zur Deckung zu bringen. Dadurch werden wir zu demselben Resultate geführt.

Statt dessen können wir aber auch nach denjenigen projektiven Transformations-Gruppen fragen, welche eine fest gewählte Fläche ungeändert lassen. Wir wollen hierfür eine eigentliche Fläche zweiter Ordnung voraussetzen, also den Kegel und den Kegelschnitt ausschliefsen. Die Gleichung dieser Fläche sei:

$$\Omega_{xx} = \Sigma a_{\iota x} x_\iota x_x = 0,$$

wo jetzt die vier Variabeln x_1, x_2, x_3, x_4 benutzt werden. Dann bleiben die Entwicklungen ungeändert, welche sich im vorigen Paragraphen an die Formen Ω und H anschlossen. Somit gelten wieder die Formeln (4), (5), (6), (9) mit dem Unterschiede, dafs jetzt die Summation sich auf die vier Marken 1...4 erstreckt. Soll aber eine Gerade mit jeder andern zur Deckung gebracht werden können, so müssen die durch einen gegebenen Punkt gelegten Geraden die Fläche entweder sämtlich schneiden oder sämtlich nicht schneiden. Daher darf die Fläche keine gerade Linie enthalten; zudem müssen die Punkte, wenn die Fläche reell ist, in ihrem Innern angenommen werden. Wir erhalten also auch hier nur zwei Fälle. Erstens können wir die Fläche als

Die projektive Geometrie.

imaginär voraussetzen. Dann ist es gestattet, die Größen x_1, x_2, x_3, x_4 und u_1, u_2, u_3, u_4 so zu wählen, daß ist:
$$\Omega = k^2 x_1{}^2 + x_2{}^2 + x_3{}^2 + x_4{}^2 = k^2, \text{ und}$$
$$H = \frac{u_1{}^2}{k^2} + u_2{}^2 + u_3{}^2 + u_4{}^2 = 1.$$

In diesem Falle gilt für den Abstand e zweier Punkte (x) und (y) die Relation:
$$k^2 \cos \frac{e}{k} = k^2 x_1 \cdot y_1 + x_2 y_2 + x_3 y_3 + x_4 y_4$$
und für den Winkel ε zweier Ebenen (u) und (v):
$$\cos \varepsilon = \frac{u_1 v_1}{k^2} + u_2 v_2 + u_3 v_3 + u_4 v_4.$$

Zweitens dürfen wir die Fläche reell ungeradlinig annehmen. Die entsprechenden Formeln werden erhalten, indem man k^2 durch $-l^2$ ersetzt. Jede der gemachten Voraussetzungen liefert ein System, welches unserer Erfahrung genügt.

Was die übrigen Gebilde zweiter Ordnung und zweiter Klasse betrifft, so übersieht man sofort, daß sie im allgemeinen nicht zu Grunde gelegt werden dürfen, wenn man die Forderung stellt, daß eine Gerade mit jeder andern zur Deckung gebracht werden kann. Nur bei einem imaginären Kegelschnitt kann dieser Forderung noch genügt werden. Man könnte daher versucht sein, die parabolische Geometrie auf der Annahme aufzubauen, daß die zu benutzenden Transformationen einen solchen Kegelschnitt nicht verändern. Soll aber für $x_4 = 0$ zugleich $x_1{}^2 + x_2{}^2 + x_3{}^2$ ungeändert bleiben, so müssen bei Benutzung der Transformationen:
$$X_\iota = \Sigma_\varkappa p_{\iota\varkappa} x_\varkappa \quad \text{für } \iota, \varkappa = 1 \ldots 4$$
die Beziehungen bestehen:
$p_{41} = p_{42} = p_{43} = 0,$
$p_{11}{}^2 + p_{12}{}^2 + p_{13}{}^2 = p_{21}{}^2 + p_{22}{}^2 + p_{23}{}^2 = p_{31}{}^2 + p_{32}{}^2 + p_{33}{}^2$
$p_{11} p_{21} + p_{12} p_{22} + p_{13} p_{23} = \ldots = 0.$

Da es nur auf die Verhältnisse ankommt, darf man $p_{44} = 1$ annehmen, und dann hangen die Koeffizienten von sieben willkürlichen Größen ab. Um das Wesen der hierdurch bestimmten Mannigfaltigkeit zu erkennen, bilden wir sie auf den parabolischen (euklidischen) Raum ab, indem wir
$$\frac{x_1}{x_4} = x, \quad \frac{x_2}{x_4} = y, \quad \frac{x_3}{x_4} = z$$

setzen und x, y, z als rechtwinklige Cartesische Koordinaten betrachten. Sind dann (x, y, z) und (x', y', z') die Koordinaten zweier Punkte und gehen diese durch die angegebene Transformation in (X, Y, Z), (X', Y', Z') über, so wird sein:
$(X-X')^2+(Y-Y')^2+(Z-Z')^2 = a^2\{(x-x')^2+(y-y')^2+(z-z')^2\}$.

Somit ändern sich alle Strecken nach dem konstanten Verhältnis a; jedes räumliche Gebilde geht also in ein ähnliches über. Die aufgestellte Transformations-Gruppe stellt also eine Umgestaltung des Raumes dar, bei welcher nicht die Längen, sondern nur die sämtlichen Winkel ungeändert bleiben.

Will man also auf diesem Wege zur parabolischen Geometrie gelangen, so muſs man noch eine weitere Beschränkung einführen. So kann man die Forderung stellen: Es soll nicht möglich sein, bei der Ruhe eines Punktes eine durch denselben gehende Gerade in sich zu verschieben. Statt dessen kann man auch verlangen, daſs bei der Ruhe eines Punktes ein zweiter Punkt nicht mehr jede beliebige Lage erhalten kann, sondern gezwungen ist, auf einer Fläche zu verbleiben. Endlich dürfen wir zu der Forderung, daſs ein imaginärer Kegelschnitt unverändert bleibt, noch die weitere hinzufügen, daſs die Gesamtheit der Bewegungen nur eine sechsfach ausgedehnte Mannigfaltigkeit bildet. Da der Beweis dieser Behauptungen zwar leicht ist, aber immerhin die ersten Sätze aus der Theorie der Transformations-Gruppen benutzt, möge er nur im Anhange mitgeteilt werden.[26])

Indessen kann man noch auf einem andern Wege zur parabolischen Geometrie gelangen. Die für einen elliptischen Raum angegebenen Formeln gelten für jeden Wert von k^2. Man kann daher nach dem Grenzwerte fragen, dem sich die Formeln bei unbegrenzt wachsendem Werte von k^2 nähern. Den Ausdruck für den Winkel zweier Ebenen erhält man dann unmittelbar. Um den Abstand zweier Punkte darstellen zu können, ersetzen wir den Cosinus durch den Sinus. Dann folgt:

$$k^2 \sin^2 \frac{e}{k} = k^2 - k^2 \cos^2 \frac{e}{k} =$$

$$= \frac{(k^2 t_1{}^2 + u_1{}^2 + v_1{}^2 + w_1{}^2)(k^2 t_2{}^2 + u_2{}^2 + v_2{}^2 + w_2{}^2) - (k^2 t_1 t_2 + u_1 u_2 + v_1 v_2 + w_1 w_2)^2}{k^2}$$

$$= (t_1 u_2 - t_2 u_1)^2 + (t_1 v_2 - t_2 v_1)^2 + (t_1 w_2 - t_2 w_1)^2 + \frac{(u_1 v_2 - u_2 v_1)^2 + \cdots}{k^2}.$$

Die projektive Geometrie.

Bei wachsendem k^2 kommen t_1 und t_2 immer näher an eins, u, v, w immer näher an gewisse Längen x, y, z und $k \sin \frac{e}{k}$ immer näher an e. Somit gilt die Gleichung:
$$e^2 = (x-x')^2 + (y-y')^2 + (z-z')^2.$$
Derselbe Grenzwert wird aber erhalten, wenn man in einer hyperbolischen Raumform l^2 unbegrenzt wachsen läfst. Demnach stellt die parabolische Raumform die Grenze zwischen der elliptischen und hyperbolischen dar.

Statt die Gesamtheit der projektiven Umgestaltungen durch die Forderung zu beschränken, dafs eine Fläche zweiter Ordnung in sich verbleiben soll, kann man durch manche andere Beschränkung der allgemeinen projektiven Gruppe zur Metrik gelangen. Unter anderem kann man von gewissen Eigenschaften der starren Bewegung ausgehen. Zwar wird es möglich sein, bei passender Wahl der zu Grunde gelegten Eigenschaften die lästigen Rechnungen des § 8 durch einfache und natürliche Entwicklungen zu ersetzen; aber man verläfst bei jedem derartigen Verfahren den rein projektiven Standpunkt. Man fügt nur einen neuen Beweis dafür bei, dafs die Voraussetzungen Euklids auch bei ihrer Beschränkung auf ein endliches Gebiet zur Begründung der Geometrie genügen und die drei bekannten Systeme liefern. Wollen wir aber eine neue Herleitung suchen, die ganz auf dem Boden der Projektivität bleibt, so können wir folgende Erwägung anstellen.

Die projektiven Umgestaltungen des Raumes gestatten in ihrer Gesamtheit nicht nur, jeden Punkt in jeden andern Punkt, sondern auch jede Gerade in jede andere Gerade und jede Ebene in jede andere Ebene zu transformieren. Beschränkt man sich auf einen beliebig kleinen Bereich oder, wie wir der Kürze wegen sagen wollen, auf die Umgebung eines gewissen Punktes, so kann man nach der kleinsten projektiven Gruppe fragen, welche imstande ist, alle hierin gelegenen Punkte, Geraden und Ebenen in einander überzuführen. Hierbei tritt die merkwürdige Vereinfachung ein, dafs man sich auf Ebenen oder auf Geraden beschränken darf, dafs man also etwa nur die Forderung zu stellen braucht: Von der allgemeinen projektiven Gruppe des Raumes soll die kleinste Untergruppe gesucht werden, die imstande ist, alle in der Umgebung eines Punktes gelegenen Ebenen in einander zu transformieren. Dieser Forderung genügt man nur durch die elliptische, die parabolische und die hyperbolische Geometrie. Die kleinste Untergruppe, durch welche die gestellte Forderung befriedigt wird, enthält nämlich noch eine willkürliche Konstante; jenachdem diese positiv, null oder negativ ist, wird die Verschiebung der Geraden in sich (d. h. die projektive Beziehung der Punkte einer Geraden auf einander) durch eine elliptische, parabolische oder hyperbolische Transformation dargestellt.

Da der Beweis dieser Behauptung einige Sätze aus der Theorie der Transformations-Gruppen voraussetzt, die leider nicht als allgemein bekannt vorausgesetzt werden können, ziehe ich es vor, ihn an einer andern Stelle zu veröffentlichen. Auch will ich nicht darauf eingehen, die Frage zu beantworten, welche Beschränkung am besten geeignet ist, die Forderung zu ersetzen, daſs die Untergruppe gerade die geringste Zahl von Parametern haben soll.

§ 12.

Rückblick.

Die volle Bedeutung der auf den vorangehenden Seiten durchgeführten Entwicklungen kann erst im zweiten Bande erkannt werden. Dort werden wir also nochmals auf die Lehren dieses Abschnitts eingehen und einzelne Punkte näher besprechen, welche hier nur angedeutet werden können.

Ein Vorteil, der in rein theoretischer Hinsicht wohl nicht der bedeutsamste ist, aber bei unserer Behandlung am klarsten hervortritt, möge an erster Stelle erwähnt werden. Nachdem es gelungen war, alle Sätze der Projektivität herzuleiten, ohne ein gewisses Gebiet zu verlassen und ohne den Begriff der Länge einer Strecke oder des Winkels zweier Geraden vorauszusetzen, brauchten wir nur einige der einfachsten metrischen Sätze, deren Beweis keinerlei Bedenken unterliegt, anzunehmen, um, gestützt auf projektive Sätze, die Metrik einwurfsfrei aufzubauen. Dabei stellten sich von Anfang an drei verschiedene Fälle als gleichberechtigt heraus; jeder unter ihnen gestattete einen streng folgerichtigen Aufbau und führte zu einem Formelsystem, aus welchem jedesmal die Gesamtheit aller geometrischen Beziehungen vermittelst rein analytischer Folgerungen hergeleitet werden kann. Jede dieser Möglichkeiten wurde charakterisiert durch eine gewisse Gleichung, deren Wesen schon erkannt werden kann, wenn man nur zwei Lagen einer Strecke auf einer einzigen Geraden mit einander vergleicht. Weder der Ausgangspunkt noch der weitere Aufbau gestattete, eine dieser Möglichkeiten zu bevorzugen; ihre theoretische Gleichberechtigung kann also nicht dem geringsten Zweifel unterliegen. Dabei erkennen wir, dafs alle Voraussetzungen, welche in den Lehrbüchern gemacht werden und nicht implicite über einen gewissen endlichen Bereich hinausgehen, speziell also auch die Grundlagen, von denen Euklid ausgeht, wofern man von der Unendlichkeit der Geraden und damit vom Parallel-Axiom absieht, für jede dieser Möglichkeiten ihre Geltung bewahren. Auch bei der ganzen Herleitung waren wir nicht gezwungen, über das einmal gewählte Gebiet hinauszugehen.

Die §§ 24 und 25 des ersten Abschnitts haben zwar auch zu demselben Resultate geführt. Aber dort mufsten wir zunächst die Eigenschaften eines unendlich kleinen Gebietes zu Grunde legen und für ein solches die Übereinstimmung mit der euklidischen Geometrie beweisen. Ein derartiges Verfahren erfordert grofse Vorsicht bei der Herleitung der Sätze und setzt genauere Untersuchungen über die Stetigkeit voraus. Um so erwünschter mufs es uns sein, hier einen Weg gefunden zu haben, welcher von derartigen Erwägungen unabhängig ist.

Die hier benutzten Kleinschen Bezeichnungen für die einzelnen Raumformen bieten manche Vorzüge vor den von Riemann eingeführten. Riemann unterscheidet Räume positiver, verschwindender und negativer Krümmung. Hierdurch sind manche verleitet worden, das Wort Krümmung im geometrischen Sinne zu nehmen, was nicht gestattet ist, während nur gewisse, für den Raum charakteristische Formeln nach ihrer analytischen Seite unterschieden werden sollen. Der Kleinschen Bezeichnung aber liegt ein Prinzip zu Grunde, welches zu keinem Mifsverständnis führen kann. Die Transformation, welche bei Verschiebung einer Geraden in sich angewandt werden mufs, wird ihrer analytischen Natur nach entweder elliptisch oder parabolisch oder hyperbolisch sein. Jede dieser Möglichkeiten ist für die Raumform selbst charakteristisch und deshalb darf der für die Transformation geltende Namen auf die Raumform selbst übertragen werden. Jedoch wird es notwendig sein, die Bezeichnung nur für ein endliches Gebiet der bezeichneten Art und nicht auch für den weiteren Verlauf der Raumform anzuwenden.

Die gröfste Bedeutung haben jedoch die durchgeführten Entwicklungen für die projektive Geometrie, welche auf dem angegebenen Wege erst eine feste Grundlage und einen konsequenten Abschlufs erhält. Nur beiläufig möchte ich darauf hinweisen, dafs von den vier im ersten Abschnitt gefundenen Raumformen die Kleinsche den Anforderungen der Projektivität am vollsten entspricht, da in ihr je zwei Ebenen sich in einer Geraden, je drei Ebenen in einem Punkte schneiden und je zwei Gerade derselben Ebene einen Punkt gemeinschaftlich haben.

Indem v. Staudt die »unendlich ferne Ebene« hinzunimmt und die auf derselben gelegenen Gebilde als »uneigentliche« von den übrigen Gebilden unterscheidet, bewegt er sich streng genommen auf dem Gebiete der Metrik. Denn die Projektivität führt z. B. »uneigentliche« Punkte in »eigentliche« über, nimmt also beide als gleichberechtigt an. Indem man diese Unterscheidung desungeachtet einführt, erkennt man über der Projektivität ein höheres Prinzip an, welches erst die wahre Grundlage liefert. Diesem Mangel entgehen wir, indem wir die am Schlusse des ersten Paragraphen angegebenen Grundsätze voranstellen und innerhalb des dort bestimmten Gebietes bleiben. Wollen wir dann ein abgeschlossenes Ganzes haben, so werden wir am besten thun, was wir hier der Kürze wegen unterlassen haben, die Theorie der uneigentlichen (d. h. diesem Gebiete nicht angehörenden) Punkte, Geraden und Ebenen durch Betrachtungen zu entwickeln, welche sich ganz in dem angenommenen Bereiche bewegen. Dadurch ist eine Grundlage gewonnen, welche vollständig in sich abgeschlossen ist und der Metrik gar nicht bedarf.

Der »Geometrie der Lage« fügt Staudt sowohl in seinem Hauptwerk als in jedem Hefte seiner »Beiträge« einige Abschnitte bei, welche er nur als Anhang betrachtet wissen will, weil darin metrische Beziehungen entwickelt werden. Den Übergang von der Projektivität zur Metrik kann Staudt natürlich nicht geben; der vorliegende Abschnitt zeigt einen solchen und ergänzt dadurch eine Lücke der Staudtschen Theorie.

Hierüber möchte ich einige Bemerkungen beifügen, selbst auf die Gefahr hin, daſs sie an dieser Stelle nicht allgemein verständlich sind. Die Aufgabe der projektiven Geometrie geht weiter, als sie meistens gefaſst wird. Es genügt nicht, die einzelnen Gebilde zu definieren und ihre Eigenschaften zu entwickeln. Wir müssen auſserdem die Gesamtheit der Transformationen untersuchen, dabei aber auch die einzelnen Transformationen klassifizieren und ihre Besonderheiten kennen lernen. Endlich müssen wir wieder die sämtlichen in sich abgeschlossenen Systeme von Transformationen aufstellen und deren charakteristische Eigenschaften entwickeln. Hierdurch tritt die projektive Geometrie in enge Beziehung zur Theorie der Lieschen Transformations-Gruppen. Für den Raum hängt die Gruppe sämtlicher projektiver Umgestaltungen von 15 Parametern ab. Zur Aufgabe dieser Theorie gehört es, die sämtlichen Untergruppen in Klassen einzuteilen. Da interessieren zunächst die eingliedrigen Untergruppen, bei denen jedesmal die Punkte in gewissen Linien und diese Linien sämtlich in sich verbleiben. Aber auch die Untergruppen mit einer gröſsern Zahl von Parametern müssen gefunden werden, und zu ihnen gehören diejenigen, durch welche die Bewegung in einer euklidischen oder nicht - euklidischen Raumform beschrieben wird.

Auch die Frage nach den verschiedenen Möglichkeiten, welche unserer Erfahrung genügen, kommt darauf hinaus, die verschiedenen Untergruppen der allgemeinen projektiven Gruppe aufzustellen und jede zu prüfen, ob sie mit der Erfahrung vereinbar ist. Für einen gewissen allseitig begrenzten Bereich ist diese Frage bereits hier vollständig gelöst. Wie wir aber für den ganzen Raum zum Abschluſs gelangen, müssen wir späteren Darlegungen vorbehalten.

Dritter Abschnitt.

Der mehrdimensionale Raum.

§ 1.
Euklids Definitionen des Punktes, der Linie, der Fläche und des Körpers.

Die beiden ersten Abschnitte beschäftigen sich vor allem mit der Frage, ob die Unendlichkeit der Geraden und das fünfte Postulat Euklids zu den wesentlichen Grundlagen der Geometrie gehören oder ob man die Raumwissenschaft auch aufbauen kann, indem man einerseits die Gerade als geschlossen voraussetzt, andererseits bei der Annahme ihrer Unendlichkeit die Parallelen-Theorie nicht als streng richtig betrachtet. Das Ergebnis unserer Untersuchung legt die Aufgabe nahe, auch die übrigen Voraussetzungen Euklids einer eingehenden Prüfung zu unterziehen. Die vollständige Erledigung dieser Aufgabe müssen wir dem zweiten Bande vorbehalten; an dieser Stelle wollen wir anknüpfen an Euklids Definitionen des Punktes, der Linie, der Fläche und des Körpers, die sich in den Vorbemerkungen zum ersten und zum elften Buche finden und die in wörtlicher Übersetzung folgendermafsen lauten:

I. 1. Ein Punkt ist, was keine Teile hat.
    2. Eine Linie ist eine Länge ohne Breite.
    3. Das Äufserste einer Linie sind Punkte.
    4. Eine Fläche ist, was nur Länge und Breite hat.
    5. Das Äufserste einer Fläche sind Linien.
XI. 1. Ein Körper ist, was Länge, Breite und Höhe hat.
    2. Eines Körpers Grenze ist eine Fläche.

Die Mangelhaftigkeit dieser Definitionen drängt sich dem Leser sofort auf. So wird in der ersten Definition des elften Buches der Begriff des Körpers auf die von. Länge, Breite und Höhe zurückgeführt, also ein einfacher auf schwierigere Begriffe. Denn es ist jedem von vorn herein klar, was ein Körper sei; dagegen muſs der Lehrer die Begriffe: Länge, Breite und Höhe erst entwickeln. Dabei gebraucht er den Körper, aber nicht jeder Körper ist zur Herleitung geeignet; denn schwerlich wird jemand sagen können, was bei der Kugel, dem Oktaeder und den meisten andern Körpern unter Länge, Breite und Höhe zu verstehen sei. In voller Reinheit treten diese Begriffe nur beim rechtwinkligen Parallelepipedon auf, also bei einem Körper, der von sechs Rechtecken begrenzt wird. In jeder Ecke eines solchen Körpers stoſsen drei Kanten zusammen und diese werden als Länge, Breite und Höhe unterschieden.

Ferner wird z. B. das Wort Länge nicht immer in demselben Sinne gebraucht; denn unter der Länge eines Körpers wird, wenn überhaupt etwas, so doch nur eine gerade Strecke verstanden, während die zweite Definition des ersten Buches jeder Linie eine Länge beilegt.

Die Begriffe: Fläche, Linie und Punkt finden sich in je zwei Definitionen. Wir dürfen wohl annehmen, daſs durch die Worte: Eines Körpers Grenze ist eine Fläche, nicht die Grenze eines Körpers, sondern die Fläche definiert werden soll. Dann haben wir für jeden solchen Begriff zwei Definitionen, und es bedarf des Nachweises, daſs beide auf eine einzige hinauskommen.

Jede Definition soll uns befähigen, für den definierten Begriff Sätze herzuleiten. Vergebens würde man sich aber nach Sätzen umsehen, bei deren Beweis man etwa davon Gebrauch macht, daſs der Körper Länge, Breite und Höhe hat.

Das sind einige Bedenken, die sich gegen den Wortlaut der mitgeteilten Definitionen geltend machen lassen. Den Sinn, den der groſse Geometer mit seinen Worten verbindet, glauben wir am besten zu treffen, wenn wir dem Körper drei, der Fläche zwei und der Linie eine Dimension beilegen. Thun wir das, so muſs die Zahl der Dimensionen noch erklärt werden.

§ 2.
Die Zahl der Dimensionen und die der Koordinaten.

Die analytische Geometrie gebraucht zur Darstellung der Punkte in der Ebene zwei und im Raume drei Koordinaten. Bei der Darstellung einer Linie macht sie die Koordinaten von einer einzigen veränderlichen Gröfse abhängig, indem sie etwa setzt: x = φ(t), y = ψ(t), z = χ(t), wodurch angedeutet wird, dafs x, y, z von einer Gröfse t abhangen. Ebenso ergeben sich in vielen Fällen die Eigenschaften einer Fläche dann besonders einfach, wenn man ihre Koordinaten als Funktionen zweier unbeschränkt veränderlichen Gröfsen u und v darstellt, also setzt x = φ(u, v), y = ψ(u, v), z = χ(u, v). Man hat demnach vielfach geglaubt, als Zahl der Dimensionen eines Gebildes die Zahl der unabhängigen Variabeln ansehen zu dürfen, welche bei ihrer Darstellung nötig sind. Es ist aber mifslich, eine Erklärung, welche unbedingt in den Beginn der Geometrie gehört, auf eine der Geometrie an sich ganz fremde Betrachtung gründen zu wollen, und noch dazu auf eine solche, zu deren Begründung recht viele geometrische Sätze erforderlich sind.

Indessen fragt es sich, ob die Zahl der Variabeln, welche zur Darstellung sämtlicher Punkte einer Linie, einer Fläche oder eines Körpers geeignet sind, notwendig der Zahl der Dimensionen gleich sein mufs. Diese Frage mufs offenbar verneint werden, wenn es z. B. gelingt, den sämtlichen Punkten eines Körpers die sämtlichen Punkte einer Linie so zuzuordnen, dafs jedem Punkte des Körpers ein einziger Punkt der Linie und jedem Punkte der Linie ein einziger Punkt des Körpers entspricht. Das ist aber möglich, wie Hr. G. Cantor zuerst bewiesen hat. Dabei benutzt er den allgemein bekannten Satz, dafs jede irrationale Zahl e zwischen null und eins auf eine einzige Weise in der Form eines unendlichen Kettenbruches

$$e = \cfrac{1}{\alpha_1 + \cfrac{1}{\alpha_2 + \cfrac{1}{\alpha_3 + \cfrac{}{\ddots + \cfrac{1}{\alpha_\nu + \ldots}}}}} = (\alpha_1, \alpha_2, \alpha_3 \ldots \alpha_\nu \ldots)$$

dargestellt werden kann, wo $\alpha_1, \alpha_2 \ldots \alpha_\nu \ldots$ positive ganze Zahlen sind. Umgekehrt bestimmt eine beliebige Wahl der Zahlen $\alpha_1, \alpha_2 \ldots \alpha_\nu \ldots$ eine einzige Zahl e in der angegebenen Weise. Man wähle die Kanten eines Würfels gleich eins und fälle von einem Punkte die Senkrechten e_1, e_2, e_3 auf drei seiner Grenzflächen, die in demselben Eckpunkte zusammenstoſsen. Nimmt man den Punkt im Innern des Würfels, so müssen die drei Gröſsen e_1, e_2, e_3 zwischen null und eins liegen. Wir nehmen zuerst an, die drei Gröſsen seien irrational. Dann läſst sich jede durch einen unendlichen Kettenbruch darstellen, so daſs wir setzen dürfen:

$$e_1 = (\alpha_1, \alpha_2 \ldots), \ e_2 = (\beta_1, \beta_2 \ldots), \ e_3 = (\gamma_1, \gamma_2 \ldots).$$

Wenn wir jetzt positive ganze Zahlen $\varepsilon_1, \varepsilon_2 \ldots$ einführen durch die Festsetzung:

$$\varepsilon_1 = \alpha_1, \ \varepsilon_2 = \beta_1, \ \varepsilon_3 = \gamma_1, \ \varepsilon_4 = \alpha_2, \ \varepsilon_5 = \beta_2, \ \varepsilon_6 = \gamma_2 \ldots$$
$$\varepsilon_{3\nu+1} = \alpha_{\nu+1}, \ \varepsilon_{3\nu+2} = \beta_{\nu+1}, \ \varepsilon_{3\nu+3} = \gamma_{\nu+1} \ldots,$$

so bestimmen auch $\varepsilon_1, \varepsilon_2 \ldots \varepsilon_\varrho \ldots$ eine einzige Zahl l zwischen 0 und 1.

Umgekehrt kann man von der irrationalen Zahl l ausgehen und erhält eindeutig die drei Zahlen e_1, e_2, e_3 durch die Festsetzung:

$$e_1 = (\varepsilon_1, \varepsilon_4, \varepsilon_7 \ldots \varepsilon_{3\nu+1} \ldots)$$
$$e_2 = (\varepsilon_2, \varepsilon_5, \varepsilon_8 \ldots \varepsilon_{3\nu+2} \ldots)$$
$$e_3 = (\varepsilon_3, \varepsilon_6, \varepsilon_9 \ldots \varepsilon_{3\nu} \ldots)$$

Hierdurch sind allen Punkten im Innern des Würfels, deren Abstände von den Grenzflächen irrational sind, Punkte auf einer geraden Strecke eindeutig so zugeordnet, daſs auch jedem solchen Punkte der Strecke ein einziger Punkt des Körpers entspricht. Diese Zuordnung kann denn auch auf die rationellen Werte ausgedehnt werden. Hiernach ist an sich die Zahl der Variabeln ganz willkürlich, welche zur Darstellung der Punkte eines Gebildes benutzt werden. Diese Zahl kann beliebig kleiner oder gröſser als die der Dimensionen des Gebildes gewählt werden. Sie muſs nur dann der Zahl der Dimensionen gleich genommen werden, wenn die Zuordnung stetig sein soll, wie Herr Netto bewiesen hat.

Wie wenig die Zahl der Dimensionen der der Variabeln entspricht, zeigt ein von Herrn Peano angegebenes Beispiel, wo durch die Gleichungen

$$x = \varphi(t),\ y = \psi(t)$$

alle Punkte einer Fläche definiert werden, obwohl $\varphi(t)$ und $\psi(t)$ stetige und eindeutige Funktionen von t sind.

Zu dem Ende legt Hr. Peano die Zahl drei als Basis des Zahlensystems zu Grunde und versteht unter den Ziffern a_ν, b_ν, c_ν nur Zahlen aus der Reihe 0, 1, 2. Dann läfst sich jede Zahl t zwischen null und eins mit Einschlufs der Grenzen in der Form schreiben:

(1) $\quad t = \dfrac{a_1}{3} + \dfrac{a_2}{3^2} + \dfrac{a_3}{3^3} + \ldots + \dfrac{a_\nu}{3^\nu} + \ldots = [a_1, a_2, a_3 \ldots a_\nu \ldots].$

Alle irrationalen Zahlen, sowie überhaupt alle Zahlen, deren Nenner keine Potenz von drei ist, lassen nur eine einzige Darstellung zu, die dieser Festsetzung entspricht; d. h. wenn t eine solche Zahl ist, so werden durch die Gleichung (1) in Verbindung mit der Forderung, dafs jedes a_ν eine der drei Zahlen 0, 1, 2 sei, alle Zahlen a_ν vollständig bestimmt. Alle diese Zahlen t rechnet Hr. Peano zur ersten Klasse.

Wenn aber die Zahl t den Nenner 3^n hat, so kann man (mit Ausschlufs der Zahlen 0 und 1 selbst) sie entweder in der Form

(2) $\quad [a_1, a_2 \ldots a_{n-1}, a_n, 2, 2 \ldots].$

oder in der Form

(3) $\quad [a_1, a_2 \ldots a_{n-1}, a'_n, 0, 0 \ldots]$

darstellen, wo die n—1 ersten Ziffern in (2) und (3) übereinstimmen, a_n von 2 verschieden, $a'_n = a_n + 1$ ist, und wo in (2) auf a_n lauter Ziffern 2, und in (3) auf a'_n lauter Ziffern null folgen. Alle diese Zahlen t werden der zweiten Klasse zugerechnet.

Jetzt wird zu jeder Ziffer a die Komplementziffer $ka = 2 - a$ eingeführt, so dafs ist:

(4) $\quad k0 = 2,\ k1 = 1,\ k2 = 0.$

Ferner soll sein:

(5) $\quad k^2 a = k(ka) = 2 - ka,\ \ldots k^n a = 2 - k^{n-1} a, \ldots$

Um der durch die Gleichung (1) definierten Zahl t zwei weitere Zahlen zuzuordnen, setze man:

(6) $\quad \begin{aligned} &b_1 = a_1,\ c_1 = k^{a_1} a_2,\ b_2 = k^{a_2} a_3,\ c_2 = k^{a_1 + a_3} a_4,\ \ldots \\ &b_n = k^{a_2 + a_4 + \ldots + a_{2n-2}} a_{2n-1},\ c_n = k^{a_1 + a_3 + \ldots + a_{2n-1}} a_{2n}. \end{aligned}$

Dann soll entsprechend der Gleichung (1) sein:

(7) $\quad x = [b_1, b_2 \ldots b_\varrho \ldots],\ y = [c_1, c_2 \ldots c_\varrho \ldots].$

Hiernach sind x und y eindeutige Funktionen von t. Denn offenbar sind alle Ziffern b und c bestimmt, sobald die Ziffern a gegeben sind. Wenn aber die Zahl t der zweiten Klasse angehört und demnach in den Formen (2) und (3) dargestellt werden kann, so erhält man auch für x und y je zwei verschiedene Darstellungen; man kann aber zeigen, daſs diese jedesmal denselben Wert liefern. Demnach bestimmt jeder Wert von t ein einziges Wertepaar (x, y).

Zweitens sind x und y stetige Funktionen von t. Sollen sich nämlich x und x_0 nur um $\frac{1}{3\mu}$, y und y_0 nur um $\frac{1}{3\nu}$ unterscheiden, so erkennt man, daſs sich auch t und t_0 nur um $\frac{1}{3\varrho}$ unterscheiden dürfen und daſs man μ, ν, ϱ gleichzeitig beliebig groſs machen kann.

Umgekehrt bestimmt jede Wahl der Ziffern b_1, b_2 ... und c_1, c_2 ... ein einziges System der Ziffern a. Denn aus den Gleichungen (6) ergiebt sich unmittelbar:

$a_1 = b_1$, $a_2 = k^{b_1} c_1$, $a_3 = k^{c_1} b_2$, $a_4 = k^{b_1 + b_2} c_2$ ...
$a_{2n-1} = k^{c_1 + c_2 + .. + c_{n-1}} b_n$, $a_{2n} = k^{b_1 + b_2 + .. + b_n} c_n$.

Jede Darstellung der Zahlen x und y, welche den Gleichungen (7) entspricht, liefert somit einen einzigen Wert von t. Gehören also die Zahlen x und y beide der ersten Klasse an, so bestimmen sie eine einzige Zahl t; wenn aber eine dieser Zahlen in die zweite Klasse zu rechnen ist, so gehören zum Wertepaar (x, y) zwei Zahlen t, und wenn x und y beide eine Potenz von drei zum Nenner haben, so erhält man aus ihnen vier verschiedene Zahlen t.

Man kann demnach eine Strecke auf das Innere eines Quadrats (mit Einschluſs der Grenzen) so beziehen, daſs jedem Punkte der Linie ein einziger Punkt des Quadrats und jedem Punkte des Quadrats ein oder zwei oder vier Punkte der Linie entsprechen.

Indem man die Variabele t als die Zeit, x und y als die Koordinaten eines Punktes auffaſst und die Ortsveränderung dieses Punktes eine Bewegung nennt, kann man dem gewonnenen Resultat auch folgenden Ausspruch geben:

Man kann einen Punkt so bewegen, daſs er jeden Punkt im

Innern und auf der Grenze eines Quadrats erreicht und durch jeden einzelnen Punkt entweder einmal oder zweimal oder viermal hindurchgeht.[27]

§ 3.
Die Raumgebilde durch Bewegung erhalten.

Daſs ein bewegter Punkt eine Linie, eine bewegte Linie eine Fläche und eine bewegte Fläche einen Raumteil beschreibt, findet in der Geometrie oftmalige Anwendung. Wenn manche aber glauben, hierauf die Definitionen der Linie, der Fläche und des Körpers gründen zu können, so möchten wir zunächst an das letzte Ergebnis des vorigen Paragraphen erinnern, wo wir gesehen haben, daſs ein bewegter Punkt eine ganze Fläche beschreiben kann. Um nicht gar zu breit zu werden, wollen wir in den nächsten Darlegungen von dieser Möglichkeit ganz absehen.

Gegen die angegebene Definition lassen sich auch noch viele andere Bedenken geltend machen. Vor allem dürfte es am natürlichsten sein, vom Körper auszugehen; denn die Natur enthält nur Körper, und der Begriff des Punktes wird erst durch Abstraktion gewonnen.

Dazu kommt, daſs nicht alle Linien durch Bewegung von Punkten und auch wohl nicht alle Flächen durch Bewegung von Linien entstehen. Soll nämlich eine Linie durch die Bewegung eines Punktes entstehen, so muſs der bewegte Punkt an jeder Stelle eine gewisse Geschwindigkeit haben; höchstens muſs die Anzahl der Stellen, an denen von Geschwindigkeit nicht gesprochen werden kann, eine endliche sein. Wenn also die Kurve durch die Gleichung $y = f(x)$ dargestellt wird, so muſs die Funktion $f(x)$ im allgemeinen einen bestimmten Differentialquotienten haben. Nun hat bereits Riemann stetige Funktionen einer Veränderlichen gebildet, für welche in jedem endlichen Intervalle unendlich viele Stellen ohne Differentialquotienten vorkommen. Herr Weierstraſs hat sogar gezeigt, daſs es auch stetige endliche Funktionen giebt, welche an keiner Stelle einen Differentialquotienten besitzen. Als Beispiel einer solchen Funktion stellt er den Wert der Reihe auf:

$$\sum_{n=0}^{\infty} b^n \cos(a^n x \pi)$$

wo x eine reelle Variabele, a eine ungerade ganze Zahl und b eine positive Konstante < 1 ist, und wo die Bedingung erfüllt ist: $ab > 1 + \frac{3}{2}\pi$.

Wohl unabhängig hiervon hat Cellérier die gleiche Eigenschaft von der Funktion bewiesen, welche durch die unendliche Reihe definiert wird:

$$\sum_{n=1}^{\infty} \frac{\sin(a^n x)}{a^n},$$

wo a eine ganze positive, nicht zu kleine Zahl ist. Die Einfachheit dieser Beispiele läfst vermuten, dafs dieselbe Eigenschaft recht vielen Funktionen zukommt, dafs also auch recht viele Linien nicht durch Bewegung eines Punktes entstehen können.[28]

Dafs durch Bewegung einer Fläche, einer Linie und eines Punktes im allgemeinen ein Gebilde von einer Dimension mehr erzeugt wird, mufs also zu den Lehrsätzen der Geometrie gezählt werden. Der bewegte Punkt beschreibt immer eine Linie; dagegen wird die bewegte Linie entweder in sich verschoben oder sie beschreibt eine Fläche. Im zweiten Falle begrenzt die Linie in irgend einer Lage, welche sie bei der Bewegung erlangt, Teile der erzeugten Fläche gegen einander. Im ersten Falle ist die Linie, wofern sie weder geschlossen noch unendlich ist, ein Teil der von ihr beschriebenen. Sind E und E' irgend zwei Lagen der bewegten Linie, so haben diese entweder einen Teil gemeinschaftlich oder man kann weitere Lagen $E_1, E_2 \ldots E_n$, welche von der Linie bei der Bewegung gedeckt werden, so einschieben, dafs E und E_1, E_1 und E_2, überhaupt je zwei auf einander folgende Lagen einen Teil mit einander gemeinschaftlich haben. Dasselbe gilt von einer bewegten Fläche; hier sind wieder zwei Fälle möglich. Dagegen wird ein bewegter Körper stets nur einen Raumteil beschreiben, welchem der von dem Körper in der Anfangslage eingenommene als Teil angehört oder der als Ganzes damit identisch ist. Hierdurch tritt die Zahl drei in eine ganz enge Beziehung zum Raume und wir fragen uns: Könnte nicht auch ein dreidimensionales Gebilde so bewegt werden, dafs es ein Gebilde von mehr Dimensionen beschriebe? Dieselbe Frage wird uns im wesentlichen im folgenden Paragraphen wieder entgegentreten.

§ 4.

Die Zahl der Dimensionen eines Raumgebildes.

Die einzig richtige Definition der Raumgebilde, wie sie auch jetzt fast regelmäfsig in den Lehrbüchern gegeben wird, geht vom Begriffe des Körpers und dem der Teilung aus. Man teile einen Körper, so wird die gegenseitige Grenze eine Fläche sein; teilt man aber die Fläche wieder, so wird die gegenseitige Grenze der beiden Teile durch eine Linie gegeben, und wenn man endlich eine Linie in zwei Teile zerlegt, so besteht die gegenseitige Grenze in einem Punkte. Auch bei dieser Definition sind gewisse Vorsichtsmafsregeln nicht aufser acht zu lassen; ebenso bedarf das Wort Grenze noch einer nähern Erklärung. Hierauf wollen wir jedoch erst an einer spätern Stelle eingehen.

Mit dieser Definition hängt eine genaue Erklärung für den Ausdruck zusammen: Der Raum hat drei Dimensionen. Wenn ein Raumteil oder ein Körper in zwei Teile zerlegt wird, so wird die gegenseitige Grenze noch teilbar sein; zerlegt man diese Grenze wieder, so ist das neue Grenzgebilde wieder teilbar; wird dasselbe geteilt und das dadurch erhaltene Grenzgebilde bestimmt, so ist das neue Grenzgebilde unteilbar. Anders ausgedrückt: Man teile einen Körper in zwei Teile und bezeichne ihre gegenseitige Grenze als ein Grenzgebilde erster Ordnung; dies ist teilbar, und wenn es in zwei Teile zerlegt wird, so bezeichne man die gegenseitige Grenze als ein Grenzgebilde zweiter Ordnung; auch dieses ist teilbar und führt durch eine Zerlegung in zwei Teile zum Grenzgebilde dritter Ordnung; dieses ist aber, ganz unabhängig von dem Körper, von dem man ausging, und von der Art der Teilungen, welche der Reihe nach ausgeführt sind, stets unteilbar. Ohne ein Mifsverständnis befürchten zu müssen, können wir daher sagen: Führt man der Reihe nach drei Teilungen aus, indem man jede Teilung mit einem Übergang zur Grenze verbindet, so gelangt man zum unteilbaren Gebilde. Hiermit ist die Erklärung für die Dreizahl der Dimensionen des Raumes gegeben; wir können damit die Erklärung für die Zahl der Dimensionen, welche ein Raumgebilde besitzt, verbinden, indem wir sagen: Die Grenze von irgend zwei Teilen, in welche ein dreidimensionales Gebilde zerlegt wird, ist ein Gebilde von zwei Dimensionen; die Grenze von irgend zwei Teilen, in welche ein zweidimensionales Gebilde zerlegt wird, besitzt eine Dimension; dagegen ist die gegenseitige Grenze zweier Teile eines eindimensionalen Gebildes unteilbar.

Statt das Wort Dimension zu gebrauchen, spricht man auch von Ausdehnung und sagt, der Raum sei dreifach, die Fläche zweifach, die Linie einfach ausgedehnt.

Die Zahl drei, welche auf diese Weise erhalten wird und welche für den Raum durchaus charakteristisch ist, wurde auch im vorigen Paragraphen erhalten. In beiden Fällen konnte ihr (wenigstens zunächst) eine begriffliche Notwendigkeit keineswegs zugesprochen werden. Warum führt gerade die dreimalige Teilung (in dem angegebenen Sinne) auf das unteilbare Gebilde, und weshalb führt nach der Darstellung des vorigen Paragraphen die dreimal nach einander ausgeführte Bewegung vom Punkte aus zu einem Gebilde, welches nur noch in sich bewegt werden kann? Allerdings haben manche philosophische Systeme Beweise dafür beibringen wollen, dafs die Dreizahl der Dimensionen im Wesen des Raumes begründet sei. Meistens ist aber dann schon die Fragestellung ganz unrichtig oder der Beweis macht einen Cirkel, weil die Dreizahl bereits axiomatisch im Beweise vorausgesetzt wird. Bei allen solchen Versuchen hat es mir immer unmöglich geschienen, dafs jemand im Ernst an die Beweiskraft der Gründe glauben könnte. Es wird also wohl nicht nötig sein, die Versuche genauer zu prüfen; es genüge, die Frage selbst noch in folgender Form auszusprechen: Ist es begrifflich gestattet anzunehmen, dafs für ein Seiendes, welches geteilt werden kann und dessen Teile eine gegenseitige Grenze haben, erst eine mehr als dreimal ausgeführte Teilung, jedesmal mit einem Grenzübergange verbunden, auf das unteilbare Gebilde führt?

Dafür, dafs diese Frage nicht unbedingt verneint werden darf, kann man wohl den Umstand anführen, dafs die Eigenschaften der Ebene, also eines zweidimensionalen Gebildes, ganz denen des Raumes entsprechen. Ebenso haben wir im vorigen Abschnitt gesehen, dafs dem dreidimensionalen Lobatschewskyschen Raume die Flächen konstanter negativer Krümmung und dem dreidimensionalen Riemannschen Raume die Kugelflächen im euklidischen Raume entsprechen.

Andererseits ist behauptet worden, der Raum besitze eine größere Zahl von Dimensionen und scheine uns nur dreidimensional zu sein. Da die Gründe, welche für diese Behauptung angeführt werden, aber nicht mathematischer Natur sind, müssen wir von ihrer Prüfung hier absehen. Zudem ist es für die folgenden Untersuchungen gleichgültig, ob der Leser annimmt, die Erfahrung beweise streng die Dreizahl der Dimensionen des Raumes, oder ob er meint, die Erfahrung gestatte die Annahme einer größeren Zahl von Dimensionen. Ich selbst bin, wie ich schon hier erwähnen möchte, der festen Überzeugung, daß die Dreizahl der Dimensionen durch die Erfahrung aufs strengste erwiesen wird, und ich kann allen gegenteiligen Gründen keine Beweiskraft beilegen.

Um aber zu einer Antwort auf die Frage zu gelangen, ob ein mehrdimensionaler Raum begrifflich möglich sei, wenden wir uns zu der sogenannten mehrdimensionalen Geometrie. Wir gehen von der Analysis aus und werden dann immer mehr zu einer Wissenschaft gelangen, welche den Namen der Geometrie verdient. [29]

§ 5.

Graßmanns Ausdehnungslehre.

Ehe wir zu den angekündigten Entwicklungen übergehen, wird es notwendig sein, der ältesten, bereits hoch entwickelten Theorie zu gedenken, welche zuerst über den mehrdimensionalen Raum aufgestellt ist. Es ist Graßmanns Ausdehnungslehre, von der uns hier aber nur ein kleiner Teil interessiert. Dabei schließen wir uns, meistens mit den eigenen Worten des Auktors, dem Überblick an, welchen Graßmann selbst bereits im Jahre 1845 im 6. Bande von Grunerts Archiv veröffentlicht hat. [30]

Graßmann hebt hervor, daß die Sätze der Raumlehre eine Tendenz zur Allgemeinheit haben, die in ihr vermöge ihrer Beschränkung auf drei Dimensionen keine Befriedigung findet. Er erläutert dies an zwei Beispielen: 1. Zwei gerade Linien derselben Ebene schneiden sich in einem Punkte, ebenso eine Ebene und eine Gerade, zwei Ebenen in einer geraden Linie, vorausgesetzt, daß die Geraden, oder die Ebene und die Gerade, oder die Ebenen nicht zusammenfallen, und die Durchschnitte im Unendlichen mitgerechnet werden. Werden der Punkt, die Gerade, die Ebene, der Körperraum beziehlich als Gebiete erster, zweiter, dritter und vierter Stufe aufgefafst, so liegt darin der allgemeine Satz angedeutet, dafs ein Gebiet von a^{ter} und eins von b^{ter} Stufe, wenn sie in einem Gebiet von c^{ter} Stufe, aber auch in keinem Gebiet von niedrigerer Stufe vereinigt sind, ein Gebiet $(a + b - c)^{ter}$ Stufe gemeinschaftlich haben; aber die Raumlehre kann diesen Satz nur für c kleiner oder gleich 4 zur Anschauung bringen.

2. Der Flächenraum eines Dreiecks ist die Hälfte von dem eines Parallelogramms, dessen Seiten mit zwei Seiten des Dreiecks gleich lang und parallel sind, der Körperraum des Tetraeders $\frac{1}{6}$ von dem des Parallelepipedums, dessen Kanten mit drei in einem Punkte zusammentreffenden Kanten des Tetraeders gleich lang und parallel sind. Darin scheint der Satz angedeutet: Der Raum, welcher zwischen n Punkten liegt, die in einem Gebiete n^{ter} Stufe (und in keinem von niederer Stufe) vereinigt sind, ist $\frac{1}{1 \cdot 2 \cdot 3 \ldots (n-1)}$ von dem Raume eines Gebildes, dessen Begrenzungslinien den von einem der n Punkte zu den übrigen gezogenen gleich und parallel sind.

Um sich von diesen Schranken zu befreien, ersetzt Grafsmann den Punkt durch irgend ein Element und die Bewegung durch stetige Änderung des Zustandes. Dann entspricht der Linie die Gesamtheit der Elemente, in die ein seinen Zustand änderndes Element übergeht. Er erläutert dies in folgenden Worten:

Die Linie kann als Gesamtheit der Punkte betrachtet werden, in die ein seinen Ort stetig ändernder Punkt übergeht. Substituieren wir hier dem Punkt irgend ein Ding, welches einer stetigen Änderung irgend eines Zustandes, den es hat, fähig ist, und abstrahieren nun von allem anderweitigen Inhalte des Dinges und aller Besonderheit dieses seines Zustandes und nennen das von allem anderweitigen Inhalte abstrahierte Ding das Element, so gelangen wir zu dem aufgestellten Begriffe.

Nun setzt er es als einen Grundbegriff voraus, was es heifse, dafs ein Element von irgend zwei verschiedenen Zuständen aus dieselbe Änderung erleide. Es hängt das damit zusammen, dafs er den Begriff der Richtung als einen absolut festen Begriff ansieht, in dem Sinne, welchen wir im dritten Paragraphen des ersten

Abschnitts (S. 5) behandelt haben. Demnach definiert er jetzt: Wenn ein Element seinen Zustand stets auf gleiche Weise ändert, so dafs, wenn aus einem Elemente a des Gebildes durch eine solche Änderung ein anderes Element b desselben hervorgeht, dann durch eine gleiche Änderung aus b ein neues Element c desselben Gebildes hervorgeht, so entsteht das der geraden Linie entsprechende Gebilde, das Gebiet zweiter Stufe.

Aus dem Gebiet zweiter Stufe läfst er in gleicher Weise das Gebiet dritter Stufe hervorgehen, und definiert ganz allgemein: Wenn man alle Elemente eines Gebietes n^{ter} Stufe einer und derselben Änderungsweise unterwirft, welche zu neuen (in jenem Gebiete nicht enthaltenen) Elementen führt, so heifst die Gesamtheit der durch diese Änderungsweise und die entgegengesetzte erzeugbaren Elemente ein Gebiet $(n+1)^{\text{ter}}$ Stufe; das Gebiet dritter Stufe entspricht der Ebene, das vierter dem ganzen Raume.

Die Wissenschaft, welche sich mit allen in dieser Weise gewonnenen Gebilden beschäftigt, nennt Grafsmann die Ausdehnungslehre. Dieselbe umfafst die Raumlehre in sich, einmal insofern der Begriff der Änderung allgemeiner ist als der der Bewegung, dann aber auch, weil sie die Schranken überschreitet, welche der Geometrie durch die Beschränkung auf drei Dimensionen gezogen sind.

Ohne in eine Kritik einzutreten, müssen wir der Grofsartigkeit der Anlage volle Bewunderung zollen; wir wollen auch die Bemerkung beifügen, dafs der wirkliche Aufbau des Systems ganz derselben hohen Auffassung entspricht, die sich in den Grundlagen dokumentiert.

§ 6.

Analytische Probleme von der Geometrie gestellt.

Indem die Analysis auf die Geometrie angewandt wurde, wurden die geometrischen Probleme in analytische verwandelt. Den Vorteil davon hatten beide Zweige der Mathematik: die Geometrie, indem ein Problem, welches ihre eigenen Kräfte überstieg, gelöst und ihr selbst dadurch eine Erweiterung verschafft wurde; die Analysis, da ihr Probleme vorgelegt wurden, welche nicht eine Folge willkürlicher Fragestellung waren, sondern in der Wissenschaft selbst ihren Grund hatten. Dadurch bot das analytische Problem schon von selbst eine gewisse Gewähr, dafs sich die Lösung werde finden lassen, und wenn sie gefunden war, so hatte die Analysis einen Fortschritt zu verzeichnen. Nachdem aber einmal ein solches Problem gelöst ist, liegt für die Analysis nichts näher, als dasselbe von ihrem Standpunkte aus zu erweitern, ohne Rücksicht darauf, ob das neue Problem noch eine Beziehung zur Geometrie hat oder nicht.

Ich kann nicht die Absicht haben, einen genauen historischen Überblick über die einzelnen Probleme zu geben, bei denen die vorgezeichnete Entwicklung hervortritt. Auch sind die hierher gehörigen Untersuchungen mittlerweile meistens Teile derjenigen gröfseren Theorieen geworden, welche in den folgenden Paragraphen dargelegt werden müssen. Deshalb mufs ich mich damit begnügen, auf zwei Beispiele hinzuweisen.

Die mehrfachen Integrale verdanken ihre erste Aufstellung offenbar der Geometrie; führt doch die Ausmessung der Flächen und der Körper unmittelbar auf zweifache und dreifache Integrale. Andererseits finden diese Integrale wesentliche Unterstützung von der Geometrie. Will man sich das Wesen des Doppelintegrales
$$\int\int f(x,y)\,dx\,dy$$
vorstellen, so betrachtet man x und y als rechtwinklige Koordinaten einer Ebene; die Grenzen des Integrals werden dann durch eine geschlossene Linie angegeben. Für den Fall, dafs für alle Werte im Integrationsbezirk die Funktion $f(x,y)$ endlich und stetig ist, denkt man sich in jedem Punkte der Ebene auf ihr die Senkrechte nach derselben Seite errichtet und ihre Länge im Punkte (x, y) gleich dem entsprechenden Werte von $f(x,y)$ gemacht. Dann stellt das Integral den Rauminhalt eines gewissen Körpers dar: als Grundfläche kann das Innere der genannten Kurve betrachtet werden; die Seitenfläche besteht aus der Gesamtheit der senkrechten Strecken, welche in den Punkten der Kurve errichtet sind, also in einer zylindrischen Fläche (im weiteren Sinne), und die Endfläche wird von einer gewissen krummen Fläche gebildet. Die geometrische Darstellung läfst aber die wichtigsten allgemeinen Gesetze eines solchen Integrals unmittelbar hervortreten, nämlich den Satz über die Vertauschbarkeit der Reihenfolge in der Integration, und den Satz über die Trans-

formation eines solchen Integrals, d. h. die neue Form, welche erhalten wird, wenn an die Stelle von x und y andere Variabele eingeführt werden.

Eine gleiche Vorstellung ist nicht mehr möglich für das dreifache Integral

$$\int\int\int f(x, y, z)\, dx\, dy\, dz.$$

Da die Grenzen des Integrals durch eine analytische Beziehung zwischen x, y, z bestimmt sind, so deute man die Variabeln als rechtwinklige Koordinaten des Raumes und lasse die Grenze durch eine Fläche bestimmt sein, von der wir hier annehmen wollen, daſs sie geschlossen sei. Das Innere des von dieser Fläche begrenzten Körpers teile man in lauter Würfel, deren Grenzflächen den Koordinatenebenen parallel sind, und bestimme den Wert, welchen die Funktion f(x, y, z) im Schwerpunkt eines jeden solchen Würfels hat. Mit diesem Werte multipliziere man den Rauminhalt des Würfels, addiere über alle Würfel und bestimme den Grenzwert, welchen diese Summe erhält, wenn man die Kante aller dieser Würfel immer kleiner werden läſst; den so erhaltenen Grenzwert bezeichnet man als den Wert des Integrals. Auch jetzt folgen die wichtigsten Sätze über das dreifache Integral mit groſser Leichtigkeit aus der geometrischen Darstellung; bringt man umgekehrt die angewandten geometrischen Vorstellungen in das analytische Gewand, so erhält man einen rein analytischen Beweis.

Die Analysis ist aber bei den dreifachen Integralen nicht stehen geblieben; sie darf sich auch nicht mit dieser Zahl drei begnügen, sondern muſs die entsprechenden Gesetze für jede beliebige Zahl aufstellen. Nun wird es aber schon schwer, genau anzugeben, was man unter dem n-fachen Integrale

$$\int\int\ldots\int f(x_1 \ldots x_n)\, dx_1\, dx_2 \ldots dx_n$$

zu verstehen hat. Ebenso muſs man wünschen, für die Beweise diejenige Erleichterung erhalten zu können, welche die Geometrie bei den zwei- und dreifachen Integralen bietet.

Um an einem weiteren Beispiele die Beziehungen der Geometrie zur Analysis zu erkennen, wähle man das System der Differentialgleichungen:

$$(1)\quad \frac{dx_1}{dt} = X_1,\quad \frac{dx_2}{dt} = X_2,\quad \frac{dx_3}{dt} = X_3,$$

wo X_1, X_2, X_3 eindeutige analytische Funktionen von $x_1 x_2 x_3$ sind. Betrachten wir hier x_1, x_2, x_3 als die rechtwinkligen Koordinaten eines Punktes P des Raumes und t als die Zeit, so definieren diese Gleichungen die Geschwindigkeit eines Punktes als Funktionen seiner Koordinaten. Die allgemeine Lösung des Problems erscheint in der Form:

(2) $x_1 = \varphi_1 (t, C_1, C_2, C_3)$, $x_2 = \varphi_2 (t, C_1, C_2, C_3)$,
$x_3 = \varphi_3 (t, C_1, C_2, C_3)$,

wo C_1, C_2, C_3 willkürliche Konstanten sind. Eine besondere Lösung

$x_1 = \varphi_1 (t)$, $x_2 = \varphi_2 (t)$, $x_3 = \varphi_3 (t)$

liefert bei stetiger Veränderung der Zeit t eine gewisse Linie, welche der Punkt P beschreibt; dieselbe heifst eine Bahnkurve oder Trajektorie. Somit entspricht jeder besondern Lösung eine Bahnkurve und umgekehrt.

Da die Funktionen X_1, X_2, X_3 eindeutig sind, so geht durch jeden Punkt des Raumes eine und nur eine einzige Bahnkurve. Dieser Satz erleidet nur eine Ausnahme, wenn eine der drei Funktionen unendlich wird oder wenn alle drei zugleich den Wert null annehmen; solche Punkte heifsen singuläre Punkte.

Wir betrachten im Raume irgend eine Kurve, welche nicht selbst eine Trajektorie ist. Dann geht durch jeden Punkt dieser Kurve eine Trajektorie und ihre Gesamtheit bestimmt eine Fläche, die Trajektorienfläche. Eine solche Fläche kann, wofern sie nicht durch einen singulären Punkt hindurchgeht, durch keine Trajektorie geschnitten werden. Sobald eine geschlossene Trajektorienfläche existiert, teilt sie den Raum in zwei Teile, und keine Trajektorie kann aus dem einen in den andern Teil übertreten. Wenn also die Anfangslage des Punktes P innerhalb dieser Fläche sich befindet, so wird der Punkt auch während der ganzen Bewegung im Innern verbleiben; läfst man auch die Zeit t von $-\infty$ bis $+\infty$ variieren, so bleiben die drei Gröfsen x_1, x_2, x_3 unterhalb gewisser Grenzen. Diesen Fall bezeichnet man als Stabilität. Somit ist die wichtige analytische Frage nach der Stabilität auf die geometrische Untersuchung zurückgeführt, ob es geschlossene Flächen der bezeichneten Art gebe. [81]

Wir haben hier rein analytische Probleme, deren Aufstellung und deren Lösung dadurch besondere Klarheit erhält, dafs man sie mit geometrischen Anschauungen in Zusammenhang bringt. Man kann es beklagen, daſs das gleiche Hülfsmittel bei einer gröſsern Zahl von Dimensionen versagt; man wird aber wünschen, das Problem, die einzelnen Schritte zu seiner Lösung und das Resultat wenigstens in ähnlicher Weise aussprechen zu können, wie es für $n = 3$ möglich ist. Dann muſs man eine neue Nomenklatur schaffen, und es liegt nichts näher, als diese der Sprache der Geometrie nachzubilden.

§ 7.
Analytische Behandlung der Projektivität.

Wir wollen die Rechnungen, welche die projektive Geometrie für vier Variabele ausführt, auf eine beliebige Zahl von Variabeln übertragen. Dabei wird von jedem geometrischen Satze abgesehen und nur die Rechnung und deren Ergebnisse berücksichtigt. Dagegen werden wir einen Ausdruck einführen, welcher der geometrischen Anwendung für vier Variabele entspricht und welcher uns gestattet, die einzelnen Schritte der Rechnung begrifflich zu verfolgen und die Resultate in bequemer Form auszusprechen.[32]

Zu dem Zwecke gehen wir von $n+1$ Variabeln $x_1, x_2 \ldots x_{n+1}$ aus und betrachten nur deren Verhältnisse. Wir schlieſsen daher den Fall aus, daſs alle Variabele den Wert null erhalten, und betrachten die Wertsysteme $(a_1, a_2 \ldots a_{n+1})$ und $(\omega a_1, \omega a_2 \ldots \omega a_{n+1})$ für ein nicht-verschwindendes ω als identisch. Jedes derartige Wertsystem bezeichnen wir als einen Punkt, die Gesamtheit aller nennen wir den Raum, und irgend eine stetige Mannigfaltigkeit von Punkten ein Gebilde. Wenn nach willkürlicher Wahl von ν Verhältnissen sich nur eine endliche oder wenigstens eine diskrete Anzahl der $n - \nu$ weiteren Verhältnisse ergiebt, so bezeichnen wir das Gebilde als ν dimensional. Wir transformieren den Raum, indem wir an Stelle der Variabeln x neue Gröſsen y einführen durch die Gleichungen:

$$(1) \quad x_\alpha = \sum_\varkappa p_{\alpha\varkappa} y_\varkappa,$$

wo die $(n+1)^2$ Konstanten $p_{\alpha\varkappa}$ ganz willkürlich sind und nur der Beschränkung unterliegen, daſs die aus ihnen gebildete Determinante nicht verschwindet. Weil es nur auf die Verhältnisse ankommt, sind auch nur die Verhältnisse der Konstanten wesentlich, und somit hangen alle derartigen Transformationen von $n^2 + 2n$ willkürlichen Konstanten ab. Diese Transformationen haben die Eigenschaft, dafs irgend zwei Transformationen nach einander ausgeführt wieder eine Transformation des Systems ergeben; d. h. verwandelt man durch (1) die x in y und dann durch eine ähnliche Transformation $y_\varkappa = q_{\varkappa 1} z_1 + q_{\varkappa 2} z_2 + \ldots$ die y in z, so kann man auch durch eine lineare Transformation die x in die z umwandeln.

Soll eine Gleichung $\varphi(x_1 \ldots x_{n+1}) = 0$ ein $(n-1)$ dimensionales Gebilde darstellen, so mufs die linke Seite homogen in den Variabeln sein, da sie sich nicht ändern darf, wenn man die Variabeln mit einer beliebigen Zahl multipliziert. Wählen wir speziell die lineare Form $\Sigma a_\varkappa x_\varkappa$, so kann dieselbe durch die Transformation (1) in jede Form $\Sigma b_\varkappa y_\varkappa$ verwandelt werden, da man durch (1) zuerst $\Sigma a_\varkappa x_\varkappa$ in z_1 und dieses in $\Sigma b_\varkappa y_\varkappa$ umwandeln kann. Sucht man alle Wertsysteme, welche der Gleichung $\Sigma a_\varkappa x_\varkappa = 0$ genügen, so kann man $n-1$ Verhältnisse beliebig wählen und dann das letzte bestimmen. Wenn z. B. a_{n+1} von null verschieden ist, so berechnet man nach beliebiger Wahl von $x_1 : x_2 : \ldots : x_n$ das Verhältnis $x_{n+1} : x_n$. Wir nennen die Gesamtheit der Punkte, welche dieser Gleichung genügen, eine $(n-1)$ dimensionale Ebene und erhalten den Satz:

Alle $(n-1)$-dimensionalen Ebenen können in einander transformiert werden.

Wählen wir etwa die Ebene $x_{n+1} = 0$ und setzen wir dann $p_{n+1,1} = p_{n+1,2} = \ldots = p_{n+1,n} = 0, p_{n+1,n+1} = 1$, so wird bei dieser Transformation des Raumes die Ebene in sich verbleiben. Betrachten wir nur die Veränderungen, welche die Verhältnisse $x_1 : x_2 : \ldots : x_n$ für $x_{n+1} = 0$ erleiden, so können die n^2 Koeffizienten $p_{\alpha\varkappa}$ für $\alpha, \varkappa = 1 \ldots n$ beliebig gewählt werden; das giebt aber dieselben Transformationen, welche in einem $(n-1)$-dimensionalen projektiven Raume möglich sind. Daraus folgt:

Soll bei einer Transformation des Raumes eine $(n-1)$-dimensionale Ebene in sich verbleiben, so lassen sich noch die Verhältnisse von $n^2 + n + 1$ Koeffizienten beliebig wählen; dagegen hängt die Transformation der Ebene in sich von dem Verhältnis von n^2 Gröfsen ab. Zugleich zeigt diese Ebene ganz die Eigenschaften eines $(n-1)$-dimensionalen projektiven Raumes.

Zwei Ebenen

$$(2)\ \Sigma a_\varkappa x_\varkappa = 0,\ \Sigma b_\varkappa x_\varkappa = 0$$

sind nur dann als verschieden zu betrachten, wenn sich kein Faktor M bestimmen läfst, für welchen jedes $b_\varkappa = M a_\varkappa$ ist, oder wenn nicht alle Determinanten $a_\iota b_\varkappa - a_\varkappa b_\iota$ für $\iota, \varkappa = 1 \ldots n+1$ verschwinden. Dann kann man $n-2$ Verhältnisse der x beliebig wählen und daraus die übrigen eindeutig so bestimmen, dafs beiden Gleichungen genügt wird. Wenn z. B. $a_n b_{n+1} - a_{n+1} b_n$ nicht verschwindet, so erhält man x_n durch $x_1, x_2 \ldots x_{n-1}$ ausgedrückt, indem man die erste Gleichung mit b_{n+1}, die zweite mit a_{n+1} multipliziert und die erhaltenen Produkte von einander subtrahiert; eine ähnliche Operation ermöglicht es, x_{n+1} durch $x_1, x_2 \ldots x_{n-1}$ darzustellen. Somit kann man die Verhältnisse $x_1 : x_2 : \ldots : x_{n-1}$ beliebig wählen und erhält dann die weiteren Verhältnisse. Wir sagen, die Gesamtheit der Verhältnisse, welche den Gleichungen (2) genügen, stelle eine $(n-2)$-dimensionale Ebene dar. Genau wie vorher ergiebt sich der Satz:

Irgend zwei Ebenen von $n-2$ Dimensionen lassen sich in einander transformieren; jede solche Ebene für sich hat die Eigenschaften eines $(n-2)$-fach ausgedehnten projektiven Raumes.

Sind $U_1 = 0$, $U_2 = 0$ die Gleichungen für zwei Ebenen von $n-1$ Dimensionen, so wird jede Ebene, welche durch das Schnittgebilde geht, die Gleichung haben: $\varkappa_1 U_1 + \varkappa_2 U_2 = 0$. Soll dagegen eine dritte Ebene $U_3 = 0$ nicht durch das Schnittgebilde der beiden ersten gehen, so darf der Ausdruck $\varkappa_1 U_1 + \varkappa_2 U_2 + \varkappa_3 U_3$ nur dadurch zum identischen Verschwinden gebracht werden können, dafs $\varkappa_1, \varkappa_2, \varkappa_3$ sämtlich gleich null gesetzt werden. Man bezeichnet dann wohl die Ebenen als von einander unabhängig. Die allen drei Ebenen gemeinsamen Punkte erfüllen eine $(n-3)$-dimensionale Ebene.

Sind also ν Ebenen

$$(3)\ U_1 = 0,\ U_2 = 0 \ldots U_\nu = 0$$

von einander unabhängig (d. h. kann die Form $\varkappa_1 U_1 + \varkappa_2 U_2 + \ldots + \varkappa_\nu U_\nu$ nur für $\varkappa_1 = \varkappa_2 = \ldots = \varkappa_\nu = 0$ zum identischen Verschwinden gebracht werden), so bestimmen die ihnen gemeinsamen Punkte eine $(n-\nu)$-dimensionale Ebene, und alle

(n—1)-dimensionalen Ebenen, welche durch diese Schnittebene gehen, lassen sich in der Form darstellen:
$$k_1 U_1 + k_2 U_2 + \ldots + k_\nu U_\nu = 0.$$
In dieser Weise führen $n-1$ Ebenen zur Geraden, n zum Punkte.

Alle diese Sätze ergeben sich unmittelbar aus der Theorie der linearen Gleichungen mit mehreren Unbekannten. Wir können aber die Geraden und die Ebenen noch in anderer Weise erhalten. Wir gehen von zwei Punkten x' und x'' aus und betrachten alle Punkte:

(4) $x_1 = px_1' + qx_1''$, $x_2 = px_2' + qx_2'' \ldots x_{n+1} = px'_{n+1} + qx''_{n+1}$,

wo die p und q jeden beliebigen Wert annehmen sollen. Die Gleichung einer Ebene $U \equiv \Sigma a_\varkappa x_\varkappa = 0$ möge sowohl für x' wie für x'' erfüllt sein; es mögen also die Gleichungen bestehen: $\Sigma a_\varkappa x'_\varkappa = 0$ und $\Sigma a_\varkappa x''_\varkappa = 0$; dann folgt daraus: $\Sigma a_\varkappa (px_\varkappa' + qx_\varkappa'') = 0$, woraus man ersieht, dafs alle Punkte, deren Koordinaten den Gleichungen (4) genügen, der Ebene $U = 0$ angehören. Wählt man $n-1$ von einander unabhängige Ebenen $U_1 = 0 \ldots U_{n-1} = 0$ so, dafs sie durch die beiden Punkte x' und x'' gehen, so gehen sie auch durch die Punkte (4); diese gehören also dem Schnitt der $n-1$ Ebenen, also einer Geraden an. Dann folgt:

Eine Gerade ist durch irgend zwei ihrer Punkte vollständig bestimmt; wenn sie mit einer beliebigen Ebene zwei Punkte gemeinschaftlich hat, so fällt sie ganz hinein.

Wenn drei Punkte x', x'', x''' nicht in gerader Linie liegen, so wird durch die Gesamtheit der Punkte:
$$x_1 = px_1' + qx_1'' + rx_1''',\ x_2 = px_2' + qx_2'' + rx_2''' \ldots x_{n-1} =$$
$$px'_{n+1} + qx''_{n+1} + rx'''_{n+1}$$
für beliebige Werte von p, q, r eine zweidimensionale Ebene dargestellt. In gleicher Weise kann man mit irgend einer gröfsern Anzahl von Punkten fortfahren. Daraus ergiebt sich:

Durch eine μ-dimensionale Ebene und einen Punkt aufserhalb derselben läfst sich eine einzige Ebene von $\mu + 1$ Dimensionen legen. Hat eine μ-dimensionale Ebene mit einer andern Ebene $\mu + 1$ Punkte gemeinschaftlich, welche nicht einer Ebene von $\mu - 1$ Dimensionen angehören, so fällt sie ganz hinein.

Drei Ebenen $U = 0$, $V = 0$, $U + kV = 0$ bezeichnen wir als einem Büschel angehörig. Der Koeffizient k ändert sich bei beliebigen Transformationen, drückt also keine invariante Beziehung zwischen den Ebenen aus. Nimmt man aber eine vierte Ebene $U + lV = 0$ des Büschels hinzu, so gehen die vier Gleichungen in die folgenden über:

$$U' = 0, \quad V' = 0, \quad \alpha\left(U' + k\frac{\beta}{\alpha}V'\right) = 0, \quad \alpha\left(U' + l\frac{\beta}{\alpha}V'\right) = 0.$$

Also bleibt das Verhältnis $k:l$ bei jeder Transformation (1) ungeändert; demnach bezeichnet man es als das Doppelverhältnis der vier Ebenen.

Durchschneidet man die vier Ebenen des Büschels durch irgend eine Anzahl von Ebenen $T_1 = 0 \ldots T_\nu = 0$, welche von jenen unabhängig sind, so wird jede $(n-1)$-dimensionale Ebene, welche durch den Schnitt von $U = 0$, $T_1 = 0 \ldots T_\nu = 0$ geht, durch die Gleichung dargestellt:

$$U_1 \equiv U + \alpha_1 T_1 + \ldots + \alpha_\nu T_\nu = 0,$$

und ebenso geht durch den Schnitt von $V = 0$, $T_1 = 0 \ldots T_\nu = 0$ die Ebene

$$V_1 \equiv V + \beta_1 T_1 + \ldots + \beta_\nu T_\nu = 0.$$

Jede Ebene des durch U_1 und V_1 bestimmten Büschels hat die Gleichung $U_1 + rV_1 = 0$. Soll diese durch den Schnitt von $U + kV = 0$, $T_1 = 0 \ldots T_\nu = 0$ gehen, so muſs $r = k$ sein. Soll ebenso die Ebene $U_1 + sV_1 = 0$ durch den Schnitt von $U + lV = 0$, $T_1 = 0 \ldots T_\nu = 0$ gehen, so muſs $s = l$ sein. Demnach ist das Doppelverhältnis der vier Ebenen U_1, V_1, $U_1 + rV_1$, $U_1 + sV_1$ gleich dem der vier Ebenen U, V, $U + kV$, $U + lV$. Die vier Schnittebenen haben je $n - \nu - 1$ Dimensionen und liegen in einer $(n - \nu)$-dimensionalen Ebene. Ersetzen wir also die Zahl $n - \nu - 1$ durch μ, so erhalten wir folgenden Satz:

Wenn vier μ-dimensionale Ebenen (Punkte oder Gerade) einer $(\mu + 1)$-dimensionalen Ebene und in ihr einem Büschel angehören, so ist das Doppelverhältnis der vier $(n-1)$-dimensionalen Ebenen konstant, welche einem Büschel angehören und durch die vier gegebenen Ebenen gehen.

Demnach wird dieses Doppelverhältnis auch als das der vier gegebenen Ebenen bezeichnet.

Wenn speziell vier Punkte einer geraden Linie gegeben sind: x', x'', $x' + kx''$, $x' + lx''$, so wird das Doppelverhältnis der vier Punkte durch $k:l$ bestimmt.

Es genügt also, das Doppelverhältnis von vier (n—1)-dimensionalen Ebenen zu studieren.

Betrachten wir jetzt die Gleichungen der vier Ebenen in der Form:

(5) $U + \lambda V = 0$, $U + \mu V = 0$, $U + \lambda' V = 0$, $U + \mu' V = 0$.

Um das Doppelverhältnis der beiden letzten Ebenen zu den beiden ersten zu finden, setze man $U + \lambda V = W$, $U + \mu V = T$. Indem man U und V durch W und T ausdrückt, erhält man die beiden letzten Gleichungen (5) bis auf einen konstanten Faktor in der Form:

$$W + \frac{\lambda' - \lambda}{\mu - \lambda'} T = 0 \text{ und } W + \frac{\mu' - \lambda}{\mu - \mu'} T = 0.$$

Demnach ist das Doppelverhältnis ω der beiden letzten Ebenen zu den beiden ersten

$$\omega = \frac{\lambda - \lambda'}{\mu - \lambda'} : \frac{\lambda - \mu'}{\mu - \mu'}.$$

Dieser Wert ändert sich nicht, wenn man λ mit λ' und zugleich μ mit μ' vertauscht. Somit bleibt auch das Doppelverhältnis ungeändert, wenn man das erste Ebenenpaar mit dem zweiten vertauscht. Wenn man aber die dritte Ebene mit der vierten, also λ' mit μ' vertauscht, so geht ω in $\frac{1}{\omega}$ über. Als besonders wichtiges Doppelverhältnis muſs also dasjenige bezeichnet werden, welches diese Vertauschung gestattet, für welches also

$$\omega = \frac{1}{\omega} \text{ oder } \omega^2 = 1 \text{ ist.}$$

Für $\omega = 1$ ergiebt sich: $(\lambda - \mu)(\lambda' - \mu') = 0$, oder die Ebenen eines Paares fallen zusammen. Dagegen sind die vier Ebenen für $\omega = -1$ von einander verschieden; wir sagen, die vierte Ebene läge zu den drei ersten harmonisch, wenn das Doppelverhältnis gleich -1 ist. Bei dieser Bezeichnung führt die vorangehende Entwicklung zu dem Satze:

Liegt von vier Ebenen eines Büschels die vierte harmonisch zur dritten in Bezug auf die beiden ersten, so liegt auch die dritte harmonisch zur vierten; ebenso liegt das erste Ebenenpaar harmonisch zum zweiten.

Derselbe Satz gilt auch für vier Geraden eines Büschels und für vier Punkte einer geraden Linie.

Wir betrachten jetzt die Gesamtheit aller Punkte, welche der Gleichung genügen:
$$(6) \quad \sum_{\iota,\varkappa=1\ldots n+1} a_{\iota\varkappa} x_\iota x_\varkappa = 0.$$

Wenn irgend zwei Punkte x' und x" gegeben sind, so ergeben sich diejenigen Punkte ihrer Verbindungsgeraden, welche dem Gebilde angehören, durch Auflösung der Gleichung:
$$\Sigma a_{\iota\varkappa}(x_\iota' + \lambda x_\iota'')(x_\varkappa' + \lambda x_\varkappa'') = 0,$$
welche die Form annimmt:
$$(7) \quad \lambda^2 \Sigma a_{\iota\varkappa} x_\iota'' x_\varkappa'' + 2\lambda \Sigma a_{\iota\varkappa} x_\iota' x_\varkappa'' + \Sigma a_{\iota\varkappa} x_\iota' x_\varkappa'' = 0.$$

Da diese Gleichung zwei Wurzeln hat und demnach jede Gerade zwei (reelle, imaginäre oder zusammenfallende) Punkte mit dem Gebilde (6) gemeinschaftlich hat, so heifst es ein Gebilde zweiter Ordnung.

Sind die Wurzeln der vorliegenden Gleichung λ_1 und λ_2, so ist das Doppelverhältnis der Schnittpunkte zu den gegebenen Punkten $\lambda_1 : \lambda_2$. Damit dasselbe ein harmonisches werde, mufs $\lambda_1 : \lambda_2 = -1$ oder $\lambda_1 + \lambda_2 = 0$ sein. Soll aber in einer quadratischen Gleichung die Summe der Wurzeln verschwinden, so mufs der Koeffizient der ersten Potenz der Unbekannten gleich null sein. Dies giebt die Bedingung:
$$(8) \quad \Sigma a_{\iota\varkappa} x_\iota' x_\varkappa'' = 0.$$

Betrachten wir hierin x' als gegeben, aber x" als beliebig, so stellt die Gleichung:
$$(9) \quad \sum_{\iota\varkappa} x_\iota' x_\varkappa = 0$$
eine Ebene dar, welche die Eigenschaft hat, dafs die Verbindungsgerade eines jeden ihrer Punkte mit dem Punkte x' durch die Schnittpunkte harmonisch geteilt wird. Diese Ebene heifst die Polarebene in Bezug auf das quadratische Gebilde (6) für den Punkt x' als Pol.

Dadurch ist es möglich, die Polareigenschaften der Flächen zweiten Grades auf die hier betrachteten analytischen Beziehungen zu übertragen. Ich erinnere nur an folgenden Satz:

Ist eine ν-dimensionale Ebene E_ν und ein Gebilde zweiter Ordnung gegeben, so gehen die $(n-1)$-dimensionalen Polarebenen der Punkte von E_ν durch eine Ebene $E'_{n-\nu-1}$ von $n-\nu-1$ Dimensionen; konstruiert man die Polarebenen zu den Punkten von $E_{n-\nu-1}$, so gehen sie sämtlich durch die Ebene E_ν.

Ein Punkt kann nur dann in seiner Polarebene liegen, wenn er dem quadratischen Gebilde angehört, wie die Vergleichung der Gleichungen (6) und (9) zeigt. In diesem Falle enthält jede durch den Punkt in der Polarebene gezogene Gerade zwei zusammenfallende Schnittpunkte mit dem Gebilde, oder die Polarebene wird mit der Tangentialebene identisch.

Gehen wir jetzt von einem Punkte 1 innerhalb oder aufserhalb des Gebildes (6) aus und suchen seine Polarebene I. Indem wir in der Ebene I einen Punkt 2 wählen, der ebenfalls dem Gebilde nicht angehört, und seine Polarebene II suchen, mufs dieselbe durch 1 gehen. In der Schnittebene von I und II wählen wir wiederum einen Punkt 3, welche ebenfalls nicht auf dem Gebilde liegt, und bestimmen seine Polarebene III, welche die Punkte 1 und 2 enthält. Indem wir so fortfahren, erhalten wir $n+1$ Punkte, von denen jeder der Pol zu der durch die n übrigen Punkte gehenden Ebene ist. Die durch irgend ν von diesen Punkten gehende $(\nu-1)$-dimensionale Ebene ist die reziproke Polarebene zu derjenigen $(n-\nu)$-fach ausgedehnten Ebene, welche durch die übrigen $n+1-\nu$ Punkte bestimmt ist. Wählen wir diese Ebenen zu Koordinatenebenen, so stellt sich die Gleichung des Gebildes in der Form von $n+1$ Quadraten dar. Soll nämlich für $x_1' = \ldots = x_{\iota-1}' = x_{\iota-1}' = \ldots = x_{n+1}'$ die Gleichung (9) übergehen in $x_\iota = 0$, so mufs $a_{\iota\varkappa} = 0$ für $\varkappa \gtrless \iota$, und somit wird die Gleichung (6) jetzt $\Sigma a_{\iota\iota} x_\iota^2 = 0$.

Diese Betrachtung liefert den Beweis, dafs jede quadratische Form durch lauter Quadrate dargestellt werden kann, ein Satz, welcher auch leicht ohne diese geometrische Einkleidung gezeigt werden kann (man vergleiche in Baltzers Determinanten den Abschnitt über quadratische Formen).

Wenn eine quadratische Form nur Quadrate enthält, so können auch einige Quadrate den Koeffizienten null haben. So möge das quadratische Gebilde in der Form erscheinen:
$$A_1 x_1^2 + A_2 x_2^2 + \ldots + A_e x_e^2 = 0,$$
während die Koeffizienten $A_{e+1}, A_{e+2} \ldots A_{n+1}$ sämtlich verschwinden. Dann mufs die Polarebene eines beliebigen Punktes x' sein: $A_1 x_1 x_1' + A_2 x_2 x_2' + \ldots + A_e x_e x_e' = 0$; dieselbe geht also durch die $(n-e)$-dimensionale Ebene $x_1 = x_2 = \ldots = x_e = 0$

hindurch. Sucht man aber die Polarebene zu einem Punkte dieser Ebene: $x_1' = x_2' = \ldots x_e' = 0$, x_{e+1}', $x_{e+2}' \ldots x_{n+1}$, so wird dieselbe unbestimmt. Sollen umgekehrt diese beiden Eigenschaften für die Punkte einer (n — e)-dimensionalen Ebene gelten, so muſs die angegebene Darstellung möglich sein. Daraus folgt dann, daſs die Zahl der verschwindenden Quadrate ganz unabhängig ist von der Wahl der hierzu geeigneten Variabeln.

Demnach unterscheiden wir zwei Gattungen von quadratischen Gebilden, die Kegelgebilde und die eigentlichen Gebilde zweiter Ordnung. Jedes Kegelgebilde hat eine singuläre Ebene, für deren Punkte die Polarebene unbestimmt wird, während die Polarebenen aller andern Punkte durch die singuläre Ebene hindurchgehen. Die Kegelgebilde zweiter Ordnung werden nach der Zahl der Dimensionen der singulären Ebene eingeteilt, und man unterscheidet Kegelgebilde mit einer Spitze, einer Doppelgeraden, einer Doppelebene von zwei, drei u. s. w. Dimensionen.

Wenn die Gleichung eines eigentlichen quadratischen Gebildes lauter Quadrate enthält, also die Form hat
$$(10) \quad \Sigma a_i x_i^2 = 0,$$
so können wir jedem einzelnen Koeffizienten den Wert $+1$ oder -1 beilegen. Stellt man die Gleichung durch irgend andere $n+1$ Quadrate dar, so bleibt die Zahl der positiven und der negativen Zeichen ungeändert (Baltzer, Determinanten, § 13, 15). Man kann also die eigentlichen Gebilde zweiten Grades einteilen nach der Zahl der positiven und negativen Quadrate, durch welche sie sich darstellen lassen; und da man die linke Seite von (10) mit -1 multiplizieren kann, erhält man $\frac{n}{2}$ oder $\frac{n+1}{2}$ Arten von verschiedenen Gebilden.

Wir schreiben die Gleichung (10) in der Form:
$$x_1^2 - x_2^2 + x_3^2 - x_4^2 + \ldots + x_{2\varrho-1}^2 - x_{2\varrho}^2 + x_{2\varrho+1}^2 + \ldots + x_{n+1}^2 = 0,$$
wo die Vorzeichen aller Quadrate bis auf die von $x_2, x_4 \ldots x_{2\varrho}$ positiv sind. Aus dieser Gleichungsform ersieht man, daſs die Ebene
$$x_1 = x_2, \ x_3 = x_4 \ldots x_{2\varrho-1} = x_{2\varrho}, \ x_{2\varrho+1} = \ldots = x_{n+1} = 0,$$
welche $(\varrho-1)$-dimensional ist, dem Gebilde angehört. Mindestens eine solche Ebene geht aber durch jeden Punkt des Gebildes. Wir können daher sagen:

Die eigentlichen Gebilde zweiten Grades werden unterschieden nach der Dimension der Ebenen, welche denselben angehören, und zwar muſs die Zahl der Dimensionen für diese Ebenen kleiner sein als $\frac{n}{2}$. Sobald auf dem Gebilde eine ν-dimensionale Ebene liegt und durch diese sich keine dem Gebilde angehörige Ebene von mehr Dimensionen hindurchlegen läſst, giebt es auf dem Gebilde nur Ebenen von ν Dimensionen, und zwar geht durch jeden Punkt des Gebildes mindestens eine solche Ebene hindurch. Die Darstellung der Gleichung durch $n+1$ Quadrate läſst diese Zahl ν sofort erkennen. Haben alle Quadrate dasselbe Zeichen, so ist das Gebilde imaginär; haben n Quadrate dasselbe Zeichen, eins das entgegengesetzte, so ist das Gebilde reell, aber auf demselben liegt keine gerade Linie; weichen zwei Quadrate in ihrem Zeichen von den übrigen ab, so enthält das Gebilde gerade Linien, aber keine Ebenen. Wenn für $n > 4$ drei Zeichen von den übrigen verschieden sind, so enthält das Gebilde zweifach ausgedehnte Ebenen. Sind allgemein ϱ Zeichen positiv und σ Zeichen negativ, wo $\varrho + \sigma = n + 1$ ist, so ist die Zahl der Dimensionen für die auf dem Gebilde liegenden Ebenen, wofern $\varrho = \sigma$ ist, gleich $\varrho - 1$, und wofern ϱ und σ ungleich sind, gleich der kleineren vermindert um eins.

§ 8.
Erweiterung der analytischen Behandlung der euklidischen Geometrie.

Diejenigen analytischen Entwicklungen, welche geeignet sind, für drei und für vier homogene Variabele die Sätze über Projektivität in der Ebene und im Raume zu erweisen, können, wie der vorige Paragraph gezeigt hat, auf eine beliebige Zahl von Variabeln übertragen werden, und die Sätze der Analysis, zu denen man hierbei gelangt, können am bequemsten in Worte gekleidet werden, wenn man die Sprache der Geometrie benutzt. In entsprechender Weise lassen sich die Sätze der euklidischen Geometrie, sobald man von gewissen Voraussetzungen ausgeht, unter Benutzung von drei Koordinaten, also von drei unbeschränkt variabeln Gröſsen, auf analytischem Wege gewinnen. Die Rechnungen, die zu dem Zwecke ausgeführt werden müssen, nötigen aber an sich nicht, sich auf drei Veränderliche zu beschränken, man wird ebenfalls ein in sich abgeschlossenes analytisches System erhalten, wenn man der Untersuchung irgend eine Zahl von Variabeln zu Grunde legt. Die Ergebnisse der Rechnung aber können wieder am einfachsten ausgesprochen werden, wenn man geometrische Ausdrücke gebraucht für Begriffe, welche ganz der Analysis angehören. Das zu erweisen, soll unsere nächste Aufgabe sein.[38])

Wir gehen von n Variabeln $x_1, x_2 \ldots x_n$ aus und bezeichnen jedes Wertsystem $(x_1, x_2 \ldots x_n)$ als einen Punkt, und die Gesamtheit aller Wertsysteme, welche erhalten werden, indem man allen n Variabeln sämtliche reellen Werte beilegt, nennen wir einen n-dimensionalen Raum. Zwar gestatten wir, daſs mit den Punkten mancherlei Veränderungen vorgenommen werden; aber für irgend zwei Punkte x und x', die zugleich geändert werden, soll die quadratische Form:

(1) $(x_1 - x_1')^2 + (x_2 - x_2')^2 + \ldots + (x_n - x_n')^2 = \Sigma(x_\iota - x_\iota')^2$

ungeändert bleiben. Die Quadratwurzel aus dieser Form nennen wir die Entfernung der beiden Punkte, und die Mannigfaltigkeit, deren Wertsysteme nur der gestellten Forderung gemäſs geändert werden dürfen, einen euklidischen Raum.

Statt einzelne Punkte einer Transformation zu unterwerfen, bei der für je zwei der ausgewählten Punkte der Ausdruck (1) ungeändert bleibt, dürfen wir sämtliche Punkte des Raumes so transformieren, daſs die Entfernung je zweier Punkte sich nicht ändert. Wenn also gesetzt wird:

(2) $x_\iota = \varphi_\iota(y_1 \ldots y_n), \quad y_\iota = \psi_\iota(x_1 \ldots x_n)$,

und wenn zugleich ist:

$x_\iota' = \varphi_\iota(y_1' \ldots y_n'), \quad y_\iota' = \psi_\iota(x_1' \ldots x_n')$,

so soll allgemein sein:

(3) $\Sigma(x_\iota - x_\iota')^2 = \Sigma(y_\iota - y_\iota')^2$.

Da diese Gleichung für alle Werte von x und x' gilt, ist es gestattet, sie nach jedem x_α zu differentieren. Das giebt die n Gleichungen:

$$x_\alpha - x_\alpha' = \sum_\iota [\psi_\iota(x) - \psi_\iota(x')] \frac{d\varphi_\iota(x)}{dx_\alpha} \quad \text{für } \alpha = 1 \ldots n.$$

Indem man die vorstehende Gleichung nach x_β' differentiert und das bekannte Zeichen $\delta_{\alpha\beta}$ einführt, welches für gleiche Werte von α und β gleich eins, für ungleiche Werte von α und β gleich null ist, ergeben sich die Beziehungen:

$$\delta_{\alpha\beta} = \sum_{\iota} \frac{d\psi_\iota(x')}{dx_\beta'} \frac{d\psi_\iota(x)}{dx_\alpha}.$$

Aus diesen Gleichungen folgt, daſs man die sämtlichen Differentialquotienten $\dfrac{d\psi_\varrho(x')}{dx_\sigma'}$ durch die $\dfrac{d\psi_\varrho(x)}{dx_\sigma}$ darstellen kann, daſs sie somit sämtlich einen konstanten Wert haben müssen. Setzt man also:

$$(4) \quad x_\alpha = \sum_{\iota} a_{\alpha\iota} y_\iota + m_\alpha, \quad y_\alpha = \sum_{\iota} b_{\alpha\iota} x_\iota + n_\alpha,$$

wo die Größen $a_{\alpha\iota}$, $b_{\alpha\iota}$, m_α, n_α konstante Werte besitzen, so folgen aus den vorstehenden Entwicklungen die Formeln:

$$(5) \quad \delta_{\alpha\beta} = \sum_{\iota} a_{\alpha\iota} b_{\beta\iota}, \quad b_{\alpha\beta} = a_{\beta\alpha}, \quad b_{\alpha\alpha} = a_{\alpha\alpha};$$

somit ist z. B.

$$\sum_{\varkappa} a_{1\varkappa} a_{\varkappa 1} = 1, \quad \sum_{\varkappa} a_{1\varkappa} a_{\varkappa 2} = 0.$$

Um den Wert der aus den Koeffizienten $a_{\alpha\beta}$ gebildeten Determinante zu bestimmen, stelle man ihr Quadrat wieder als Determinante dar; dadurch erhält man:

$$\begin{vmatrix} a_{11} a_{12} \ldots a_{1n} \\ a_{21} a_{22} \ldots a_{2n} \\ \cdot\cdot\cdot\cdot\cdot\cdot\cdot \\ a_{n1} a_{n2} \ldots a_{nn} \end{vmatrix}^2 = \begin{vmatrix} a_{11}{}^2 + a_{12}{}^2 + \ldots + a_{1n}{}^2 & a_{11}a_{12} + a_{12}a_{22} + \ldots + a_{1n}a_{n2} & \ldots \\ a_{21}a_{11} + \ldots + a_{2n}a_{n1} & a_{21}{}^2 + a_{22}{}^2 + \ldots + a_{2n}{}^2 & \ldots \\ \cdot\cdot\cdot\cdot\cdot\cdot\cdot\cdot\cdot\cdot\cdot\cdot\cdot\cdot\cdot\cdot\cdot\cdot \\ a_{n1}a_{11} + \ldots + a_{nn}a_{n1} & a_{n1}a_{12} + \ldots + a_{nn}a_{n2} & \ldots \end{vmatrix}$$

Setzt man hierin die Werte aus (5) ein, so erhält jedes Glied der Diagonale den Wert eins, und jedes andere Glied den Wert null. Somit hat das Quadrat der ursprünglichen Determinante den Wert eins, sie selbst den Wert $+1$ oder -1. Hiernach zerfallen die Transformationen des euklidischen Raumes, für die die Entfernung je zweier Punkte ungeändert bleibt, in zwei Klassen, je nachdem ihre Determinante positiv oder negativ ist; sollen Transformationen stetig in einander übergehen, so müssen sie zu derselben Klasse gehören. Umgekehrt seien $a_{\iota\varkappa}$ und $a_{\iota\varkappa}'$ die Koeffizienten von zwei Transformationen, die zu derselben Klasse gehören; dann zeigt man, daſs die Koeffizienten $a_{\iota\varkappa}$ stetig in die $a_{\iota\varkappa}'$ übergeführt werden können. Nun hat die zu der identischen Transformation

$$y_1 = x_1, \quad y_2 = x_2 \ldots y_n = x_n$$

gehörige Determinante den Wert $+1$; man kann daher ein Gebilde stetig in ein zweites umwandeln, wenn die Determinante aus den Transformations-Koeffizienten den Wert $+1$ hat. Dementsprechend nennen wir eine derartige Transformation eine Bewegung und bezeichnen zwei Gebilde als kongruent, wenn sie sich durch eine Transformation mit positiver Determinante in einander überführen lassen.

Wir suchen die Gesamtheit aller Punkte x, welche von zwei festen Punkten x' und x" gleichen Abstand haben. Die Koordinaten dieser Punkte müssen der Bedingung genügen:
$$\Sigma(x_\iota - x_\iota')^2 = \Sigma(x_\iota - x_\iota'')^2,$$
welche man auch in der Form schreiben kann:
$$(6) \quad \Sigma a_\iota x_\iota = p,$$
wofern gesetzt wird:
$$\varrho a_\iota = 2(x_\iota' - x_\iota''), \quad \varrho p = \Sigma(x_\iota'^2 - x_\iota''^2).$$

Wenn umgekehrt die Koeffizienten $a_1 \ldots a_n$ und p, sowie die Werte $x_1' \ldots x_n'$ beliebig gegeben sind, so kann man den Faktor ϱ und die Größen $x_1'' \ldots x_n''$ so bestimmen, daß die letzten Gleichungen befriedigt werden. Denn die ersten n Gleichungen drücken die $x_1'' \ldots x_n''$ durch ϱ und die $a_1 \ldots a_n$ aus; setzt man die erhaltenen Werte in die letzte Gleichung ein, so folgt:
$$\varrho = \frac{\Sigma a_\iota x_\iota' - p}{\frac{1}{4}(a_1^2 + \ldots + a_n^2)}.$$

Hiernach wird ϱ und jede Differenz $x_\iota' - x_\iota''$ nur dann gleich null, wenn der Punkt x' dem durch die Gleichung (6) dargestellten Gebilde angehört.

Jedes Gebilde, dessen Gleichung linear in den Koordinaten ist, nennen wir eine $(n-1)$-dimensionale Ebene und bezeichnen es kurz mit E_{n-1}. Die vorstehenden Entwicklungen haben uns zu dem Satze geführt:

Alle Punkte, welche von zwei gegebenen Punkten gleiche Entfernung haben, gehören einer $(n-1)$-dimensionalen Ebene an; und wenn umgekehrt eine $(n-1)$-fach ausgedehnte Ebene und ein Punkt gegeben ist, der nicht in ihr liegt, so kann man einen zweiten Punkt derartig bestimmen, daß alle Punkte der Ebenen von den beiden ihr nicht angehörenden Punkten gleichen Abstand haben.

Die durch die Gleichungen (4) und (5) definierten Transformationen haben die Eigenschaft, dafs die Verbindung zweier beliebiger unter ihnen wieder eine Transformation liefert, deren Koeffizienten denselben Bedingungen genügen. Da man aber durch eine solche Transformation die Form $\Sigma a_\iota x_\iota - p$ bis auf einen konstanten Faktor in die Form y, und diese in die neue Form $\Sigma b_\iota z_\iota - q$ umwandeln kann, so läfst sich jede Ebene durch eine den Gleichungen (4), (5) genügende Transformation in jede andere überführen. Hierbei kann man offenbar die Determinante noch positiv wählen; man erhält also den Satz:

Zwei beliebige Ebenen sind kongruent.

Will man wissen, bei welchen Transformationen eine Ebene noch in sich verbleibt, so ist es gleichgültig, welche Ebene der Untersuchung zu Grunde gelegt wird. Indem man aber speziell die Ebene $x_n = 0$ wählt und nach den Transformationen fragt, bei denen $y_n = x_n$ ist, hat man $a_{nn} = 1$, $a_{1,n} = \ldots = a_{n-1,n} = a_{n,1} = \ldots = a_{n,n-1} = 0$ zu setzen. Hiernach werden die zwischen den übrigen Koeffizienten bestehenden Relationen erhalten, indem man in (5) die Summation auf die Marken $1, \ldots n-1$ beschränkt. Das sind aber dieselben Beziehungen, welche für einen $(n-1)$-dimensionalen euklidischen Raum gelten. Wie die Gleichungen (4), (5) aus der Forderung (3) erhalten sind, so ziehen sie auch wieder die allgemeine Gültigkeit der Gleichung (3) nach sich. Wir werden somit zu dem Lehrsatze geführt:

Jede $(n-1)$-dimensionale Ebene eines n-dimensionalen euklidischen Raumes hat, für sich betrachtet, die Eigenschaften eines euklidischen Raumes von $n-1$ Dimensionen.

Wenn zwischen den Koeffizienten in den beiden Gleichungen:

(7) $\quad \Sigma a_\iota x_\iota = p, \quad \Sigma b_\iota x_\iota = q$

die $n+1$ Beziehungen bestehen: $b_1 = \varrho a_1 \ldots b_n = \varrho a_n$, $q = \varrho p$, so stellen die Gleichungen offenbar dieselbe Ebene dar. Sind aber nur die n ersten Relationen erfüllt, sind mit andern Worten die n Quotienten $b_\iota : a_\iota$ einander gleich, ohne dafs der Quotient $q : p$ denselben Wert hat, so stellen die Gleichungen zwei verschiedene Ebenen dar, welche keinen Punkt gemeinschaftlich haben und deshalb parallel heifsen. Sobald aber die ersten n Beziehungen nicht sämtlich bestehen, kann man $n-2$ Koordinaten noch willkürlich wählen und die beiden übrigen so bestimmen, daß die Gleichungen (7) befriedigt werden. Das $(n-2)$-dimensionale Schnittgebilde entspricht in seinen Eigenschaften ganz der $(n-1)$-dimensionalen Ebene; es soll deshalb als eine Ebene von $n-2$ Dimensionen bezeichnet werden.

Wenn $U = 0$, $U' = 0$ die Gleichungen zweier (verschiedener) Ebenen sind, so gehört jede Ebene mit der Gleichung $U + kU' = 0$ dem durch die beiden ersten Ebenen bestimmten Büschel an. Wird eine dritte Ebene $U'' \equiv \Sigma c_i x_i - r = 0$ hinzugenommen, welche dem durch die beiden ersten Ebenen bestimmten Büschel nicht angehört, so hat man zu untersuchen, ob alle Determinanten dritten Grades der Matrix

$$\begin{Vmatrix} a_1 & a_2 & \ldots & a_n \\ b_1 & b_2 & \ldots & b_n \\ c_1 & c_2 & \ldots & c_n \end{Vmatrix}$$

verschwinden oder nicht. Wenn das letztere der Fall ist, so haben die Ebenen eine $(n-3)$-dimensionale Schnittebene. Verschwinden aber alle jene Determinanten, so haben die drei Ebenen keinen Punkt gemeinschaftlich. Dabei muß der Fall ausgeschlossen werden, daß bereits alle Determinanten zweiten Grades in der obigen Matrix verschwinden, weil sonst die drei Ebenen einem Büschel angehören. Die Ebenen $\lambda U + \mu U' + \nu U'' = 0$ können daher nicht sämtlich unter einander parallel sein; von den drei gegebenen Ebenen müssen also mindestens zwei einander schneiden. Nun lassen sich aber immer zwei Faktoren μ und ν so bestimmen, daß für jede Marke ι die Relation besteht: $\mu a_\iota + \nu b_\iota = c_\iota$; schneiden sich also die beiden ersten Ebenen, so kann man durch das Schnittgebilde eine Ebene legen, die zur dritten Ebene parallel ist. Hiernach heißt eine $(n-2)$-dimensionale Ebene E_{n-2} parallel zu einer Ebene E_{n-1} von $n-1$ Dimensionen, wenn sie mit ihr keinen Punkt gemeinschaftlich hat; wir haben gesehen, daß alsdann durch die E_{n-2} eine $(n-1)$-dimensionale Ebene gelegt werden kann, welche zu der E_{n-1} parallel ist.

Diese Betrachtung läßt sich auf eine größere Zahl von Dimensionen übertragen und gestattet, für jede Zahl $m < n$ die m-dimensionale Ebene als den Schnitt von $n-m$ Ebenen (von $n-1$ Dimensionen) zu definieren, wobei nur vorausgesetzt werden muß, daß die Koeffizienten in den Gleichungen der $n-m$ Ebenen nicht besondern Bedingungen genügen. Für $m = 1$

erhält man auf diese Weise die gerade Linie, während n Ebenen E_{n-1} im allgemeinen nur einen Punkt gemeinschaftlich haben.

Man kann aber noch in anderer Weise zur m-dimensionalen Ebene und für $m = 1$ zur Geraden gelangen: die Koordinaten von $m + 1$ Punkten seien x', $x''\ldots x^{(m+1)}$; man führe $m + 1$ willkürliche Gröfsen u_1, $u_2 \ldots u_{m+1}$ ein und betrachte die Gesamtheit aller Punkte, deren Koordinaten sich in der Form darstellen lassen:

$$x_\varkappa = \frac{u_1 x_\varkappa' + u_2 x_\varkappa'' + \ldots + u_{m+1} x_\varkappa^{(m+1)}}{u_1 + u_2 + \ldots + u_{m+1}} \quad \text{für } \varkappa = 1, 2 \ldots n.$$

Der Nachweis, dafs diese Punkte im allgemeinen einer m-dimensionalen Ebene angehören, kommt auf Entwicklungen hinaus, die bereits im vorigen Paragraphen durchgeführt sind.

Die Koeffizienten a_1, $a_2 \ldots a_n$, p in der Gleichung (6) der Ebene können wir mit einem beliebigen Faktor multiplizieren. Indem wir $a_1 \varrho = c_1$, $a_2 \varrho = c_2 \ldots a_n \varrho = c_n$, $p \varrho = r$ setzen, läfst sich ϱ so bestimmen, dafs die Beziehung besteht:

(8) $c_1^2 + c_2^2 + \ldots + c_n^2 = 1$.

Dann läfst sich aber noch das Vorzeichen eines Koeffizienten willkürlich wählen; wir setzen daher mit Herrn von Lilienthal fest, dafs der erste nicht verschwindende Koeffizient c_n, c_{n-1}, $\ldots c_2$, c_1 positiv ist, und wollen sagen, die Gleichung der Ebene

$$c_1 x_1 + c_2 x_2 + \ldots + c_n x_n - r = 0$$

hätte die Normalform, wenn die Koeffizienten $c_1 \ldots c_n$ den aufgestellten Bedingungen genügen.

Durch die Transformation (4) geht $c_\varkappa$ über in $\sum\limits_\nu c_\nu a_{\nu\varkappa}$, also $\sum c_\varkappa^2$ in $\sum\limits_{\mu,\nu} c_\mu c_\nu \sum\limits_{\varkappa,\lambda} a_{\mu\varkappa} a_{\nu\varkappa} = \sum c_\mu c_\nu \delta_{\mu\nu} = \sum c_\mu^2 = 1$. Die Beziehung (8) bleibt also bei jeder derartigen Transformation ungeändert.

Jetzt seien die Gleichungen zweier Ebenen in der Normalform gegeben:

$$\sum c_\varkappa x_\varkappa - r = 0, \quad \sum e_\varkappa x_\varkappa - s = 0.$$

Durch jede Transformation (4), (5) geht $c_\varkappa$ über in $\sum\limits_\nu c_\nu a_{\nu\varkappa}$, $e_\varkappa$ in $\sum\limits_\mu c_\mu a_{\mu\varkappa}$; also bleibt der Ausdruck

$$\sum c_\varkappa e_\varkappa$$

ungeändert, und da er höchstens den Wert eins erhält, und zwar nur dann, wenn die Ebenen zusammenfallen, so kann man

$$(9) \quad \Sigma c_x e_x = \cos \varphi$$

setzen und φ als den Winkel der beiden Ebenen definieren. Diese Definition stimmt nicht nur für $n = 2$ und $n = 3$ mit der gebräuchlichen überein; sie ist auch geeignet, eine charakteristische Eigenschaft des Winkels auf die mehrfach ausgedehnten Mannigfaltigkeiten zu übertragen. Läfst man nämlich drei Ebenen I, II, III durch dieselbe $(n-2)$-dimensionale Ebene hindurchgehen, so ist der Winkel, den die beiden letzten Ebenen einschliefsen, gleich der Differenz der Winkel, die je eine von ihnen mit der Ebene I bildet. Um dies möglichst einfach zu beweisen, lasse man die Ebene I mit der Ebene $x_1 = 0$ zusammenfallen und lege die beiden andern Ebenen durch den Schnitt von $x_1 = 0$, $x_2 = 0$ hindurch.

Speziell werden wir zwei Ebenen als auf einander senkrecht stehend bezeichnen, wenn sie einen rechten Winkel mit einander bilden, wenn also zwischen ihren Koeffizienten c_x und e_x die Beziehung besteht:

$$(9) \quad \Sigma c_x e_x = 0.$$

Aus dieser Form der Bedingungsgleichung folgt unmittelbar der Satz:

Wenn m Ebenen auf derselben $(m+1)^{\underline{ten}}$ Ebene senkrecht stehen, so stehen auch alle Ebenen, welche durch das Schnittgebilde der ersten m Ebenen hindurchgehen, auf der letzten Ebene senkrecht.

Demnach läfst sich durch jeden Punkt des Raumes eine $(n-2)$-fach ausgedehnte Mannigfaltigkeit von $(n-1)$-dimensionalen Ebenen legen, welche auf einer gegebenen Ebene von $n-1$ Dimensionen senkrecht stehen. Alle diese Ebenen müssen eine gerade Linie gemeinschaftlich haben, da sie durch denselben Punkt hindurchgehen. Umgekehrt wird jede durch die Gerade gelegte $(n-1)$-dimensionale Ebene auf der gegebenen Ebene senkrecht stehen. In diesem Falle sagen wir, die Gerade selbst stehe auf der gegebenen Ebene senkrecht. Durch jeden Punkt des Raumes geht eine einzige Gerade, die auf einer festen Ebene senkrecht steht. Im allgemeinen kann man aber durch eine gerade Linie g nur eine $(n-3)$-fach ausgedehnte Mannigfaltigkeit von Ebenen E_{n-1} hindurchlegen, welche mit einer gegebenen $(n-1)$-dimensionalen Ebene I einen rechten Winkel bilden; denn zu der Bedingung (9), welche bei gegebenen Werten $c_1 \ldots c_n$ für die Koeffizienten $e_1 \ldots e_n$, r bestehen mufs, treten noch zwei Bedingungen durch die Forderung hinzu, dafs die Ebenen durch die Gerade g hindurchgehen sollen. Jetzt läfst sich aber durch die Gerade g eine einzige Ebene E_{n-1}' legen, die auf allen Ebenen E_{n-1} senkrecht steht. Der Winkel, den die Ebene E_{n-1}' mit der Ebene I bildet, wird als Neigungswinkel der Geraden g und der Ebene I definiert. Wenn der Neigungswinkel einer Geraden g zu einer $(n-1)$-dimensionalen Ebene I gleich ist dem Winkel, unter dem eine zweite Gerade h zu einer Ebene II geneigt ist, so läfst sich durch eine Transformation (4), (5) erreichen, dafs die Ebene I mit II und zugleich die Gerade g mit h zusammenfällt.

Eine ganz ähnliche Betrachtung läfst sich für zwei Ebenen anstellen, von denen die eine $n-1$, die andere $m < n-1$ Dimensionen hat.

Wiederum sei die Gleichung einer Ebene I in der Normalform gegeben; man suche den Fufspunkt x' der Senkrechten, die von einem nicht in der Ebene gelegenen Punkte ξ auf dieselbe gefällt wird. In den Gleichungen von $n-1$ Ebenen mögen die Konstanten mit $(e_\iota, s), (e_\iota', s') \ldots (e_\iota^{(n-2)}, s^{(n-2)})$ bezeichnet werden. Da jede dieser Ebenen durch den Punkt ξ geht, müssen die Gleichungen erfüllt sein:
$$\Sigma e_\iota \xi_\iota = s, \quad \Sigma e_\iota' \xi_\iota = s' \ldots \Sigma e_\iota^{(n-2)} \xi_\iota = s^{(n-2)}.$$
Dieselben Ebenen sollen aber auch den Punkt x' enthalten; daraus folgt:
$$\Sigma e_\iota x_\iota' = s, \quad \Sigma e_\iota' x_\iota' = s' \ldots \Sigma e_\iota^{(n-2)} x_\iota' = s^{(n-2)},$$
oder:
$$\Sigma e_\iota (\xi_\iota - x_\iota') = 0, \quad \Sigma e_\iota' (\xi_\iota - x_\iota') = 0 \ldots \Sigma e_\iota^{(n-2)} (\xi_\iota - x_\iota') = 0.$$

Da aber die gesuchten Ebenen auf der gegebenen senkrecht stehen, müssen ihre Koeffizienten den Gleichungen genügen:
$$\Sigma e_\iota c_\iota = 0, \quad \Sigma e_\iota' c_\iota = 0 \ldots \Sigma e_\iota^{(n-2)} c_\iota = 0.$$

Die letzten Gleichungen müssen aber mit den vorangehenden identisch sein. Das ist nur möglich, wenn für jede Marke $\varkappa$ die Gleichung erfüllt ist:
$$\xi_\varkappa - x_\varkappa' = M c_\varkappa \quad \text{oder} \quad x_\varkappa' = \xi_\varkappa - M c_\varkappa.$$

Nun liegt der Punkt x' in der Ebene I; daher ist:
$$\Sigma c_x x_x' = r \text{ oder } M = \Sigma c_x \xi_x - r.$$
Hiernach hat der Fußpunkt der Senkrechten die Koordinaten:
$$(11) \quad x_\iota' = \xi_\iota + c_\iota r - c_\iota \sum_x c_x \xi_x = \xi_\iota - M c_\iota.$$
Das Quadrat der Entfernung der Punkte ξ und x' beträgt:
$$\Sigma_\iota (\xi_x - x_x')^2 = \Sigma c_\iota^2 (\sum_x c_x \xi_x - r)^2 = (\sum_x c_x \xi_x - r)^2.$$
Die Entfernung selbst ist also gleich der Größe M:
$$(12) \quad M = \Sigma c_x \xi_x - r$$
und wird erhalten, wenn man die Gleichung der Ebene I in der Normalform
$$\Sigma c_x x_x - r = 0$$
voraussetzt. Wir unterscheiden demnach eine positive und negative Seite der Ebene, je nachdem die Größe M bei den getroffenen Festsetzungen einen positiven oder negativen Wert erhält. Hiernach läßt sich mit Herrn von Lilienthal auch angeben, was man unter dem positiven und negativen Teile einer durch einen Punkt geteilten Geraden zu verstehen habe.

Ein beliebiger Punkt der Ebene I möge die Koordinaten $x_1, x_2 \ldots x_n$ haben. Wir führen neue Größen $y_1 \ldots y_n$ ein durch die Bestimmung:
$$x_\iota = x_\iota' - y_\iota = \xi_\iota - M c_\iota + y_\iota,$$
wo die Bedingung bestehen muß:
$$\Sigma c_\iota y_\iota = 0.$$
Haben die Punkte x und ξ die Entfernung D, so ist:
$$D^2 = \Sigma (\xi_\iota - x_\iota)^2 = \Sigma (c_\iota M - y_\iota)^2 = M^2 + \Sigma y_\iota^2.$$
Hier ist $D^2 > M^2$, wenn nicht alle Größen y_ι verschwinden. Somit ist M der kleinste Wert, den D für die Punkte der Ebene erreichen kann. Indem wir diesen kleinsten Wert als Abstand des Punktes ξ von der Ebene I definieren, führt die vorstehende Gleichung zu folgenden Ergebnissen:

»Die kürzeste Entfernung, die ein fester Punkt von den Punkten einer $(n-1)$-dimensionalen Ebene hat, ist die Länge der auf die Ebene gefällten Senkrechten; alle Punkte der Ebene, welche vom Fußpunkt der Senkrechten gleichen Abstand haben, sind auch von dem gegebenen Punkte selbst gleich weit entfernt. Für diese Entfernungen gilt der Pythagoreische Lehrsatz.«

»Alle Punkte, die von einer gegebenen (n — 1)-dimensionalen Ebene gleichen Abstand haben, liegen in zwei zu ihr parallelen Ebenen.«

Die (n — 1)-dimensionale Kugel definieren wir als den Ort aller Punkte, die von einem festen Punkte gleiche Entfernung haben. Allgemein setzen wir fest, dafs die Punkte einer m-dimensionalen Kugel in einer (m + 1)-dimensionalen Ebene liegen und von einem Punkte dieser Ebene gleichweit entfernt sein sollen. Dann lesen wir aus der obigen Gleichung noch folgende Sätze ab:

»Eine Ebene schneidet eine Kugel oder berührt sie oder liegt ganz aufserhalb derselben, jenachdem der Abstand der Ebene vom Mittelpunkte kleiner, ebenso grofs oder gröfser ist als der Radius.«

»Zwei (n — 1)-dimensionale Kugeln, für welche die Entfernung der Mittelpunkte kleiner ist als die Summe, aber gröfser als die Differenz der Radien, haben eine (n — 2)-dimensionale Kugel gemeinschaftlich.«

Die Gesamtheit der Wertsysteme, die der Gleichung genügen:
$$(13) \quad \Sigma A_{\iota\varkappa} x_\iota x_\varkappa + 2\Sigma B_\varkappa x_\varkappa + C = 0,$$
bezeichnen wir als ein (n — 1)-dimensionales Gebilde zweiter Ordnung oder auch als ein quadratisches Gebilde von n — 1 Dimensionen.

Die linke Seite der Gleichung (13) ändern wir durch eine Transformation (4), (5), bei der der Anfangspunkt [also der Punkt $(0, 0 \ldots 0)$] ungeändert bleibt. Wenn die neue Form der Gleichung ist:
$$\Sigma A_{\iota\varkappa}' y_\iota y_\varkappa + 2\Sigma B_\varkappa' y_\varkappa + C' = 0,$$
so können wir erreichen, dafs alle Koeffizienten verschwinden, für welche die Marken ι und $\varkappa$ ungleich sind. Denn die Koeffizienten $A_{\iota\varkappa}'$ hängen nur von den Transformations-Koeffizienten und den $A_{\iota\varkappa}$, nicht aber von den $B_\varkappa$ und C ab; bei der angegebenen Transformation geht aber die Form $x_1^2 + x_2^2 + \ldots + x_n^2$ über in $y_1^2 + y_2^2 + \ldots + y_n^2$. Nun läfst die Aufgabe, die beiden quadratischen Formen:
$$\Sigma A_{\iota\varkappa} x_\iota x_\varkappa \text{ und } \Sigma x_\iota^2$$
als Summe derselben n Quadrate darzustellen, nach einem bekannten Satze des Herrn Weierstrafs (Berliner Berichte 1858)

eine reelle Lösung zu. Dadurch nimmt die Gleichung des Gebildes die Gestalt an:
$$(14) \quad \Sigma A_\varkappa' y_\varkappa^2 + 2 \Sigma B_\varkappa' y_\varkappa + C = 0.$$

Wenn keiner der Koeffizienten $A_\varkappa'$ verschwindet, so ersetze man $y_\varkappa + \dfrac{B_\varkappa'}{A_\varkappa'}$ durch $z_\varkappa$ für jede Marke $\varkappa$; dadurch wird die Form erhalten:
$$(15) \quad \Sigma A_\varkappa' z_\varkappa^2 + C' = 0.$$

Wenn aber in (14) einer der Koeffizienten $A_\varkappa'$, etwa A_n' verschwindet, die übrigen aber von null verschieden sind, so ersetze man $y_\varkappa + \dfrac{B_\varkappa'}{A_\varkappa'}$ durch $z_\varkappa$ für $\varkappa = 1 \ldots n-1$, und für einen von null verschiedenen Wert von B_n' schreibe man z_n für $y_n + \dfrac{C'}{B_n'}$; jetzt stellt sich die Gleichung in der Form dar:
$$(16) \quad A_1 z_1^2 + A_2 z_2^2 + \ldots + A_n z_{n-1}^2 + 2 B_n z_n = 0.$$

Sollten A_n' und B_n' beide verschwinden, so würden wir ein Cylindergebilde erhalten, das etwa in folgender Weise definiert werden kann: In einer $(n-1)$-dimensionalen Ebene konstruiere man ein quadratisches Gebilde und errichte in jedem seiner Punkte die Senkrechte auf der Ebene; die Gesamtheit aller so erhaltenen Senkrechten liefert ein Cylindergebilde. Alle Cylinder- und Kegelgebilde sollen hier ausgeschieden sein. Dann müssen wir auch den Fall ausschliefsen, dafs in der Gleichung (14) mehr als ein Koeffizient $A_\varkappa'$ verschwindet, weil wir sonst mit weniger Variabeln auskommen.

Indem wir also von den Kegel- und Cylindergebilden absehen, können wir der Einteilung der quadratischen Gebilde die Formen (15) und (16) zu Grunde legen und bezeichnen die ersteren aus einem naheliegenden Grunde als Mittelpunkts-Gebilde, die letzteren als parabolische. Beide werden nach der Zahl der positiven und negativen Quadrate eingeteilt. Die Mittelpunktsgebilde zerfallen in folgende $n+1$ Arten:

1. $\dfrac{x_1^2}{a_1^2} + \dfrac{x_2^2}{a_2^2} + \ldots + \dfrac{x_n^2}{a_n^2} + 1 = 0$, das imaginäre Gebilde,

2. $\dfrac{x_1^2}{a_1^2} + \dfrac{x_2^2}{a_2^2} + \ldots + \dfrac{x_n^2}{a_n^2} - 1 = 0$, das Ellipsoid,

3. $\frac{x_1^2}{a_1^2} + \frac{x_2^2}{a_2^2} + \ldots + \frac{x_{n-1}^2}{a_{n-1}^2} - \frac{x_n^2}{a_n^2} - 1 = 0$, geradliniges Gebilde mit einer einzigen, nicht schneidenden, axialen Geraden,

4. $\frac{x_1^2}{a_1^2} + \ldots + \frac{x_{n-2}^2}{a_{n-2}^2} - \frac{x_{n-1}^2}{a_{n-1}^2} + \frac{x_n^2}{a_n^2} - 1 = 0$, Gebilde mit zweidimensionalen Ebenen und einer einzigen, nicht schneidenden axialen Ebene von zwei Dimensionen,

5. . . . .

n. $\frac{x_1^2}{a_1^2} + \frac{x_2^2}{a_2^2} - \frac{x_3^2}{a_3^2} - \ldots - \frac{x_n^2}{a_n^2} - 1 = 0$, geradliniges Gebilde mit einer nicht schneidenden axialen $(n-2)$-dimensionalen Ebene.

n+1. $\frac{x_1^2}{a_1^2} - \frac{x_2^2}{a_2^2} - \ldots - \frac{x_n^2}{a_n^2} - 1 = 0$, ungeradliniges Gebilde mit zwei Schalen.

Ebenso zerfallen die parabolischen Gebilde in $\frac{n}{2}$ oder $\frac{n+1}{2}$ Arten; hier läfst sich durch Multiplikation mit -1 immer erreichen, dafs die Zahl der positiven Quadrate nicht kleiner als die der negativen ist; demnach erhalten wir folgende parabolische Gebilde:

1. $\frac{x_1^2}{a_1^2} + \frac{x_2^2}{a_2^2} + \ldots + \frac{x_{n-1}^2}{a_{n-1}^2} + 2\alpha x_n = 0$, ungeradliniges Paraboloidgebilde;

2. $\frac{x_1^2}{a_1^2} + \ldots + \frac{x_n^2}{a_{n-2}^2} - \frac{x_{n-1}^2}{a_{n-1}^2} + 2\alpha x_n = 0$, geradliniges Paraboloidgebilde;

3. $\frac{x_1^2}{a_1^2} + \ldots + \frac{x_{n-3}^2}{a_{n-3}^2} - \frac{x_{n-2}^2}{a_{n-2}^2} - \frac{x_{n-1}^2}{a_{n-1}^2} + 2\alpha x_n = 0$, Paraboloid mit zweidimensionalen Ebenen u. s. w.

Die Gleichung:

(17) $\frac{x_1^2}{a_1 + \lambda} + \frac{x_2^2}{a_2 + \lambda} + \ldots + \frac{x_n^2}{a_n + \lambda} = 1$

stellt für jeden reellen Wert von λ ein quadratisches Mittelpunkts-Gebilde dar. Alle Gebilde, die man für die verschiedenen Werte von λ vermittelst dieser Gleichung erhält, sollen als konfokale Gebilde bezeichnet werden. Die Koeffizienten $a_1, a_2 \ldots a_n$ seien der Gröfse nach geordnet, so dafs

$$a_1 < a_2 < a_3 \ldots < a_n$$

ist. Wir betrachten zunächst die Änderungen, welche die linke Seite von (17), die kurz mit L bezeichnet werden möge, für feste Werte von $a_1 \ldots a_n$, $x_1 \ldots x_n$ erleidet, wenn man λ alle reellen Werte durchlaufen läfst. Für $\lambda = +\infty$ wird $L = 0$; läfst man λ abnehmen, so wird L zunächst positiv, da die Zähler stets und die Nenner für einen hinlänglich grofsen Wert von λ positiv sind. Der gröfste Wert, für welchen ein Nenner null ist, ist $\lambda = -a_1$, so dafs hierfür L unendlich grofs wird. Somit liegt eine Wurzel der Gleichung (17) zwischen $+\infty$ und $-a_1$. Bleibt λ in der Nähe von $-a_1$, ist es aber kleiner, so überwiegt der negative Wert von $\dfrac{x_1{}^2}{a_1 + \lambda}$, also erhält L sehr grofse negative Werte, während es für die Annäherung an $-a_2$, wofern es nur gröfser bleibt als $-a_2$, beliebig grofse positive Werte erhält; demnach liegt eine zweite Wurzel λ_2 zwischen $-a_1$ und $-a_2$. Eine dritte Wurzel λ_3 liegt ebenso zwischen $-a_2$ und $-a_3$ u. s. w., eine n^{te} zwischen $-a_{n-1}$ und $-a_n$. Mehr als n Wurzeln kann aber die Gleichung (17) nicht besitzen, da sie vom n^{ten} Grade ist. Demnach erhalten wir die identischen Gleichungen:

$$(18) \begin{cases} \dfrac{x_1{}^2}{a_1 + \lambda_1} + \dfrac{x_2{}^2}{a_2 + \lambda_1} + \ldots + \dfrac{x_n{}^2}{a_n + \lambda_1} = 1 \\ \dfrac{x_1{}^2}{a_1 + \lambda_2} + \dfrac{x_2{}^2}{a_2 + \lambda_2} + \ldots + \dfrac{x_n{}^2}{a_n + \lambda_2} = 1 \\ \cdots\cdots\cdots\cdots\cdots\cdots\cdots\cdots\cdots\cdots \\ \dfrac{x_1{}^2}{a_1 + \lambda_n} + \dfrac{x_2{}^2}{a_2 + \lambda_n} + \ldots + \dfrac{x_n{}^2}{a_n + \lambda_n} = 1, \end{cases}$$

wo für
(19) $a_1 < a_2 < a_3 < \ldots < a_n$ und $\lambda_1 > \lambda_2 > \lambda_3 \ldots > \lambda_n$ zugleich ist:
(20) $\lambda_1 > -a_1 > \lambda_2 > -a_2 > \lambda_3 > -a_3 \ldots > -a_{n-1} > \lambda_n > -a_n$.

Subtrahiert man noch irgend zwei verschiedene der Gleichungen (18) von einander, so erhält man für ungleiche Marken i und k:

$$(21) \quad \frac{x_1{}^2}{(a_1+\lambda_i)(a_1+\lambda_k)} + \frac{x_2{}^2}{(a_2+\lambda_i)(a_2+\lambda_k)} + \ldots + \frac{x_n{}^2}{(a_n+\lambda_i)(a_n+\lambda_k)} = 0.$$

Jede der Gleichungen (18) stellt bei fester Wahl der Gröfsen $\lambda_1 \ldots \lambda_n$, die nur den Gleichungen (20) genügen müssen, und bei veränderlichen Werten von $x_1 \ldots x_n$ ein Mittelpunkts-Gebilde dar. Da die n so erhaltenen Gebilde verschiedenen Arten angehören, so ergiebt sich der Satz:

Durch jeden Punkt des Raumes gehen n konfokale Gebilde zweiter Ordnung, und diese sind sämtlich von verschiedener Art.

Umgekehrt schneiden sich n konfokale Gebilde, wenn sie n verschiedenen Arten angehören, in 2^n gegen die Axen symmetrisch gelegenen Punkten.

Indem man noch die Gleichung für die Tangentialebene eines Gebildes zweiter Ordnung entwickelt und als Winkel, den zwei krumme Gebilde in einem ihrer Schnittpunkte mit einander bilden, den von den Tangentialebenen eingeschlossenen Winkel festsetzt, folgt aus den Gleichungen (18)—(21) der Satz:

Zwei konfokale Gebilde derselben Art haben keinen Punkt gemeinschaftlich; dagegen schneiden sich zwei Gebilde verschiedener Art in einem $(n-2)$-fach ausgedehnten Gebilde und stehen in jedem Punkte des Schnittes auf einander senkrecht.

§ 9.

Analytische Erweiterung der nicht-euklidischen Geometrieen.

Wir wollen jetzt für eine beliebige Zahl n von Dimensionen eine analytische Theorie aufbauen, deren Resultate für $n=2$ und $n=3$ mit den Entwicklungen der §§ 9—21 des ersten Abschnittes übereinstimmen.[34])

Zu dem Ende wählen wir $n+1$ Variabele $x_0, x_1 \ldots x_n$ und setzen zwischen ihnen die Beziehung fest:

$$(1) \quad k^2 x_0^2 + x_1^2 + \ldots + x_n^2 = k^2.$$

Dabei wollen wir für ein negatives k^2 von dem Werte $x_0 = 1, x_1 = \ldots = x_n = 0$ ausgehen und alle andern daraus stetig unter fortwährender Gültigkeit der Gleichung (1) herleiten.

Indem wir wieder jedes Wertsystem $(x_0 x_1 \ldots x_n)$ einen Punkt nennen, definieren wir den Abstand e zweier Punkte x und x' durch die Gleichung:

$$(2) \quad k^2 \cos \frac{e}{k} = k^2 x_0 x_0' + x_1 x_1' + \ldots + x_n x_n',$$

wobei leicht zu übersehen ist, dafs für reelle Werte von $x_0, x_1 \ldots x_n$ und $x_0', x_1' \ldots x_n'$ auch e reell ist und nur verschwindet, wenn die Punkte identisch werden.

Wir bestimmen die $y_\varkappa$ als Funktionen von $x_0, x_1 \ldots x_n$ und die $y_\varkappa'$ als dieselben Funktionen von $x_0', x_1' \ldots x_n'$, so dafs die Gleichungen bestehen:

$k^2 x_0^2 + x_1^2 + \ldots + x_n^2 = k^2 y_0^2 + y_1^2 + \ldots + y_n^2,$
$k^2 x_0'^2 + x_1'^2 + \ldots + x_n'^2 = k^2 y_0'^2 + y_1'^2 + \ldots + y_n'^2,$
$k^2 x_0 x_0' + x_1 x_1' + \ldots + x_n x_n' = k^2 y_0 y_0' + y_1 y_1' + \ldots + y_n y_n'.$

Dann ergeben sich auf dem im vorigen Paragraphen durchgeführten Wege, dafs die $y_\varkappa$ homogene lineare Funktionen der $x_0, x_1 \ldots x_n$ sind, so dafs wir setzen können:

$$(3) \quad y_\varkappa = \sum_{\varrho=0}^{n} \mu_{\varkappa\varrho} x_\varrho \quad \text{für } \varkappa = 0, 1 \ldots n,$$

wo zwischen den Koeffizienten $\mu_{\varkappa\varrho}$ gewisse leicht zu übersehende Relationen bestehen.

Bei den weiteren Untersuchungen wollen wir der Einfachheit wegen zuerst annehmen, k^2 sei positiv. Wir suchen den geometrischen Ort aller Punkte $(x_0 \ldots x_n)$, welche von zwei Punkten x' und x'' gleichen Abstand haben. Dann müssen die Werte $x_0, x_1 \ldots x_n$ der Gleichung genügen:

$$(4) \quad a_0 x_0 + a_1 x_1 + \ldots + a_n x_n = 0,$$

wo ist

$$(5) \quad \varrho a_0 = k^2 (x_0' - x_0''), \; \varrho a_1 = x_1' - x_1'' \ldots \varrho a_n = x_n' - x_n''.$$

Wenn umgekehrt die $a_0, a_1 \ldots a_n$ und $x_0' \ldots x_n'$ gegeben sind, so lassen sich die $x_0'' \ldots x_n''$ nach (5) stets eindeutig bestimmen, und die Gröfse ϱ kann weder unendlich noch imaginär werden. Sie kann auch nicht verschwinden, wenn nicht das Wertsystem x' der Gleichung (4) genügt. Aus (5) folgt nämlich zunächst

$$x_0'' = x_0' - \frac{\varrho a_0}{k^2}, \; x_1'' = x_1' - \varrho a_1 \ldots x_n'' = x_n' - \varrho a_n,$$

und wenn wir auf x'' die Gleichung (1) anwenden, so ergiebt sich:

$$2\varrho (a_0 x_0' + a_1 x_1' + \ldots + a_n x_n') = \varrho^2 \left(\frac{a_0^2}{k^2} + a_1^2 + \ldots + a_n^2 \right).$$

Die Transformation (3) kann jedes Gebilde (4) in jedes Gebilde $\Sigma b_\iota x_\iota = 0$ umwandeln; jedes derartige Gebilde heifst eine $(n-1)$-dimensionale Ebene. Indem man die Transformationen einer Ebene in sich untersucht, findet man dieselben identisch mit denjenigen Transformationen, welche nach den

Gleichungen (3) für einen $(n-1)$-dimensionalen Raum für dasselbe k^2 gelten.

Ohne der Allgemeinheit Abbruch zu thun, können wir zwischen den Konstanten in der Gleichung einer Ebene (ihren Koordinaten) die Beziehung festsetzen:

$$(6)\quad \frac{a_0^2}{k^2} + a_1^2 + \ldots + a_n^2 = 1.$$

Transformieren wir die Gleichung (4) unter dieser Voraussetzung durch die Transformation (3) und beachten die zwischen den Koeffizienten $\mu_{\iota\varkappa}$ bestehenden Relationen, so erkennen wir, dafs auch die neuen Koeffizienten der Gleichung (6) genügen. Zugleich können wir mit der Ebene $(a_0, a_1 \ldots a_n)$ den Punkt $(\xi_0, \xi_1 \ldots \xi_n)$ in enge Beziehung bringen, dessen Koordinaten durch die Gleichungen erhalten werden:

$$(7)\quad \xi_0 = \frac{a_0}{k},\ \xi_1 = a_1 k \ldots \xi_n = a_n k.$$

Wenn dann e den Abstand der Punkte ξ und x bezeichnet, so ist

$$k^2 \cos\frac{e}{k} = k^2 \xi_0 x_0 + \xi_1 x_1 + \ldots + \xi_n x_n = \frac{1}{k}(a_0 x_0 + a_1 x_1 + \ldots a_n x_n);$$

also ist $\cos\frac{e}{k} = 0$, wenn der Punkt x auf der Ebene $(a_0, a_1 \ldots a_n)$ gewählt wird. Wir bezeichnen den Punkt $(\xi_0, \xi_1 \ldots \xi_n)$ als den Pol der Ebene $(a_0, a_1 \ldots a_n)$, wenn die Beziehung (7) besteht, und letztere als die Polarebene des Punktes (ξ), und finden den Satz:

Der Abstand eines Punktes von jedem Punkte seiner Polarebene beträgt $\frac{1}{2}k\pi$.

Sind $a_0', a_1' \ldots a_n'$ die Koordinaten einer zweiten Ebene, so bleibt bei jeder Transformation von der hier vorausgesetzten Eigenschaft auch die Gröfse des Ausdrucks

$$\frac{a_0 a_0'}{k^2} + a_1 a_1' + \ldots + a_n a_n'$$

ungeändert. Der Wert desselben liegt zudem (für ein positives k^2) zwischen $+1$ und -1, und erreicht den ersten Wert nur, wenn $a_0' = a_0,\ a_1' = a_1 \ldots a_n' = a_n$ ist; wir können daher setzen:

$$(8)\quad \cos\varphi = \frac{a_0 a_0'}{k^2} + a_1 a_1' + \ldots + a_n a_n'.$$

Dann stellt φ eine invariante Beziehung zwischen den beiden Ebenen dar und wird als ihr Winkel bezeichnet.

Wenn mehrere Ebenen
$$(9)\quad \Sigma a_\nu' x_\nu = 0,\ \Sigma a_\nu'' x_\nu = 0 \ldots \Sigma a_\nu^{(p)} x_\nu = 0$$
gegeben sind, so können wir nach ihrem Schnittgebilde fragen. Wir gelangen dadurch, gerade wie im vorigen Paragraphen, zu der $(n-p)$-dimensionalen Ebene und für $p = n-1$ zur Geraden. Ebenso erhalten wir die Definitionen für den Büschel, den Bündel u. s. w. von $(n-1)$-dimensionalen Ebenen.

Bei dieser Darstellung setzen wir natürlich voraus, daſs keine der Ebenen (9) durch das Schnittgebilde der übrigen hindurchgeht, daſs also die Gleichungen von einander unabhängig sind. Unter dieser Voraussetzung dürfen wir der Gleichung jeder Ebene, welche durch das Schnittgebilde geht, die Form geben:
$$(10)\quad \sum_{\alpha,\nu} \lambda_\alpha a_\nu^{(\alpha)} x_\nu = 0 \text{ für } \alpha = 1\ldots p,\ \nu = 0,\ 1\ldots n,$$
wo die Bedingung (6) eine quadratische Relation zwischen $\lambda_1 \ldots \lambda_p$ erfordert, und wo die Koeffizienten sämtlicher x gleichzeitig nur für $\lambda_1 = \lambda_2 = \lambda_p = 0$ verschwinden.

Soll die Ebene (10) auf der Ebene
$$(11)\quad \Sigma b_\nu x_\nu = 0$$
senkrecht stehen, so muſs nach (8) die Bedingung erfüllt sein:
$$(12)\quad \sum_{\alpha,\nu} \lambda_\alpha a_\nu^{(\alpha)} b_\nu = 0.$$

Diese Gleichung kann für alle Werte der λ erfüllt sein. Dann stehen alle Ebenen (10) auf der Ebene (11) senkrecht und wir legen dem Schnittgebilde dieselbe Eigenschaft bei. Dieser Fall tritt ein, wenn jede der Ebenen (9) oder allgemeiner, wenn irgend p unter den Ebenen (10), deren Gleichungen von einander unabhängig sind, auf der Ebene (11) senkrecht stehen.

Wenn aber die Gleichung (12) nicht identisch erfüllt ist, so wird, weil nur eine Bedingung zwischen den λ besteht, eine $(p-2)$-fach ausgedehnte Mannigfaltigkeit von Ebenen die verlangte Eigenschaft haben. Dann läſst sich durch das Schnittgebilde eine $(n-1)$-dimensionale Ebene legen, welche auf allen Ebenen dieser Mannigfaltigkeit senkrecht steht. Die Lage dieser Ebene zur Ebene (11) ist charakteristisch für die Lage des Schnittgebildes zur Ebene (11).

Sind p Punkte (x'), $(x'') \ldots (x^{(p)})$ gegeben, so mögen alle Punkte betrachtet werden, deren Koordinaten durch die Gleichungen gegeben sind:

(13) $\quad x_\nu = u_1 x_\nu' + u_2 x_\nu'' + \ldots + u_p x_\nu^{(p)}$ für $\nu = 0, 1 \ldots n$.

Hierbei muſs vorausgesetzt werden, daſs $x_0, x_1 \ldots x_n$ nur dadurch sämtlich gleich null gemacht werden können, daſs alle Gröſsen $u_1 \ldots u_p$ verschwinden; im andern Falle könnte man die Koordinaten durch weniger von einander unabhängige Gröſsen darstellen. Die Relation (1) verlangt, daſs zwischen den p Gröſsen $u_1 \ldots u_p$ eine quadratische Beziehung besteht; die Gesamtheit der durch (13) dargestellten Punkte stellt also eine $(p-1)$-fach ausgedehnte Mannigfaltigkeit, und zwar, wie man sofort sieht, eine Ebene von $p-1$ Dimensionen dar.

Die $(n-1)$-dimensionalen Gebilde zweiter Ordnung werden durch eine homogene quadratische Gleichung

$$(14) \quad \sum_{\iota, \varkappa = 0}^{n} a_{\iota \varkappa} x_\iota x_\varkappa = 0$$

definiert. Die projektiven Eigenschaften sind offenbar dieselben, welche wir in § 7 entwickelt haben. Viele metrischen Eigenschaften hangen mit der Aufgabe zusammen, die beiden Formen $k^2 x_0^2 + x_1^2 + \ldots + x_n^2$ und $\Sigma a_{\iota \varkappa} x_\iota x_\varkappa$ durch dieselben Quadrate darzustellen. Diese Aufgabe läſst sich für ein positives k^2 immer lösen, da alsdann die erste Form stets positiv ist. Wir finden also eine neue Darstellung

(15) $\quad b_0 y_0^2 + b_1 y_1^2 + \ldots + b_n y_n^2 = 0$

durch die Gröſsen $y_0, y_1 \ldots y_n$, welche homogene lineare Funktionen von $x_0, x_1 \ldots x_n$ sind und zwischen denen die Beziehung besteht:

$$k^2 y_0^2 + y_1^2 + \ldots + y_n^2 = k^2.$$

Die Einteilung der quadratischen Gebilde beruht einmal auf projektiven Eigenschaften. Wenn bei irgend einer Darstellung ihrer Gleichung durch lauter Quadrate verschwindende Koeffizienten vorkommen, so nennen wir das Gebilde ein Kegelgebilde und unterscheiden davon die eigentlichen quadratischen Gebilde. Die letzteren zerfallen dann wieder in $\frac{n}{2}$ oder $\frac{n+1}{2}$ Arten je nach der Zahl der positiven und negativen Werte unter den Koeffizienten $b_0, b_1 \ldots b_n$ in (15). Demnach ist das Gebilde entweder a) imaginär, oder b) reell ohne gerade Linien, oder c) reell mit geraden Linien, aber ohne zweidimensionale Ebenen u. s. w.

Damit sind aber alle allgemeinen Arten erschöpft. Man kann nur noch die speziellen Gebilde hervorheben, in deren Gleichungen (15) sich unter den Koeffizienten $\frac{b_0}{k^2}$, $b_1, \ldots b_n$ gleiche (oder auch Gruppen von gleichen) befinden.

Für ein negatives k^2 werden einige der hier skizzierten Untersuchungen etwas schwieriger. Die Ebene hat wieder die Gleichung (4), aber wenn nicht zwischen den Koeffizienten die Beziehung besteht:

$$\frac{a_0^2}{k^2} + a_1^2 + \ldots + a_n^2 > 0,$$

so wird ihre Gleichung durch kein Wertsystem befriedigt, welches der Gleichung (1) genügt. Sollen zwei Ebenen einander schneiden, so muſs sein

$$-1 < \frac{a_0 a_0'}{k^2} + a_1 a_1' + \ldots + a_n a_n' < +1;$$

aber wenn diese Bedingung nicht erfüllt ist, so erhalten wir weitere Beziehungen zwischen den beiden Ebenen. Hierauf können wir jedoch an dieser Stelle nur kurz verweisen; ebensowenig kann es unsere Aufgabe sein, die Theorie der quadratischen Gebilde für ein negatives k^2 zu entwickeln und die sämtlichen Arten derselben aufzuzählen.

§ 10.

Der allgemeine Ausdruck für das Linienelement.

Nach den beiden letzten Paragraphen erscheint die analytische Behandlung des Raumes als Spezialfall einer Untersuchung über die aus n Variabeln zu bildenden Wertsysteme. Nun soll aber das einzelne Wertsystem nicht für sich allein betrachtet, sondern zu den übrigen Wertsystemen in Beziehung gesetzt werden. Nach welchen Gesetzen dies zu geschehen hat, kann an dieser Stelle nicht ermittelt werden, muſs vielmehr einer späteren Untersuchung vorbehalten bleiben. In § 8 gelang dies in folgender Weise: In der Ebene und im Raume ist der Abstand je zweier Punkte von einander unveränderlich; ein Punktepaar 0, 1 kann man daher nur mit einem andern Punktepaare 2, 3 zur Deckung bringen, wenn der Abstand (0, 1) gleich dem Abstand (2, 3) ist. Legen wir also rechtwinklige Cartesische Koordinaten zu Grunde, so bleibt der Ausdruck $(x_1 - x_1')^2 + \ldots (x_n - x_n')^2$ für $n = 2$ und $n = 3$ ungeändert. Deshalb bezogen wir in § 8 die Wertsysteme $x_1 \ldots x_n$ für jedes beliebige n so auf einander, dafs die vorstehende quadratische Form sich nicht ändert. Ein solcher Ausgangspunkt ist vom analytischen Standpunkt aus natürlich willkürlich, ja ohne prinzipielle Berechtigung. Ersetzen wir z. B. die Koordinaten $x_1 \ldots x_n$ durch n von einander unabhängige Gröfsen $z_1 \ldots z_n$, welche Funktionen von $x_1 \ldots x_n$ sind, so mufs es doch möglich sein, die gewonnenen Resultate auch vermittelst der Gröfsen $z_1 \ldots z_n$ zu erlangen. Indessen ist es nicht einmal möglich, den Ausdruck für das Quadrat des Abstandes in den neuen Variabeln genügend zu charakterisieren.

Um diesem Ziele wenigstens näher zu kommen, nehmen wir an, die beiden Punkte lägen einander unendlich nahe; die Koordinaten des einen mögen $x_1 \ldots x_n$, die des andern $x_1 + dx_1 \ldots x_n + dx_n$ sein. Durch die beiden Punkte legen wir eine gerade Linie; dann ist die Länge des zwischen den beiden Punkten enthaltenen Stückes gleich $\sqrt{dx_1^2 + \ldots + dx_n^2}$. Denkt man sich aber eine beliebige Linie durch die beiden Punkte gelegt, so wird man annehmen dürfen, der durch sie begrenzte Bogen, das Linienelement, fiele mit der geradlinigen Strecke zusammen, wofern die Kurve nur in dem Punkte x eine Tangente hat. Die letzte Voraussetzung kommt darauf hinaus, anzunehmen, dafs, wenn der Punkt $x + dx$ auf der Kurve eine andere Lage annimmt, die Gleichungen befriedigt werden: $dx_1 = p_1(x)dt \ldots dx_n = p_n(x)dt$, wo die $p_1(x) \ldots p_n(x)$ blofse Funktionen von $x_1 \ldots x_n$ und dt eine unendlich kleine Gröfse bedeutet. Hiernach tritt der Ausdruck $\sqrt{dx_1^2 + \ldots + dx_n^2}$ in enge Beziehung zu allen krummen Linien, für welche die Unterschiede der Koordinaten in der Umgebung des Punktes x durch Multiplikation fester Gröfsen, die nur Funktionen von $x_1 \ldots x_n$ sind, mit einer unendlich kleinen Gröfse dt erhalten werden. Ersetzen wir aber in diesem Ausdruck die $x_1 \ldots x_n$ durch beliebige lineare Funktionen derselben:

$$y_\iota = \sum_\alpha c_{\iota\alpha} x_\alpha + m_\iota,$$

wo die $c_{\iota\alpha}$ und m_ι Konstante sind, so ändert sich der Ausdruck für das Quadrat des Linienelementes um in $\Sigma a_{\iota\varkappa} dy_\iota dy_\varkappa$, wo sämtliche Koeffizienten $a_{\iota\varkappa}$ konstante Werte besitzen. Wenn umgekehrt das Quadrat des Linienelements durch eine beständig positive quadratische Form mit konstanten Koeffizienten dargestellt wird, so läfst sich diese wieder durch lineare Verwandlung der Koordinaten als Summe von n Quadraten darstellen. Nun übersieht man aber sehr leicht, dafs es auf dasselbe hinauskommt, ob man das Quadrat des Linienelementes durch $dx_1^2 + \ldots + dx_n^2$ oder das Quadrat des Abstandes durch $(x_1 - x_1')^2 + \ldots + (x_n - x_n')^2$ dargestellt werden läfst. Wir können demnach die euklidische Geometrie auch durch die Voraussetzung charakterisieren, dafs das Quadrat des Linienelementes durch eine beständig positive quadratische Form mit konstanten Koeffizienten ausgedrückt werden soll.

Man kann aber auch noch einen Schritt weiter gehen und die $x_1 \ldots x_n$ durch n ganz beliebige, von einander unabhängige Funktionen $z_1 \ldots z_n$ ersetzen. Wählt man beliebig

$$x_\iota = \varphi_\iota(z_1 \ldots z_n) \text{ für } \iota = 1 \ldots n,$$

so folgt $dx_\iota = \Sigma_\varkappa \dfrac{d\varphi_\iota}{dz_\varkappa} dz_\varkappa$, und demnach erhält man für das Linienelement ds die Gleichung:

$$ds^2 = \Sigma A_{\iota\varkappa} dz_\iota dz_\varkappa,$$

wo jetzt die Koeffizienten $A_{\iota\varkappa}$ im allgemeinen nicht mehr Konstante, sondern Funktionen von $z_1 \ldots z_n$ sind. Aber dieser Ausdruck ist allgemeiner als der Ausdruck $dx_1^2 + \ldots + dx_n^2$, da es im allgemeinen nicht möglich ist, den Ausdruck auf der rechten Seite von (1) durch n Quadrate mit den Koeffizienten eins zu ersetzen. Das erkennt man in folgender Weise. Man denke sich in einer r-dimensionalen Raumform (für $r > n$) ein n-dimensionales Gebilde durch die Gleichungen bestimmt:

$$x_\iota = f_\iota(z_1 \ldots z_n) \text{ für } \iota = 1 \ldots r.$$

Sucht man in diesem Gebilde den Ausdruck für das Linienelement $\sqrt{dx_1^2 + \ldots + dx_r^2}$, so erscheint er wieder als Quadratwurzel aus einer stets positiven quadratischen Form in den Differentialen $dz_1 \ldots dz_n$; aber ein solches Gebilde hat im allgemeinen nicht diejenigen Eigenschaften, welche einem n-dimensionalen euklidischen Raume zukommen.

Die projektive Geometrie. 213

Wir sind hier, ausgehend von einer ganz speziellen Voraussetzung, zu der obigen allgemeinen Form des Linienelementes gelangt. Wir müssen uns fragen, ob wir die Berechtigung dieser Form durch allgemeine Betrachtungen beweisen können. Diese Frage hat Riemann zu beantworten gesucht in einem Vortrage, welchen er im Jahre 1854 behufs seiner Habilitation vor der philosophischen Fakultät in Göttingen gehalten hat, der aber erst nach seinem Tode gedruckt worden ist. In dieser Arbeit entwickelt er zuerst den allgemeinen Begriff einer n-fach ausgedehnten Mannigfaltigkeit auf eine Weise, welche sehr viele Berührungspunkte bietet mit den um zehn Jahre älteren Darlegungen Grafsmanns, aber davon vollständig unabhängig und viel allgemeiner ist. Eine klare Übersicht über diesen Teil seiner Arbeit würde in einem engen Rahmen kaum möglich sein; Riemanns Darlegung ist bereits ganz kurz gehalten und wird von ihm selbst als Vorarbeit für Beiträge zur Analysis situs bezeichnet. Als wesentliches Kennzeichen einer n-fach ausgedehnten Mannigfaltigkeit glaubt er zu finden, dafs sich die Ortsbestimmung in derselben auf n Gröfsenbestimmungen zurückführen läfst. Demnach wird jedes Wertsystem $x_1 \ldots x_n$, für welches allen Variabeln ein konstanter Wert beigelegt wird, als Punkt bezeichnet; die Gesamtheit derjenigen, für welche die Variabeln von einer einzigen Veränderlichen abhängig sind, heifst eine Linie, und wenn gesetzt wird:

$$x_1 = \varphi_1(u_1 \ldots u_p) \ldots x_n = \varphi_n(u_1 \ldots u_p) \text{ für } p < n,$$

wo $\varphi_1 \ldots \varphi_n$ reelle Funktionen der unbeschränkt veränderlichen reellen Gröfsen $u_1 \ldots u_p$ sind, so möge deren Gesamtheit als ein p-dimensionales Gebilde bezeichnet werden. Um auf diese Mannigfaltigkeit überhaupt Mafs-Verhältnisse anwenden zu können, macht Riemann die Annahme, dafs die Länge jeder Linie von ihrer Lage unabhängig sei, dafs also jede Linie durch jede andere Linie gemessen werden könne. Diese (an sich unzulässige) Annahme wird aber keineswegs in voller Allgemeinheit vorausgesetzt, vielmehr beschränkt sich Riemann sofort wieder auf solche Linien, wie wir sie bereits oben (S. 211) charakterisiert haben. Dann wird das Linienelement eine homogene Funktion ersten Grades der Gröfsen dx, welche ungeändert bleibt, wenn sämtliche Gröfsen dx ihr Zeichen ändern, und worin die willkürlichen Konstanten stetige Funktionen der Gröfsen x sind. Ist m irgend eine Paarzahl, so setzt er das Linienelement als m^{te} Wurzel aus einer stets positiven Form m^{ten} Grades in den Differentialen dx voraus. Der einfachste Fall ist also der, wo das Quadrat des Linienelementes als Form zweiten Grades vorausgesetzt wird, so daſs die Gleichung besteht:

$$(1) \quad ds^2 = \Sigma a_{\iota\varkappa} \, dx_\iota \, dx_\varkappa.$$

Wir haben jetzt zu untersuchen, ob wir wohl auf rein analytischem Wege zu den speziellen Fällen gelangen können, welche wir in den beiden vorangehenden Paragraphen zu Grunde gelegt haben. Darüber hat Riemann selbst in einer andern Arbeit wichtige Andeutungen gemacht. Ehe aber diese Abhandlung bekannt geworden war, haben sich die Herren Christoffel und Lipschitz mit derselben Aufgabe beschäftigt. Im Anschluſs daran sind noch zahlreiche andere Arbeiten erschienen, welche wir hier nicht sämtlich erwähnen können. Wir begnügen uns damit, einige Resultate anzugeben, welche Herr Schur im Anschluſs an frühere Arbeiten entwickelt hat. Für die Beweise müssen wir auf seine Arbeit selbst verweisen.[35])

Der Ausdruck für das Linienelement gestattet, die kürzesten Linien zu bestimmen. Führt man nämlich die Abkürzung ein:

$$(2) \quad \begin{bmatrix} \iota\varkappa \\ \varrho \end{bmatrix} = \frac{da_{\iota\varrho}}{dx_\varkappa} + \frac{da_{\varkappa\varrho}}{dx_\iota} - \frac{da_{\iota\varkappa}}{dx_\varrho},$$

und bezeichnet man mit r die Länge der geodätischen Linie, so ergeben sich die zweiten Differentialquotienten aus den Gleichungen:

$$\sum_{\varrho=1}^{n} a_{\varrho\varkappa} \frac{d^2 x_\varrho}{dr^2} = -\tfrac{1}{2} \sum_{\varrho\sigma} \begin{bmatrix} \varkappa \\ \varrho\sigma \end{bmatrix} \frac{dx_\varrho}{dr} \frac{dx_\sigma}{dr}.$$

Diese Gleichung gestattet, wenn der Anfangspunkt $(x_1^0 \ldots x_n^0)$ und die Richtung $(dx_1^0 \ldots dx_n^0)$ der geodätischen Linie gegeben ist, die zweiten und dann die dritten und die ferneren Ableitungen $\dfrac{d^2 x_\alpha^0}{dr^2}, \dfrac{d^3 x_\alpha^0}{dr^3} \ldots$ zu berechnen.

Indem man $\dfrac{dx_\alpha^0}{dr} = \eta_\alpha$ setzt, wo die n Gröſsen $\eta_1 \ldots \eta_n$ durch die Relation verbunden sind:

$$\Sigma a_{\iota\varkappa}^0 \, \eta_\iota \, \eta_\varkappa = 1,$$

kann man jeden Punkt des Raumes, welcher in der Umgebung des festen Punktes $(x_1^0 \ldots x_n^0)$ liegt, dadurch bestimmen, daſs man von dem festen Punkte aus nach demselben die kürzeste

Linie zieht; sind $\eta_1 \ldots \eta_n$ die Bestimmungsgröfsen dieser geodätischen Linie und ist r ihre Länge vom festen bis zu dem zu bestimmenden Punkte, so möge gesetzt werden:

$y_\alpha = r\eta_\alpha$; alsdann wird durch $y_1 \ldots y_n$ der Punkt bestimmt. Diese neuen Variabeln bezeichnet Herr Lipschitz als die Normalvariabeln. In diesen neuen Variabeln möge das Linienelement ds durch die Gleichung bestimmt sein:

$$\Sigma b_{\iota\varkappa}\, dy_\iota\, dy_\varkappa = ds^2,$$

und diejenigen Werte, welche die $b_{\iota\varkappa}$ beim Verschwinden der y annehmen, mögen entsprechend der für $a_{\iota\varkappa}{}^0$ festgesetzten Bedeutung mit $b_{\iota\varkappa}{}^0$ bezeichnet werden.

Wir legen zwei feste Richtungen η_α' und η_α'' zu Grunde, setzen zwischen zwei Gröfsen α und β die Beziehung fest

$$\alpha^2 + 2\alpha\beta \Sigma b_{\iota\varkappa}{}^0 \eta_\iota' \eta_\varkappa'' + \beta^2 = 1,$$

definieren die Gröfse φ durch die Gleichung:

$$\cos \varphi = \alpha + \beta \Sigma b_{\iota\varkappa}{}^0 \eta_\iota' \eta_\varkappa''$$

und suchen diejenige Fläche, welche alle durch die Richtungen $\eta_\iota = \alpha \eta_\iota' + \beta \eta_\iota''$ bestimmten geodätischen Linien enthält. Auf dieser Fläche erscheint das Linienelement ds in der Form:

$$(3) \quad ds = \sqrt{dr^2 + r^2 \mu^2 d\varphi^2},$$

wo μ^2 eine Funktion von $y_1 \ldots y_n$ ist. Dann ist das Gaufssche Krümmungsmafs $\frac{1}{k^2}$ dieser Fläche im Anfangspunkte

$$(4) \quad \frac{1}{k^2} = -\frac{\dfrac{d^2(r\mu)}{dr^2}}{r\mu},$$

Um diesen Ausdruck in den ursprünglichen Koordinaten darzustellen, führen wir zuerst die Gröfsen $A_{\iota\varkappa}$ durch die Gleichungen ein:

$(5) \quad \sum_\varrho a_{\iota\varrho} A_{\varkappa\varrho} = 0$ oder $= 1$, jenachdem $\iota \gtrless \varkappa$ oder $\iota = \varkappa$ ist,

und setzen ferner zur Abkürzung:

$$(6) \quad (\iota\varkappa\lambda\mu) = \frac{d^2 a_{\iota\varkappa}}{dx_\lambda\, dx_\mu} + \frac{d^2 a_{\mu\nu}}{dx_\iota\, dx_\varkappa} - \frac{d^2 a_{\iota\lambda}}{dx_\varkappa\, dx_\mu} - \frac{d^2 a_{\varkappa\mu}}{dx_\iota\, dx_\lambda}$$
$$+ \tfrac{1}{2} \sum_{\varrho,\sigma=1}^{n} A_{\varrho\sigma} \left\{ \begin{bmatrix} \varrho \\ \iota\varkappa \end{bmatrix} \begin{bmatrix} \sigma \\ \lambda\mu \end{bmatrix} - \begin{bmatrix} \varrho \\ \iota\lambda \end{bmatrix} \begin{bmatrix} \sigma \\ \varkappa\mu \end{bmatrix} \right\}.$$

Dritter Abschnitt. § 10.

Dann folgt als Ausdruck für das Krümmungsmaß:

$$(7) \quad \frac{1}{k^2} = -\frac{1}{2} \frac{\Sigma(\iota\varkappa\lambda\mu)(dx_\iota \delta x_\mu - \delta x_\iota dx_\mu)(dx_\varkappa \delta x_\lambda - \delta x_\varkappa dx_\lambda)}{\Sigma(a_{\iota\varkappa}a_{\lambda\mu} - a_{\iota\lambda}a_{\varkappa\mu})(dx_\iota \delta x_\mu - \delta x_\iota dx_\mu)(dx_\varkappa \delta x_\lambda - \delta x_\varkappa dx_\lambda)}.$$

Dieser Ausdruck heißt das Riemannsche Krümmungsmaß des Raumes in dem Punkte $(x_1 \ldots x_n)$ für das durch die Richtungen η_ι', η_ι'' bestimmte Flächenelement.

Die betrachtete Fläche enthält unendlich viele gerade Linien, welche sämtlich von einem Punkte ausgehen und deren Richtungskonstanten einer linearen Gleichung genügen; sie wird von Herrn Schur als geodätische Fläche bezeichnet. Ihre Analogie zu den zweidimensionalen Ebenen ist aber dann erst vollständig, wenn die Fläche eine zweifach unendliche Schar von geodätischen Linien enthält. Statt aber die Aufgabe zu lösen, unter welchen Bedingungen diese Forderung für eine einzige Fläche erfüllt ist, stellt sich Herr Schur sogleich die Aufgabe, zu erforschen, unter welchen Bedingungen alle durch einen festen Punkt gehenden geodätischen Flächen doppelt unendlich viele geodätischen Linien enthalten. Hierfür findet er als notwendige und hinreichende Bedingung, daß alle durch den Punkt gehenden geodätischen Flächen für jeden Punkt des Raumes gleiches Riemannsches Krümmungsmaß besitzen. Soll also die gleiche Eigenschaft für jeden Punkt des Raumes und somit für alle geodätischen Flächen gelten, so muß das Riemannsche Krümmungsmaß für alle Punkte des Raumes und für alle Flächenrichtungen dasselbe sein. Speziell ergiebt sich der Satz:

Wenn in einem Raume das Riemannsche Krümmungsmaß in jedem Punkte nach allen Flächenrichtungen konstant ist, so ändert es sich auch von Punkt zu Punkt nicht.

Aus den Gleichungen (3) und (4) folgt für einen konstanten Wert von k^2:

$$ds^2 = dr^2 + k^2 \sin^2 \frac{r}{k} (d\eta_1^2 + \ldots + d\eta_n^2),$$

und wenn man hier setzt:

$$x_\iota = k \sin \frac{r}{k} \cdot \eta_\iota, \quad x_0 = \cos \frac{r}{k},$$

wo ist:

$$k^2 x_0^2 + x_1^2 + \ldots + x_n^2 = k^2,$$

so erhält man

$$(8) \quad ds^2 = k^2 dx_0^2 + \ldots + dx_n^2.$$

Hiervon ausgehend führen aber leichte Integrationen zu derjenigen Gleichung für den Abstand, von welcher wir im vorigen Paragraphen ausgegangen sind. Wir sehen also, daſs die in den vorangehenden Paragraphen gelöste Aufgabe in enger Beziehung zu den Untersuchungen über das Linienelement steht. Eine genauere Prüfung müssen wir uns jedoch für eine spätere Stelle vorbehalten.

§ 11.
Beweise in geometrischem Gewande.

Wir kehren zu den Untersuchungen des achten Paragraphen zurück. Dort gingen wir von der Gesamtheit der Wertsysteme $x_1 \ldots x_n$ aus; die gegenseitige Beziehung der einzelnen Wertsysteme und gewisser Mannigfaltigkeiten untersuchten wir dadurch, daſs wir das Quadrat des Abstandes durch die Formel $\Sigma(x_\iota - x_\iota')^2$ definierten und Mannigfaltigkeiten als kongruent bezeichneten wenn sie durch eine Transformation in einander umgewandelt werden können, bei welcher der Ausdruck $\Sigma(x_\iota - x_\iota')$ für irgend zwei Wertsysteme derselben Mannigfaltigkeit ungeändert bleibt. Daraus leiteten wir Sätze her, welche ganz denen der Geometrie entsprechen und welche für $n = 3$ in rein geometrische Sätze übergehen.

Nachdem wir aber auf analytischem Wege eine Anzahl von Sätzen hergeleitet haben, können wir diese Sätze allein benutzen, um weitere Folgerungen daraus zu ziehen; dann nimmt auch die Beweisführung ganz ein geometrisches Gewand an. Wir erhalten dadurch einen Wissenszweig, welcher seinem Objekte nach der Analysis angehört, in seinen Ergebnissen aber und in seinen Beweisen mit der Geometrie die gröſste Ähnlichkeit zeigt. Um diesen Zweig recht systematisch aufzubauen, verstehen wir für $m < n$ unter einer m-dimensionalen Ebene, welche wir der Kürze wegen mit E_m bezeichnen wollen, diejenige Gesamtheit von Wertsystemen, welche in § 8 definiert ist; ebenso soll unter einer m-dimensionalen Kugel K_m die Gesamtheit aller Wertsysteme $(x_1 \ldots x_n)$ verstanden werden, welche in einer E_{m+1} liegen und zu einem festen Punkte $(a_1 \ldots a_n)$ dieser Ebene in der Beziehung stehen, dafs $\Sigma(x_\iota - a_\iota)^2$ konstant ist. Von diesen Wertsystemen setzen wir folgende Sätze voraus:

1. Wenn eine Gerade zwei Punkte mit einer beliebigen Ebene E_m gemeinschaftlich hat, so fällt sie ganz in sie hinein.

2. Durch eine m-dimensionale Ebene und einen ihr nicht angehörigen Punkt läfst sich eine, und zwar nur eine Ebene von $m+1$ Dimensionen legen. Durch fortgesetztes Ziehen von geraden Linien kann man von der E_m und dem gegebenen Punkte aus zu jedem Punkte gelangen, dessen Zugehörigkeit zu E_{m+1} auf irgend einem Wege erkannt ist.

3. Jede in einer E_m gelegene E_{m-1} teilt dieselbe in zwei Teile, so dafs jede gerade Linie, welche zwei auf verschiedenen Teilen von E_m gelegene Punkte verbindet, die E_{m-1} schneidet, und dafs jede in E_m gelegene Gerade, welche einen Punkt mit der E_{m-1} gemeinschaftlich hat, in diesem Punkte von der einen auf die andere Seite tritt.

4. Jede dreidimensionale Ebene hat die Eigenschaften des euklidischen Raumes, und demnach jede zweidimensionale Ebene die einer euklidischen Ebene.

Aus diesen Voraussetzungen lassen sich weitere Sätze herleiten.

a) »Wenn für $\mu > \nu$ eine E_ν mit einer E_μ eine $E_{\nu-1}$ und einen aufserhalb derselben gelegenen Punkt E_0 gemeinschaftlich hat, so fällt sie ganz in dieselbe hinein.«

Verbinden wir einen beliebigen Punkt der $E_{\nu-1}$ mit E_0 durch eine gerade Linie E_1, so liegen alle ihre Punkte sowohl in der E_ν wie in E_μ. Verbinden wir einen andern Punkt der E_1 mit einem beliebigen Punkte der $E_{\nu-1}$, so gehört auch diese Gerade der E_μ und E_ν an. Indem man so fortfährt, kann man zu allen Punkten der E_ν gelangen.

b) »Wenn $\varkappa\,(< n)$ gerade Linien gegeben sind, welche sich in einem Punkte schneiden, so läfst sich jedenfalls eine Ebene von $\varkappa$ Dimensionen durch sie hindurchlegen, und zwar wenn die $\varkappa$ Geraden nicht in einer Ebene von $\varkappa - 1$ Dimensionen liegen, so giebt es eine einzige $E_\varkappa$, in welcher alle diese Geraden liegen.«

Durch zwei Geraden g_1 und g_2 geht im vorliegenden Falle eine einzige E_2; wenn diese die g_3 nicht enthält, so lege man durch E_2 und einen vom gemeinschaftlichen Schnittpunkt verschiedenen Punkt eine E_3; diese enthält die g_3; wenn g_4 nicht in ihr liegt, so lege man durch E_3 und einen Punkt von g_4 eine E_4 u. s. w.

c) »Durch eine E_λ und E_μ, welche keinen Punkt gemeinschaftlich haben, läfst sich eine Ebene legen, für welche die Zahl ν der Dimensionen höchstens gleich $\lambda + \mu + 1$ ist.«

Wenn $\lambda + \mu + 1 \geqq n$ ist, so tritt an Stelle der E_ν der n-dimensionale Raum. Im andern Falle nehme man auf E_μ einen Punkt p und lege durch E_λ und p eine $(\lambda + 1)$-dimensionale Ebene $E_{\lambda+1}$. Hat diese mit E_μ keinen weiteren Punkt gemeinschaftlich, so wähle man in E_μ einen zweiten Punkt p', und lege durch $E_{\lambda+1}$ und p' eine $E_{\lambda+2}$. Dann hat $E_{\lambda+2}$ mit E_μ eine Gerade gemeinschaftlich. Wenn $\mu > 1$ ist und zugleich $E_{\lambda+2}$ mit E_μ nur die Punkte von g gemeinschaftlich hat, so wähle man in E_μ einen der Geraden g nicht angehörenden Punkt p'' und lege durch $E_{\lambda+2}$ und p'' eine $E_{\lambda+3}$. Fährt man so fort, so folgt, dafs man nach Auswahl von $\mu + 1$ Punkten der E_μ auf eine $E_{\lambda+\mu+1}$ kommt, in welche E_μ ganz hineinfällt. Wenn endlich einer der ausgeschlossenen Fälle eintritt, so verkleinert sich die Zahl ν.

d) »Wenn eine E_{n-1} und eine E_2 sich in einem Punkte treffen, so haben sie stets eine gerade Linie gemeinschaftlich.«

Man ziehe durch den Punkt zwei Gerade g und g', welche ganz der E_2 angehören. Jede von ihnen wird, wofern sie nicht in die E_{n-1} hineinfällt, in dem Punkte so geteilt, dafs die beiden Teile gegen die E_{n-1} auf verschiedenen Seiten liegen. Verbindet man einen Punkt von g mit einem auf der andern Seite gelegenen Punkte von g' durch eine gerade Strecke, so mufs diese mit der E_{n-1} einen Punkt gemeinschaftlich haben. Man erhält dadurch einen zweiten Punkt, der beiden Ebenen angehört, und somit eine beiden Ebenen gemeinschaftliche Gerade.

e) »Wenn eine E_{n-1} und eine E_λ sich in einem Punkte treffen, so haben sie, wofern E_λ nicht ganz in die E_{n-1} hineinfällt, eine $E_{\lambda-1}$ gemeinschaftlich.«

Man ziehe in der E_λ durch den Schnittpunkt λ gerade Linien, welche keiner Ebene von weniger als λ Dimensionen angehören, und lege durch eine festgewählte unter diesen Geraden und je eine der andern jedesmal eine zweidimensionale Ebene. Jede dieser $\lambda-1$ Ebenen hat mit E_{n-1} eine Gerade gemeinschaftlich; die $\lambda-1$ auf diese Weise erhaltenen geraden Linien können aber keiner Ebene von $\lambda-2$ Dimensionen angehören, bestimmen also eine $E_{\lambda-1}$, welche den Ebenen E_λ und E_{n-1} angehört.

f) »Wenn eine E_λ und eine E_μ in einer $E_{\mu+1}$ liegen und einen Punkt gemeinschaftlich haben, so schneiden sie sich in einer $E_{\lambda-1}$.«

Beweis wie vorher.

g) »Wenn zwei Ebenen E_λ und E_μ einen Punkt gemeinschaftlich haben und $\lambda + \mu > n$ ist, so haben sie eine Ebene von mindestens $\lambda + \mu - n$ Dimensionen gemeinschaftlich.«

Man wähle in E_λ der Reihe nach $n-1-\mu$ Punkte so, dafs durch diese Punkte und die E_μ eine E_{n-1} gelegt werden kann. Diese hat mit E_λ eine $E_{\lambda-1}$ gemeinschaftlich. Jetzt bestimme man den Schnitt der $E_{\lambda-1}$ mit E_μ in der E_{n-1}. Zu dem Ende wähle ich in $E_{\lambda-1}$ $n-2-\mu$ Punkte so, dafs sich durch diese Punkte und E_μ eine E_{n-2} legen läfst; diese hat mit $E_{\lambda-1}$ eine $E_{\lambda-2}$ gemeinschaftlich. Somit mufs jetzt der Schnitt der $E_{\lambda-2}$ mit E_μ in der E_{n-2} bestimmt werden. Allgemein erhalte ich den Schnitt einer $E_{\lambda-\varrho}$ mit E_μ in einer $E_{n-\varrho}$. Wählt man hier für $\mu \gtreqless \lambda$ die Zahl ϱ so, dafs $n - \varrho = \mu + 1$ ist, so erhält man eine Schnittebene von $\lambda - \varrho - 1 = \lambda + \mu - n$ Dimensionen.

h) »Wenn eine E_μ und eine E_ν in einer E_ϱ liegen und einen Punkt gemeinschaftlich haben, und wenn dann $\mu + \nu > \varrho$ ist, so haben sie mindestens eine $E_{\varrho-\mu-\nu}$ gemeinschaftlich.«

Beweis wie bei g.

i) »Wenn eine Gerade h in demselben Punkte auf ν Geraden senkrecht steht, durch welche sich keine $(\nu-1)$-dimensionale Ebene legen läfst, so steht sie auf jeder Geraden senkrecht, welche in der durch die ν Geraden bestimmten E_ν durch den Fufspunkt gezogen sind; man sagt, die Gerade stehe auf der E_ν senkrecht.«

Für $\nu = 2$ ist der Beweis bekannt. Angenommen, der Satz sei für λ Gerade $g_1 \ldots g_\lambda$ und die hierdurch bestimmte E_λ bewiesen. Dann lege man durch E_λ und einen beliebigen Punkt von $g_{\lambda+1}$ die Ebene $E_{\lambda+1}$. Nun sei g' irgend eine in $E_{\lambda+1}$ gelegene und durch den Schnittpunkt von $g_1 \ldots g_\lambda$ gehende Gerade; durch g' und $g_{\lambda+1}$ lege man eine zweifach ausgedehnte Ebene, welche die E_λ in einer Geraden g'' treffen mufs. Da nun die gegebene Gerade h auf g'' und $g_{\lambda+1}$ senkrecht steht, so steht sie auch auf der mit ihnen in derselben E_2 gelegenen Geraden g' senkrecht.

k) »Stehen $\varkappa$ Geraden $g_1 \ldots g_\varkappa$ in demselben Punkte A auf λ Geraden $h_1 \ldots h_\lambda$ senkrecht und bestimmen die $g_1 \ldots g_\varkappa$ eine einzige Ebene $E_\varkappa$ von $\varkappa$ Dimensionen und die $h_1 \ldots h_\lambda$ eine einzige E_λ, so steht jede durch A gelegte Gerade g der ersten Ebene auf jeder durch denselben Punkt gehenden Geraden h der zweiten Ebene senkrecht.«

Da nach der Voraussetzung jede Linie g_α für $\alpha = 1 \ldots \varkappa$ auf den λ Geraden $h_1 \ldots h_\lambda$ senkrecht steht, so steht g_α auch senkrecht auf jeder Geraden h, welche durch A in der durch die Linien $h_1 \ldots h_\lambda$ bestimmten Ebene E_λ gezogen werden kann. Umgekehrt steht hiernach h auf den Linien $g_1 \ldots g_\varkappa$ senkrecht, also auch auf jeder Geraden g, die in $E_\varkappa$ liegt und durch den Punkt A geht.

l) »Durch jeden Punkt einer Geraden geht eine einzige (n−1)-dimensionale Ebene, welche auf ihr senkrecht steht.«

Durch die Gerade g lege man n − 1 Ebenen E_2 und errichte in jeder durch den gewählten Punkt die Senkrechte.

m) »Durch jeden Punkt einer (n − 1)-dimensionalen Ebene E_{n-1} geht eine und zwar eine einzige Gerade, welche auf ihr senkrecht steht.«

Man wähle in E_{n-1} durch den Punkt n − 1 gerade Linien und errichte die dazu senkrechten $E_{n-1}^{(1)} \ldots E_{n-1}^{(n-1)}$, diese haben eine Gerade gemeinschaftlich. Gäbe es aber zwei solche Gerade, welche in A auf E_{n-1} senkrecht stehen, so müßten die sämtlichen durch A gehenden Geraden einer E_2 auf E_{n-1} senkrecht stehen, was nicht möglich ist, da eine solche Gerade der E_2 in die E_{n-1} fällt.

n) »Alle Geraden, welche in einem gegebenen Punkte einer E_λ auf ihr senkrecht stehen, füllen eine $(n-\lambda)$-dimensionale Ebene an.«

Beweis wie bei m).

o) »Alle Geraden, welche in einem gegebenen Punkte einer E_λ auf ihr senkrecht stehen und zugleich in einer E_μ enthalten sind, der auch E_λ angehört, füllen eine Ebene von $\mu - \lambda$ Dimensionen an.«

Beweis wie bei m).

p) »Zwei Gerade heifsen parallel, wenn sie derselben E_2 angehören und sich nicht schneiden. Wenn von zwei Parallelen die eine in einer $E\lambda$ liegt, die andere einen Punkt mit $E\lambda$ gemeinschaftlich hat, so gehört auch die zweite ganz der $E\lambda$ an.«

»Wenn zwei Ebenen E_μ und E_ν für $\mu \geq \nu$ in einer $E_{\mu+1}$ liegen und keinen Punkt gemeinschaftlich haben, so heifsen sie selbst parallel, weil sie von jeder sie schneidenden E_2 in parallelen Geraden geschnitten werden.«

Man nehme auf E_μ zwei Punkte und auf E_ν einen Punkt ganz beliebig an und lege durch dieselben eine E_2; diese schneidet jede der gegebenen Ebenen in einer Geraden; die beiden Schnittgeraden können keinen Punkt gemeinschaftlich haben, da der Schnittpunkt beiden Ebenen angehören müfste.

q) »Steht von zwei Parallelen die eine auf einer E_{n-1} senkrecht, so thut es auch die andere; und umgekehrt sind zwei Gerade parallel, welche auf derselben E_{n-1} senkrecht stehen.«

Sind g und h parallel, so lege man eine E_2 hindurch; diese schneidet die E_{n-1} in einer Geraden (nach d), welche von h getroffen werden mufs. Steht $g \perp E_{n-1}$ und ist A der Fufspunkt von g in E_{n-1}, so möge der Schnitt von h mit E_{n-1} durch B bezeichnet werden. Durch B lege man in E_{n-1} $n-1$ Gerade $k_1 \ldots k_{n-1}$, welche keiner E_{n-2} angehören. Zieht man für $\alpha = 1 \ldots n-1$ die k_α' durch A parallel zu k_α, so liegen auch die $k_1' \ldots k_{n-1}'$ in E_{n-1}. Da aber $\sphericalangle (gk_\alpha') = (hk_\alpha)$ und der erstere ein Rechter ist, so steht h auf $k_1 \ldots k_{n-1}$, also auf E_{n-1} senkrecht.

Dafs umgekehrt zwei auf derselben E_{n-1} senkrecht stehende Gerade parallel sind, folgt aus m), kann aber auch direkt auf folgendem Wege bewiesen werden: Sind g und h zwei gemeinschaftliche Senkrechte von E_{n-1}, so kann man sicherlich durch g und h eine (oder auch mehrere) E_3 legen. Eine solche hat mit E_{n-1} eine E_2 gemeinschaftlich, auf welcher g und h senkrecht stehen. Dafs diese Linien parallel sind, wird in den Lehrbüchern der Stereometrie bewiesen.

r) Zwei parallele μ-dimensionale Ebenen haben überall denselben Abstand.

Sind E_μ und E_μ' parallel und fällt man von zwei Punkten der ersten die Senkrechten auf die zweite, so sind dieselben parallel (da der Satz q) auch für jede in einer $E_{\mu+1}$ liegende E_μ gilt). Somit sind dieselben Gegenseiten in einem Parallelogramm und deshalb gleich.

s) »Steht PA auf einer E_{n-1} und PB auf einer in E_{n-1} gelegenen E_{n-2} senkrecht, so steht auch AB auf der E_{n-2} senkrecht.«

Zieht man durch B die Gerade BC ∥ PA, so liegt BC in der Ebene PAB; zudem steht BC auf E_{n-1} senkrecht, also sicherlich auch auf der in E_{n-1} gelegenen E_{n-2}. Auf der letzteren Ebene stehen also die Geraden BC und BP senkrecht, also auch jede durch B gehende Gerade der Ebene PBC, somit auch die Gerade AB.

t) »Wenn zwei Ebenen E_{n-1} und E_{n-1}' sich schneiden und wenn man in einem Punkte A der Schnittebene E_{n-2} zwei Senkrechte g und h auf ihr errichtet, von denen die eine in E_{n-1}, die andere in E_{n-1}' liegt, so ändert der von g und g′ eingeschlossene Winkel seine Größe nicht, wenn man an Stelle des Punktes A irgend einen andern Punkt der Schnittebene wählt.«

Für einen zweiten Punkt B der Schnittebene sei h in E_{n-1} und h′ in E_{n-1}' senkrecht auf E_{n-2} errichtet; es soll bewiesen werden, daſs $\sphericalangle$ (hh′) $= \sphericalangle$ (gg′) ist. Da g und h in einer zweidimensionalen Ebene liegen und ebenso g′ und h′ und da diese die Gerade AB gemeinschaftlich haben, so liegen die Geraden g, g′, h, h′ in einer E_3. Somit gilt der Satz, da er für den dreidimensionalen Raum bewiesen ist.

§ 12.
Die ersten Sätze des vierdimensionalen Raumes.

Um die Entwicklungen des vorigen Paragraphen, welche für den ersten Anfänger wegen ihrer Abstraktheit vielleicht einige Schwierigkeiten bieten, dem Verständnis näher zu bringen, wollen wir die darin enthaltenen Sätze für den vierdimensionalen Raum nochmals auf einem andern Wege herleiten und daran verwandte Untersuchungen anknüpfen.

Wir gehen wieder von denselben Voraussetzungen aus, die wir im vorigen Paragraphen der Untersuchung zu Grunde gelegt haben; nur nehmen wir die Zahl der Dimensionen gleich vier an. Dann haben die Ebenen entweder zwei oder drei Dimensionen.

Da die ersteren euklidische Ebenen sind, jede der letzteren aber die Eigenschaften des dreidimensionalen euklidischen Raumes besitzt, so ist es nicht nötig, eine Ebene für sich zu untersuchen oder Gebilde zu betrachten, die in einer Ebene enthalten sind.

a) »Eine Gerade schneidet entweder eine E_3 oder sie hat mit ihr keinen Punkt gemeinschaftlich. Im zweiten Falle heifst sie zu ihr parallel, und dann ist sie zu jeder Geraden der E_3 parallel, welche mit ihr in einer zweidimensionalen Ebene liegt; auch wird eine Gerade jedesmal einer E_3 parallel sein, wenn sie zu einer in ihr gelegenen Geraden parallel ist.«

»Wofern eine Gerade eine E_3 schneidet, steht sie entweder auf allen in E_3 gelegenen und durch den Schnittpunkt gehenden Geraden senkrecht (und dann sagt man, sie stehe auf der E_3 senkrecht), oder sie steht nur auf allen derartigen Geraden einer in E_3 gelegenen zweidimensionalen Ebene E_2 senkrecht, während sie mit einer einzigen in E_3 gelegenen Geraden den kleinsten spitzen Winkel bildet; diese Gerade steht auf der bezeichneten E_2 senkrecht und enthält den Fufspunkt einer jeden Senkrechten, welche man von Punkten der Geraden auf die E_3 fällen kann.«

»Alle Geraden, welche in einem gegebenen Punkte einer Geraden auf ihr senkrecht stehen, gehören einer E_3 an, und in jedem Punkte einer E_3 steht auf ihr nur eine einzige Gerade senkrecht.«

»Wenn von zwei parallelen Geraden die eine zu einer E_3 parallel ist, so mufs es auch die andere sein; ebenso sind die Winkel gleich, die zwei parallele Gerade mit derselben E_3 bilden.«

»Zwei Gerade, die auf derselben E_3 senkrecht stehen, sind parallel.«

Wenn die Gerade g die E_3 nicht trifft, so kann sie auch keine in E_3 gelegene Gerade schneiden; wenn also eine Gerade der E_3 mit g in einer E_2 liegt, so mufs sie zu g parallel sein. Ist umgekehrt $g \parallel h$ und liegt h in E_3, so kann g die E_3 nicht treffen; legt man nämlich durch g und h eine E_2, so kann ein Schnitt von g mit E_3 nur auf dieser E_2 liegen; E_2 kann aber mit E_3 nur die Gerade h gemeinschaftlich haben, (weil sie sonst ganz in E_3 fiele), und ein Schnitt von g mit h ist ausgeschlossen.

Um die anderen Teile des Satzes beweisen zu können, mufs man zunächst zeigen, dafs, wenn g auf drei durch ihren Schnittpunkt gehenden Geraden l, m, n von E_3 senkrecht steht und diese nicht in einer E_2 liegen, sie mit allen durch den Schnittpunkt gehenden Geraden der E_3 rechte Winkel bildet. Wenn g auf l und m senkrecht steht, so muſs sie auf der durch l und m hindurchgehenden E_2 senkrecht stehen; nun lege man durch irgend eine Gerade von E_2 und die n wieder eine E_2', so steht g auch auf dieser senkrecht; somit steht g auf jeder in E_3 gelegenen und durch den Schnittpunkt gehenden Geraden senkrecht.

Wenn umgekehrt g und ein Punkt P auf g gegeben ist, so kann man durch g beliebig viele Ebenen E_2 legen und in jeder eine Gerade konstruieren, die in P auf g senkrecht steht; alle diese Geraden gehören einer E_3 an; denn sonst müſsten alle durch P gehenden Geraden auf g senkrecht stehen, was unmöglich ist.

Wenn die Geraden AP und AQ beide in A auf E_3 senkrecht ständen, so könnte man in der zweidimensionalen Ebene APQ in A auf AP eine Senkrechte errichten. Dann müſste diese auch der E_3 angehören, also auch auf AQ senkrecht stehen, was nicht möglich ist.

Wenn von drei Geraden zwei der dritten parallel sind, so liegen sie in einer dreidimensionalen Ebene; daher müssen jetzt die Geraden einander parallel sein. Daraus folgt unmittelbar, daſs, wenn von zwei Parallelen die eine einer E_3 parallel ist, auch die andere zu E_3 parallel sein muſs. Somit werden zwei Parallelen entweder beide eine E_3 schneiden oder beide zu ihr parallel sein.

Wenn von zwei Parallelen die eine auf E_3 senkrecht steht, so kann zunächst die andere nicht zu E_3 parallel sein; also wird E_3 von beiden Geraden geschnitten. Durch die Schnittpunkte ziehe man in E_3 drei Paare paralleler Geraden; dann lassen sich, weil Winkel mit gleichgerichteten Schenkeln gleich sind, drei Gerade in E_3 bestimmen, die keiner E_2 angehören und auf denen die zweite Gerade senkrecht steht; die zweite Parallele steht also auf E_3 senkrecht.

Daſs umgekehrt zwei gerade Linien, die auf einer E_3 senkrecht stehen, parallel sind, läſst sich leicht indirekt beweisen.

Wenn die Gerade AP die E_3 in A trifft, ohne auf ihr senkrecht zu stehen, so fälle man von einem beliebigen Punkte Q von AP auf E_3 die Senkrechte QB. Dann liegt in der zweidimensionalen Ebene ABP jede Senkrechte, welche von einem Punkte der Geraden auf E_3 gefällt wird. Zieht man nämlich durch irgend einen Punkt der Geraden die Parallele zu QB, so liegt sie in dieser E_2 und steht auf E_3 senkrecht. Die Fußpunkte liegen also sämtlich in der Geraden AC. Legen wir nun in E_3 zu AC durch A die senkrechte E_2, und ziehen durch A zu QC die Parallele, so muß letztere auch auf E_3 und somit auch auf E_2 senkrecht stehen; da sie aber in der Ebene APC liegt, so enthält diese zwei durch A gehende, auf E_2 senkrechte Gerade; somit muß auch jede durch A gehende Gerade dieser Ebene, speziell AP auf E_2 senkrecht stehen.

Daß endlich $\sphericalangle$ QAC $<$ QAD ist, wo D beliebig in E_3 liegt, zeigt man auf die bekannte Weise, indem man AD = AC macht und nun berücksichtigt, daß QA = QA, AC = AD, aber QD $>$ QC ist, somit auch $\sphericalangle$ QAD $>$ QAC ist.

b) »Wenn in einem vierdimensionalen Raume eine E_2 und eine E_3 liegen, so sind zwei Fälle möglich: entweder haben sie keinen Punkt gemeinschaftlich oder sie schneiden sich in einer geraden Linie. Im ersten Falle werden sie durch jede zweidimensionale Ebene, welche beide schneidet, in zwei parallelen Geraden geschnitten, und sie heißen deshalb selbst parallel; dann ist jede in E_2 gelegene Gerade zu E_3 parallel; alle Punkte der einen Ebene haben von der andern gleichen Abstand.«

»Wenn die Ebenen sich schneiden, so wähle man in der Schnittlinie g einen Punkt A, und errichte in ihm eine Senkrechte h auf g, welche in E_2 liegt, und eine senkrechte zweidimensionale Ebene F_2, welche in E_3 liegt; dann ist der Neigungswinkel von h zu F_2 konstant, welchen Punkt man auch auf g gewählt hat. Wenn speziell h auf F_2 senkrecht steht, so liegt jede von einem Punkte der E_2 auf E_3 gefällte Senkrechte ganz in E_2.«

Wir beweisen zunächst, daß die beiden Ebenen E_2 und E_3 eine gerade Linie gemeinschaftlich haben, sobald sie in einem Punkte zusammentreffen. Zu dem Ende ziehen wir in E_2 durch A zwei Gerade AP und AQ; die Halbgeraden AP und AQ mögen auf derselben Seite von E_3 liegen (also in einem der beiden Raumteile liegen, in welche der Raum durch E_3 zerlegt wird); dann müssen die Verlängerungen AP' und AQ' beide auf der andern Seite von E_3 liegen. Zieht man die Gerade PQ', so macht man auf derselben einen Übergang von der einen zur andern Seite, trifft also die E_3. Die Gerade PQ' liegt aber ganz in E_2; folglich haben E_2 und E_3 noch einen Punkt und damit eine Gerade gemeinschaftlich.

Wenn $E_2 \parallel E_3$ ist, so kann keine in E_2 gelegene Gerade die E_3 schneiden; jede Gerade, die in E_2 liegt, ist also zu E_3 parallel. Sind A und B zwei Punkte von E_2, C und D die Fufspunkte der von ihnen auf E_3 gefällten Senkrechten, so sind die Geraden AC und BD nach a) parallel; ebenso sind die Geraden AB und CD parallel, da sie erstens wegen des Parallelismus von E_2 und E_3 keinen Punkt gemeinschaftlich haben, zweitens in der zweidimensionalen Ebene ABCD liegen; folglich ist AC = BD.

Wenn aber E_2 und E_3 die Schnittlinie g haben, so möge A ein Punkt von g sein; h stehe in A auf g senkrecht und liege in E_2; F_2 stehe in A auf g senkrecht und liege in E_3. Ein zweiter Punkt von g sei A'; indem man die entsprechende Konstruktion macht, erhält man die Gerade h' und die Ebene F_2'. Dann ist h' zu h und F_2' zu F_2 parallel. Auf h und h' schneide man die gleichen Strecken AB und A'B' ab; dann ist BB' zu g und somit zu E_3 parallel. Fällt man von B und B' die Senkrechten BC und B'C' auf E_3, so sind dieselben gleich grofs. Da aber BA auf g und F_2 auf g in demselben Punkte senkrecht stehen, so fällt C in F_2 und ebenso C' in F_2' hinein. Somit giebt $\sphericalangle$ CAB = C'A'B' die Neigung von h zu F_2, resp. von h' zu F_2' an. Diese Betrachtung ändert sich nicht, wenn C mit A und zugleich (wegen des Parallelismus) C' mit A' zusammenfällt.

Die gegenseitige Lage einer E_2 und einer E_3 in einem vierdimensionalen Raume wird im allgemeinen durch einen Winkel und im Falle des Parallelismus durch eine gerade Strecke bestimmt.

c) »Zwei dreidimensionale Ebenen haben entweder keinen Punkt oder eine zweidimensionale Ebene gemeinschaftlich. Im ersten Falle heifsen die Ebenen parallel; sie werden dann von jeder zweidimensionalen Ebene, welche nicht zu beiden parallel ist, in parallelen Geraden geschnitten; jede E_2 und jede Gerade, welche in der einen der gegebenen Ebenen liegt, ist zu der andern parallel; die Ebenen haben überall gleichen Abstand und jede Gerade, welche auf der einen von ihnen senkrecht steht, schneidet auch die andere unter einem rechten Winkel.«

»Im zweiten Falle errichte man in demselben Punkte des Schnittgebildes auf ihm in jeder der beiden Ebenen die Senkrechte; dann ist die Gröfse des von den Senkrechten eingeschlossenen Winkels unabhängig von dem gewählten Punkte. Ist dieser Winkel ein Rechter, so fällt jede von einem Punkte der einen Ebene auf die andere gefällte Senkrechte ganz in die erste hinein.«

Wenn die Ebenen E_3 und E_3' einen Punkt A gemeinschaftlich haben, so nehme man in E_3 eine durch A gehende E_2; diese schneide die E_3' in einer Geraden g. Nun kann man aber durch A in E_3 eine zweite E_2' legen, in welcher die Gerade g nicht enthalten ist; folglich ist die Schnittgerade g' der Ebenen E_2' und E_3' von g verschieden. Wenn aber die Ebenen E_3 und E_3' die beiden Geraden g und g' gemeinschaftlich haben, so müssen sie sich in einer zweidimensionalen Ebene schneiden.

Haben E_3 und E_3' keinen Punkt gemeinschaftlich, so mufs jede E_2, welche die eine nicht schneidet, auch zu der andern parallel sein. Umgekehrt mufs jede E_2, welche die eine schneidet, auch mit der andern eine Gerade gemeinschaftlich haben; zugleich müssen die beiden Schnittlinien parallel sein, da sie in einer E_2 liegen und sich nicht schneiden. Dafs jetzt die Ebenen E_3 und E_3' überall gleichen Abstand haben, wird genau so bewiesen, wie der entsprechende Satz in b). Steht endlich g auf E_3 senkrecht, so schneidet g auch die parallele E_3'; dafs g aber auch auf E_3' senkrecht steht, beweist man wieder dadurch, dafs man durch die Fufspunkte in den Ebenen Paare von parallelen Geraden zieht.

Jetzt mögen sich E_3 und E_3' in E_2 schneiden; in E_2 wähle man den Punkt A und errichte AB in E_3 senkrecht auf E_2 und AC in E_3' senkrecht auf E_2. Liegt A' gleichfalls in E_2 und gehört A'B' der E_3, A'C' der E_3' an und stehen beide auf E_2 senkrecht, so soll bewiesen werden, dafs $\sphericalangle$ B'A'C' = BAC ist. Wählt man AB = A'B', AC = A'C', so ist, da AB $\parallel$ A'B' ist, auch BB' $\parallel$ AA', und ebenso CC' $\parallel$ AA', folglich auch CC' $\parallel$ BB'; und da ebenfalls BB' = AA' und CC' = AA' ist, so ist auch BB' = CC', folglich BC = B'C' und $\sphericalangle$ BAC = B'A'C'. Man kann auch AB = A'B' machen und von B und B' die Senkrechten auf E_3' fällen; dann liegen ihre Fufspunkte in AC resp. A'C'. Da zudem BB' parallel zu E_2 und somit auch zu E_3' ist, so sind die Senkrechten gleich und somit auch die Winkel BAC und B'A'C'.

d) »Eine dreidimensionale Kugel K_3, der geometrische Ort aller Punkte, welche von einem Punkte gleichen Abstand haben, wird von einer E_3 in einer K_2 geschnitten, wenn ihr Abstand vom Mittelpunkte kleiner ist als der Radius; sie wird von der E_3 berührt, wenn der Abstand gleich dem Radius ist; dagegen liegt die Ebene ganz aufserhalb des Kugelgebildes, wenn der Abstand gröfser ist als der Radius. Im ersten Falle fällt der Mittelpunkt der Schnittkugel, im zweiten der Berührungspunkt mit dem Fufspunkt der Senkrechten zusammen.«

»Ein solches Kugelgebilde hat, für sich betrachtet, die Eigenschaften eines dreidimensionalen Riemannschen Raumes. Zu jedem Punkt existiert ein Gegenpunkt, der zweite Endpunkt des von dem ersten ausgehenden Durchmessers. Vier Punkte des Gebildes, welche nicht mit dem Mittelpunkt in derselben E_3 liegen, bestimmen ein sphärisches Tetraeder. Legt man nämlich durch je drei von ihnen und den Mittelpunkt eine E_3, so begrenzen diese 16 Teile gegen einander ab; nur einem dieser Teile gehören die vier gegebenen Punkte als Eckpunkte an. Ein zweites Tetraeder wird durch die Gegenpunkte bestimmt; die beiden sphärischen Gegen-Tetraeder sind kongruent.«

Der Beweis für alle diese Behauptungen ist so einfach, dafs er nicht durchgeführt zu werden braucht.

e) »Wenn sich drei dreidimensionale Ebenen zu je zweien schneiden, so sind die Schnittgebilde entweder parallel oder sie haben eine Gerade gemeinschaftlich. Im zweiten Falle entstehen acht verschiedene Gebilde, welche aus Stücken dreidimensionaler Ebenen zusammengesetzt sind und von denen jedes einen (unendlichen) Teil des Raumes gegen den übrigen Raum abgrenzt. Jedes solche Gebilde möge als gewöhnlicher vierdimensionaler Winkel mit Doppelkante bezeichnet werden; dasselbe besteht aus drei Teilen von dreidimensionalen Ebenen, von denen jeder Teil durch zwei zweidimensionale Halbebenen begrenzt ist. Die Beziehung zwischen den hierdurch bestimmten Flächenwinkeln und den Neigungen je zweier Ebenen wird durch Formeln angegeben, welche mit denen der gewöhnlichen sphärischen Trigonometrie identisch sind.«

Gegeben seien die dreidimensionalen Ebenen A_3, B_3, C_3; je zwei mögen einander schneiden und zwar B_3 und C_3 in a_2,

C_3 und A_3 in b_2, A_3 und B_3 in c_2. Dann liegen a_2 und b_2 in C_3; sie haben deshalb entweder eine Gerade g gemeinschaftlich oder sind parallel. Im ersten Falle gehört g auch A_3 und B_3, also auch ihrem Schnittgebilde c_2 an. Im zweiten Falle können auch a_2 und c_2 keinen Punkt gemeinschaftlich haben; sobald sie das hätten, müfsten sie sich in einer Geraden schneiden, und diese müfste, wie schon bewiesen, auch b_2 angehören, was ausgeschlossen ist; demnach sind a_2 und c_2, und ebenso b_2 und c_2 einander parallel.

Im ersten Falle, wo a_2, b_2, c_2 eine Gerade g gemeinschaftlich haben, wird jede dieser zweidimensionalen Ebenen durch g in zwei Halbebenen a_2' und a_2'', b_2' und b_2'', c_2' und c_2'' zerlegt. Nehmen wir etwa a_2', b_2', c_2' heraus und betrachten denjenigen Teil $\overline{A}_3$ von A_3, welcher durch b_2' und c_2' begrenzt wird, und begrenzen in entsprechender Weise Teile $\overline{B}_3$ und $\overline{C}_3$ von B_3 und C_3, so bilden $\overline{A}_3$, $\overline{B}_3$, $\overline{C}_3$ eine dreifach ausgedehnte stetige Mannigfaltigkeit, durch welche ein gewisser, sich ins Unendliche erstreckender Teil des Raumes gegen den übrigen Raum abgegrenzt wird. Solcher Gebilde giebt es offenbar acht. Messen wir die Gröfse von $\overline{A}_3$ in Winkelmafs und setzen sie gleich a, und führen wir entsprechend die Gröfsen b und c ein, bezeichnen wir ferner die Neigung von $\overline{B}_3$ und $\overline{C}_3$ zu einander durch α u. s. w., so folgen die Gleichungen:

$$\frac{\sin a}{\sin \alpha} = \frac{\sin b}{\sin \beta} = \frac{\sin c}{\sin \gamma},$$
$$\cos a = \cos b \cos c + \sin b \sin c \cos \alpha,$$

die man etwa dadurch beweisen kann, dafs man die Figur durch eine auf g senkrecht stehende dreidimensionale Ebene schneidet. Auch ist

$$\sin b \sin c \sin \alpha = \sin c \sin a \sin \beta = \sin a \sin b \sin \gamma$$

und jedes dieser Produkte kann als der Sinus des aus den drei Ebenen gebildeten Winkels bezeichnet werden.

f) «Wenn vier dreidimensionale Ebenen je zu dreien sich in einer Geraden treffen, so sind diese vier geraden Linien entweder zu je zweien parallel oder sie gehen durch denselben Punkt. Im zweiten Falle möge die Figur ein vierdimensionaler Winkel mit Spitze genannt werden. Bezeichnet man alsdann die vier Kanten mit 1, 2, 3, 4 und wählt man irgend eine Permutation $\iota, \varkappa, \lambda, \mu$ dieser vier Zahlen, so möge der Winkel zweier Kanten mit ($\iota, \varkappa$), der Winkel, den zwei in einer Kante zusammenstoßende zweidimensionale Ebenen mit einander bilden, durch ($\iota\varkappa, \iota\lambda$) und endlich der Winkel, welchen zwei unter den gegebenen dreidimensionalen Ebenen einschließen, mit ($\iota\varkappa\lambda, \iota\varkappa\mu$) bezeichnet werden. Dann ist das Produkt:

$$\sin(\iota, \varkappa) \sin(\iota, \lambda) \sin(\iota, \mu) \sin(\iota\varkappa, \iota\lambda) \sin(\iota\varkappa, \iota\mu) \sin(\iota\varkappa\lambda, \iota\varkappa\mu)$$

von der gewählten Permutation unabhängig und möge als der Sinus des vierdimensionalen Winkels bezeichnet werden.«

Wenn zwei Kanten einander treffen, so gehört der Schnittpunkt allen vier Ebenen, also auch der Schnittlinie von je drei Ebenen, d. h. den vier Kanten an. Hieraus folgt, daß entweder alle vier Kanten durch denselben Punkt gehen oder keine zwei einander treffen. Da zudem im letzteren Falle je zwei Kanten in derselben zweidimensionalen Ebene liegen, so sind sie parallel.

Um jetzt die Unabhängigkeit der obigen Formel von den vier gewählten Marken nachzuweisen, beachten wir, daß nach dem Schlußergebnis von e) das Produkt

$$\sin(\iota\varkappa, \iota\lambda) \sin(\iota\varkappa, \iota\mu) \sin(\iota\varkappa\lambda, \iota\varkappa\mu)$$

sich nicht ändert, wenn man für $\varkappa, \lambda, \mu$ irgend eine andere Permutation der drei von ι verschiedenen Zahlen setzt. Demnach genügt es nachzuweisen, daß

$$\sin(\iota, \varkappa) \sin(\iota, \lambda) \sin(\iota, \mu) \sin(\iota\varkappa, \iota\lambda) \sin(\iota\varkappa, \iota\mu) \sin(\iota\varkappa\lambda, \iota\varkappa\mu)$$
$$= \sin(\varkappa, \iota) \sin(\varkappa, \lambda) \sin(\varkappa, \mu) \sin(\varkappa\iota, \varkappa\lambda) \sin(\varkappa\iota, \varkappa\mu) \sin(\varkappa\iota\lambda, \varkappa\iota\mu)$$

ist. Da aber die Kanten $\iota, \varkappa, \lambda$ in derselben dreidimensionalen Ebene liegen, so ist:

$$\sin(\iota, \lambda) \sin(\iota\varkappa, \iota\lambda) = \sin(\varkappa, \lambda) \sin(\varkappa\iota, \varkappa\lambda).$$

Aus demselben Grunde ist:

$$\sin(\iota, \mu) \sin(\iota\varkappa, \iota\mu) = \sin(\varkappa, \mu) \sin(\varkappa\iota, \varkappa\mu).$$

Hierdurch ist die Richtigkeit der vorgelegten Formel erwiesen.

g) »Zwei zweidimensionale Ebenen, welche nicht derselben E_3 angehören, haben höchstens einen Punkt A gemeinschaftlich. Dann können einmal die sämtlichen durch A gelegten Geraden der einen Ebene auf denen der andern senkrecht stehen; dieser Fall tritt ein, wenn zwei solche Geraden der einen auf zwei durch A gehenden Geraden der andern senkrecht stehen; in diesem Falle mögen die Ebenen als zu einander normal bezeichnet werden.«

»Zweitens kann, wofern die Ebenen einen Punkt gemeinschaftlich haben, die zweite Ebene eine einzige Gerade enthalten, welche auf der ersten senkrecht steht; dann enthält auch die zweite Ebene eine einzige Gerade, welche auf der ersten senkrecht steht; errichtet man nun zu jeder dieser Geraden in der eigenen Ebene die Senkrechte, so bildet jede von ihnen die Projektion der andern auf die eigene Ebene, und der von ihnen eingeschlossene spitze Winkel ist der kleinste Winkel, welcher von zwei durch A je in einer Ebene gelegten Geraden gebildet wird.«

»Im allgemeinen gehen in der einen Ebene durch A zwei Gerade g und g' und in der andern zwei Gerade h und h' von folgenden Eigenschaften: g und h bilden mit einander den kleinsten, g' und h' den gröfsten spitzen Winkel, welcher von Geraden der beiden Ebenen eingeschlossen werden kann; dann steht g auf g' und h', h auf g' und h' senkrecht.«

»Endlich ist noch die Möglichkeit vorhanden, dafs der Winkel, welchen irgend eine durch den gemeinschaftlichen Punkt in der einen Ebene gezogene Gerade mit ihrer Projektion auf die andere Ebene bildet, konstant ist. Dann wird jede durch den gemeinschaftlichen Punkt gelegte zweidimensionale Ebene, welche beide Ebenen schneidet, auch gegen beide gleich geneigt sein.«

»Wenn aber zwei E_2, ohne in einer E_3 zu liegen, keinen Punkt gemeinschaftlich haben, so geht durch jeden Punkt der einen eine (und zwar eine einzige) Gerade, welche zu der andern Ebene parallel sind. Längs einer jeden Parallelen ist der senkrechte Abstand von der andern Ebene konstant; dagegen ändert er sich von einer Parallelen zur andern. Es giebt eine Parallele, welche die kleinste Entfernung hat, und von ihr aus wächst der Abstand über alle Grenzen. Konstruiert man in jeder Ebene diejenige zur andern Ebene parallele Gerade, welche ihr am nächsten liegt, so sind auch diese beiden Geraden parallel, und die hindurchgelegte zweidimensionale Ebene trifft jede der beiden gegebenen senkrecht.«

Die gegebenen Ebenen seien E_2 und E_2'; man lege durch E_2 und einen Punkt von E_2' eine E_3; diese trifft E_2' in einer Geraden g; eine zweite durch E_2 und einen Punkt von E_2' gelegte E_3'' möge in g' treffen. Dann sind g und g' entweder parallel oder sie schneiden einander. Im ersten Falle können E_2 und E_2'

keinen Punkt gemeinschaftlich haben; also muſs auch jede weitere, durch E_2 und einen Punkt von E_2' gelegte E_3 in einer Geraden schneiden, welche zu g und g' parallel ist. Jede dieser Linien ist auch zu E_2 parallel und demnach haben alle auf g liegenden Punkte von $E_{2'}$ denselben Abstand. Macht man die Konstruktion unter Vertauschung der Ebenen, so findet man auf E_2 eine Schar paralleler Linien h, h'..., von denen jede zu E_2' parallel ist. Ferner ist g zu h parallel; denn da g ǁ E_2 ist, so kann man durch g und einen Punkt von h eine $\overline{E}_2$ legen, welche E_2 in einer Geraden k trifft. Dann müſste k zu E_2' parallel sein; es gingen also durch jeden Punkt von E_2 zwei Parallele zu E_2' oder E_2 und E_2' lägen in einer E_3, was ausgeschlossen ist.

Jetzt konstruiere man eine $\overline{E}_3$, welche auf g (und damit auf allen Parallelen g',... h, h' ...) senkrecht steht. Diese schneidet E_2 und E_2' je in einer Geraden k und k'. Diese beiden Geraden haben, wie bekannt, einen kürzesten Abstand in einer Geraden l, welche auf beiden senkrecht steht. Durch den Fuſspunkt von l in E_2 möge die zu E_2' parallele Gerade g_1 und in E_2' die zu E_2 parallele h_1 gehen. Die zweidimensionale Ebene durch l und g_1 geht auch durch h_1 und trifft beide Ebenen senkrecht.

Wenn aber bei der oben angegebenen Konstruktion die Geraden g und g' sich in einem Punkte A schneiden, so ist dieser Punkt auch den Ebenen E_2 und E_2' gemeinschaftlich. Um die Beziehungen dieser Ebenen weiter zu untersuchen, beschreibe man um A als Mittelpunkt eine dreidimensionale Kugel. Diese schneidet die beiden Ebenen in zwei Hauptkreisen k und k'. Hierfür gelten aber die Beziehungen, welche in I § 19 entwickelt sind. Entweder sind die Geraden absolute Polaren von einander; dann werden E_2 und E_2' auf einander senkrecht stehen. Oder der senkrechte Abstand der einen Geraden von der andern hat ein Maximum und ein Minimum. Ist das Maximum $\tfrac{1}{2}\pi$, so enthält die eine Ebene eine Gerade, welche auf der andern senkrecht steht. Ebenso ergeben sich die weiteren Behauptungen unmittelbar aus den Sätzen über zwei Gerade des Riemannschen Raumes.

Im allgemeinen ist also die gegenseitige Lage zweier zweidimensionalen Ebenen durch zwei Winkel α und β bestimmt. Um eine Ebene E_2' zu konstruieren, welche zu einer gegebenen E_2 die durch α und β bestimmte Lage hat, nehme man in E_2

einen Punkt A, sowie die Geraden AQ und AR an, welche von A ausgehen und senkrecht auf einander stehen. Man konstruiere diejenige E_3, auf welcher AQ in A senkrecht steht, und ebenso E_3' senkrecht zu AR. In der zweiten nehme man AS, so dafs $\sphericalangle$ SAQ $= \alpha$ ist; dann bestimme man AT, so dafs es auf AQ und AS senkrecht steht und $\sphericalangle$ RAT $= \beta$ ist, so bestimmen AS und AT die verlangte Ebene.

Ist eine Ebene E_2 und in ihr ein Punkt A gegeben, so lege man durch E_2 und einen beliebigen Punkt eine E_3 und in ihr die zu E_2 senkrechte Gerade l; nun lege man durch E_2 eine andere E_3' und in ihr die zu E_2 senkrechte Gerade l'; dann bestimmen l und l' eine E_2', deren sämtliche durch A gelegte Gerade auf den durch A gehenden Geraden von E_2 senkrecht stehen; und umgekehrt wird jede in A auf E_2 senkrecht stehende Gerade der E_2' angehören.

h) »Wenn eine Gerade g und eine E_2 keiner dreidimensionalen Ebene angehören, so kann auf E_2 keine Gerade liegen, welche die g schneidet oder zu ihr parallel ist. Dagegen kann man durch E_2 eine einzige E_3 legen, zu welcher g parallel ist; auch giebt es eine einzige gemeinschaftliche Senkrechte zu den beiden Gebilden; auf ihr liegt die kleinste Entfernung der Geraden von der E_2.«

Man wähle einen beliebigen Punkt in E_2 und lege durch ihn die Parallele zu g. Diese kann nicht in E_2 hineinfallen, weil sonst g und E_2 in einer dreidimensionalen Ebene lägen. Sie bestimmt also mit E_2 eine E_3, zu der g parallel ist. Legt man jetzt durch irgend einen andern Punkt von E_2 die Parallele zu g, so gehört diese auch der E_2 an. Man kann durch E_2 eine zweite E_3 legen, welche mit E_3 einen rechten Winkel bildet. Die neue Ebene mufs von g geschnitten werden und auf ihr senkrecht stehen.

i) »Ist im Raume eine E_3 und in ihr ein beliebiges Polyeder π gegeben und nimmt man einen Punkt P hinzu, welcher nicht in E_3 liegt, so kann man von P nach jedem Punkte Q von π eine gerade Strecke ziehen, welche wir von P und Q begrenzt sein lassen. Die Gesamtheit dieser Strecken bestimmt ein allseitig begrenztes endliches Gebiet der vierfach ausgedehnten Mannigfaltigkeit und soll als eine vierdimensionale Pyramide bezeichnet werden.«

»Ist wieder in einer E_3 ein Polyeder π gegeben und lassen wir von einem Punkte Q desselben eine Strecke QR ausgehen, welche nicht in E_3 liegt, so bestimmt die Gesamtheit aller, von den Punkten Q des Polyeders ausgehenden mit QR gleichen und gleichgerichteten Strecken ein allseitig begrenztes Gebiet, das vierdimensionale Prisma.«

»Prismen von gleichem Grundgebilde und von gleicher Höhe sind gleich.«

»Pyramiden von gleichem Grundgebilde und von gleicher Höhe sind gleich.«

»Jede Pyramide ist der vierte Teil eines Prismas, welches mit ihr gleiches Grundgebilde und gleiche Höhe hat.«

»Der 24-fache Rauminhalt einer vierseitigen Pyramide ist gleich dem Produkt von vier zusammenstoſsenden Kanten in den Sinus des durch diese Kanten bestimmten vierdimensionalen Winkels (mit Spitze).«

Die Richtigkeit der ersten Behauptungen leuchtet sofort ein. Auf solche vierdimensionale Körper kann aber der Begriff der Kongruenz, der Gleichheit und endlich auch der der Ähnlichkeit übertragen werden. (Von dem letzteren Begriff können wir aber absehen.) Daſs vierdimensionale Prismen von gleichem Grundgebilde und gleicher Höhe gleichen Rauminhalt besitzen, folgt dadurch, daſs man die Grundgebilde entweder in kongruente Stücke zerlegt oder unbegrenzt zwischen Paaren kongruenter Stücke einschlieſst; dann überträgt sich der bekannte Beweis der Stereometrie unmittelbar (vergl. Baltzers Elemente II, fünftes Buch § 8, 1—3). Daran schlieſsen wir den Nachweis für den Satz: Wird eine Pyramide durch eine zum Grundgebilde parallele E_3 durchschnitten, so verhält sich das Schnittgebilde zum Grundgebilde, wie die dritten Potenzen ihrer senkrechten Abstände vom Scheitel; beim Beweise hat man nur den Satz zu benutzen, daſs ähnliche dreidimensionale Körper sich wie die Kuben homologer Strecken verhalten.

Um jetzt zu zeigen, daſs Pyramiden von gleichem Grundgebilde und gleicher Höhe gleich sind, teile man jede der gleichen Höhen in n gleiche Teile und lege durch jeden Teilpunkt die zum Grundgebilde parallele E_3; dadurch wird der Rauminhalt zwischen den Summen verschiedener Prismen eingeschlossen und daraus in bekannter Weise die Gleichheit gefolgert.

Nun seien $A_1 A_2 A_3 A_4$ die Eckpunkte eines in einer E_3 gelegenen Tetraeders; ferner sei $A_1 B_1 = A_2 B_2 = \ldots; A_1 B_1 \parallel A_2 B_2 \parallel \ldots$; dann bestimmen $\begin{pmatrix} A_1 A_2 A_3 A_4 \\ B_1 B_2 B_3 B_4 \end{pmatrix}$ ein vierdimensionales Prisma. Durch B_1 und $A_2 A_3 A_4$ legen wir eine dreidimensionale Ebene; diese zerteilt das Prisma in die vierseitige Pyramide $\begin{pmatrix} B_1 \\ A_1 A_2 A_3 A_4 \end{pmatrix}$ und einen zweiten Körper, dessen Eckpunkte $B_1, B_2, B_3, B_4, A_2, A_3, A_4$ sind. Es ist dies eine Pyramide mit der Spitze B_1 und dem Grundgebilde $\begin{pmatrix} A_2 A_3 A_4 \\ B_2 B_3 B_4 \end{pmatrix}$. Das letztere kann aber bekanntlich in vier inhaltsgleiche Tetraeder zerlegt werden: $(B_2 A_2 A_3 A_4)$, $(B_2 B_3 A_3 A_4)$ und $(B_2 B_3 B_4 A_4)$. Demnach zerfällt das vierdimensionale Prisma in die Pyramiden:

$$\begin{pmatrix} B_1 \\ A_1 A_2 A_3 A_4 \end{pmatrix}, \begin{pmatrix} B_1 \\ B_2 A_2 A_3 A_4 \end{pmatrix}, \begin{pmatrix} B_1 \\ B_2 B_3 A_3 A_4 \end{pmatrix}, \begin{pmatrix} B_1 \\ B_2 B_3 B_4 A_4 \end{pmatrix}.$$

Die drei letzten haben gleiche Höhe und gleiche Grundgebilde, da jedes Grundgebilde den dritten Teil des dreidimensionalen Prismas $\begin{pmatrix} A_2 A_3 A_4 \\ B_2 B_3 B_4 \end{pmatrix}$ enthält; somit sind die drei letzten Pyramiden an Rauminhalt gleich. Das letzte kann man auch schreiben: $\begin{pmatrix} A_4 \\ B_1 B_2 B_3 B_4 \end{pmatrix}$, und hat dann zum Grundgebilde das Tetraeder $(B_1 B_2 B_3 B_4)$ und zur Höhe den Abstand der Ebene $(A_1 \ldots A_4)$ von der Ebene $(B_1 \ldots B_4)$. Die Pyramide $\begin{pmatrix} B_1 \\ A_1 A_2 A_3 A_4 \end{pmatrix}$ hat zum Grundgebilde das Tetraeder $(A_1 A_2 A_3 A_4)$ und zur Höhe den Abstand derselben Ebenen. Da aber die Tetraeder $(A_1 A_2 A_3 A_4)$ und $(B_1 B_2 B_3 B_4)$ kongruent sind, so sind auch die beiden vierdimensionalen Pyramiden gleich, und das vierdimensionale Prisma ist in vier inhaltsgleiche Pyramiden zerlegt. Somit ist zunächst die vierseitige, und demnach jede Pyramide der vierte Teil eines Prismas, welches mit ihr gleiches Grundgebilde und gleiche Höhe hat.

Der Messung legt man ein Prisma zu Grunde, welches von lauter (nämlich acht) Würfeln begrenzt ist. Dann wird der

Rauminhalt eines jeden Prismas erhalten, indem man den Inhalt des Grundgebildes mit der Höhe multipliziert.

Die einfachste vierdimensionale Pyramide, die vierseitige, wird vielfach als Pentatop bezeichnet. Die fünf Eckpunkte mögen mit 1, 2, 3, 4, 5, die Kanten durch $(\iota\varkappa)$ bezeichnet werden, wenn $\iota, \varkappa$ zwei Marken der Reihe 1...5 sind; entsprechend bezeichne $(\iota\varkappa\lambda)$ eine Grenzfläche, $(\iota\varkappa\lambda\mu)$ ein Grenztetraeder; die Winkel zweier Kanten mögen mit $(\iota\varkappa, \iota\lambda)$, zweier Flächen mit $(\iota\varkappa\lambda, \iota\varkappa\mu)$ u. s. w. bezeichnet werden. Dann ist der Inhalt der Pyramide gleich $\tfrac{1}{4} h_5 R_5$, wenn mit h_5 der Abstand des Punktes 5 von der Ebene (1, 2, 3, 4) und mit R_5 der Inhalt des Tetraeders (1, 2, 3, 4) bezeichnet wird; letzterer ist
$R_5 = \tfrac{1}{6} (12).(13).(1,4) \sin(12, 13) \sin(12, 14) \sin(123, 124).$

Der Fußpunkt von h_5 möge mit H_5 bezeichnet werden; von A_5 fälle man die Senkrechten auf (12) und (123), deren Fußpunkte K und J sein mögen. Dann steht JH_5 auf (123) und KJ auf (12) senkrecht. Folglich ist
$A_5 H_5 = A_5 J . \sin(1235, 1234), \; A_5 J = A_5 K \sin(125, 123), \; A_5 K = (15) \sin(12, 15)$, so daß wir als Ausdruck für den Rauminhalt finden:
$$\tfrac{1}{24} (12)(13)(14)(15) . \sin(12, 13) \sin(12, 14) \sin(12, 15)$$
$$\sin(123, 124) \sin(124, 125) \sin(1234, 1235)$$
$$= \tfrac{1}{24} (12)(13)(14)(15) \sin[1],$$
wo mit [1] der vierdimensionale durch die vier vom Punkte A_1 ausgehenden Kanten bestimmte Winkel bezeichnet wird.

Der vierundzwanzigfache Rauminhalt eines Fünfzells ist also gleich dem Produkt der vier von einer Ecke ausgehenden Kanten in den Sinus des von diesen Kanten bestimmten Winkels.

Aus diesen Gleichungen ergeben sich weitere Relationen zwischen den Grenzgebilden des Fünfzells, auf welche wir nicht näher eingehen wollen. Überhaupt mögen die vorstehenden Sätze genügen, um zu zeigen, wie leicht es ist, die für den dreidimensionalen Raum geltenden Sätze auf einen vierfach ausgedehnten Raum zu übertragen. Einige weitere Lehrsätze werden wir im folgenden Paragraphen herleiten.

§ 13.
Die n-dimensionalen Polyeder.

Wenn zwei Gebilde so auf einander bezogen werden können, dafs jedem Punkte des einen ein Punkt des andern entspricht und umgekehrt, und wenn zwei Punkte des einen dieselbe Entfernung haben, wie die entsprechenden Punkte des andern, so sind auch die Winkel der einen Figur gleich denen der andern; jedes allseitig begrenzte zwei- oder dreidimensionale Gebilde der einen Figur ist an Inhalt dem entsprechenden Gebilde der andern gleich; wir sagen dann kurz, die Gebilde stimmten in allen Gröfsenbeziehungen überein. Damit wir aber die Gebilde als kongruent bezeichnen können, müssen wir ein drittes, veränderliches Gebilde hinzunehmen; die Veränderung desselben soll stetig sein, alle Gröfsenbeziehungen ungeändert lassen und in der Weise erfolgen, dafs das neue Gebilde einmal mit dem ersten und dann mit dem zweiten Gebilde identisch wird. Nur wenn alle diese Bedingungen erfüllt sind, dürfen wir die beiden Gebilde als kongruent bezeichnen.

Die auf die angegebene Weise bestimmte stetige Zuordnung soll als starre Bewegung bezeichnet werden.

Ein (zusammenhangender) endlicher Teil des Raumes sei durch eine Anzahl von $(n-1)$-dimensionalen Ebenen begrenzt; dieser Teil möge als ein n-dimensionales Polyeder bezeichnet werden. Die Grenze besteht aus $(n-1)$-dimensionalen Polyedern, d. h. aus endlichen Teilen je einer $(n-1)$-dimensionalen Ebene, welche von lauter $(n-2)$-dimensionalen ebenen Gebilden begrenzt werden. Demgemäfs gehören der Grenze noch $(n-2)$-dimensionale, ... 3-dimensionale Polyeder, sowie Polygone, Kanten und Ecken an. Wir betrachten nur solche Polyeder, welche durch jede schneidende $(n-1)$-dimensionale Ebene in zwei Teile (und nicht in mehr) zerlegt werden, und für welche jedes durch die Teilung erhaltene Polyeder dieselbe Eigenschaft hat; dann wird auch jede hindurchgehende gerade Linie nur eine einzige Strecke im Innern enthalten; infolge der Stetigkeit mufs dasselbe für eine in der Oberfläche gezogene gerade Linie gelten.

Die Anzahl der Ecken soll mit a_0, die der Kanten mit a_1, die der ebenen Grenzpolygone mit a_2, sowie die der m-dimensionalen Grenzpolyeder mit a_m bezeichnet werden für m = 3, 4 ... n — 1. Ebenso wollen wir die Ecken selbst mit E_0, die Kanten mit E_1, die Polygone mit E_2, ... und endlich die (n — 1)-dimensionalen Grenzpolyeder mit E_{n-1} bezeichnen, indem wir obere Marken anbringen, wenn mehrere solche Gebilde unterschieden werden müssen. Dann ist die Anzahl der in einer E_{n-2} zusammenstofsenden E_{n-1} gleich zwei, die Anzahl der in einer E_{n-3} zusammenstofsenden E_{n-2} und E_{n-1} mindestens gleich drei; ebenso ist die Anzahl der in einer E_{n-p} zusammenstofsenden E_{n-p+1} ... E_{n-1} mindestens gleich p; also müssen speziell an jeder Ecke mindestens n Kanten und n mehrdimensionale Grenzebenen zusammenstofsen. Umgekehrt gehören jeder E_1 zwei E_0, jeder E_2 mindestens drei E_0 und drei E_1, jeder E_3 mindestens vier E_0, vier E_1, vier E_2 u. s. w. an. Alle diese Wahrheiten ergeben sich aus dem Beweise des folgenden Satzes.

a) »Im n-dimensionalen Raume sind mindestens n + 1 Ebenen von n — 1 Dimensionen erforderlich, um einen n-dimensionalen Körper zu begrenzen; umgekehrt wird aber auch durch n + 1 solche Ebenen jedesmal ein endlicher Teil des Raumes begrenzt, wofern nicht mehrere unter diesen Ebenen eine besondere Lage zu einander haben.«

Wir wählen zwei Ebenen E_{n-1}^1 und E_{n-1}^2 so, dafs sie nicht parallel sind; dann schneiden sie sich in einer E_{n-2}. Eine dritte Ebene E_{n-1}^3 wird so gewählt, dafs sie weder durch das Schnittgebilde hindurchgeht noch zu ihm parallel ist; dann haben die drei Ebenen eine E_{n-3} gemeinschaftlich. Hierzu fügen wir eine E_{n-1}^4, welche wiederum weder durch das Schnittgebilde der ersten hindurchgeht noch ihm parallel ist. In entsprechender Weise fährt man fort. Solange man auf diesem Wege nur n Ebenen oder noch weniger gewählt hat, erhält man mindestens einen Schnittpunkt, der allen gemeinschaftlich ist; legt man durch einen solchen Punkt eine gerade Linie, welche in keine der Ebenen hineinfällt, so wird sie auch keine von ihnen zum zweitenmale treffen; man kann also von jedem Punkte des Raumes zu einem unendlich fernen Punkte gelangen, ohne durch eine der Ebenen hindurchzugehen. Nachdem in der bezeichneten Weise n Ebenen gewählt sind, fügt man die E_{n-1}^{n+1} hinzu, welche nicht durch den Schnittpunkt der n ersten geht. Infolge der getroffenen

Wahl werden sich je n Ebenen in einem Punkte schneiden, und wir bezeichnen den Schnittpunkt von $E_{n-1}^1 \ldots E_{n-1}^{m-1} E_{n-1}^{m+1} \ldots E_{n-1}^{n+1}$ mit E_0^m. Von denjenigen beiden Teilen des Raumes, in welche derselbe durch E_{n-1}^1 zerlegt wird, betrachte ich denjenigen, in welchem E_0^1 liegt. Dieser Teil wird wieder durch E_{n-2}^2 zerlegt und ich betrachte wiederum denjenigen Raumteil, auf dessen Grenze gegen E_{n-1}^1 der Punkt E_0^2 liegt. Indem ich fortfahre, erhalte ich einen gewissen Raumteil, der näher untersucht werden soll. Wäre ich von E_{n-1}^m ausgegangen und hätte dann in der angegebenen Weise einen Raumteil begrenzt, so würde ich wieder zu dem auf die erste Weise erhaltenen gelangen.

Für $n=2$ und $n=3$ ist es gleichgültig, von welchem Eckpunkte man ausgeht: wir wollen annehmen, dasselbe sei bereits für die Zahl $n-1$ bewiesen. Dann wird in jeder Ebene E_{n-1}^m durch den Schnitt mit den übrigen $(n-1)$-dimensionalen Ebenen ein endliches Grenzgebilde bestimmt, welches mit F_{n-1}^m bezeichnet werden soll. Somit wird ein endlicher Raum R bestimmt, wenn man vom Punkte E_0^1 nach allen Punkten von F_{n-1}^1 gerade Strecken zieht. Der Beweis des obigen Satzes kommt also jetzt darauf hinaus zu zeigen, dafs der Raumteil R auch erhalten wird, wenn man den Punkt E_0^m mit allen Punkten von F_{n-1}^m durch gerade Strecken verbindet. Jetzt sei α ein beliebiger Punkt im Innern von R, so folgt hieraus, dafs die Gerade $E_0^1\alpha$ das Grenzgebilde F_{n-1}^1 in einem Punkte β schneidet, dafs α der Strecke $E_0^1\beta$ angehört und dafs die Gerade $E_0^m\beta$ das Grenzgebilde F_{n-1}^m in einem Punkte γ trifft, wo wieder β in der Strecke $E_0^m\gamma$ liegt. Demnach gehört das Dreieck $E_0^1 E_0^m \gamma$ dem Raumteile R an, und da α im Innern dieses Dreiecks liegt, so trifft die Gerade $E_0^m\alpha$ die Seite $E_0^1\gamma$ und damit das Grenzgebilde F_{n-1}^m in einem Punkte δ so, dafs α der Strecke $E_0^m\delta$ angehört. Wir erhalten also jeden Punkt α des Raumteiles R, indem wir von E_0^m nach allen Punkten von F_{n-1}^m die geraden Strecken ziehen.

b) »Wenn in einer $(n-1)$-dimensionalen Ebene ein $(n-1)$-fach ausgedehntes Polyeder gegeben ist, so bestimmt die Gesamtheit der geraden Strecken, welche von einem Punkte dieses Polyeders nach einem festen, nicht in der Ebene des Polyeders gelegenen Punkte gezogen werden können, ein n-dimensionales Polyeder, welches als n-dimensionale Pyramide bezeichnet werden möge.«

Irgend ein Punkt P gehöre dem gegebenen Polyeder an; A sei ein fester Punkt, welcher nicht mit dem Polyeder in derselben Ebene liegt; dann soll dem neuen Polyeder jeder Punkt R angehören, welcher auf der Strecke AP liegt. Ein solcher Punkt R kann aber nicht unendlich fern liegen; da die Gesamtheit der Punkte P im Endlichen liegt, also auch die Entfernung von A nicht über eine gewisse endliche Gröfse steigt und $AR < AP$ ist, so mufs auch AR unterhalb einer festbestimmten Gröfse bleiben. Sind aber R und R' irgend zwei in dieser Weise bestimmte Punkte, so mögen dazu die Strecken AP und AP' nach zwei Punkten P und P' des $(n-1)$-dimensionalen Polyeders gehören; dann kann man von P nach P' in dem ersten Polyeder gelangen, ohne an die Grenze zu kommen; speziell wird die gerade Strecke PP' ganz im Innern des gegebenen Polyeders liegen. Folglich liegt auch die gerade Strecke RR' im Innern des neuen Körpers.

Wenn das gegebene Polyeder b_0 Ecken, b_1 Kanten, b_2 Polygone... b_{n-2} Grenzpolyeder von $n-2$-Dimensionen hat, so sind die entsprechenden Zahlen $a_0, a_1 \ldots a_{n-1}$ für das neue Polyeder durch die Beziehungen bestimmt:

(1) $a_0 = b_0 + 1,\ a_1 = b_1 + b_0,\ a_2 = b_2 + b_1 \ldots$
$a_{n-2} = b_{n-2} + b_{n-3},\ a_{n-1} = b_{n-2} + 1.$

Denn die m-dimensionalen Grenzgebilde des ersten gehören auch der Grenze des neuen an; es treten aber als m-dimensionale Grenzgebilde diejenigen m-dimensionalen Ebenen hinzu, welche durch den Punkt A und ein $(m-1)$-dimensionales Grenzgebilde des gegebenen hindurchgehen.

c) (Eulerscher Lehrsatz.) »Zwischen der Anzahl der Ecken, Kanten und der weiteren Grenzgebilde eines n-dimensionalen Polyeders besteht die Relation:

(2) $a_0 - a_1 + a_2 - a_3 \ldots + (-1)^{n-1} a_{n-1} + (-1)^n = 1.$«

Für zwei Dimensionen ist diese Formel: $a_0 - a_1 = 0$, für drei Dimensionen: $a_0 - a_1 + a_2 = 2$, für vier: $a_0 - a_1 + a_2 - a_3 = 0$, für fünf: $a_0 - a_1 + a_2 - a_3 + a_4 = 2$. Auch ist dieselbe für zwei und drei Dimensionen bekannt; wir nehmen an, sie sei für $n-1$ Dimensionen bewiesen, und wollen zeigen, dafs sie für n Dimensionen gilt.

Dritter Abschnitt. § 13.

Zu dem Ende setzen wir voraus, jedes gewöhnliche Polyeder könne dadurch erhalten werden, daſs man auf die Seiten einer Pyramide als Grundgebilde neue Pyramiden aufsetzt und in weiterer Folge auch die Seiten des neuen Körpers zu Grundgebilden von Pyramiden nimmt, die zu dem vorher gebildeten Körper hinzugefügt werden sollen. Nun gilt die Relation (2) offenbar für Pyramiden, wie man sofort sieht, wenn man die Werte aus (1) in (2) einsetzt. Will man also die allgemeine Gültigkeit der Relation (2) zeigen, so nehme man an, sie sei für einen gegebenen Körper richtig; dann errichte man über einem seiner $(n-1)$-dimensionalen Grenzgebilde eine Pyramide, füge sie zu dem Körper hinzu und beweise, daſs die Relation auch für den neuen Körper gültig bleibt.

Bei diesem Beweise nehmen wir zuerst an, der Eckpunkt der neuen Pyramide falle nicht in die Erweiterung einer E_{n-1} des gegebenen Körpers hinein. Wenn die gewählte E_{n-1}, auf der die Pyramide errichtet wird, b_0 Ecken, b_1 Kanten u. s. w. enthält, so sind die entsprechenden Zahlen für die Pyramide: $b_0 + 1$, $b_1 + b_0$, $b_2 + b_1 \ldots b_{n-2} + b_{n-3}$, $1 + b_{n-2}$. Für den gegebenen Körper mögen die Zahlen $a_0, a_1 \ldots a_{n-1}$ gelten und hierfür die Relation (2) bewiesen sein. Die Zahlen für den neuen Körper mögen mit $c_0, c_1 \ldots c_{n-1}$ bezeichnet werden; dann ist

(3) $c_0 = a_0 + 1$, $c_1 = a_1 + b_0$, $c_2 = a_2 + b_1 \ldots c_{n-2} = a_{n-2} + b_{n-3}$
$c_{n-1} = a_{n-1} + b_{n-2} - 1$;

folglich ist

$c_0 - c_1 + c_2 - c_3 \ldots + (-1)^{n-1} c_{n-1} + (-1)^n =$
$[a_0 - a_1 + a_2 - a_3 \ldots + (-1)^{n-1} a_{n-1} + (-1)^n]$
$- [b_0 - b_1 + b_2 - b_3 + \ldots + (-1)^{n-2} b_{n-2} + (-1)^{n-1}] + 1$,

wo die zweite Klammer sich gegen die erste hebt, also der Wert 1 bleibt.

Jetzt möge die Spitze der auf E_{n-1} aufgesetzten Pyramide in diejenige Ebene fallen, welcher das Grenzgebilde E_{n-1}' angehört; aber sie möge nicht in die Erweiterung einer E_{n-2} fallen. Dann hört diejenige E_{n-2}, welche E_{n-1} und E_{n-1}' gemeinschaftlich ist, auf, Grenzgebilde für den neuen Körper zu sein. Somit bleiben in (3) die Zahlen $c_0, c_1 \ldots$ ungeändert bis auf c_{n-2} und c_{n-1}; es wird nämlich $c_{n-2} = a_{n-2} + b_{n-3} - 1$, $c_{n-1} = a_{n-1} + b_{n-2} - 2$;

die Differenz dieser beiden Zahlen ist aber dieselbe wie früher; also gilt auch die Formel (2) wieder.

Allgemein möge die Spitze der Pyramide in die Erweiterung einer E_m fallen. Diese hat mit dem Grundgebilde E_{n-1} der aufgesetzten Pyramide eine E_{m-1} gemeinschaftlich und letztere muſs aufhören, Grenzgebilde des neuen Körpers zu sein; also ist:
$$c_{m-1} = a_{m-1} + b_{m-2} - 1.$$
E_{m-1} möge in E_{n-1} angehören p_μ Gebilden μ^{ter} Dimension für $\mu = m \ldots n-1$; dann wird sein:
$$c_m = a_m + b_{m-1} - p_m, \quad c_{m+1} = a_{m+1} + b_m - p_{m+1} \ldots$$
$$c_{n-1} = a_{n-1} + b_{n-2} - p_{n-1} - 1.$$
Setzen wir diese Werte ein, so gilt die Gleichung (2) auch für die Zahlen $c_0, c_1 \ldots c_{n-1}$.

Ein zweiter Beweis ergibt sich auf folgendem Wege:

Man betrachte nur diejenigen Grenzgebilde, welche einer $(n-1)$-dimensionalen Grenzfläche angehören, und bezeichne die Anzahl der hierdurch erhaltenen m-dimensionalen Grenzgebilde mit e_m für $m = 0, 1 \ldots n-1$, wo offenbar $e_{n-1} = 1$ ist. Für eine zweite Grenzfläche E_{n-1}', die mit der ersten in einer E_{n-2} zusammenhängt, mögen die entsprechenden Zahlen $e_0', e_1' \ldots e_{n-1}'$ sein, während die gemeinschaftliche E_{n-2} gerade $f_0, f_1 \ldots f_{n-2}$ Grenzgebilde von $0, 1, \ldots n-2$ Dimensionen enthält, wo $f_{n-2} = 1$ ist. Den beiden Grenzgebilden E_{n-1} und E_{n-1}' gehören dann zusammen
$$e_0 + e_0' - f_0, \quad e_1 + e_1' - f_1 \ldots e_{n-2} + e_{n-2}' - f_{n-2}, \quad e_{n-1} + e_{n-1}'$$
Grenzgebilde des gegebenen Polyeders an, wo die untern Marken die Zahl der Dimensionen angeben. Nun wird der Satz bereits für $(n-1)$- und $(n-2)$-dimensionale Polyeder als richtig angenommen; folglich gelten die Gleichungen:
$$e_0 - e_1 + e_2 - \ldots \pm e_{n-2} \mp e_{n-1} = 1$$
$$e_0' - e_1' + e_2' - \ldots \pm e_{n-2}' \mp e_{n-1}' = 1$$
$$f_0 - f_1 + f_2 \quad\quad \pm f_{n-2} \quad\quad = 1.$$
Hieraus folgt, daſs die erste Relation auch noch gültig bleibt, wenn man jetzt unter e_m für $m = 0, 1 \ldots n-1$ die Anzahl der m-dimensionalen Grenzgebilde versteht, die den Grenzflächen E_{n-1} und E_{n-1}' angehören. Diese Betrachtung ändert sich nicht wesentlich, wenn man ein weiteres $(n-1)$-dimensionales Grenz-

gebilde hinzunimmt, wofern dies nur mit einem oder mehreren der früher untersuchten ein $(n-2)$-dimensionales Grenzgebilde gemeinschaftlich hat. Nur das letzte Grenzgebilde fügt kein weiteres Grenzgebilde von weniger als $n-1$ Dimensionen hinzu, nötigt also, da die Zahl e_{n-1} um eins vermehrt wird, der Gleichung die Form (2) zu geben.

d) Für den Körper, der durch $n+1$ Ebenen von $n-1$ Dimensionen begrenzt wird, gelten viele Sätze, die ihn in enge Beziehung zum Dreieck bringen. Wir wollen einige von diesen Sätzen anführen.

α) »Die $\dfrac{n(n+1)}{2}$ Ebenen von $n-1$ Dimensionen, welche je in der Mitte einer Kante senkrecht auf ihr stehen, gehen durch einen Punkt 0, der von den $n+1$ Eckpunkten gleichen Abstand hat. Die $\binom{n+1}{3}$ Ebenen von $n-2$ Dimensionen, von denen jede im Mittelpunkt eines durch drei Punkte gelegten Kreises auf seiner Ebene senkrecht steht, gehen durch denselben Punkt 0. Wenn allgemein $m < n$ ist und für irgend m Punkte der Mittelpunkt der hindurchgelegten Kugel bestimmt ist und wenn dann im Mittelpunkt die $(n-m+1)$-dimensionale Ebene senkrecht auf der durch die m Punkte gehenden $(m-1)$-dimensionalen Ebene errichtet ist, so geht jede solche Ebene durch 0.«

Man nehme die n Kanten $A_1 A_2$, $A_1 A_3 \ldots A_1 A_{n+1}$ und errichte auf jeder in der Mitte die senkrechte Ebene, so ist ihr Schnittpunkt 0 von allen $n+1$ Punkten gleich weit entfernt; also liegt er auch in den Ebenen, welche in der Mitte der andern Kanten senkrecht auf ihnen errichtet sind. Fällt man aber von 0 die $(n-m+1)$-dimensionale Ebene senkrecht auf eine durch m Punkte gelegte $(m-1)$-dimensionale, so muſs deren Fuſspunkt der Mittelpunkt der durch die m Punkte gehenden Kugel sein.

β) »Die $\dfrac{n(n+1)}{2}$ Ebenen, deren jede den Neigungswinkel zweier Grenzebenen halbiert, gehen durch einen Punkt, welcher von den Ebenen gleichen Abstand hat. Für je drei der gegebenen Ebenen giebt es im Innern des Körpers eine $(n-2)$-dimensionale Ebene, deren Punkte von den drei Ebenen gleichen Abstand haben; die so bestimmten $\binom{n+1}{3}$ Ebenen gehen ebenfalls durch denselben Punkt u. s. w.«

γ) »Wenn der Schwerpunkt eines (m — 1)-dimensionalen Gebildes, welches durch m von den gegebenen Punkten bestimmt ist, als bekannt vorausgesetzt wird, so kann man ihn für ein m-dimensionales Gebilde, für welches zu den ersten m Punkten ein (m + 1)^{ter} hinzukommt, dadurch finden, daſs man den m + 1ten Eckpunkt mit dem Schwerpunkt des (m — 1)-dimensionalen Gebildes durch eine gerade Strecke verbindet und vom letzteren Punkte an den (m+1)^{ten} Teil der Strecke abtrennt. Man würde zu demselben Punkte gelangen, wenn man die Konstruktion für irgend einen andern der m + 1 Ecken und das gegenüberliegende Gebilde gemacht hätte.«

Beim Beweise nehmen wir an, der Satz sei für m Punkte bewiesen, und leiten daraus seine Gültigkeit für m + 1 Punkte her. Indem man aus der Reihe der Punkte $A_1 \ldots A_{m+1}$ für i, k = 1 ... m + 1 die beiden Punkte A_i und A_k wegläſst, möge der Punkt S_{ik} der Schwerpunkt des durch die m — 1 übrigen Punkte bestimmten Polyeders sein. Ebenso sei S_i der Schwerpunkt desjenigen Polyeders, dessen Ecken die Punkte $A_1 \ldots A_{i-1} A_{i+1} \ldots A_{m+1}$ sind; entsprechend sei S_k bestimmt. Dann wird vorausgesetzt, daſs die Punkte S_{ik}, S_k, A_i in gerader Linie liegen und daſs die Strecke $S_{ik} S_k = \frac{1}{m} S_{ik} A_i$ ist; ebenso sollen die Punkte S_{ik}, S_i, A_k in gerader Linie liegen und es soll $S_{ik} S_i = \frac{1}{m} S_{ik} A_k$ sein. Folglich ist die Strecke $S_k S_i$ parallel der Strecke $A_i A_k$ und gleich dem m^{ten} Teil derselben. Die Geraden $A_i S_i$ und $A_k S_k$ schneiden sich also in einem Punkte S, für den $S_i S = \frac{1}{m} S A_i$ oder $S_i S = \frac{1}{m+1} S_i A_i$ ist. Der Punkt S liegt aber auch auf jeder andern Strecke $S_k A_k$ und teilt sie nach dem angegebenen Verhältnis.

Da die Richtigkeit des Satzes für m = 2 unmittelbar einleuchtet, folgt aus der vorstehenden Entwicklung seine allgemeine Gültigkeit.

δ) Nachdem auf diese Weise der Schwerpunkt für das durch

irgend m ($<$ n $+$ 1) Punkte bestimmte Gebilde definiert ist, können wir den folgenden schönen Satz aussprechen:

»Die Geraden, welche je einen Eckpunkt mit dem Schwerpunkt des gegenüberliegenden (n — 1)-dimensionalen Gebildes verbinden, sowie diejenigen Geraden, welche die Mitte einer Kante mit dem Schwerpunkt des gegenüberliegenden (n—2)-dimensionalen Grenzgebildes verbinden, überhaupt die Geraden, welche den Schwerpunkt eines m-dimensionalen Gebildes mit dem des gegenüberliegenden (n — m — 1)-dimensionalen Grenzgebildes verbinden gehen durch einen Punkt, den Schwerpunkt des Polyeders.«

Der erste Teil des Satzes ist schon bewiesen. Der zweite Teil folgt durch ähnliche Betrachtungen, wie der erste. Verbinden wir nämlich S_{ik} mit S durch eine Gerade, so muſs diese die Kante $A_i A_k$ in der Mitte treffen; zugleich ist $S_{ik} S_i S_{ik} M_{ik} =$ n — 1 : 2, wo M_{ik} die Mitte von A_i und A_k ist. Wir ziehen jetzt die Gerade $M_{ik} A_l$ und machen auf derselben $M_{ik} M_{ikl} = \frac{1}{3} M_{ik} A_l$, so ist M_{ikl} der Schwerpunkt des Dreiecks $A_i A_k A_l$. Ziehen wir aber $A_l S_{ik}$, so trifft diese Linie dasjenige Gebilde, unter dessen Ecken die Marken i, k, l nicht vorkommen, im Schwerpunkt S_{ikl}, und zwar ist $S_{ikl} S_{ik} = \dfrac{1}{n-2} S_{ikl} A_l$. Daraus ergiebt sich aber, daſs die Gerade $M_{ikl} S_{ikl}$ durch S hindurchgeht u. s. w.

e) Bei einem regelmäſsigen Polyeder soll jedes Grenzgebilde in seinen Eigenschaften mit jedem andern übereinstimmen, das mit dem ersten gleichviel Dimensionen hat. Ein regelmäſsiges Polyeder kann durch Bewegung in mancherlei Weise zur Deckung mit seiner Anfangslage gebracht werden, und zwar kann man dabei noch festsetzen, daſs ein m-dimensionales Grenzgebilde (für m $<$ n) die Anfangslage irgend eines andern m-dimensionalen Grenzgebildes deckt. Daher müssen alle Kanten gleich sein; je zwei in einer Ecke zusammenstoſsende Kanten, je zwei in einer Kante sich treffende Grenzpolygone u. s. w. müssen gleiche Winkel mit einander einschlieſsen. Sind m und r irgend zwei Zahlen kleiner als n, und ist m $<$ r, so muſs jedes E_r gleich viele E_m enthalten und in jedem E_m müssen gleich viele E_r zusammenstoſsen.

Wir bezeichnen die Zahl der Grenzgebilde mit a_0, a_1, a_2 ... a_{n-1}, indem wir die Zahl der Dimensionen als Marke daran setzen.

In jeder Ecke mögen zusammenstoſsen $b_1{}^0$ Kanten, $b_2{}^0$ Grenzpolyeder, $b_3{}^0$ dreidimensionale Grenzpolyeder u. s. w. Überhaupt möge für $\iota < \varkappa < n$ die Zahl $b_{\varkappa}{}^{\iota}$ die Anzahl derjenigen $E_{\varkappa}$ bezeichnen, welche in einer E_{ι} zusammenstoſsen; ebenso gebe $E_{\iota}{}^{\varkappa}$ die Zahl derjenigen E_{ι} an, welche in einer $E_{\varkappa}$ liegen. Demnach mögen in einem $(n-1)$-dimensionalen Grenzgebilde $b_0{}^{n-1}$ Ecken, $b_1{}^{n-1}$ Kanten, $b_2{}^{n-1}$ Grenzpolygone u. s. w. liegen.

Jedes Grenzgebilde von $n-1$ Dimensionen ist selbst regelmäſsig; daher genügen $b_0{}^{n-1}, b_1{}^{n-1} \ldots b_{n-2}{}^{n-1}$ denjenigen Bedingungen, welche für einen regelmäſsigen Körper von $n-1$ Dimensionen erfüllt werden müssen. Dasselbe gilt für jedes Grenzgebilde, und die Zahlen $b_0{}^{\varkappa}, b_1{}^{\varkappa} \ldots b_{\varkappa-1}{}^{\varkappa}$ genügen den Bedingungen für einen $\varkappa$-dimensionalen regelmäſsigen Körper.

Aber auch die Gesamtheit der in einer Ecke zusammenstoſsenden Kanten, Flächen u. s. w. bildet ein Analogon zu einem regelmäſsigen Körper. Man kann in der Nähe eines Eckpunktes eine $(n-1)$-dimensionale Ebene so legen, daſs auf ihr durch das gegebene Polyeder ein regelmäſsiges Polyeder von $n-1$ Dimensionen ausgeschnitten wird. Beschreibt man um einen Eckpunkt eine Kugel, so wird auf ihr ein regelmäſsiger $(n-1)$-dimensionaler Körper durch die von dem Punkte ausgehenden Grenzgebilde ausgeschnitten. Daher genügen auch die Zahlen $b_1{}^0, b_2{}^0 \ldots b_{n-1}{}^0$, den Bedingungen für die Zahl der Ecken, Kanten, $\ldots (n-2)$ dimensionalen Grenzgebilde eines $(n-1)$-dimensionalen regelmäſsigen Polyeders. Entsprechendes gilt für die Zahlen $b_{\varkappa+1}{}^{\varkappa}, b_{\varkappa+2}{}^{\varkappa} \ldots b_{n-1}{}^{\varkappa}$ bei beliebigem Werte von $\varkappa$.

Von den n^2 Zahlen $b_{\iota}{}^{\varkappa}$ für $\iota, \varkappa = 0, 1 \ldots n-1$ sind einige sofort bekannt; es ist $b_{\varkappa}{}^{\varkappa} = 1, b_0{}^1 = 2, b_{n-1}{}^{n-2} = 2$. Ferner ist

$$(4) \quad b_{\lambda}{}^{\lambda-1} < b_{\lambda}{}^{\lambda-2} < \ldots < b_{\lambda}{}^0 < a_{\lambda},$$

da in einer $E_{\varkappa-1}$ mehr E_{λ} zusammenstoſsen, als in einer $E_{\varkappa}$. Zudem ist:

$$(5) \quad b_{\varkappa}{}^{\varkappa+1} < b_{\varkappa}{}^{\varkappa+2} < \ldots < b_{\varkappa}{}^{n-1} < a_{\varkappa},$$

weil eine $E_{\mu+1}$ mehr $E_{\varkappa}$ enthält, als eine E_{μ}.

Endlich gilt noch die wichtige Relation:

$$(6) \quad a_{\iota} b_{\varkappa}{}^{\iota} = a_{\varkappa} b_{\iota}{}^{\varkappa},$$

wie folgende Betrachtung zeigt: Die Zahl der in einer E_{ι} liegenden (zusammenstoſsenden) $E_{\varkappa}$ ist $b_{\varkappa}{}^{\iota}$; also erhalte ich durch das erste Produkt alle $E_\varkappa$ so oft, als in einer $E_\varkappa$ Grenzgebilde E_ι liegen (zusammenstofsen); denselben Gedanken drückt aber auch die zweite Seite der Gleichung aus.

f) »In jedem regelmäfsigen Polyeder giebt es einen Punkt, der von allen Ecken, Kanten, sowie von allen Grenzgebilden der übrigen Arten gleichweit entfernt ist; die von diesem Punkte auf ein Grenzgebilde gefällte Senkrechte trifft dasselbe in seinem Mittelpunkte. Speziell giebt es eine Kugel, welche durch alle Ecken geht, und eine zweite, welche alle $(n-1)$-dimensionalen Grenzgebilde berührt.«

»Jedem regelmäfsigen Polyeder kann man als sein reziprokes ein zweites so zuordnen, dafs sich die Zahl der λ-dimensionalen und der $(n-1-\lambda)$-dimensionalen Grenzgebilde vertauscht.«

Dieser Satz wird genau so bewiesen, wie der entsprechende Satz der gewöhnlichen Stereometrie. Um den ersten Teil als richtig zu erkennen, bewege man das Polyeder so, dafs es als Ganzes wieder den anfänglich gedeckten Raum einnimmt, während die Grenzgebilde zum Teil andere Lagen erhalten, und zeige, dafs dann jedesmal auch ein im Innern des Polyeders gelegener Punkt, der Mittelpunkt jener Kugeln, wieder in seine Anfangslage kommt. Für den zweiten Teil fälle man vom Mittelpunkte der Kugel auf jede E_{n-1} die Senkrechte und wähle deren Fufspunkte (oder auch deren Schnittpunkte mit der Kugel) zu Eckpunkten eines neuen Polyeders. Mit E_{n-1} mögen $E_{n-1}{}'$, $E_{n-1}{}''$ ... zusammenstofsen; vom Fufspunkt der auf E_{n-1} gefällten Senkrechten ziehe man gerade Strecken nach den Fufspunkten der auf $E_{n-1}{}'$, $E_{n-1}{}''$ ... gefällten Senkrechten und lasse sie Kanten des neuen Polyeders sein u. s. w. Für das so gefundene Polyeder mögen den oben eingeführten Zahlen a_0, $a_1 \ldots a_{n-1}$ die Zahlen c_0, $c_1 \ldots c_{n-1}$ und den Zahlen $b_\varkappa{}^\lambda$ die Zahlen $d_\varkappa{}^\lambda$ entsprechen; so möge das neue Polyeder c_0 Ecken, c_1 Kanten u. s. w. besitzen, und für $\lambda < \varkappa$ mögen $d_\varkappa{}^\lambda$ Grenzgebilde von $\varkappa$ Dimensionen in einem λ-dimensionalen Grenzgebilde zusammenstofsen; dann ist:

(7) $\quad c_\lambda = a_{n-1-\lambda}, \quad d_\varkappa{}^\lambda = b_{n-1-\varkappa}{}^{n-1-\lambda}$.

g) »Für jede Zahl n von Dimensionen giebt es mindestens drei Arten von regelmäfsigen Körpern.«

Die charakteristischen Zahlen für jede Art sind in folgender Tabelle zusammengestellt:

	a_0	a_1	a_x	a_{n-1}
I.	$n+1$	$\binom{n+1}{2}$	$\binom{n+1}{x+1}$	$n+1$
II.	2^n	$n \cdot 2^{n-1}$	$\binom{n}{x} 2^{n-x}$	$2n$
III.	$2n$	$\binom{n}{2} 2^2$	$\binom{n}{x+1} 2^{x+1}$	2^n

I. Der ersten Klasse entspricht in der zweidimensionalen Ebene das Dreieck, im dreidimensionalen Raume das Tetraeder, im Raume von n Dimensionen der von $n+1$ $(n-1)$-dimensionalen Grenzgebilden begrenzte Körper. Hat man das dieser Reihe angehörende Polyeder in einer $(n-1)$-dimensionalen Ebene konstruiert, so errichte man in dessen Schwerpunkt die Senkrechte auf der Ebene und mache sie gleich der mit $\sqrt{\dfrac{n+1}{2n}}$ multiplizierten Kante. Hierdurch erhält man den letzten Eckpunkt des gesuchten Körpers.

Man kann also vom regelmäfsigen Dreieck $A_1 A_2 A_3$ ausgehen, in dessen Schwerpunkt S_2 eine Senkrechte $S_2 A_4$ auf der Ebene konstruieren, und wenn man die Kanten gleich 1 setzt, die Senkrechte gleich $\sqrt{\tfrac{2}{3}}$ machen. Nun bestimme man den Schwerpunkt S_3 vom Tetraeder $A_1 A_2 A_3 A_4$, errichte in ihm eine Senkrechte $S_3 A_5$ zu der das Tetraeder enthaltenden dreidimensionalen Ebene und mache sie gleich $\sqrt{\tfrac{5}{8}}$; dann sind $A_1 \ldots A_5$ die Ecken des regelmäfsigen vierdimensionalen Körpers.

Endlich kann man folgende Konstruktion machen: Man ziehe in einer Kugel K_{n-1} einen Radius $A_1 O$ und verlängere ihn um $OO_1 = \dfrac{1}{n} OA_1$, errichte in O_1 auf OO_1 die $(n-1)$-dimensionale senkrechte Ebene, durch welche die Kugel K_{n-1} in einer K_{n-2} geschnitten wird. Hierin ziehe man einen beliebigen Radius $O_1 A_2$ und verlängere ihn um $O_1 O_2 = \dfrac{1}{n-1} O_1 A_2$, errichte in O_2 auf $O_1 O_2$ die senkrechte Ebene, welche die K_{n-2} in einer K_{n-3} schneidet; darin ziehe man einen Radius $O_2 A_3$ und mache dieselbe Konstruktion. Nachdem man durch die Festsetzung $O_{n-2}O_{n-1} = \tfrac{1}{2}O_{n-2}A_{n-1}$ zum Punkte O_{n-1} gekommen ist, errichte man in der zweidimensionalen Ebene, zu der man gelangt ist, auf $O_{n-1}O_{n-2}$ in O_{n-1} die Senkrechte, welche die K_1 in zwei Punkten A_n und A_{n+1} trifft.

II. Man gehe von einem Quadrat $A_1A_2A_3A_4$ aus, errichte in A_1 eine Senkrechte A_1A_5 auf A_1A_2 und A_1A_4, mache sie gleich A_1A_2, und ziehe A_2A_6, A_3A_7, A_4A_8 gleich und parallel zu A_1A_5. Dann wird ein dreidimensionales Polyeder erhalten durch die Gesamtheit derjenigen geraden Strecken, welche von den Punkten des Quadrats aus in gleicher Richtung und in gleicher Größe mit A_1A_5 gezogen werden können. In A_1 errichte man eine Senkrechte auf A_1A_2, A_1A_4, A_1A_5, nenne sie A_1A_9 und mache sie gleich A_1A_2. Jetzt lasse man A_2A_{10}, $A_3A_{11}\ldots A_8A_{16}$ dieser Strecke gleich und parallel sein. Auf diese Weise kann man fortfahren, bis man einen n-dimensionalen Körper erhält.

Man kann auch im n-dimensionalen Raume durch einen Punkt 0 n gerade Linien ziehen, von denen jede auf jeder andern senkrecht steht. Auf diesen Linien trägt man n gleiche Strecken $OA_1 = OA_2 = \ldots = OA_n$ ab, und verlängert jede Strecke $OA_\varkappa$ über O um $OA_\varkappa' = OA_\varkappa$. Dann lege man durch $A_\varkappa$ die $E_{n-1}\varkappa$, welche auf $OA_\varkappa$ senkrecht steht, und ebenso durch $A_\varkappa'$ die $(n-1)$-dimensionale Ebene $F_{n-1}\varkappa$, welche auf $OA_\varkappa'$ senkrecht steht. Dann schließen die 2n Ebenen einen regelmäßigen Körper ein. Denn dreht man die Figur um O, so daß die Strahlen $OA_\varkappa$ und $OA_\varkappa'$ in ihrer Gesamtheit zur Deckung der Anfangslage kommt, so wird auch der Körper seine Anfangslage decken. Jede Ebene $E_{n-1}\varkappa$ wird von allen übrigen Ebenen mit Ausnahme von $F_{n-1}\varkappa$ geschnitten; demnach liefern die 2n Ebenen $2(n-1)n$ Grenzgebilde von $n-2$ Dimensionen. In einem λ-dimensionalen Grenzgebilde treffen sich $n-\lambda$ Ebenen von $n-1$ Dimensionen; um alle zu erhalten, muß man also zusehen, wie oft man aus den n Paaren $n-\lambda$ Paare auswählen kann, und dann hat man aus jedem Paare eine Ebene auszuwählen; somit ist $a\lambda = 2^{n-\lambda}\binom{n}{\lambda}$. In jedem Eckpunkt können nicht zwei Ebenen desselben Paares zusammenstoßen; da aber mindestens n Ebenen sich in einem Eckpunkt treffen müssen, geht durch jeden Eckpunkt eine Ebene aus jedem Paare. Die Zahlen $b_\varkappa{}^\iota$ für $\iota > \varkappa$ ergeben sich aus den Formeln für $a_\varkappa$, indem man n durch ι ersetzt, da in der ι-dimensionalen Ebene ein Gebilde derselben Art liegt. Dann ergeben sich die $b_\iota{}^\varkappa$ aus (6) oder auch durch eine einfache Überlegung.

III. Man lasse wieder in einem Punkte O n gerade Linien auf einander senkrecht stehen und schneide auf jeder von O aus gleiche Strecken $OA_1 = OA_1' = OA_2 = OA_2' = \ldots = OA_n = OA_n'$ ab. Aus jedem Punktepaar $A_\iota A_\iota'$ für $\iota = \iota \ldots n$ wähle man einen Punkt aus und lege durch sie eine (n—1)-dimensionale Ebene. Die (n—2)-dimensionalen Grenzgebilde sollen durch n—1 Punkte gehen, welche verschiedenen Paaren angehören. Endlich werden die Kanten erhalten, indem man den Punkt A_ι mit je einem der Punkte A_1, $A_1' \ldots A_{\iota-1}$, $A_{\iota-1}'$, $A_{\iota+1}$, $A_{\iota+1}' \ldots A_n$, A_n' verbindet. Dafs hierbei die in der Tabelle angegebenen Zahlen hervorgehen, zeigt man auf dem in II angegebenen Wege, indem man nur jedesmal Ebene und Punkt vertauscht.

Wenn ein derartiges Polyeder von n—1 Dimensionen gegeben ist, so errichte man im Mittelpunkte die Senkrechte auf der Ebene des Polyeders und mache sie beiderseits gleich dessen halber Diagonale. Indem man jeden Eckpunkt dieser Senkrechten zur Spitze einer Pyramide wählt, deren Grundgebilde das gegebene Polyeder ist, erhält man das entsprechende regelmäfsige Polyeder von n Dimensionen. Als Ecken treten die beiden Endpunkte der Senkrechten hinzu; die Kanten vermehren sich um die doppelte Eckenzahl des gegebenen Polyeders. Zu den μ-dimensionalen Grenzgebilden des ersten Polyeders treten diejenigen hinzu, welche durch je eine der neuen Ecken und je ein $(\mu-1)$-dimensionales Grenzgebilde des gegebenen Polyeders gelegt werden können. Die Anzahl der (n-1)-dimensionalen Grenzgebilde ist gleich der doppelten Anzahl der (n—2)-fach ausgedehnten Grenzgebilde des ersten Polyeders.

Das Polyeder I ist zu sich selbst, die Polyeder II und III sind zu einander reziprok.

h) Im vierdimensionalen Raume sind die dreidimensionalen Grenzgebilde regelmäfsige Polyeder von drei Dimensionen, deren es bekanntlich nur fünf giebt. Ebenso entsprechen die von einer Ecke ausgehenden Gebilde einem regelmäfsigen dreidimensionalen

252 Dritter Abschnitt. § 13.

Polyeder. Somit giebt es für die Zahlen $b_0{}^3$, $b_1{}^3$, $b_2{}^3$, sowie für die Zahlen $b_1{}^0$, $b_2{}^0$, $b_3{}^0$ nur je fünf Fälle. Mit jedem System der drei ersten Zahlen kann man aber höchstens drei Systeme der letzten Zahlen verbinden. Wähle ich z. B. $b_0{}^3 = 8$, $b_1{}^3 = 12$, $b_2{}^3 = 6$, so ist jede Fläche ein Quadrat, also $b_0{}^2 = b_1{}^2 = 4$; ferner ist $b_3{}^2 = b_0{}^1 = 2$. Dann folgt aus $a_2 b_3{}^2 = a_3 b_2{}^2$ sofort $a_2 = 3 a_3$. Wegen der gewählten Werte von $b_0{}^3$, $b_1{}^3$, $b_2{}^3$ ergiebt sich aus (6):

$$b_1{}^0 = \frac{2a}{a_0},\quad b_2{}^0 = \frac{4a_2}{a_0},\quad b_3{}^0 = \frac{8a_3}{a_0},$$

somit muſs sein: $2b_2{}^0 = 3b_3{}^0$. Diese Relation wird nur in drei Fällen erfüllt, nämlich
   1. für $b_1{}^0 = 4$, $b_2{}^0 = 6$, $b_3{}^0 = 4$,
   2. für $b_1{}^0 = b$, $b_2{}^0 = 12$, $b_3{}^0 = 8$,
   3. für $b_1{}^0 = 12$, $b_2{}^0 = 30$, $b_3{}^0 = 20$.

Wird aber gewählt $b_0{}^3 = 6$, $b_1{}^3 = 12$, $b_2{}^3 = 8$, so ist $b_1{}^2 = b_1{}^2 = 3$. Dann folgt $a_2 = 4a_3$, also $b_2{}^0 = 2b_3{}^0$, was nur eintritt für $b_1{}^0 = 8$, $b_2{}^0 = 12$, $b_3{}^0 = 6$.

In ähnlicher Weise verfährt man mit den andern Arten von regelmäſsigen dreidimensionalen Polyedern. Dadurch werden bereits 14 Fälle als unmöglich ausgeschieden; die übrigen elf, welche auch noch einzeln in Bezug auf ihre Möglichkeit untersucht werden müssen, sind in folgender Tabelle zusammengestellt:

	I.	II.	III.	IV.	V.	VI.	VII.	VIII.	IX.	X.	XI.
$b^3{}_0$	4	4	4	8	8	8	6	12	20	20	20
$b_1{}^3$	6	6	6	12	12	12	12	30	30	30	30
$b_2{}^2$	4	4	4	6	6	6	8	20	12	12	12
$b_0{}^2 = b_1{}^2$	3	3	3	4	4	4	3	5	5	5	5
$b_2{}^1 = b_3{}^1$	3	4	5	3	4	5	3	3	3	4	5
$b_1{}^0$	4	6	12	4	6	12	8	20	4	6	12
$b_2{}^0$	6	12	30	6	12	30	12	30	6	12	30
$b_3{}^0$	4	8	20	4	8	20	6	12	4	8	20
$a_1 : a_0$	2	3	6	2	3	6	4	10	2	3	6
$a_2 : a_0$	2	4	10	$\frac{3}{2}$	3	$\frac{15}{2}$	4	10	$\frac{6}{5}$	$\frac{12}{5}$	6
$a_3 : a_0$	1	2	5	$\frac{1}{2}$	1	$\frac{5}{2}$	1	1	$\frac{1}{5}$	$\frac{2}{5}$	1

Dem ersten, zweiten und vierten Falle entsprechen diejenigen drei regelmäfsigen Körper, welche in g) für eine beliebige Zahl von Dimensionen angegeben sind. Es sind das nach dem Ausdrucke des Herrn Schlegel das Fünfzell ($a_3 = a_0 = 5$, $a_2 = a_1 = 10$), das Sechzehnzell ($a_3 = 16$, $a_2 = 32$, $a_1 = 24$, $a_0 = 8$) und das Achtzell ($a_3 = 8$, $a_2 = 24$, $a_1 = 32$, $a_0 = 16$).

Dafs die Fälle V, VI, VIII, XI, XII keinen endlichen vierdimensionalen Körper bestimmen, beweist man, indem man von einem dreidimensionalen Grenzgebilde ausgeht, durch eine Kante eine zu ihr senkrechte dreidimensionale Ebene legt und zeigt, dafs höchstens drei Würfel, drei Dodekaeder und zwei Ikosaeder hindurchgelegt werden können.

Es bleiben noch die Fälle III, VII und X zu untersuchen, von denen III und X zu einander, VII zu sich selbst reziprok ist. Um die Realität und Endlichkeit zu erkennen, setzt man an eine Ecke allmählich die andern Ecken oder an ein dreidimensionales Polyeder die andern Polyeder an. Wie das ausgeführt werden kann, möge in den Originalarbeiten eingesehen werden. Da haben sich folgende Resultate ergeben: Im Falle III ist der Körper (Sechshundertzell) von 600 Tetraedern mit 1200 Dreiecken, 720 Kanten und 120 Ecken begrenzt. Zu diesem Polyeder reziprok ist das unter X angegebene, welches Hundertundzwanzigzell genannt wird und als Grenzgebilde 120 Dodekaeder, 720 Fünfecke, 1200 Kanten und 600 Ecken enthält. Endlich liefert der Fall VII das Vierundzwanzigzell mit 24 Oktaedern, 96 Dreiecken, 96 Kanten und 24 Ecken.

Zu dem Vierundzwanzigzell kann man noch auf einem andern Wege gelangen, den wir hier mitteilen wollen, weil er sehr geeignet ist, die gegenseitige Lage der einzelnen Grenzgebilde deutlich hervortreten zu lassen.

Wir gehen von einem Sechzehnzell aus mit den acht Eckpunkten $\begin{pmatrix} a_1 b_1 c_1 d_1 \\ a_2 b_2 c_2 d_2 \end{pmatrix}$, wo die unter einander stehenden Punkte Gegenpunkte von einander sind. Jedes der sechzehn Grenztetraeder geht durch vier Punkte $a\alpha$, $b\beta$, $c\gamma$, $d\delta$, wo jede der Marken gleich 1 oder 2 ist. Demnach ist jedes Tetraeder durch die vier Marken α, β, γ, δ bestimmt und soll deshalb mit ($\alpha\beta\gamma\delta$) bezeichnet werden. Um den Mittelpunkt des Sechzehnzells beschreibe ich eine Kugel, welche durch die acht Ecken geht; zudem errichte ich auf jeder Ebene ($\alpha\beta\gamma\delta$) nach aufsen die Senkrechte. Diese trifft die Kugel in einem Punkte, welcher ebenfalls durch ($\alpha\beta\gamma\delta$) bezeichnet werden soll. Ich setze noch fest, dafs $\alpha + \alpha' = \beta + \beta' = \gamma + \gamma' = \delta + \delta' = 3$ sein soll. Dann sind die Ebenen ($\alpha\beta\gamma\delta$) und ($\alpha'\beta'\gamma'\delta'$) parallel und deshalb die entsprechenden Punkte Gegenpunkte auf der Kugel.

Jede neue Lage, bei welcher das Sechzehnzell als Ganzes die Anfangslage deckt, kann erhalten werden durch ein- oder mehrmalige Drehung um eine durch zwei Durchmesser (etwa $a_\alpha a_{\alpha'} b_\beta b_{\beta'}$) gelegte zweidimensionale Ebene. Bei einmaliger Drehung bleiben zwei Paare von Marken ungeändert. Zwei andere Marken vertauschen sich unter einander oder paarweise mit ihren Ergänzungsmarken. Entsprechendes mufs für jede Bewegung gelten, bei der das gegebene Sechzehnzell wieder in seine Anfangslage kommt. Dabei kann also die Ebene (1, 1, 1, 1) auf die Ebenen (1, 1, 2, 2), (1, 2, 1, 2), (1, 2, 2, 1), (2, 1, 1, 2), (2, 1, 2, 1), (2, 2, 1, 1), (2, 2, 2, 2) zu liegen kommen, aber nicht zur Deckung mit (1, 1, 1, 2), (1, 1, 2, 1), (1, 2, 1, 1), (2, 1, 1, 1), (1, 2, 2, 2), (2, 1, 2, 2), (2, 2, 1, 2), (2, 2, 2, 1). Dabei vertauschen nur jedesmal die ersten acht Ebenen und ebenso die letzten acht Ebenen ihre Lage unter einander. Dasselbe gilt von den Punkten (α, β, γ, δ). Die sechzehn neu gefundenen Punkte zerfallen also in zwei Gruppen von je acht Punkten; nur die Punkte derselben Gruppe können ihre Lage unter einander vertauschen. Die Punkte einer Gruppe sind somit jedesmal die Eckpunkte eines regelmäfsigen Sechzehnzells. Wir sind daher zu drei Sechzehnzellen gelangt.

Jede Bewegung des ersten Sechzehnzells, durch welche dasselbe mit sich zur Deckung gelangt, hat eine entsprechende Bewegung der beiden andern zur Folge. Da aber die Zahl solcher Bewegungen für die drei Körper dieselbe ist und bei jeder Bewegung des einen die andern mitbewegt werden, so mufs auch bei jeder derartigen Bewegung des zweiten das erste und das dritte jedesmal wieder in die Anfangslage gelangen. Errichtet man daher auf den Tetraedern des zweiten Sechzehnzells die Senkrechten, so gehen acht von ihnen durch die Ecken des ersten und die acht andern durch die des dritten Sechzehnzells. Dasselbe gilt für den dritten Körper. Die vierundzwanzig Punkte bilden also auf der Kugel ein regelmäfsiges System, also die Ecken eines regelmäfsigen Körpers.

In diesem Körper gehen von a_α die Kanten nach denjenigen acht Punkten, welche den in ihm zusammenstofsenden Tetraedern entsprechen, also nach $(\alpha,1,1,1)$, $(\alpha,1,1,2)$, $(\alpha,1,2,1)$, $(\alpha,2,1,1)$, $(\alpha,2,2,1)$, $(\alpha,2,1,1)$, $(\alpha,1,2,2)$, $(\alpha,2,2,2)$. Diese zerfallen in vier Paare $(\alpha,1,1,1)$, $(\alpha,2,2,2)$ und $(\alpha,1,2,2)$, $(\alpha,2,1,1)$, sowie $(\alpha,1,1,2)$, $(\alpha,2,2,1)$, endlich $(\alpha,1,2,1)$, $(\alpha,2,1,2)$. Dadurch werden wir auf zwölf Dreiecke und sechs Oktaeder geführt, welche vom Punkte a_α ausgehen; in den letzteren sind die Punkte b_1, b_2, c_1, c_2, d_1, d_2 die Gegenpunkte; ein solches Oktaeder hat z. B. die Eckpunkte a_α, b_1, $(\alpha,1,1,1)$, $(\alpha,1,1,2)$, $(\alpha,1,2,1)$, $(\alpha,1,2,2)$. Das giebt den Satz: »Im vierdimensionalen Raume giebt es einen regelmäfsigen Körper, welcher von 24 Oktaedern begrenzt wird und dessen Grenze 96 Dreiecke, 96 Kanten und 24 Ecken enthält. Von jeder Ecke gehen sechs Oktaeder aus; sucht man zu einer Ecke in jedem davon ausgehenden Oktaeder den Gegenpunkt, so bilden diese sechs Punkte auch die Gegenpunkte für die von einem zweiten Punkte ausgehenden sechs Oktaeder, und zwar ist dieser Punkt im Vierundzwanzigzell Gegenpunkt des ersten. Die so gefundenen acht Punkte bilden für sich die Ecken eines regelmäfsigen Sechzehnzells; je zwei Ecken, die in diesem Sechzehnzell Gegenpunkte von einander sind, haben die gleiche Eigenschaft für das Vierundzwanzigzell; die andern sechs Punkte sind Gegenpunkte in Bezug auf jeden der beiden ersten in je einem Oktaeder, welches der Grenze des Vierundzwanzigzells angehört.«

Statt von dem Sechzehnzell konnten wir auch vom Achtzell (dem Analogon des Würfels) ausgehen, wie man schon daraus ersieht, dafs die sechzehn Punkte $(\alpha, \beta, \gamma, \delta)$ die Ecken eines Achtzells sind.[36])

§ 14.

Geometrische Grundlage des n-dimensionalen Raumes.

In den drei letzten Paragraphen ist die Beweisführung ganz übereinstimmend mit der der gewöhnlichen Geometrie; auch die neu erhaltenen Sätze zeigen bis ins einzelne eine unverkennbare

Ähnlichkeit mit rein geometrischen Sätzen. Daher vergifst man ganz, dafs das Objekt der Untersuchung in einem analytischen Gebilde, der n-fach ausgedehnten Mannigfaltigkeit besteht. Es drängt sich somit die Frage auf, ob wir für diese Theorie nicht auch eine rein geometrische Grundlage gewinnen können. Um dieser Frage näher treten zu können, greifen wir auf die Darlegungen in den ersten Paragraphen dieses Abschnitts zurück.

Wie die Erfahrung lehrt, gelten folgende Gesetze: Wenn man einen Raumteil in zwei Teile zerlegt, so wird die gegenseitige Grenze durch eine Fläche oder durch mehrere Flächen gegeben; die Fläche kann wieder geteilt werden und die gegenseitige Grenze ist eine Linie oder besteht aus mehreren Linien; endlich kann die Linie wieder geteilt werden, und die Grenze wird durch einen oder durch mehrere Punkte gebildet; der Punkt ist unteilbar. Diese Sätze werden durch die Erfahrung mit vollster Sicherheit gegeben; wer sie leugnen will, setzt sich mit der Erfahrung in direkten Gegensatz.

Aber trotzdem ist die Frage berechtigt: Verlangen die Begriffe der Teilung und der Grenze, die hier vorkommen, dafs man gerade nach dreimaliger Ausführung des angegebenen Prozesses zum unteilbaren Gebilde gelangt, oder darf man annehmen, dafs die hier auftretende Zahl drei mit jeder andern Zahl gleichberechtigt ist, wofern man vom Raum in seiner eigentlichen Bedeutung absieht und nur die Zerlegung in zwei Teile und die gegenseitige Grenze der beiden Teile berücksichtigt? Ehe wir hierauf eine endgültige Antwort geben, führen wir eine neue Bezeichnung ein. Wir gehen von irgend einem Gebilde aus, zerlegen es in zwei Teile und bezeichnen ihre gegenseitige Grenze als Grenzgebilde erster Ordnung. Wenn das Grenzgebilde wieder teilbar ist und irgend zwei Teile, in die es zerlegt werden kann, eine gegenseitige Grenze haben, so möge die neue Grenze ein Grenzgebilde zweiter Ordnung genannt werden. In gleicher Weise gehen wir weiter, bis wir zum unteilbaren Grenzgebilde gelangen. Für den Raum im wahren Sinne ist das Grenzgebilde erster Ordnung die Fläche, das Grenzgebilde zweiter Ordnung die Linie und die Grenze dritter Ordnung der Punkt. Nun könnte man fragen: Läfst sich der Teilung ein Gebilde zu Grunde legen, für das der angegebene Prozefs niemals zum unteilbaren Grenzgebilde führt, wie oft er auch wiederholt wird? Indessen soll uns diese Frage nicht beschäftigen; wir fragen nur, ob das Grenzgebilde n^{ter} Ordnung unteilbar ist, wo n nicht gleich drei angenommen wird, sondern irgend eine andere ganze Zahl sein soll.

Jetzt betrachten wir wieder die Gesamtheit der Wertsysteme, die durch n variabele Gröfsen x_1, x_2 ... x_n gebildet werden können. Ihre Mannigfaltigkeit kann in der verschiedensten Weise so in zwei Klassen zerlegt werden, dafs die beiden Klassen eine gegenseitige Grenze besitzen. Dadurch gelangt man zum Grenzgebilde erster Ordnung, das wieder zerlegt werden kann. Führt man diesen Prozefs weiter aus, so wird das Grenzgebilde n^{ter} Ordnung ein einzelnes Wertsystem, also unteilbar sein. Man kann sich auch von vornherein auf einen stetigen endlichen Bereich beschränken; so kann man nur diejenigen Wertsysteme betrachten, für welche alle Variabeln positiv und kleiner als eins sind; oder man setzt fest, dafs für die zu betrachtenden Wertsysteme der Wert des Ausdrucks $x_1{}^2 + x_2{}^2 + \ldots + x_n{}^2$ eine gegebene Gröfse a^2 nicht übersteigt. Die Wertsysteme eines solchen Bereiches teile man in zwei Klassen; dann giebt es Wertsysteme, die je nach der getroffenen Festsetzung beiden Klassen zugleich angehören oder von beiden Klassen auszuschliefsen sind; ihre Gesamtheit bildet das Grenzgebilde erster Ordnung. Dieses Gebilde kann man wieder teilen und dann den Prozefs wiederholen, bis man nach n-maliger Teilung zu einzelnen Wertsystemen gelangt.

Indessen sind die analytischen Mannigfaltigkeiten durchaus nicht die einzigen Gebilde, mit denen der angegebene Prozefs durchgeführt werden kann; der Raum selbst bietet Beispiele, für die die oben angegebene Zahl n sowohl gröfser wie kleiner als drei ist. Jede Fläche kann geteilt werden; für sie ist das Grenzgebilde erster Ordnung eine Linie, das Grenzgebilde zweiter Ordnung unteilbar. Nach Plückers Vorgange darf man aber irgend ein Raumgebilde als Element auffassen; schon sehr früh führte er die Ebene und in seinem letzten grofsen Werke die gerade Linie als Raumelement ein. Betrachten wir aber die Gesamtheit der Geraden des Raumes, so wird erst das Grenzgebilde vierter Ordnung unteilbar. Wir betrachten z. B. eine Gerade als der einen oder andern Klasse angehörig, je nachdem ihr Abstand von einem festen Punkte gröfser oder kleiner ist als eine bestimmte

Länge. Dann wird das Grenzgebilde erster Ordnung durch die Tangenten an eine Kugel gebildet. Diese Tangenten zerlegen wir wieder in zwei Gruppen, etwa durch die Festsetzung, dafs die Geraden der einen Gruppe innerhalb und die der andern aufserhalb eines gewissen Kreises berühren sollen. Hiernach besteht das Grenzgebilde zweiter Ordnung aus denjenigen Tangenten, deren Berührungspunkte der gewählten Kreislinie angehören. Nun läfst sich der Kreis in zwei Teile zerlegen; man kann also zwischen den Tangenten unterscheiden, die den einen oder andern Teil treffen. Dadurch erhalten wir zwei Grenzgebilde dritter Ordnung, von denen jedes aus einem Büschel von Geraden besteht. Erst die vierte Teilung, die des Büschels, führt zu einzelnen Geraden.

Ebenso bietet die Gesamtheit der Kugeln des Raumes, sowie die der in parallelen Ebenen gelegenen Kreise jedesmal eine vierfach ausgedehnte Mannigfaltigkeit, während für die Gesamtheit aller Kreise des Raumes der Teilungsprozefs nach der angegebenen Regel sechsmal ausgeführt werden mufs, ehe er zum unteilbaren Gebilde führt.

Indessen so wichtig eine derartige Auffassung für manche Untersuchungen ist, im allgemeinen dürfte es für die Theorie am geeignetsten sein, n variabele Gröfsen zu Grunde zu legen. Selbst bei einem solchen Ausgange ist es in manchen Fällen gestattet oder sogar geboten, den Punkt im uneigentlichen Sinne von dem Wertsysteme noch in etwa zu unterscheiden. Es kann nämlich vorkommen, dafs man in den hergeleiteten Sätzen verschiedene Wertsysteme als identisch auffassen oder umgekehrt bei demselben Wertsysteme noch den (analytischen) Weg beachten mufs, auf dem man von einem gegebenen Wertsysteme aus zu ihm gelangt. Eine derartige Forderung wird durch die Analysis selbst gestellt. Denn wie bereits früher (S. 210) erwähnt wurde, besteht die analytische Behandlung darin, die einzelnen Wertsysteme mit einander in Beziehung zu setzen. Bei diesem Prozefs kann es aber vorkommen, dafs man verschiedene Wertsysteme als identisch auffassen oder an demselben Wertsysteme noch Unterschiede anbringen mufs, wenn man jener Zuordnung der Wertsysteme zu einander die Eigenschaften der geometrischen Kongruenz (Deckung) beilegen will. Auch müssen die Sätze, zu denen man

Der mehrdimensionale Raum. 259

gelangt, doch von den benutzten Variabeln unabhängig sein; bei der Einführung neuer Gröfsen wird aber die eindeutige Beziehung im allgemeinen nicht für das ganze Gebiet bestehen. Definieren wir n von einander unabhängige Gröfsen $y_1 \ldots y_n$ als Funktionen von $x_1 \ldots x_n$, so müssen die Wertsysteme der $(y_1 \ldots y_n)$ denen der $(x_1 \ldots x_n)$ so lange eindeutig entsprechen, als man in einem gewissen endlichen Gebiete bleibt; aber bei der Erweiterung des Gebietes ist es möglich, dafs zu demselben Wertsysteme $(x_1 \ldots x_n)$ verschiedene Wertsysteme $(y_1 \ldots y_n)$ gehören. Führen wir z. B. an Stelle der Variabeln x_1 und x_2 die Gröfsen y_1 und y_2 durch die Gleichungen ein:

$$x_1 = y_1 \cos y_2, \quad x_2 = y_1 \sin y_2,$$

so entsprechen jedem Wertsysteme (x_1, x_2) unendlich viele Wertsysteme (y_1, y_2).

Demnach dürfte es angebracht sein, die Untersuchung zunächst auf ein endliches Gebiet von Wertsystemen zu beschränken und für die Erweiterung die Frage zu stellen: Ist es geboten oder auch nur gestattet, verschiedene Wertsysteme als identisch aufzufassen oder bei demselben Wertsysteme noch eine Verschiedenheit anzunehmen, wofern für jedes endliche Gebiet, das gewisse Grenzen nicht überschreitet, dieselben Sätze gelten sollen, die für das zuerst gewählte Gebiet gewonnen sind? In dem hier entwickelten Sinne werden zuweilen demselben Punkte verschiedene Wertsysteme und in andern Fällen demselben Wertsysteme verschiedene Punkte zugeordnet.

Beispiele ergeben sich bereits durch die vorangehenden Entwicklungen. So hätte es nahe gelegen, die projektive Geometrie des n-dimensionalen Raumes unter Anwendung von n von einander unabhängigen Gröfsen $y_1 \ldots y_n$ zu behandeln. Thut man das und benutzt die einfachsten Variabeln, nämlich diejenigen, für welche sich die Beziehung der Wertsysteme zu einander durch gebrochene lineare Funktionen darstellt, so ist man genötigt, die unendlich grofsen Werte der Variabeln ebenso zu behandeln, wie die endlichen Werte, und dem Wertsystem $y_1 = y_2 = \ldots = y_n = \infty$ eine $(n-1)$-fach ausgedehnte Mannigfaltigkeit zuzuordnen. Diese Erwägung hat darauf geführt, $n+1$ Variabele $x_0, x_1 \ldots x_n$ durch die Gleichungen:

$$y_1 = \frac{x_1}{x_0} \ldots y_n = \frac{x_n}{x_0}$$

einzuführen und die Verhältnisse der Gröfsen $x_0, x_1 \ldots x_n$ der Untersuchung zu Grunde zu legen. Für eine dreidimensionale elliptische Raumform bestimmten wir in I § 21 (S. 71) die Lage eines jeden Punktes durch vier Gröfsen p, x, y, z, zwischen denen eine gewisse Beziehung festgestellt wurde; hierbei müssen wir in der Kleinschen Raumform den beiden Wertsystemen (p, x, y, z) und (— p, — x, — y, — z) denselben Punkt zuordnen. Andererseits ist die Lage eines Punktes durch die Verhältnisse der vier Gröfsen p, x, y, z bestimmt; dabei entsprechen im Riemannschen Raume jedem System der Verhältnisse zwei verschiedene Punkte.

Hiernach ist es klar, was wir unter dem Raume im allgemeinsten Sinne zu verstehen haben. Es sei möglich, irgend eine Mannigfaltigkeit in zwei Teile zu zerlegen, die eine gegenseitige Grenze haben; dieser Prozefs lasse sich wiederholen, bis er nach n-maliger Ausführung das unteilbare Gebilde, das Element, liefert. Für diese Mannigfaltigkeit soll ein Gesetz bestehen, nach welchem die einzelnen Elemente auf andere Elemente bezogen werden können. Jedes System von Begriffen und Urteilen, das sich auf einer solchen Grundlage aufbauen läfst, soll eine Raumform im allgemeinen Sinne genannt werden.

Wenngleich diese Nomenklatur zum mindesten recht geeignet ist, Sätze der Analysis bequem auszusprechen, wenn sie sogar aus Gründen, die wir später entwickeln werden, geradezu geboten erscheint, so ist sie doch nicht frei von Bedenken, da dieselben Worte in einem ganz verschiedenen Sinne gebraucht werden. Nun ergiebt sich der Sinn, der mit den Worten: Punkt, Grenzgebilde u. s. w. verbunden werden soll, unmittelbar, sobald man weifs, in welchem Sinne das Wort Raum gebraucht wird. Natürlich geht in den meisten Fällen aus dem Zusammenhang deutlich hervor, ob man dies Wort seiner wahren Bedeutung nach oder in uneigentlichem Sinne benutzt. Wo das nicht der Fall ist, wird es gestattet sein, den »Erfahrungsraum« in Gegensatz zu einem uneigentlichen Raume zu stellen, ohne dafs durch dies Wort über die Theorie des Raumes in philosophischer Hinsicht geurteilt werden soll.

Die eigentliche Geometrie gebraucht aufser der Teilung noch weitere Voraussetzungen, die wir bisher allerdings einer Prüfung noch nicht haben unterziehen können, von denen man aber unmittelbar ersieht, dafs sie keineswegs aus dem Begriff der Teilung hervorgehen. Um daher diejenigen Raumformen zu erhalten, welche in den letzten Paragraphen als analytische Mannigfaltigkeiten behandelt worden sind, müssen wir auch für den n-dimensionalen Raum besondere Voraussetzungen machen. Natürlich kann hier nicht der Ort sein, sie auf ihre geringste Zahl zurückzuführen; es genügt zu zeigen, dafs wir bei ihrer Aufstellung nicht auf die Analysis angewiesen sind.

Um z. B. für die projektive Geometrie, wie sie in § 7 entwickelt ist, eine Grundlage zu gewinnen, machen wir folgende Annahmen:

In einem n-dimensionalen Raume giebt es ein System von Linien, Flächen, drei- bis (n—1)-dimensionalen Gebilden E_1, E_2, E_3 ... E_{n-1} von folgender Eigenschaft: Durch irgend zwei Punkte geht eine und nur eine einzige Linie E_1 des Systems; durch jede Linie E_1 des Systems und einen ihr nicht angehörenden Punkt läfst sich eine einzige Fläche E_2 des Systems legen; dieser Prozefs soll fortgesetzt werden können, so dafs durch jedes μ-dimensionale Gebilde E_μ des Systems und einen nicht in ihm gelegenen Punkt ein einziges $(\mu + 1)$-fach ausgedehntes Gebilde $E_{\mu+1}$ des Systems geht, wo wir unter μ jede Zahl zu verstehen haben, die kleiner ist als n—1. Nun werden die Punkte so auf einander bezogen, dafs die sämtlichen Systeme von Gebilden ungeändert bleiben; es soll also für jedes μ jede E_μ wieder in eine E_μ übergehen. Von diesen Voraussetzungen aus kann man, ähnlich wie im zweiten Abschnitt für n = 2 und n = 3, für jedes beliebige n diejenigen Koordinaten entwickeln, von denen wir in § 7 ausgegangen sind. Man kann aber auch durch Beschränkungen, wie sie in II § 11 (S. 157 ff.) angegeben sind, von der Projektivität zur Metrik gelangen.

Ein anderes System von Voraussetzungen, das sich in § 8 durch Rechnung aus einer einfachen analytischen Festsetzung ergeben hatte, wurde im Beginn von § 11 aufgestellt. Diese Annahmen entsprechen ganz den von Euklid gemachten. Auch haben wir hieraus bereits in den §§ 11 und 13 für eine beliebige

Zahl und in § 12 für die Vierzahl der Dimensionen weitere Folgerungen gezogen auf einem Wege, der ganz mit dem in der Geometrie gebräuchlichen übereinstimmt.

Um jedoch die nicht-euklidischen Raumformen einzuschliefsen, ersetzen wir die letzte Voraussetzung des § 11 (S. 218) durch die folgende:

In einem allseitig begrenzten Bereich einer jeden dreidimensionalen Ebene bestehen die Gesetze, welche Euklid für den Raum voraussetzt, natürlich mit Ausschlufs der Unendlichkeit der Geraden und des Parallel-Axioms.

Hier wird also die Existenz der Geraden und der Ebenen von zwei bis $n-1$ Dimensionen ebenso vorausgesetzt, wie in der allgemeinen Projektivität, und die neu hinzukommende Annahme ermöglicht den Übergang zur Metrik. Übrigens kann man die letzte Voraussetzung durch das Postulat des Kreises ersetzen, oder man kann für gerade Strecken den Begriff der Gleichheit postulieren und annehmen, die Endpunkte gleicher Strecken, die in einer zweidimensionalen Ebene von einem Punkte ausgehen, lägen in einer geschlossenen Linie.

In diesen Voraussetzungen tritt die Beziehung zur Analysis ganz zurück. Es erübrigt jetzt also nur noch, die analytischen Gesetze herzuleiten, von denen wir in § 8 für einen euklidischen und in § 9 für einen nicht-euklidischen Raum ausgegangen sind.

Dabei gebraucht man diejenigen Formeln, die in den §§ 24 und 25 des ersten Abschnitts (S. 80 ff.) und auf anderem Wege im zweiten Abschnitt hergeleitet sind. Wie wir dort gezeigt haben, gelten für das Dreikant stets die Formeln der sphärischen Trigonometrie, während die Beziehung zwischen den Seiten und Winkeln eines ebenen Dreiecks durch drei verschiedene Formelsysteme angegeben wird, die man durch Einführung einer gewissen Konstanten k^2 einheitlich darstellen kann.

Zudem bedarf man einige wenige von den in § 11 bewiesenen Sätzen, namentlich diejenigen, durch welche der Winkel bestimmt wird, den eine Gerade mit einer $(n-1)$-dimensionalen Ebene bildet oder unter dem zwei derartige Ebenen zu einander geneigt sind. Nur ist es notwendig, diese Sätze ohne Anwendung der Parallelentheorie zu beweisen.

Der mehrdimensionale Raum. 263

Nach diesen Vorbereitungen ist es nicht schwer, eine analytische Theorie der so definierten Raumformen zu begründen. Man lege durch einen festen Punkt O n auf einander senkrecht stehende $(n-1)$-dimensionale Ebenen E^1, $E^2 \ldots E^n$. Auf diese Ebenen seien von zwei beliebigen Punkten P und P' des Raumes Senkrechte gefällt; die n vom Punkte P ausgehenden Senkrechten seien mit a_1, $a_2 \ldots a_n$ bezeichnet, während vom Punkte P' die Senkrechten a_1', $a_2' \ldots a_n'$ ausgehen mögen. Der Winkel, den zwei von demselben Punkte ausgehende Gerade mit einander bilden, möge durch Nebeneinanderstellen der Linien bezeichnet werden. Die Längen OP und OP' seien l und l' und der Winkel (ll') sei gleich φ. Die Ebenen E^2, $E^3 \ldots E^n$ haben eine Gerade g gemeinschaftlich; der Neigungswinkel der zweidimensionalen Ebenen (gl) und (gl') sei φ_1, und die von P und P' auf die Gerade g gefällten Senkrechten mögen mit l_1 und l_1' bezeichnet werden. Dann gilt die Beziehung:

$$\cos \varphi = \cos(lg) \cos(lg') + \sin(lg) \sin(lg') \cos \varphi_1.$$

Da die Geraden g und a_1 auf der Ebene E^1 senkrecht stehen und deshalb in einer zweidimensionalen Ebene liegen, so ist der Winkel (lg) das Komplement des Neigungswinkels der Geraden l gegen die Ebene E^1; somit ist unter Benutzung der früher eingeführten Größe k^2:

$$\sin \frac{l}{k} \cos(lg) = \sin \frac{a_1}{k}.$$

Hiernach nimmt die vorstehende Gleichung die Form an:

$$\sin \frac{l}{k} \sin \frac{l'}{k} \cos \varphi = \sin \frac{a_1}{k} \sin \frac{a_1'}{k} + \sin \frac{l_1}{k} \sin \frac{l_1'}{k} \cos \varphi_1.$$

Eine durch l_1 und g gelegte zweidimensionale Ebene schneidet die E^1 in einer Geraden, die auf g senkrecht steht. Auf derselben begrenze man ein Stück $OP_1 = l_1$ und bezeichne es der Größe und Lage nach durch λ_1. Dann sind die von P_1 auf die Ebenen E^2, $E^3 \ldots E^{n-1}$ gefällten Senkrechten gleich den entsprechenden von P gefällten Senkrechten, also gleich a_2, $a_3 \ldots a_n$. Ebenso bestimme man in der Schnittlinie von E^1 mit der durch g und l_1' gelegten zweidimensionalen Ebene einen Punkt P_1' so daß die Strecke OP_1', die mit λ_1' bezeichnet werden möge, gleich l_1' ist. Dann sind die Abstände des Punktes P_1' von den Ebenen E^2, $E^3 \ldots E^n$ der Reihe nach gleich a_2', $a_3' \ldots a_n'$, und die

Geraden λ_1 und λ_1 bilden den Winkel φ_1 mit einander. In der Ebene E_1 schneiden sich die Ebenen $E^3 \ldots E^n$ in einer Geraden g_1. Indem man auf das durch die Geraden g_1, λ_1 und λ_1' bestimmte Dreikant den Cosinussatz anwendet, die von P_1 und P_1' auf g_1 gefällten Senkrechten mit l_2 und l_2', und den von den Ebenen $(g_1 \lambda_1)$ und $(g_1 \lambda_1')$ gebildeten Winkel mit φ_2 bezeichnet, erhält man auf dem oben angegebenen Wege die Relation:

$$\sin \frac{l_1}{k} \sin \frac{l_1}{k} \cos \varphi_1 = \sin \frac{a_2}{k} \sin \frac{a_2'}{k} + \sin \frac{l_2}{k} \sin \frac{l_2'}{k} \cos \varphi_2.$$

Nun lassen sich in der Schnittebene von E^1 und E^2 von O aus zwei Strecken OP_2 und OP_2' gleich l_2 und l_2' abtragen, die mit einander den Winkel φ_2 bilden und deren Endpunkte P_2 und P_2' von den Ebenen $E^3 \ldots E^n$ die Abstände $a_3 \ldots a_n$, bez. $a_3' \ldots a_n'$ haben. Dann drücken wir das Produkt $\sin \frac{l_2}{k} \sin \frac{l_2'}{k} \cos \varphi_2$ in entsprechender Weise aus und gelangen, indem wir auf demselben Wege fortfahren, schließlich zu der Gleichung:

(1) $\sin \frac{l}{k} \sin \frac{l'}{k} \cos \varphi = \sin \frac{a_1}{k} \sin \frac{a_1'}{k} + \sin \frac{a_2}{k} \sin \frac{a_2'}{k} + \ldots + \sin \frac{a_n}{k} \sin \frac{a_n'}{k}.$

Diese Beziehung muſs noch bestehen, wenn die Punkte P und P' zusammenfallen, oder es muſs sein:

(2) $\sin^2 \frac{l}{k} = \sin^2 \frac{a_1}{k} + \sin^2 \frac{a_2}{k} + \ldots + \sin^2 \frac{a_n}{k}.$

Um jetzt die Koordinaten eines Punktes P zu bestimmen, setze man:

(3) $\cos \frac{l}{k} = x_0, \; k \sin \frac{a_1}{k} = x_1 \ldots k \sin \frac{a_n}{k} = x_n.$

Dann folgt aus der Gleichung (2):

(4) $k^2 x_0^2 + x_1^2 + \ldots + x_n^2 = k^2.$

Indem man dieselbe Festsetzung für den Punkt P' trifft und die Entfernung e der beiden Punkte P und P' durch die Gleichung darstellt:

$$\cos \frac{e}{k} = \cos \frac{l}{k} \cos \frac{l'}{k} + \sin \frac{l}{k} \sin \frac{l'}{k} \cos \varphi,$$

erhält man unter Benutzung der Gleichungen (2) und (3) die Beziehung:

(5) $k^2 \cos \frac{e}{k} = k^2 x_0 x_0' + x_1 x_1' + \ldots + x_n x_n'.$

Die Gleichungen (4) und (5) sind es, von denen wir in § 9 ausgegangen sind. Für ein unendlich grofses k^2 wird $x_0 = 1$, $x_1 = a_1 \ldots x_n = a_n$, und die Gleichung (5) geht unter Berücksichtigung von (2) über in:

(6) $e^2 = (x_1 - x_1')^2 + \ldots (x_n - x_n')^2$;

wir erhalten also diejenige Beziehung, die wir in § 8 zu Grunde gelegt haben.

§ 15.

Rückblick.

Die Untersuchungen dieses Abschnitts sind nach zwei Richtungen hin von Wichtigkeit. Einmal geben sie den Weg an, der zu den Grenzgebilden führt, und weisen darauf hin, dafs zu diesem Zwecke die Teilung benutzt werden mufs. Da unsere Untersuchungen hierüber jedoch noch nicht zum Abschlufs gebracht werden konnten, wenden wir uns dem zweiten Resultat zu, das uns der vorliegende Abschnitt gelehrt hat, und das in dem Nachweis gipfelt, dafs die mehrdimensionale Geometrie, obwohl sie der Erfahrung widerstreitet, begrifflich als möglich bezeichnet werden mufs.

Zum mehrdimensionalen Raume kann man auf verschiedenen Wegen gelangen. Grafsmanns Ausdehnungslehre will eine Wissenschaft darstellen, in welcher die Geometrie als besonderer Zweig enthalten ist und in der die Lehrsätze nicht jenen Schranken unterliegen, die der Raum durch die Dreizahl der Dimensionen steckt. Das Ziel soll dadurch erreicht werden, dafs unabhängig von der Erfahrung gewisse allgemeine Begriffe gebildet werden, mit denen ganz wie mit den Begriffen der Geometrie operiert werden kann. Diese Theorie ist lange unbeachtet geblieben und hat daher nicht jenen Einflufs ausgeübt, der ihrer Bedeutung entspricht. Dagegen hat die Analysis allmählich zur mehrdimensionalen Geometrie gedrängt. Analytische Probleme, die für zwei oder drei Variabele durch die Geometrie gestellt werden, müssen auf eine gröfsere Zahl von veränderlichen Gröfsen übertragen werden (§ 6). Benutzt man hierbei die Sprache der Geometrie als bequemen Ausdruck für Gesetze der Analysis, so tritt eine merkwürdige Übereinstimmung in den Resultaten zu Tage; man spricht Gesetze der Analysis genau so aus, wie Sätze der Geometrie

(§ 7—10). Diese Ähnlichkeit in den Ergebnissen kann auch in der Beweisführung herbeigeführt werden (§ 11—13): man legt analytische Mannigfaltigkeiten zu Grunde, leitet aus einer einfachen Voraussetzung durch Rechnung Folgerungen her, die bekannten geometrischen Sätzen entsprechen, und kann jetzt ein Beweisverfahren einschlagen, das voll und ganz mit der Methode der Geometrie übereinstimmt. So ist man einer Wissenschaft immer näher gekommen, die in übertragenem Sinne als Raumlehre bezeichnet werden kann. Es fragt sich nur, ob man sich nicht auch davon unabhängig machen kann, dafs der Gegenstand der Untersuchung und die Grundlagen, auf denen der Weiterbau möglich ist, durch die Analysis gegeben werden. Diese Frage haben wir in § 14 einer vorläufigen Prüfung unterzogen und sind einer rein geometrischen Grundlage wenigstens näher gekommen. Umgekehrt haben wir von gewissen geometrischen Sätzen aus analytische Formeln hergeleitet, vermittelst deren die Theorie der mehrdimensionalen Raumformen entwickelt werden kann. Hiernach liefert die Durchführung eines einfachen analytischen Prozesses alle Sätze des mehrdimensionalen Raumes; ein innerer Widerspruch ist also vollständig ausgeschlossen.

Natürlich kann es nicht fehlen, dafs manche Sätze des dreidimensionalen Raumes bei ihrer Übertragung auf eine gröfsere Zahl von Dimensionen wesentliche Veränderungen erleiden; aber eine blofse Abweichung von bekannten Sätzen darf nicht als ein Beweis für die Unmöglichkeit einer mehrdimensionalen Geometrie angesehen werden. Auch die Geometrie von zwei Dimensionen ist in mancher Hinsicht von der des dreidimensionalen Raumes wesentlich verschieden; ich erinnere nur daran, dafs regelmäfsige Polygone von jeder Seitenzahl existieren, während die regelmäfsigen Körper nur in beschränkter Anzahl möglich sind. Es ist also nicht gestattet zu verlangen, dafs die geometrischen Lehren für jede Zahl von Dimensionen ungeändert bleiben.[37])

Von mancher Seite ist grofses Gewicht auf die Thatsache gelegt worden, dafs durch den Erfahrungsraum selbst mehrdimensionale Mannigfaltigkeiten geliefert werden, wofern man nicht den Punkt, sondern gewisse andere Gebilde als Elemente betrachtet. Wie mir scheint, ist die Bedeutung dieses Umstandes jedoch vielfach überschätzt worden. Wenn man z. B. geglaubt hat, jeden andern Zugang zur mehrdimensionalen Geometrie entbehren zu können, so muſs eine solche Ansicht als unrichtig bezeichnet werden. Nur so lange es sich um die Teilung und um die Erzeugung der Grenzgebilde handelt, genügen die Mannigfaltigkeiten der bezeichneten Art. Sobald es sich aber um die Art und Weise handelt, nach der die Elemente auf einander bezogen werden sollen, treten meistens Besonderheiten ein, durch welche die weiteren, für den Aufbau unentbehrlichen Voraussetzungen wesentlich beeinfluſst werden. Nimmt man z. B. die gerade Linie als Raumelement, so gelangen wir allerdings zu einer vierfach ausgedehnten Mannigfaltigkeit; aber durch das einzelne Element ist bereits ein dreidimensionales Gebilde bestimmt, nämlich die Gesamtheit aller geraden Linien, die von der gegebenen Linie geschnitten werden. Will man also die geraden Linien des Raumes auf einander beziehen, so muſs das in der Weise geschehen, daſs auch jedesmal die angegebenen dreidimensionalen Gebilde auf einander bezogen werden. In ähnlicher Weise bildet die Gesamtheit der Kreise in der Ebene eine dreifach ausgedehnte Mannigfaltigkeit; aber sobald ein Kreis gewählt ist, wird durch ihn auch die Gesamtheit der ihn berührenden Kreise, also eine zweifach ausgedehnte Mannigfaltigkeit, bestimmt; zudem zerfallen die sämtlichen Kreise in zwei Gruppen in der Art, daſs die Kreise der einen Gruppe den gegebenen Kreis schneiden, die der andern Gruppe keinen Punkt mit ihm gemeinschaftlich haben. Solche Besonderheiten werden aber fast regelmäſsig auftreten. Aus diesem Grunde scheint es nicht möglich zu sein, den vierdimensionalen euklidischen Raum dadurch zu versinnlichen, daſs man ein Gebilde des Erfahrungsraumes als Element einer vierfach ausgedehnten Mannigfaltigkeit wählt.

Die Dreizahl der Dimensionen wird durch jede Erfahrung bestätigt; es ist deshalb nicht nötig, zum Beweise mit Kant noch auf Newtons Gravitationsgesetz hinzuweisen, da, wie Benno Erdmann hervorhebt, bei dem Versuche, dies Gesetz als notwendig nachzuweisen, die Gültigkeit von Sätzen angenommen werden muſs, die nicht unbestreitbar sind. Dagegen kann die Notwendigkeit dreier Dimensionen nicht aus dem Begriffe einer Teilbarkeit, bei der die Teile in Zusammenhang mit einander stehen, hergeleitet werden. Dies Resultat, das aus den durchgeführten

Entwicklungen hervorgeht, scheint mir von aufserordentlicher Wichtigkeit zu sein. Dagegen glaube ich nicht weiter gehen zu dürfen, und jeden Versuch, einen mehrdimensionalen Raum als existierend oder auch nur als mit der Erfahruug vereinbar hinstellen zu sollen, glaube ich mit Entschiedenheit zurückweisen zu müssen. Es sei gestattet, einen Blick auf die Gründe zu werfen, die man für Vier- oder Mehrzahl der Dimensionen glaubt beibringen zu können.

Die Art und Weise, in der Herr von Helmholtz die Möglichkeit einer gröfseren Zahl von Dimensionen mit unserer Anschauung vereinigen will, ist mir trotz redlichsten Bemühens nie klar geworden; ich mufs daher davon Abstand nehmen, seine Theorie zu besprechen.

Auf anderer Seite sagt man: Wenn zwei Körper in allen Gröfsenbeziehungen übereinstimmen, so müssen sie auch zur Deckung gebracht werden können; zwei Körper, die zu einer Ebene symmetrisch liegen, dürfen trotz einer solchen Übereinstimmung nicht als kongruent betrachtet werden, so lange man den Raum als dreidimensional voraussetzt; also mufs man eine vierfache Ausdehnung des Raumes annehmen, um die Deckung zu ermöglichen. Allerdings mufs man einem Teil des hier ausgesprochenen Gedankens beistimmen. Schon wenn zwei Dreiecke in den Seiten und Winkeln übereinstimmen und mit einer Seite in derselben Ebene an einander liegen, so werden sie, wofern beide ungleichseitig sind, nicht zur Deckung gebracht werden können durch eine Bewegung, bei der beide in der Ebene verbleiben; aber die Drehung des einen Dreiecks um die gemeinschaftliche Seite genügt, die Deckung herbeizuführen; jedoch verläfst hierbei das Dreieck seine Ebene und bewegt sich im dreidimensionalen Raume. Ebenso können zwei Gebilde einer dreidimensionalen Ebene, die in einem vierfach ausgedehnten Raume liegen und in allen Gröfsenbeziehungen übereinstimmen, durch eine Bewegung in diesem Raume stets zur Deckung gebracht werden. Wäre also der Erfahrungsraum eine Ebene in einem mehrdimensionalen Raume, so würde für unsern Raum der Unterschied zwischen kongruenten und sog. symmetrischen Körpern wegfallen. Aber damit ist wesentlich nichts gewonnen. Denn jetzt können vierdimensionale Gebilde in ihrer Gestalt und Gröfse übereinstimmen, ohne kongruent zu sein. Wie grofs man auch die Zahl der Dimensionen annehmen mag, niemals wird der Begriff der Kongruenz identisch sein mit dem Begriff der Übereinstimmung in allen Gröfsenbeziehungen; es ist also gar nicht gestattet, die Identität der beiden Begriffe zu verlangen.

Endlich beruft man sich auf Experimente, welche angeblich gemacht sind und welche im dreidimensionalen Raume nicht ausgeführt werden können, während sie in einem Raume von mehr Dimensionen ganz einfacher Natur sind. Die erste Aufgabe besteht darin, einen Körper aus einem allseitig verschlossenen Raum zu entfernen, ohne dafs der Verschlufs aufgehoben wird. Denken wir z. B. ein Schrotkorn in eine Hohlkugel eingeschlossen, so soll das Korn daraus entfernt werden, ohne dafs eine Öffnung in die Kugel gemacht wird. Diese Aufgabe ist im dreidimensionalen Raume nicht löslich; aber die Lösung ist ganz einfach, wenn die Kugel einem vierdimensionalen Raume angehört. Denn gleichwie die Kreislinie wohl zwei Teile einer Ebene von einander trennt, aber nicht zwei Raumteile gegen einander abgrenzen kann, so ist auch die zweidimensionale Kugelfläche nicht die Grenze für Teile eines vierdimensionalen Raumes. Man kann aus dem Innern einer Kreisfläche in das Äufsere gelangen, wenn man den Weg durch den Raum wählt; ebenso müfste man aus dem Innern einer Kugel herauskommen können, wenn der Raum vierdimensional wäre. Genau so verhält es sich mit einer zweiten Aufgabe: In einem Faden ist ein Knoten angebracht und dann sind die Enden fest mit einander verbunden; man soll den Knoten lösen, ohne den Faden zu zerreifsen. Könnte man hierbei einem Teil des Bandes gestatten, in einen vierdimensionalen Raum hinüberzugehen, so würde sich bei passender Wahl des Teiles und seiner Bewegung die Aufgabe lösen lassen. Nun haben einige geglaubt, beide Probleme seien in der That mehrmals gelöst worden; deshalb haben sie zur Erklärung die Annahme vorgeschlagen, der Raum sei vierdimensional. Aber vorläufig ist es doch gewifs gestattet, an der Richtigkeit der Angaben zu zweifeln; jedenfalls war bei den betreffenden Experimenten ein klarer Einblick in die Vorbereitungen und in den ganzen Verlauf der Versuche nicht möglich, und schon aus diesem Grunde darf man die Versuche nicht zur Grundlage einer neuen Theorie machen. Da diese neue Theorie zudem den stärksten Bedenken unterliegt, ja allen Beobachtungen direkt widerspricht, müssen an die zu ihrer Begründung dienenden Versuche die weitgehendsten Bedingungen gestellt werden, und so lange diese Bedingungen nicht vollständig erfüllt sind, mufs man, wenn man einen Betrug nicht annehmen will, die Sache ohne Erklärung auf sich beruhen lassen.[38])

Vierter Abschnitt.

Die Clifford-Kleinschen Raumformen.

§ 1.
Die Geometrie auf den abwickelbaren Flächen des euklidischen Raumes.

Schon im sechsten Paragraphen des ersten Abschnittes (S. 10) haben wir auf die sogenannten abwickelbaren Flächen des euklidischen Raumes hingewiesen. Wir verstehen darunter diejenigen Flächen, welche durch blofse Biegung, aber ohne Dehnung und Kürzung in eine Ebene (oder wenigstens in ein ebenes Flächenstück) umgewandelt werden können. Bei dieser Operation bleibt die Länge einer jeden Linie, die Gröfse eines jeden Winkels und jeder Fläche ungeändert. Dabei gehen die kürzesten Linien der Fläche in die geraden Linien auf der Ebene über; wählt man nämlich auf der Fläche zwei Punkte und läfst durch sie die kürzeste Linie und beliebige andere Linien begrenzt sein, so behalten alle diese Linien beim Abwickeln ihre Länge bei; somit verwandelt sich die kürzeste Linie der Fläche in die kürzeste Linie der Ebene, also in eine Gerade.

Wir können uns auch in folgender Weise ausdrücken: Eine Fläche heifst auf eine Ebene abwickelbar, wenn man den Punkten der Fläche die Punkte der Ebene so zuordnen kann, dafs jeder auf der Fläche verlaufenden Linie eine gleich grofse Linie in der Ebene entspricht; dann werden, wie sich leicht zeigen läfst, sowohl entsprechende Winkel als auch entsprechende Flächen jedesmal gleich grofs sein.

Wie die Mathematik zeigt, enthält jede abwickelbare Fläche eine Schar von geraden Linien, die als die Erzeugenden der

Fläche bezeichnet werden und die entweder sämtlich parallel sind oder sämtlich durch denselben Punkt gehen oder sämtlich Tangenten an eine Raumkurve sind; im letzten Falle ist die Kurve eine Rückkehrkante der Fläche. Umgekehrt bilden die Tangenten einer jeden Raumkurve die Erzeugenden einer developpabeln Fläche.

Der Einfachheit wegen betrachten wir im folgenden hauptsächlich diejenigen abwickelbaren Flächen, deren Erzeugende entweder sämtlich zu einander parallel sind oder sich in demselben Punkte schneiden. Auch legen wir zunächst nur spezielle Gebilde zu Grunde; dabei wählen wir zwei Arten mit parallelen Erzeugenden, schieben aber, um das Wesen der Sache deutlicher hervortreten zu lassen, zwischen beide Arten gewisse Kegel ein. Zur Erzeugung der ersten Art legen wir eine ebene Kurve zu Grunde, die ins Unendliche verläuft und weder Doppel- noch Rückkehrpunkte besitzt; längs dieser Kurve lassen wir eine Gerade, die nicht in die Ebene der Kurve hineinfällt, sich so bewegen, daſs sie stets ihrer Anfangslage parallel bleibt. Speziell errichten wir in den Punkten einer Parabel die Senkrechten auf der Ebene der Kurve und betrachten diejenige Fläche, welche alle diese Senkrechten enthält. Die zweite Art möge die Kegelflächen umfassen; es genügt für unsern Zweck, den geraden Kreiskegel zu betrachten. Um ihn zu erhalten, gehen wir von einem Kreise aus, errichten in seinem Mittelpunkte die Senkrechte auf der Ebene des Kreises und ziehen von einem festen Punkte dieser Senkrechten die (beiderseits verlängerten) geraden Linien nach den Punkten der Kreislinie. Als Typus der dritten Art wählen wir den geraden Cylinder: wir betrachten die Gesamtheit aller Punkte, welche von einer festen Geraden konstanten Abstand haben; oder wir gehen von zwei parallelen Geraden aus und drehen die aus ihnen bestehende Figur um die eine Gerade. Für unsern Zweck verschlägt es nicht, die Fläche erzeugt zu denken durch eine Schar paralleler Geraden, von denen jede eine einfach geschlossene ebene Kurve (ohne Punktsingularitäten) schneidet.

Bei den Flächen der ersten Klasse und speziell bei der oben angeführten, welche aus den sämtlichen in den Punkten einer Parabel auf ihrer Ebene errichteten Senkrechten gebildet wird, geht durch zwei Punkte immer eine einzige kürzeste (geodätische) Linie. Jede solche Linie geht dadurch, daſs man die Fläche auf eine Ebene abwickelt, in eine gerade Linie über; sie ist selbst unendlich und stellt die kürzeste Verbindung zwischen irgend zwei in ihr gewählten Punkten dar. Zwei geodätische Linien haben, soweit man sie auch verlängern mag, höchstens einen einzigen Punkt gemeinschaftlich; durch jeden Punkt geht nur eine einzige kürzeste Linie, welche von einer gegebenen geodätischen Linie bei beliebiger Verlängerung nicht geschnitten wird. Überhaupt entspricht jedem Satze der euklidischen Ebene ein ganz bestimmter Satz für eine solche Fläche; wir können durch eine leichte Änderung in der Bezeichnung entsprechende Sätze auch vollständig gleichlautend machen. Es ändert sich also nur die Vorstellung, welche wir mit den einzelnen Sätzen verbinden. Während man in der Ebene auf ganz verschiedene Weise eine starre Bewegung ausführen kann, ist es nur dadurch möglich, die Fläche starr in sich zu bewegen, daſs man sie längs ihrer Erzeugenden verschiebt; will man aber z. B. die Fläche bei der Ruhe eines Punktes in sich bewegen, so muſs sie fortwährend in geeigneter Weise gebogen werden. Diese Operation hat aber keinen Einfluſs auf die Sätze selbst, sondern nur auf die mit den Sätzen verbundene Anschauung. Das System der Sätze ist demzufolge identisch mit dem der Sätze für die euklidische Ebene. So lange man also die Fläche nur in sich, ohne Rücksicht auf den äuſsern Raum betrachtet, zeigt sie in ihren Sätzen keinen Unterschied von der zweidimensionalen euklidischen Geometrie; die Fläche muſs daher als eine euklidische Raumform von zwei Dimensionen betrachtet werden.

Ganz andere Eigenschaften zeigt die Oberfläche des geraden Kegels. Hier besteht die vollständige Fläche aus zwei Mänteln, die in einem Punkte zusammenstoſsen. Will man von einem Punkte des einen Mantels zu irgend einem Punkte des andern gelangen, so muſs man durch die Spitze hindurchgehen. Jede kürzeste Linie, die durch die Spitze geht, ist eine Gerade; alle andern kürzesten Linien verbleiben also in dem einen oder andern Mantel. Eine solche behält demnach die Eigenschaft, eine kürzeste Verbindung der in ihr liegenden Punkte zu sein, nicht während ihres ganzen Verlaufes bei; es kann sogar vorkommen, daſs eine solche Linie sich selbst schneidet, und zwar tritt dies regelmäſsig ein, wenn der spitze Winkel, durch dessen Drehung die Kegelfläche entsteht, kleiner ist als der dritte Teil eines Rechten.

Um die letztere Behauptung zu beweisen, rolle man den Kegelmantel auf die Ebene ab; dann bedecke er das Winkelfeld X_0SX_1 ($=\mu = 2\pi \sin \varphi$, wenn φ den Winkel bezeichnet, unter welchem jede Kante zur Achse geneigt ist). Wofern dieses Winkelfeld kleiner ist als zwei Rechte (oder mit andern Worten, wenn $\varphi < 30°$), so mufs jede in demselben gezogene Gerade mindestens einen Schenkel treffen. Nun werde der Schenkel SX_0 in A_0 unter dem Winkel α getroffen, und zwar möge α der Winkel sein, den der nach A_0 verlaufende Teil der Geraden mit A_0X_0 bildet. Dann mache man auf SX_1 die Strecke $SA_1 = SA_0$ und lege an SA_1 in A_1 den Winkel α im gegebenen Winkelfelde an. Sein zweiter Schenkel stellt die Fortsetzung der geodätischen Linie dar und trifft den Schenkel SX_0 in einem Punkte A_0' unter dem Winkel $\mu + \alpha$, wofern $\mu + \alpha < \pi$ ist. So geht es nach beiden Richtungen fort; die Abbildung einer jeden geodätischen Linie setzt sich, wofern $\mu < \pi$ ist, aus zwei Halbgeraden zusammen, zu denen noch einzelne gerade Strecken treten können.

Indessen kommt diese Eigenschaft nicht allen Kegelflächen zu. Wir müssen daher untersuchen, ob nicht diese Flächen sämtlich in wesentlichen Punkten von der Ebene abweichen. Zu dem Ende grenzen wir ein einfach zusammenhangendes Stück, das den Scheitel nicht enthält, ganz beliebig ab; d. h. wir betrachten einen Flächenteil, der von einer einzigen geschlossenen Linie (ohne Doppelpunkte) begrenzt wird. Jedes solche Stück hat bekanntlich alle Eigenschaften einer ebenen Fläche: durch je zwei Punkte desselben läfst sich eine, und zwar eine einzige kürzeste Linie legen; die Summe der Winkel in jedem aus kürzesten Linien gebildeten Dreieck beträgt zwei Rechte u. s. w. Bei passender Wahl des Stückes läfst es sich um jeden seiner Punkte drehen, wofern man nur jedesmal eine entsprechende Biegung vornimmt. Verschieben wir diesen Teil auf dem Kegelmantel bei gleichzeitiger Biegung, so wird, falls wir uns vom Scheitel entfernen, die eindeutige Beziehung zwischen dem neuen und dem gegebenen Stück fortwährend bestehen bleiben; zugleich wird das neue Stück die Eigenschaften einer ebenen Fläche behalten. Nähern wir uns aber dem Scheitel, so wird der Fall eintreten, dafs der Kegelmantel von dem Flächenstück zum Teil mehrmals bedeckt wird. Punkte, welche vorher von einander verschieden waren, fallen jetzt zusammen und müssen als identisch angesehen werden; die Eigenschaft, dafs durch zwei Punkte eine einzige kürzeste Linie geht, bleibt nicht mehr bestehen. Wie man also auch das erste Flächenstück gewählt hat, niemals wird es möglich sein, ihm an jeder andern Stelle der Fläche ein gleichartiges zuzuordnen. Nun hat der Raum folgende Eigenschaft: nachdem ein Raumteil abgegrenzt ist, kann man ihn in Beziehung setzen zu einem zweiten in der Weise, dafs 1. jedem Punkte des einen ein einziger Punkt des andern entspricht, und dafs 2. die Entfernung zwischen irgend zwei Punkten im einen Raumteil gleich ist der Entfernung der entsprechenden Punkte im andern; hierbei kann man noch denjenigen Punkt des Raumes ganz beliebig wählen, der einem Punkte des gegebenen Raumteiles entsprechen soll. Diese Eigenschaft liegt allen unsern Untersuchungen über den Raum zu Grunde. Soll also eine Fläche als zweidimensionale Raumform bezeichnet werden können, so mufs auch für sie ein entsprechender Satz gelten; ein solcher fehlt für die Kegelfläche.

Kongruent im weiteren Sinne wollen wir zwei Flächenstücke nennen, welche so auf einander bezogen werden können, dafs jedem Punkte des einen ein Punkt des andern entspricht und dafs entsprechende Linien, Winkel und Flächen jedesmal gleich sind. Wenn wir dann ein Flächenstück zu Grunde legen, so mufs es in der Umgebung einer jeden Stelle der Raumform ein in diesem Sinne kongruentes geben. Nehmen wir aber ein beliebiges Stück eines Kegelmantels, so wird es nie gelingen, ein zu ihm im weiteren Sinne kongruentes in jeder Nähe des Scheitels zu bestimmen.

Anders ausgedrückt: ein fester Körper kann an jede Stelle des Raumes gebracht werden. Um dies auf eine Fläche zu übertragen, denken wir uns ein Stück Papier, dessen Dicke als verschwindend betrachtet werden soll, und verschieben es bei gleichzeitiger Biegung auf einem Kegelmantel. Sobald man das Stück nahe genug an den Scheitel bringt, mufs ein Teil der Fläche gleichzeitig von zwei verschiedenen Teilen des Papiers bedeckt werden. Diese Art der Bedeckung mufs aber ausgeschlossen werden; denn auch für zweidimensionale Gebilde, die als Raumformen betrachtet werden sollen, mufs das Analogon des Satzes gelten, dafs derselbe Raum nicht gleichzeitig von verschiedenen Körpern oder auch von verschiedenen Teilen desselben Körpers eingenommen werden kann.

Hiernach ist es nicht gestattet, die Kegelfläche als eine zweidimensionale Raumform zu betrachten. Dasselbe gilt von jeder abwickelbaren Fläche, die eine Rückkehrkante besitzt. Denn auch hier mufs die eindeutige Beziehung zwischen zwei Flächenteilen fortfallen, sobald man mit dem einen nahe genug an die Rückkehrkante herankommt.

Wir gehen jetzt zu der dritten Klasse von abwickelbaren Flächen über und betrachten speziell den geraden Kreiscylinder. Zu seinen geodätischen Linien gehören einmal gerade Linien, nämlich die Erzeugenden der Fläche; ferner diejenigen Kreise, welche auf den Erzeugenden senkrecht stehen, und endlich die Schraubenlinien. Von den zuletzt genannten Linien schneidet jede sämtliche Erzeugenden, und zwar unendlich oft und unter gleichen Winkeln. Wofern also zwei Punkte nicht in einer zur Achse senkrechten Ebene liegen, gehen unendlich viele kürzeste Linien durch sie hindurch. Schon hieraus geht hervor, dafs die Schraubenlinie die Eigenschaft, kürzeste Linie zu sein, nicht für zwei beliebige, in ihr gelegene Punkte, besitzt.

Während die Ebene durch jede beiderseits unendliche Linie, speziell durch die Gerade in zwei Teile zerlegt wird, kann man auf dem Cylinder mancherlei unendliche Linien ziehen, durch welche die Oberfläche nicht zerlegt wird. So kann man, nachdem eine Erzeugende gezogen ist, von irgend einem Punkte der Fläche zu jedem zweiten gelangen, ohne die Erzeugende zu treffen, wofern nur keiner der beiden Punkte auf der Erzeugenden liegt. Auch durch die Schraubenlinie wird die Fläche nicht zerlegt. Wenn zwei Punkte A und B der Fläche einer Schraubenlinie s nicht angehören, so lege man durch B die Erzeugende g; C und D seien diejenigen beiden Punkte, in denen g von s zunächst an B getroffen wird, so dafs B, aber kein dritter Schnittpunkt von s und g zwischen C und D liegt. Durch A lege man diejenige Schraubenlinie s', welche mit den Erzeugenden denselben Winkel bildet, wie s; dann wird auch von s' jede Erzeugende getroffen und der Abstand zweier auf einanderfolgender Schnittpunkte ist gleich CD. Folglich trifft s' mit g in einem einzigen

Schnittpunkte E zwischen C und D zusammen, wo E auch mit B identisch sein kann. Da sich s und s' nicht schneiden, so kann man sich von A aus auf s' bis E und dann auf der Geraden EB bewegen und gelangt nach B, ohne der Schraubenlinie s zu begegnen.

Zwar wird die Fläche schon dadurch zu einer einfach zusammenhangenden, dafs man sie längs einer Erzeugenden zerschneidet. Aber die Übereinstimmung mit der Ebene wird noch gröfser, wenn man ein einfach zusammenhangendes Stück abgrenzt, in dem nur solche kürzeste Linien vorkommen, deren Länge kleiner ist als der Umfang des Grundkreises. Beschränkt man die Betrachtung auf ein solches Stück, so kann man durch zwei Punkte desselben nur eine einzige geodätische Linie legen; die Winkelsumme in jedem durch kürzeste Linien begrenzten Dreiecke beträgt zwei Rechte; kurz, jeder für die euklidische Ebene geltende Satz, der nicht bereits durch seinen Ausspruch über ein gewisses Gebiet hinausgeht, findet auf einem solchen Stücke der Cylinderfläche sein volles Analogon.

Ein solches Stück kann aber auch auf der Cylinderfläche alle Bewegungen machen, welche den Bewegungen einer Ebene in sich entsprechen. Man kann es längs der erzeugenden Geraden und längs der Grundkreise verschieben; diese beiden Bewegungen und alle durch ihre Verbindung entstehenden (also z. B. die Verschiebungen längs irgend einer Schar von parallelen Schraubenlinien) erfordern keine Biegung. Man kann aber endlich auch einen beliebigen Punkt des Stückes in Ruhe halten und das betrachtete Stück um den Punkt drehen; dann mufs allerdings mit der Drehung eine gewisse Biegung verbunden werden; aber da alle Dehnung und Verkürzung ausgeschlossen ist, so bleiben alle Längen ungeändert, es behalten die Winkel und Flächen ihre Gröfsen bei, und zwei Punkte, welche in der Anfangslage getrennt liegen, gelangen auch durch die Bewegung niemals zur Deckung. Indem man diese Bewegungen beliebig fortsetzt, kann man das anfangs betrachtete Stück an jede Stelle der Fläche bringen, und indem man irgend ein kongruentes Stück betrachtet, gelten auch hierfür dieselben Sätze, wie in der euklidischen Ebene.

Wenn wir vor allem auf die starre Bewegung Rücksicht nehmen, können wir als besonders charakteristischen Unterschied zwischen der Ebene und der Cylinderfläche hervorheben, dafs jede starre Bewegung eines Teiles einer zweidimensionalen Ebene in sich auch für jeden andern Teil eine starre Bewegung eindeutig bestimmt, während dies auf dem Cylinder nur für die Parallelverschiebung gilt. Speziell kann die Ebene auch als Ganzes bei der Ruhe eines Punktes in sich bewegt werden, die Cylinderfläche aber nicht. Dieser Unterschied hindert aber nicht, die Cylinderfläche auch als Raumform aufzufassen; denn der Raum selbst ist unbeweglich, in ihm bewegen sich die Körper, speziell die festen Körper. So kann man auch die Cylinderfläche als den Träger auffassen, in welchem sich ein zweidimensionaler Körper bewegt. Wir wählen etwa ein Stück Papier, von dessen Dicke wir absehen und dessen übrige Dimensionen nach keiner Richtung hin eine Länge erreichen, die dem Umfang des Grundkreises gleichkommt; dies Stück läfst sich auf dem Cylinder nach denselben Gesetzen bewegen, nach denen eine Ebene in sich verschoben werden kann.

Wollen wir von der Bewegung absehen und nur die Zuordnung der einzelnen Teile in Betracht ziehen, so können wir sagen: An jeder Stelle der Fläche läfst sich ein Gebiet abgrenzen, für das die Gesetze der euklidischen Ebene gelten, und an jeder andern Stelle giebt es, nachdem das erste Gebiet passend gewählt ist, ein zweites, das zu ihm im weiteren Sinne kongruent ist. Demnach unterliegt es keinem Bedenken, die Cylinderfläche als Raumform aufzufassen.

Werfen wir jetzt noch einen Blick auf solche Cylinderflächen im weiteren Sinne, welche sich selbst durchschneiden. Wir gehen etwa von einer ebenen krummen Linie aus, welche einen Doppelpunkt hat, aber im übrigen beiderseits ins Unendliche verläuft. Längs einer solchen Linie lassen wir eine Gerade, welche nicht der Ebene der Kurve angehört, parallel mit ihrer Anfangslage bewegt werden. Die durch diese Gerade beschriebene Fläche hat in ihren Eigenschaften die gröfste Ähnlichkeit mit den an erster Stelle betrachteten Flächen; nur die Doppelgerade bedingt einen Unterschied. Im allgemeinen wird man nämlich, wenn man sich längs einer geodätischen Linie bewegt, niemals denselben Punkt zweimal treffen; nur bei den Punkten der Doppelgeraden ist diese Möglichkeit vorhanden. Dadurch nimmt eine solche Fläche an den für die dritte Klasse angegebenen Eigenschaften teil; es unterliegt also keinem Bedenken, auch diese Flächen als Raumformen zu betrachten.

Ähnliches gilt, wenn man etwa eine Lemniskate, überhaupt eine geschlossene Linie mit Doppelpunkten, zur Leitlinie einer Cylinderfläche wählt. Dann wird man zwar von jedem Punkte der Fläche aus längs einer geodätischen Linie in die Anfangslage zurückkehren können; aber für jeden Punkt, welcher auf einer Doppelgeraden liegt, führt hierbei bereits ein kürzerer Weg in die Anfangslage zurück. Indessen bleiben die früheren Ergebnisse auch für die neuen Flächen im wesentlichen ungeändert.

Demnach können wir das Resultat der angestellten Untersuchung in die Worte zusammenfassen:

Unter den auf eine Ebene abwickelbaren Flächen des dreidimensionalen euklidischen Raumes können nur die Cylinderflächen, d. h. diejenigen Flächen, deren Erzeugende sämtlich unter einander parallel sind, als Raumformen betrachtet werden. Läfst man für solche Flächen neben der Verschiebung noch die Biegung zu, (d. h. eine Deformation, bei welcher alle Gröfsenbeziehungen ungeändert bleiben), so ist es nur möglich, diejenigen unter diesen Flächen als Ganze allgemein in sich zu verschieben, deren Leitlinie eine einfach unendliche ebene Kurve ohne Doppelpunkte ist; die übrigen Flächen werden nur bei einer Parallel-Verschiebung als Ganze in sich verbleiben.

§ 2.
Erweiterung der angestellten Betrachtungen.

Wird die Fläche eines Kreiscylinders auf die Ebene abgerollt, so deckt die ganze Oberfläche einen Streifen, der von zwei parallelen Geraden g und g' eingeschlossen wird. Indem wir die Abwicklung fortsetzen, zerfällt die ganze Ebene in lauter solche Streifen; jeder Punkt der Fläche wird unendlich oft abgebildet. So möge der auf der Cylinderfläche gelegene Punkt A in der Ebene die Bilder A_0, A_1, $A_2 \ldots$ und zugleich die Bilder A_{-1}, A_{-2}, $A_{-3} \ldots$ haben. Alle Punkte A_i liegen auf einer geraden Linie und je zwei auf einander folgende Punkte A_i und A_{i+1} haben einen konstanten Abstand. Wählt man umgekehrt in einer Ebene eine Strecke a und betrachtet zwei Punkte als zusammengehörig, wenn ihre Verbindungslinie der Strecke a parallel läuft und ein ganzes Vielfache dieser Strecke ist, so existiert stets ein Cylinder, der so auf die Ebene abgewickelt werden kann, dafs jeder seiner Punkte auf »zusammengehörige« Punkte der Ebene fällt. Dagegen ist die Schar der Geraden g, g'... für die Abbildung nicht charakteristisch. Hätte man nämlich auf dem Cylinder eine Schraubenlinie gezogen, so würde diese durch eine Gerade h abgebildet, welche gegen a unter einem spitzen Winkel geneigt ist; die Fläche wird also jetzt durch den Streifen hh' abgebildet (Fig. 35).

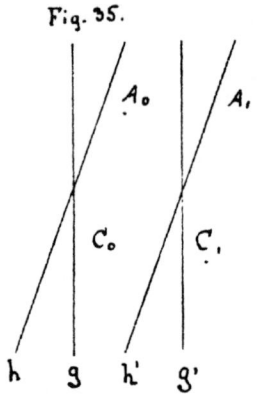

Fig. 35.

Demnach können wir auch von der Cylinderfläche ganz absehen und nur die Ebene betrachten. Dann läfst sich das Schlufsresultat des vorigen Paragraphen in folgender Weise aussprechen:

Die Ebene kann auch dann als Raumform betrachtet werden, wenn man zwei Punkte als identisch ansieht, welche nach einer festen Richtung hin einen konstanten Abstand haben.

Ist A ein Punkt der Ebene, so soll derjenige Punkt durch A_m bezeichnet werden, für den die Gerade AA_m der festen Richtung parallel und die Länge $AA_m = ma$ ist. Ebenso setzen wir fest, dafs die Strecke BB_n der Strecke a parallel und gleich na ist.

Wählt man in der Ebene ein einfach begrenztes Stück, in welchem sich keine gerade Strecke von der Länge a ziehen läfst, so läfst sich dieses ganz beliebig in der Ebene bewegen, ohne dafs es zusammenfallende Punkte enthält. Für jeden solchen Teil gelten also die Gesetze einer zweidimensionalen euklidischen Raumform ohne jede Einschränkung.

Wenn man die Ebene parallel in sich verschiebt, so möge der Punkt A auf B fallen; dann fällt jeder Punkt A_m auf einen Punkt B_m, so dafs die Festsetzung über zusammenfallende Punkte sich nicht ändert. Die neue Raumform kann also auch durch Parallelverschiebung in sich bewegt werden. Dagegen ist es nicht möglich, die Raumform auch als Ganzes bei der Ruhe eines Punktes in sich zu bewegen. Denn bei einer solchen Drehung wird die Richtung der Strecke a sich ändern.

Es wird nicht nötig sein, nochmals die weiteren Eigenschaften dieser Raumform in Anschluſs an die hier zu Grunde gelegte Abbildung anzuführen, da wir hierauf bereits im vorigen Paragraphen genugsam eingegangen sind. Dagegen wollen wir prüfen, ob es nicht gestattet ist, auch zwei Punkte als zusammenfallend zu betrachten, die nach einer zweiten Richtung hin einen festen Abstand haben.

Wir bezeichnen demnach durch a eine gewisse Strecke ihrer Länge und Richtung nach und setzen fest, daſs zwei Punkte zusammenfallen, deren Verbindungsstrecke nach Länge und Richtung gleich a ist. Dadurch mögen wir von A aus zu den Punkten $A_1, A_2 \ldots A_{-1}, A_{-2} \ldots$ gelangen. Eine zweite Strecke möge ihrer Gröſse und Richtung nach mit b bezeichnet werden. Die beiden Richtungen a und b mögen den Winkel φ mit einander bilden. Durch die Festsetzung, daſs auch zwei Punkte zusammenfallen, welche in der zweiten Richtung um b von einander entfernt sind, möge A auch mit $A', A'' \ldots, A^{(-1)}, A^{(-2)} \ldots$ identisch sein. Wenn jetzt A_1' der vierte Eckpunkt des Parallelogramms mit drei Ecken $A_1 A_1, A'$ ist, so fällt auch A mit A_1' zusammen (Fig. 36). Überhaupt sei $A_\mu{}^\nu$ der vierte Eckpunkt eines Parallelogramms, das die Punkte A, A_μ, A^ν zu Ecken hat, so fällt auch der Punkt $A_\mu{}^\nu$ mit A zusammen.

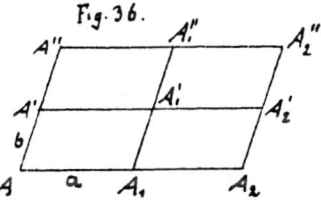

Fig. 36.

Auch jetzt kann man in mannigfaltiger Weise ein Gebiet der Ebene so abgrenzen, daſs es einfachen Zusammenhang besitzt und keine zusammenfallende Punkte enthält. Ein solches Gebiet besitzt alle Eigenschaften einer zweidimensionalen euklidischen Ebene. Wenn zudem alle geraden Linien, welche in diesem Gebilde gezogen werden können, eine gewisse Länge nicht erreichen, so kann man das Stück beliebig in der Ebene bewegen, ohne daſs es zusammenfallende Punkte enthält. Somit stellt die Ebene auch bei der getroffenen Festsetzung eine Raumform dar.

282 Vierter Abschnitt. § 2.

Jede gerade Linie der Raumform wird in der Ebene wieder durch eine Gerade abgebildet. Lassen wir dieselbe von A ausgehen, so möge sie einen Punkt $A_\mu{}^{(\nu)}$ treffen, und zwar müssen hier μ und ν relative Primzahlen sein, wenn der Punkt $A_\mu{}^\nu$ unter allen Punkten $A_\varrho{}^\sigma$ der erste sein soll, durch den die Gerade von A aus wieder hindurchgeht. Dann ist die Gerade in der abgebildeten Raumform geschlossen, und ihre Länge beträgt $\sqrt{\mu^2 a^2 + \nu^2 b^2 + 2\mu\nu ab \cos\varphi}$. Wenn $\mu > \nu$ ist, so schneidet das Bild $AA_\mu{}^{(\nu)}$ die Seite $A_1 A_1{}'$ in einem Punkte B, so dafs $A_1 B : A_1 A_1{}' = \mu : \nu$ ist. Wählt man also in $A_1 A_1{}'$ einen Punkt B so, dafs das Verhältnis $A_1 B : A_1 A_1{}'$ irrational ist, so kann die Gerade AB durch keinen Punkt $A_\mu{}^\nu$ hindurchgehen; in der abgebildeten Raumform erhalten wir daher eine unbegrenzte Gerade. Eine solche Gerade wird jedem Punkte der Raumform unbegrenzt nahe kommen. Davon überzeugt man sich sofort durch ihre Abbildung auf das Parallelogramm $AA_1 A_1{}'A'$. Hier möge die von A ausgehende Gerade den Umfang des Parallelogramms zuerst (Fig. 37) etwa in einem Punkte B der Seite $A_1 A_1{}'$ treffen. Man trage AB' auf AA' gleich $A_1 B$ ab und ziehe durch B' die Parallele zu AB; diese treffe die Begrenzung des Parallelogramms zuerst wieder in C.

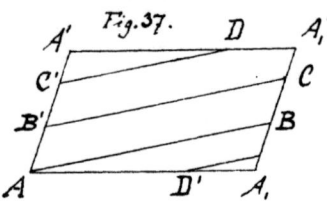
Fig. 37.

Zwei auf einanderfolgende Parallele haben den konstanten Abstand m; solcher müssen unendlich viele in das Parallelogramm gezeichnet werden; daher kommt man jedem Punkte unendlich nahe. Eine ungefähre Übersicht erlangt man durch die nebenstehende Figur.

Um eine Raumform der bezeichneten Art zu erhalten, nehme man x_1, x_2, x_3, x_4 als die rechtwinkligen Koordinaten in einer vierdimensionalen euklidischen Raumform an. Eine gewisse Fläche wird durch die Gleichungen dargestellt:

$$x_1 = a\cos\frac{u}{a},\quad x_2 = a\sin\frac{u}{a},\quad x_3 = b\cos\frac{v}{b},\quad x_4 = b\sin\frac{v}{b},$$

wo a und b festgewählte Konstante, u und v veränderliche Gröfsen sind. Wir betrachten u und v als die rechtwinkligen Cartesischen Koordinaten in einer euklidischen Ebene. Dann entspricht jedem

Punkte u, v der Ebene ein einziger Punkt ($x_1 \ldots x_4$) auf der Fläche. Wird dagegen irgend ein Punkt auf der Fläche angenommen, so kann man stets ein Wertepaar (u, v) für $0 \leq u < 2a\pi$, $0 \leq v < 2b\pi$ so bestimmen, dafs die vier Gleichungen bestehen. Dann entsprechen demselben Punkte ($x_1 \ldots x_4$) der Fläche unendlich viele Punkte ($u + 2\mu a\pi$, $v + 2\nu b\pi$) der Ebene für beliebige ganzzahlige Werte von μ und ν. Somit kann man die Fläche auf ein in der Ebene gelegenes Rechteck mit den Seiten $2\pi a$ und $2\pi b$ abbilden.

Da $dx_1 = -du \sin \dfrac{u}{a} \ldots$ ist, so gilt für das Linienelement ds auf der Fläche die Beziehung

$$ds^2 = dx_1{}^2 + dx_2{}^2 + dx_3{}^2 + dx_4{}^2 = du^2 + dv^2;$$

oder jedes Linienelement der Fläche ist gleich dem entsprechenden Linienelement in der Ebene. Bei der bezeichneten Abbildung bleiben somit alle Längen (und zugleich alle Winkel und Flächen) ihrer Gröfse nach ungeändert. Diese Abbildung wird daher vielfach als Abwicklung bezeichnet, obwohl der angegebene Prozefs rein analytischer Natur ist. Gehen wir aber vom vierdimensionalen euklidischen Raume aus, so können wir ein zweidimensionales ebenes Rechteck auf eine allseitig geschlossene Fläche abwickeln. Da hierbei jeder Punkt (u, v) identisch mit den Punkten ($u + 2\mu a\pi$, $v + 2\nu a\pi$) ist, so wird durch die angegebene Fläche die oben charakterisierte Raumform dargestellt, wenn

$\varphi = \dfrac{\pi}{2}$ ist und a durch $2\pi a$, b durch $2\pi b$ ersetzt wird.

Eine Fläche von der bezeichneten Eigenschaft kann man auch in einer dreidimensionalen Riemannschen Raumform konstruieren. Wenn nämlich das Riemannsche Krümmungsmafs gleich eins gewählt wird, so kann man die Punkte des Raumes durch vier Gröfsen $x_1 \ldots x_4$ darstellen, wofern zwischen ihnen die Beziehung besteht:

$$x_1{}^2 + x_2{}^2 + x_3{}^2 + x_4{}^2 = 1.$$

Wenn man diese Beziehung als erfüllt betrachtet, so mufs man annehmen, dafs auch in den Gleichungen (1) die Beziehung besteht:

$$a^2 + b^2 = 1.$$

Hiernach kann man das Rechteck auch (analytisch) abwickeln auf eine gewisse Fläche des dreidimensionalen Riemannschen Raumes. Diese Fläche enthält alle diejenigen Punkte, welche von einer festen Geraden einen konstanten Abstand haben.

Dafs der Zusammenhang in unserer Raumform ein mehrfacher ist, kann man auf verschiedene Weise zeigen. Ein einfach geschlossener Linienzug, welcher vom Punkte A ausgeht, wird abgebildet durch eine Kurve, welche vom Punkte A aus ganz im Parallelogramm $AA_1A_1'A'$ verläuft und in einem seiner Endpunkte endigt. Sind nun im Innern des Parallelogramms zwei Punkte gegeben, welche durch den Linienzug gegen einander abgegrenzt sind, so nehme man ein zweites Parallelogramm hinzu und beachte, dafs die Punkte dieses Parallelogramms mit denen des ersten identisch sind. Analytisch wird jede einfach unendliche stetige Folge von Wertsysteme (u, v), welche zwischen den Werten (u', v') einerseits zu dem Wertepaar (u'', v'') oder $(u'' + 2\pi a, v'')$ oder $(u'', v'' + 2\pi b)$ oder endlich zu $(u'' + 2\pi a, v'' + 2\pi b)$ führt, einen Linienzug darstellen, welcher dieselben beiden Punkte verbindet. Um den Zusammenhang zu einem einfachen zu machen, ziehe man erst auf der Fläche die Linie $u = 0$, dann die Linie $v = 0$; die erste ist eine geschlossene Linie, die zweite führt von einem Punkte dieser Linie zu demselben Punkte zurück. Jetzt ist der Zusammenhang einfach; denn die Raumform ist auf die Fläche eines Parallelogramms abgebildet, und ein Überschreiten der Grenzen ist nicht gestattet.

Wir dürfen auch folgende Erwägung anstellen.

Der Zusammenhang einer Fläche ändert sich nicht, wenn man beliebige Verzerrungen mit ihr vornimmt, wofern nur keine Spaltungen u. dergl. eintreten. Nun kann man ein Rechteck zuerst zu einem Stück eines Cylindermantels umbiegen, wodurch der Grad des Zusammenhangs um eins zunimmt. Dieses Stück, das von zwei Kreisen begrenzt ist, verbiege und dehne man, bis die Kreise zusammenfallen. Dadurch hat man eine Ringfläche erhalten und gefunden, dafs die gegebene Raumform denselben Zusammenhang besitzt, wie eine Ringfläche.

§ 3.
Der dreidimensionale Raum verschwindender Krümmung.

Ganz entsprechend den für die zweidimensionalen Raumformen getroffenen Festsetzungen nehmen wir jetzt an, jeder Punkt des dreidimensionalen euklidischen Raumes sei identisch mit demjenigen Punkte, welcher von ihm nach einer festen Richtung einen gegebenen Abstand hat. Wir nehmen also an, dafs man in einen Punkt A zurückkehrt, wenn man sich von ihm aus in einer gewissen Richtung geradlinig um eine gewisse Strecke a bewegt, und fragen uns, ob wir unter dieser Voraussetzung zu einem innern Widerspruch gelangen oder nicht, und ob es vielleicht sogar gestattet ist, für den Erfahrungsraum diese Annahme zu machen. Dafs man diese Strecke aufserordentlich grofs annehmen mufs, versteht sich von selbst und braucht nicht eigens hervorgehoben zu werden.

Betrachten wir zu dem Ende einen Teil des Raumes, in welchem sich nach keiner Richtung eine gerade Strecke von der Länge a ziehen läfst. So lange es nicht gestattet ist, über diesen Teil hinauszugehen, läfst sich durch je zwei Punkte desselben eine einzige gerade Linie, durch eine Gerade und einen aufserhalb derselben gelegenen Punkt eine einzige Ebene legen. Eine darin gelegene Figur zeigt alle Eigenschaften, welche in der euklidischen Geometrie gelten. Aber auch, wenn dieser Teil des Raumes einer Transformation unterworfen wird, welche einer starren Bewegung entspricht, so wird der neue Raumteil, für sich betrachtet, wieder dieselben Eigenschaften zeigen. Denn erst der Abstand a führt zusammenfallende Punkte herbei; im vorliegenden Falle kommt ein solcher Abstand zwischen irgend zwei Punkten des gegebenen Raumteiles nicht vor; da aber die gestatteten Transformationen den Abstand irgend zweier Punkte ungeändert lassen, so kommt eine Entfernung a auch für die Punkte des neuen Raumteiles nicht vor.

Wir können dies auch in folgender Weise aussprechen. Nehmen wir einen festen Körper im Raume an, so müssen wir voraussetzen, dafs der Abstand irgend zweier Punkte desselben kleiner ist, als die zu Grunde gelegte Strecke a. Dann können irgend zwei Punkte dieses Körpers durch eine einzige gerade

Linie, drei nicht in gerader Linie liegende Punkte durch eine einzige Ebene verbunden werden. Ebenfalls kann man den Körper im Raume alle jene Bewegungen ausführen lassen, welche erfahrungsgemäfs bei festen Körpern möglich sind; denn der Körper kann in keiner Lage zwei Punkte enthalten, deren Abstand gleich a wäre.

Legen wir ein rechtwinkliges Koordinatensystem zu Grunde und nehmen wir an, der Punkt $(x+a, y, z)$ falle mit dem Punkte (x, y, z) zusammen. Die Koordinaten des Punktes, welchen ein gegebener Punkt des Körpers in der Anfangslage einnimmt, mögen mit (x_0, y_0, z_0) bezeichnet werden; dagegen möge dieser Punkt während der Bewegung zur Zeit t die Koordinaten (x, y, z) haben. Dann können wir setzen:

$$x = \varphi_1(x_0, y_0, z_0, t)$$
$$y = \varphi_2(x_0, y_0, z_0, t)$$
$$z = \varphi_3(x_0, y_0, z_0, t),$$

wo φ_1, φ_2, φ_3 lineare Funktionen von x_0, y_0, z_0 sind, deren Koeffizienten Funktionen von t sind. Hierbei bleibt der Abstand zweier Punkte ungeändert. Sind also (x_0, y_0, z_0) und (x_0', y_0', z_0') zwei Punkte, welche der Körper in der Anfangslage deckt, so mufs auch der Abstand der entsprechenden Punkte (x, y, z) und (x', y', z') kleiner sein als a. Somit wird ganz gewifs $x'-x$ dem absoluten Betrage nach kleiner als a sein. Der Körper kann also unter der gemachten Annahme in gleicher Weise bewegt werden, wie im euklidischen Raume.

Wir fragen uns jetzt, ob auch bei der gemachten Voraussetzung der Raum noch als Ganzes bewegt werden könne. Dazu ist notwendig und hinreichend, dafs die feste Richtung von a nicht geändert werde. Demnach darf man mit dem Raume jede Parallelverschiebung vornehmen und jede Drehung um eine Gerade, welche zu der festen Richtung parallel ist; natürlich darf man auch diese Bewegungen beliebig mit einander verbinden. Der Raum besitzt also vier Grade von Beweglichkeit, während jeder feste Körper sechsfach beweglich ist. Jede Drehung um eine Gerade, die zu der gegebenen Richtung nicht parallel ist, verändert die feste Richtung, kann also nicht mehr auf den Raum übertragen werden.

Somit wird in der That durch die gemachte Annahme eine widerspruchsfreie Raumform definiert. Dieselbe wird auf den euklidischen Raum durch einen Streifen abgebildet, welcher von zwei parallelen Ebenen eingeschlossen wird. Jedem Punkte A der Raumform entsprechen wieder unendlich viele Punkte A_0, A_1, $A_2 \ldots A_{-1}$, $A_{-2} \ldots$ des euklidischen Raumes.

Durch zwei Punkte der betrachteten Raumform gehen im allgemeinen unendlich viele gerade Linien. Sind die Punkte A und B gegeben, so mögen dem ersten in der euklidischen Ebene die Punkte A_i, dem zweiten die Punkte B_i entsprechen. Die verschiedenen Geraden, welche durch A und B gezogen werden können, bilden sich ab durch $A_0 B_i$ für jedes ganzzahlige i. Alle diese sind verschieden, wenn nicht $A_0 B_0$ zu der festen Richtung parallel ist.

Durch drei Punkte gehen im allgemeinen unendlich viele Ebenen, und zwar lassen sich zwei Parameter derartig bestimmen, dafs jedem ganzzahligen Wertsysteme derselben eine Ebene entspricht, welche von der zu einem andern Parameterpaare gehörigen verschieden ist. Die drei Punkte mögen die Koordinaten haben $(0, 0, 0)$, (x', y', z'), (x'', y'', z''). Hier darf man aber die Koordinate x um λa, μa, νa vermehren, wofern nur λ, μ, ν ganze Zahlen sind. Dann ergeben sich die Gleichungen der Ebenen in der Form:

$$\begin{vmatrix} 1 & x & y & z \\ 1 & \lambda a & 0 & 0 \\ 1 & x' + \mu a & y' & z' \\ 1 & x'' + \nu a & y'' & z'' \end{vmatrix} = 0, \text{ oder } \begin{vmatrix} x - \lambda a & y & z \\ x' + (\mu - \lambda)a & y' & z' \\ x'' + (\nu - \lambda)a & y'' & z'' \end{vmatrix} = 0.$$

Da aber die Verminderung von x um λa keine Verschiedenheit hervorruft, so können wir geradezu $\lambda = 0$ annehmen. Wenn hier $y'z'' - y''z'$ von null verschieden ist, so entspricht jedem Paare (μ, ν) eine bestimmte Ebene, die von der zu einem andern Paare (μ', ν') gehörigen Ebene notwendig verschieden ist. Unter dieser Annahme wird auch für kein Wertepaar (y, z) der Wert von x unbestimmt sein; die Ebene enthält also keine Gerade, die der festen Richtung parallel ist. Alle Geraden der Ebene sind unendlich, die Ebene selbst ist eine euklidische.

Wenn aber $y'z'' - y''z' = 0$ ist, so wird die Gleichung der

Ebene $py - qz = 0$, wo p und q von μ und ν ganz unabhängig sind. Hier geht durch jeden Punkt eine geschlossene Gerade, nämlich eine solche, welche der festen Richtung parallel ist; denn es läfst sich, wenn y und z dieser Gleichung genügen, der Wert von x noch ganz beliebig wählen. In diesem Falle geht durch die drei Punkte eine einzige Ebene und jede solche ist eine Raumform von der Art, wie sie im ersten Paragraphen durch die Oberfläche eines Cylinders dargestellt wurde.

Jede Ebene der letzten Art zerlegt den Raum, eine jede der ersten Art aber nicht. Wir müssen dem Raum also mehrfachen Zusammenhang beilegen.

Man kann aber auch mit der gegebenen Richtung eine zweite verbinden, nach welcher in einer bestimmten Entfernung die Punkte wiederum zusammenfallen sollen. Dann liegen alle diejenigen Punkte, welche mit einem gegebenen identisch sind, in derjenigen Ebene, welche die beiden festen Richtungen enthält, und bilden hierin die Eckpunkte von Parallelogrammen, wie sie in Figur 36 (S. 281) angegeben sind. Von jedem Punkte gehen unendlich viele geschlossene Gerade aus und alle diese liegen in der bezeichneten Ebene. Es giebt aber auch in dieser Ebene unendliche gerade Linien, wie im vorigen Paragraphen gezeigt ist. Nur in einer Ebene, welche dieser Schar angehört, gehen durch jeden Punkt unendlich viele geschlossene gerade Linien; es giebt aber auch Ebenen, in denen durch jeden Punkt nur eine einzige geschlossene Gerade geht; endlich kann man wieder Ebenen finden, deren sämtliche gerade Linien unendlich sind. Während ein Körper, dessen Dimensionen sämtlich unterhalb der Länge der kürzesten geraden Linie liegen müssen, eine sechsfache Unendlichkeit von Bewegungen zuläfst, wird der Raum als Ganzes nur die Parallelverschiebung, also eine dreifache Unendlichkeit von Bewegungen zulassen.

Endlich kann man noch Punkte als zusammenfallend betrachten, die nach einer dritten Richtung hin eine gewisse Entfernung haben. Man konstruiere ein Parallelepipedon und betrachte seine Eckpunkte als zusammenfallend. Dieser Parallelepipeda kann man unbegrenzt viele neben einander konstruieren oder, wie man sich ausdrückt, den Raum in lauter kongruente derartige Körper zerlegen. Die Eckpunkte sollen mit (λ, μ, ν) für beliebige ganze

Zahlen λ, μ, ν bezeichnet werden. Dabei gehen wir von einem Punkte (0, 0, 0) aus und erhalten den Punkt (λ, 0, 0), indem wir durch den Punkt (0, 0, 0) die Parallele zur ersten Richtung ziehen und hierauf die zur ersten Richtung gehörige Länge λ-mal abtragen; indem wir die zu den drei Richtungen gehörigen Längen der Reihe nach mit a, b, c bezeichnen, soll die Länge λa abgetragen werden. Dann wird der Punkt (λ, μ, 0) erhalten, indem man durch (λ, 0, 0) die Parallele zur zweiten Richtung zieht und auf ihr die Länge μb abträgt. Endlich kommt man zum Punkte (λ, μ, ν), indem man vom Punkte (λ, μ, 0) aus die Länge νc nach der dritten Richtung hin abträgt. Dabei entspricht einem negativen Vorzeichen die entgegengesetzte Richtung.

Eine gerade Linie, welche vom Punkte (0, 0, 0) ausgeht, ist geschlossen, wenn sie noch durch einen Punkt (λ, μ, ν) hindurchgeht; dann mufs sie auch für jedes ganzzahlige $\varkappa$ jeden Punkt ($\varkappa\lambda$, $\varkappa\mu$, $\varkappa\nu$) enthalten. Geht eine Ebene, welche den Punkt (0, 0, 0) enthält, durch zwei Punkte (λ, μ, ν) und (λ', μ', ν'), wo die Determinanten $\mu\nu' - \mu'\nu$, $\nu\lambda' - \nu'\lambda$, $\lambda\mu' - \lambda'\mu$ nicht sämtlich verschwinden, so ist sie selbst endlich und stellt eine Raumform dar, wie sie im zweiten Abschnitt des vorigen Paragraphen untersucht ist. Es ist aber auch möglich, dafs eine vom Punkte (0, 0, 0) ausgehende Ebene nur die Punkte ($\varkappa\lambda$, $\varkappa\mu$, $\varkappa\nu$) für ein beliebiges ganzzahliges $\varkappa$ enthält, und endlich ist es möglich, dafs sie durch keinen Punkt (λ, μ, ν) hindurchgeht. Demnach giebt es hier drei Arten von Ebenen.

§ 4.
Allgemeine Begründung der neuen Raumformen.

Für die Bewegung eines starren Körpers gelten die allgemeinen Gesetze:

I. Wenn ein Körper zu irgend einer Zeit den früheren Raum eines zweiten Körpers deckt, so kann er zur Deckung mit jedem Raume gebracht werden, welchen der zweite zu irgend einer Zeit einnimmt.

II. Jeder Körper kann so bewegt werden, dafs einer seiner Punkte zur Deckung mit einem beliebigen Punkte des Raumes gelangt.

III. Für einen Körper ist die Lage eines jeden seiner Punkte vollständig und eindeutig bestimmt, sobald die Lage aller einem beliebigen Teile des Körpers angehörigen Punkte bestimmt ist.

Diese Gesetze möchten wir auch den weiteren Untersuchungen über den Raum zu Grunde legen. Das dritte Gesetz, welches uns hier vor allem beschäftigen soll, kann auch folgenden Ausspruch erhalten:

Bewegen wir einen Körper, so ist dadurch auch für jeden andern Körper, welcher mit dem ersten fest verbunden ist, eine gewisse Bewegung eindeutig bestimmt.

Wir betrachten demnach einen starren Körper und denken uns unbegrenzt weitere Körper damit fest verbunden. Hierbei wird keineswegs vorausgesetzt, dafs es möglich sein mufs, diese Körper sämtlich zugleich im Raume anzubringen; es genügt vorauszusetzen, dafs je zwei zusammenstofsende Körper zugleich im Raume liegen. Alsdann bedingt die Bewegung des ersten Körpers auch die eines jeden damit fest verbundenen, und zwar gelangt man, wenn die Bewegung des ersten und die Verknüpfung der einzelnen Körper gegeben ist, für jeden weiteren Körper zu einer einzigen Bewegung. So mögen die Körper K_1 und K_s keinen Zusammenhang haben; es seien aber die Körper K_2, K_3 ... K_{s-1} derartig hinzugefügt, dafs je zwei auf einanderfolgende zugleich im Raume liegen, und dafs K_1 mit K_2, K_2 mit K_3 ..., K_{i-1} mit K_i..., K_{s-1} mit K_s fest verbunden ist. Dann ist durch die Bewegung von K_1 und durch die Körper $K_2 \ldots K_s$ auch die Bewegung von K_s eindeutig bestimmt. Nachdem die Anfangslagen von K_1 und K_s und die Bewegung von K_1 gegeben sind, wird die Bewegung von K_s auch wieder eindeutig bestimmt sein, wenn zwischen K_1 und K_s irgend andere Körper $K_2' \ldots K_p$ in der bezeichneten Weise eingeschoben sind. Dieselbe Bewegung von K_1 bedingt also einmal infolge der Einschiebung von $K_2 \ldots K_{s-1}$ eine bestimmte Bewegung, und dann eine zweite Bewegung infolge der Einschiebung von $K_2' \ldots K_p'$. Jetzt ist die eine Möglichkeit offenbar vorhanden, dafs K_s beidemal dieselbe Bewegung macht, wie auch immer die andern Körper eingeschoben sind. Diese Annahme ist die einfachste und liegt den Untersuchungen der drei ersten Abschnitte stillschweigend zu Grunde.

Unter dieser Annahme ist durch die Bewegung eines Körpers

K_1 für jeden an irgend einer andern Stelle liegenden Körper K_s eine einzige Bewegung bestimmt. Läfst man aber K_s die hierdurch gefundene Bewegung machen, so wird für K_1 diejenige Bewegung bestimmt, von der wir ausgingen. Dadurch wird die Bewegung von dem gewählten Körper ganz unabhängig und durch diejenige Stelle des Raumes bestimmt, welche der Körper in der Ruhelage deckt. Man spricht daher wohl von einer Bewegung des Raumes, nicht als wollte man dessen Beweglichkeit behaupten, sondern nur, um anzudeuten, dafs man für jeden Körper eine eindeutig bestimmte Bewegung erhält, sobald man die Stelle des Raumes kennt, welche er in der Anfangslage deckt. Diese Beziehung ist so wichtig, dafs man verlangen mufs, sie durch einen kurzen, wenn auch etwas ungenauen Ausdruck bezeichnen zu können.

Man kann aber mit dem Ausdruck noch eine zweite Vorstellung verbinden. A und A' seien zwei Lagen desselben festen Körpers K_1; wenn K_1 die erste Lage einnimmt, möge ein damit in der bezeichneten Weise verbundener Körper K_s die Lage B decken. Gelangt nun K_1 durch die Bewegung in die Lage A', so wird auch K_s eine bestimmte zweite Lage B' erhalten. So wird jedem Punkte P des Raumes, wofern er als der ersten Lage eines mit K_1 durch Vermittlung beliebiger Körper in Zusammenhang gebrachten Körpers K_s angehörig betrachtet wird, ein zweiter Punkt P' entsprechen, in welchen derjenige Punkt von K_s gelangt, welcher in der ersten Lage den Punkt P deckt. Hierdurch ist eine Zuordnung der sämtlichen Punkte des Raumes unter einander festgesetzt, indem jedem Punkte P ein bestimmter Punkt P' entspricht. Gerade wie hier mit einer bestimmten zweiten Lage geschehen, läfst sich jede bei der Bewegung erlangte Lage und die dadurch bedingte Zuordnung der Punkte betrachten. Man erhält also im vorliegenden Falle eine stetige Folge von Zuordnungen der Punkte des Raumes; diese Folge von Zuordnungen ist durch die Bewegung eines festen Körpers bedingt; sie folgt denselben Gesetzen und bestimmt für jeden festen Körper selbst wieder eine Bewegung. Alle diese Beziehungen sollen durch den Ausdruck: Bewegung des Raumes, angedeutet werden.

Aber die Voraussetzung, auf der die Zulässigkeit dieses Ausdrucks begründet war, nämlich die Annahme, dafs die einem

Körper vermittelte Bewegung unabhängig sei von den vermittelnden Körpern, ist keineswegs notwendig; vielmehr hat uns der vorige Paragraph bereits Raumformen kennen gelehrt, in denen diese Annahme nicht mehr allgemein gemacht werden kann. Wir wählen die einfachste unter den dort betrachteten Raumformen, nämlich diejenige, in welcher der Punkt (x + a, y, z) mit dem Punkte (x, y, z) identisch ist, während keine hiervon unabhängige Substitution das Zusammenfallen von Punkten anzeigt.

Um den Beweis zu führen, teilen wir die Strecke der X-Achse von 0 bis a in ϱ gleiche Teile und nehmen jeden Teil zur Achse eines geraden Kreis-Cylinders mit einem konstanten Radius; die einzelnen Cylinder mögen mit $0, 1, 2 \ldots \varrho - 1$ bezeichnet werden. Den ersten Cylinder (0) lassen wir eine Drehung um die Y-Achse ausführen. Da die Cylinder 0 und 1, 1 und $2 \ldots \sigma - 1$ und σ (für $\sigma < \varrho$) je zusammenhängen, so wird die durch diese Körper vermittelte Bewegung des Cylinders σ erhalten, indem man in die Gleichungen

(1) $\begin{aligned} x' &= x \cos t - z \sin t \\ y' &= y \\ z' &= x \sin t + z \cos t \end{aligned}$

für x die Werte zwischen $\dfrac{\sigma}{\varrho}a$ und $\dfrac{\sigma+1}{\varrho}a$ einsetzt, während y und z von σ unabhängige Werte erhalten.

Nun teile man die Strecke zwischen $(0, 0, 0)$ und $(-a, 0, 0)$ in ϱ gleiche Teile und denke auch um diese Linie Cylinder der angegebenen Art gelegt, welche mit $-1, -2 \ldots -\varrho$ bezeichnet werden mögen. Dann ist der Cylinder $-\tau$ identisch mit dem Cylinder $\varrho - \tau$, also (σ) identisch mit $(-\varrho + \sigma)$. Man erhält also eine zweite Verbindung der Körper (0) und (σ) durch die Körper $(-1), (-2) \ldots (-\varrho + \sigma + 1)$. Die hierdurch vermittelte Bewegung erhält man aber, wenn man in die Gleichungen (1) für x die Werte zwischen $\dfrac{-\varrho + \sigma + 1}{\varrho}a$ und $\dfrac{-\varrho + \sigma}{\varrho}a$ einsetzt. Diese Bewegungen sind aber in der That von einander verschieden.

Wir müssen also die Voraussetzung zulassen, dafs, wofern man von einer bestimmten Bewegung eines festen Körpers ausgeht und einem zweiten Körper durch Vermittlung anderer eine

Bewegung zuordnet, diese letztere von der Wahl der vermittelnden Körper abhängig ist. Um diese Voraussetzung auf eine andere Form zu bringen, gehen wir wieder auf die beiden oben betrachteten Reihen K_1, K_2, $K_3 \ldots K_{s-1}$, K_s und K_1, K_2', $K_3' \ldots K_p'$, K_s zurück, und nehmen jetzt an, die erste Reihe vermittle bei derselben Bewegung von K_1 für K_s eine andere Bewegung als die zweite. Jetzt betrachten wir die geschlossene Reihe $K_1 K_2 K_3 \ldots K_{s-1} K_s K_p' \ldots K_3' K_2' K_1$. Da je zwei auf einander folgende Körper festen Zusammenhang haben, so wird man vermittelst dieser Reihe dem Körper K_1 eine Bewegung zuordnen. Diese zweite Bewegung muſs aber von der ersten verschieden sein; wäre sie nämlich mit der ersten identisch, so würde auch für K_2' sich dieselbe Bewegung aus der Reihe $K_1 K_2 \ldots K_s K_p' \ldots K_2'$ wie aus der direkten Verbindung mit K_1 ergeben, und daraus würde folgen, daſs die beiden Reihen $K_1 K_2 \ldots K_{s-1}$ und $K_1 K_2' \ldots K_p'$ für K_s dieselbe Bewegung vermitteln. Die oben angegebene Voraussetzung kommt also auf die folgende hinaus: es muſs möglich sein, eine Reihe von Körpern K_1, K_2, $K_3 \ldots K_{t-1}$, K_t, wo K_t mit K_1 identisch ist, so zu bestimmen, daſs je zwei auf einander folgende zusammenhangen und daſs die durch diese Reihe für K_t vermittelte Bewegung von der dem K_1 beigelegten verschieden ist.

Auch hierfür liefert die vorhin gewählte Raumform ein passendes Beispiel. Die oben mit (0), (1), (2) ... (ϱ) bezeichneten Körper bilden eine Reihe, wie wir sie so eben betrachtet haben, worin je zwei auf einander folgende Körper zusammenhangen und worin der letzte Körper mit dem ersten identisch ist. Die Bewegung, welche dem Körper (0) anfangs beigelegt wird, möge erhalten werden, indem man in die Gleichungen (1) für x die Werte zwischen 0 und $\frac{1}{\varrho} a$ einsetzt. Um die durch die Einschiebung vermittelte Bewegung analytisch darzustellen, hat man der Variabeln x die Werte zwischen a und $\frac{\varrho + 1}{\varrho} a$ zu geben. Diese beiden Bewegungen sind aber von einander verschieden.

Jetzt kann man sich von der Wahl der vermittelnden Körper in etwa unabhängig machen. Sind zwei Körper K_1 und K_t gegeben, (wo K_t auch mit K_1 identisch sein kann), so ziehe man einen Linienzug von einem Punkte von K_1 nach einem Punkte von K_t und setze fest, dafs er in der Richtung von K_1 nach K_t durchlaufen werden soll. Dieser Linienzug kann ganz beliebig sein und sich öfters schneiden; nur mufs in jedem mehrmals durchlaufenen Punkte die Richtung des weiteren Fortschreitens fest bestimmt sein. Man zerlege ihn in hinreichend kleine Teile $l_1, l_2 \ldots l_i, l_{i+1} \ldots l_{t-1}, l_t$. Für jeden Teil bestimmt man einen Körper K_i, welcher den ganzen Teil l_i der Linie enthält; die Wahl mufs so getroffen werden, dafs für jedes i die zwei auf einander folgenden Körper K_i und K_{i+1} als Teile eines einzigen Körpers angesehen werden können. Dieser Linienzug sei auf andere Weise in die Teile: $l_1', l_2 \ldots l_s'$ zerlegt und nach denselben Bestimmungen seien die Körper $K_1', K_2' \ldots K_{s-1}', K_s'$ eingeschoben, wo K_s' und K_t als identisch angesehen werden mögen. Dann übersieht man unmittelbar, dafs die auf die zweite Weise vermittelte Bewegung jedesmal dieselbe ist, von welcher Bewegung des Körpers K_1 man auch ausgehen mag. Dasselbe gilt von den einzelnen Körpern, welche an irgend einer andern Stelle der Linie angebracht werden; die Linie selbst, die Richtung, in der sie durchlaufen wird, und die Strecke, welche man auf ihr zurückgelegt hat, bestimmen durchaus eindeutig die Bewegung für jeden Körper, welcher das Ende der gewählten Strecke deckt. Ordnen wir also jedem Teile des Raumes, der in einer gewissen Umgebung des Linienzuges liegt, diejenige Transformation zu, durch welche die Bewegung eines in ihm enthaltenen Körpers bestimmt wird, so wird dadurch jedem Raumteil eine bestimmte Transformation zugeordnet. Allerdings können dabei demselben Raumteile verschiedene Transformationen zugeordnet werden; aber dann kann man diese durch die zugehörigen Teile des Linienzuges unterscheiden. Somit darf man in uneigentlichem Sinne auch von einer durch den Linienzug bestimmten Bewegung des Raumteiles sprechen.

Wenn eine gerade Linie durch denselben Punkt P zweimal hindurchgeht, sei es, dafs sie geschlossen ist oder sich selbst in diesem Punkte durchschneidet, so kann die Länge PP in keinem Körper vorkommen; denn sonst müfste es möglich sein, dem Körper eine Lage zu geben, bei welcher verschiedene Punkte des Körpers denselben Punkt des Raumes decken, was nicht angeht.

Die Länge PP darf also nicht unter eine fest bestimmte Gröfse sinken, von welcher Stelle des Raumes man auch ausgeht und welche Gerade man auch wählt. Von dieser Bemerkung werden wir oft Gebrauch machen müssen.

§ 5.
Analytische Bestimmung der allgemein in sich beweglichen Raumformen.

Im Anschlufs an die §§ 24 und 25 des ersten Abschnitts und an die Ergebnisse des zweiten Abschnitts ist in § 14 des dritten Abschnitts gezeigt worden, dafs für einen gewissen endlichen Bereich, der in einem n-dimensionalen Raume passend abgegrenzt ist, sich nur drei Möglichkeiten ergeben und dafs jede von ihnen durch eine gewisse Konstante $1:k^2$, welche als das Krümmungsmafs bezeichnet wird, charakterisiert werden kann. Dann ist es möglich, innerhalb dieses Bereiches die Lage eines jeden Punktes durch n Gröfsen $(x_1 \ldots x_n)$, die Koordinaten, zu bestimmen, in dem Sinne, dafs jedem Punkte des Bereiches ein einziges Wertsystem und jedem hierbei erhaltenen Wertsystem ein einziger Punkt entspricht. Zu dem Zwecke konstruieren wir n Ebenen von $n-1$-Dimensionen, welche sich in einem Punkte des Bereiches schneiden und auf einander senkrecht stehen, und fällen von dem zu bestimmenden Punkte die Senkrechten p_1, $p_2 \ldots p_n$ auf diese Ebenen. Für ein verschwindendes Krümmungsmafs nehmen wir die Längen dieser Senkrechten selbst zu Koordinaten, bei einem endlichen Werte von k^2 aber die Funktionen $k \sin \frac{p_1}{k} \ldots k \sin \frac{p_n}{k}$. Allerdings haben wir, um die Formeln möglichst einfach zu machen, noch eine Gröfse x_0 hinzugefügt, aber diese ist eine Funktion der n übrigen, nämlich gleich

$$\sqrt{1 - \frac{x_1^2 + x_2^2 + \ldots + x_n^2}{k^2}}.$$

Es handelt sich jetzt darum, auch jedem andern Punkte des Raumes diejenigen Koordinaten zuzuordnen, welche den obigen Festsetzungen entsprechen. Wir könnten daran denken, die einzelnen Koordinaten-Ebenen zunächst immer weiter auszudehnen und dann wieder die Senkrechten hierauf zu fällen. Aber abgesehen davon, dafs wir nicht von vorn herein beweisen können, dafs von jedem Punkte eine einzige Senkrechte auf eine Ebene gefällt werden kann, dieser Satz vielmehr nicht in voller Allgemeinheit besteht, würden wir gezwungen sein, neue Annahmen zu machen, also das Prinzip verlassen, nach welchem es geboten erscheint, die Axiome auf die geringste Zahl zurückzuführen. Auch in der Praxis gelingt es meistens nicht, die Senkrechten unmittelbar zu messen; vielmehr ist es bei gröfseren Entfernungen notwendig, die Koordinaten auf einem indirekten Wege zu bestimmen.

Wir suchen also nach Merkmalen, welche uns erkennen lassen, dafs die für neue Punkte erhaltenen Koordinaten als Fortsetzung der früheren gelten können. Dazu ist an erster Stelle die Stetigkeit notwendig; d. h. wenn Punkte eine stetige Mannigfaltigkeit im Raume bilden, so müssen ihre Koordinaten auch eine stetige Mannigfaltigkeit von Wertsystemen bilden. Diese Bedingung allein genügt aber nicht; vielmehr mufs eine zweite hinzutreten, in welcher die erste schon eingeschlossen ist. Man lasse einen Körper K_1, welcher in der Ruhelage dem zuerst betrachteten Raumteile angehört, eine gewisse Bewegung machen; durch Vermittlung der Körper K_2, K_3 ... K_{s-1} sei man zu einem Körper K_s gelangt und habe den sämtlichen Punkten, welche von K_2, K_3 ... K_{s-1}, K_s in der Ruhelage gedeckt werden, Koordinaten zugeordnet. Läfst man K_1 eine Bewegung machen, so werden seine Koordinaten Veränderungen unterworfen, welche durch gewisse lineare Gleichungen angegeben werden; dann soll die hierdurch für K_2, K_3 ... K_{s-1}, K_s hergeleitete Bewegung analytisch dadurch ausgedrückt werden, dafs man die für K_i ($i=2...s$) aufgestellten Koordinaten in dieselben Gleichungen einsetzt. Wir wollen zeigen, dafs eine solche Zuordnung allgemein möglich ist. Nur mufs vorläufig die Frage unerörtert bleiben, ob demselben Punkte nicht verschiedene Koordinatenwerte entsprechen können.

Am übersichtlichsten läfst sich diese Aufgabe für ein verschwindendes Krümmungsmafs lösen. Man gehe von einem Körper aus, der in seinem Innern den Anfangspunkt enthält. Zu allen Punkten, welche der Körper in der Ruhelage deckt, mögen die Koordinaten bestimmt sein, und jedem so erhaltenen Wertsystem $(x_1 ... x_n)$ soll nur ein einziger Punkt entsprechen. Mit diesem

Körper führe man eine Verschiebung längst der ersten Achse
($x_2 = x_3 = \ldots = x_n = 0$) aus. Von dieser Achse liegt nur ein
gewisses Stück innerhalb der Ruhelage des Körpers; somit ist
auch nur eine endliche dieser Achse angehörende Strecke gegeben,
nämlich diejenigen Punkte, für welche die Koordinate x_1 hinlänglich kleine positive und negative Werte erhält. Betrachten
wir aber eine zweite durch die Verschiebung erhaltene Lage, und
zwar eine solche, bei welcher ein Teil des Körpers noch dem
in der Ruhelage gedeckten Raume angehört: so werden hierfür
die Koordinaten $x_2 \ldots x_n$ ungeändert bleiben, alle x_1 aber um
dieselbe (positive oder negative) Gröfse wachsen. Wir müssen
daher dieselbe Bestimmung auch für die neu gedeckten Punkte
treffen. Wenn also irgend ein Punkt des Körpers in der Anfangslage den Punkt ($x_1, x_2 \ldots x_n$) des Raumes deckt, so müssen wir
demjenigen Punkte, mit dem er in der zweiten Lage zusammen-
fällt, die Koordinaten ($x_1 + \xi_1, x_2 \ldots x_n$) beilegen, wo ξ_1 von
$x_1 \ldots x_n$ ganz unabhängig und nur durch die zweite Lage bestimmt
ist. Auf dieselbe Weise können wir aber beliebig fortfahren; wir
vergröfsern die gewählte Achse immer mehr und nehmen längs
des neu erhaltenen Stückes eine Verschiebung vor. Somit kann
die Gröfse ξ_1, um welche alle x_1 wachsen sollen, ganz beliebig
angenommen werden, und man kann den Koordinaten $x_1, x_2 \ldots x_n$
auch dann noch einen Punkt zuordnen, wenn x_1 beliebig grofs
ist, wofern nur die Gröfsen $x_2, x_3 \ldots x_n$ unterhalb derjenigen
Grenzen bleiben, welche sich aus der Ruhelage des Körpers ergeben. Durch die vorgenommene Verschiebung möge derjenige
Punkt, welcher anfangs den Nullpunkt deckte, in den Punkt
($\xi_1, 0, 0, \ldots 0$) gelangen. In dieser Lage gehört dem Körper
eine gerade Strecke an, deren Punkte den Gleichungen genügen
($x_3 = x_4 = \ldots = x_n = 0, x_1 = \xi_1$). Längs dieser Geraden kann
wieder eine Verschiebung des Körpers vorgenommen, dadurch
die Gerade selbst verlängert und das hinzugekommene Stück
wieder als Achse einer Verschiebung gewählt werden. Auch
diese Operation darf man beliebig fortsetzen. Dabei bleiben die
Koordinatenwerte $x_3, x_4 \ldots x_n, x_1$ ungeändert, während der Wert
von x_2 um eine gewisse Konstante ξ_2 zunimmt. Derjenige Punkt
des Körpers, der bei Beginn der ersten Bewegung den Anfangspunkt (0, 0 \ldots 0) deckt, hat durch die beiden auf einander

folgenden Bewegungen eine Lage erhalten, die durch die Koordinaten ($x_1 = \xi_1$, $x_2 = \xi_2$, $x_3 = \ldots = x_n = 0$) angegeben wird; überhaupt erhält jeder Punkt des Körpers, der anfangs die Koordinaten (x_1, x_2, $x_3 \ldots x_n$) hatte, die Lage ($x_1 + \xi_1$, $x_2 + \xi_2$, $x_3 \ldots x_n$). In dieser neuen Lage gehört dem Körper eine gerade Strecke an, deren Punkte die Koordinaten besitzen $x_4 = \ldots = x_n = 0$, $x_1 = \xi_1$, $x_2 = \xi_2$. Man verschiebe den Körper längs dieser Geraden und wiederhole mehrmals den früher vorgenommenen Prozefs; hierdurch kann man jedem Wertsystem $x_1 = \xi_1$, $x_2 = \xi_2 \ldots x_n = \xi_n$ für beliebige Werte von $\xi_1 \ldots \xi_n$ einen einzigen Punkt zuordnen.

Auf der ersten Achse denke man Körper K_1, $K_2 \ldots K_{s-1}$, K_s so neben einander gelegt, dafs je zwei auf einander folgende zusammen hangen und dafs der erste den Punkt $(0, \ldots 0)$, der letzte den Punkt $(\xi_1, 0 \ldots 0)$ enthält. Bei der Verschiebung längs der Geraden ($x_3 = x_4 = \ldots = x_n = 0$, $x_1 = \xi_1$) bleiben zunächst für K_s und im Anschlufs daran für $K_{s-1} \ldots K_2$, K_1 die Koordinaten x_3, $x_4 \ldots x_n$, x_1 ungeändert; folglich wird auf dem bezeichneten Wege für K_1 eine Verschiebung längs der Achse ($x_3 = x_4 = \ldots = x_n = x_1 = 0$) vermittelt. Überträgt man dieselbe Betrachtung auf die weiteren Bewegungen, schiebt man also zunächst Körper auf der Linie $x_3 = x_4 = \ldots = x_n = 0$, $x_1 = \xi_1$ zwischen die beiden Endlagen ein, und entsprechend auf den andern Linien, längs deren eine Verschiebung vorgenommen ist, so erhält man folgende Sätze:

1. Hätte man erst eine Verschiebung längs der Achse $x_1 = \ldots = x_{i-1} = x_{i+1} = \ldots = x_n = 0$ vorgenommen und dadurch die x_i um ξ_i vergröfsert, dann den Körper längs der Geraden $x_i = \xi_i$, $x_1 = \ldots = x_{i-1} = x_{i+1} = \ldots = x_{k-1} = x_{k+1} = \ldots = 0$ um ξ_k verschoben, so würde durch die Koordinaten $\xi_1 \ldots \xi_n$ derselbe Punkt bestimmt, wie durch die erste Reihenfolge.

2. Die sämtlichen Punkte, welche der Gleichung $x_i = \xi_i$ für einen gegebenen Wert von ξ_i genügen, liegen auf einer Ebene.

3. Vom Punkte ($\xi_1 \ldots \xi_n$) kann man nach der Ebene $x_i = 0$ eine Gerade ziehen, welche gleich ξ_i ist und auf der Ebene senkrecht steht.

4. Vom Punkte ($\xi_1 \ldots \xi_n$) kann man auf die Ebene $x_i = p_i$ eine Senkrechte ziehen, deren Länge gleich $\xi_i - p_i$ (oder $p_i - \xi_i$) ist.

Im Anschlusse hieran beweisen wir folgende Behauptung:

»Wenn in einem Bereiche die Punkte $\Sigma a_\iota x_\iota = b$ einer Ebene angehören, so genügen die Koordinaten für die Punkte eines benachbarten Bereiches, welche auf der Erweiterung der Ebene liegen, derselben Gleichung.«

Zum Beweise betrachte man einen Bereich C, welcher zum Teil mit dem ersten Bereich A und zum Teil mit dem zweiten B zusammenfällt, mit dem ersteren den Teil C', mit dem zweiten den Teil C" gemeinschaftlich hat. Dann gilt die Beziehung für den Teil C'. Wir wählen ein Koordinatensystem, dessen Anfangspunkt innerhalb C' liegt, so, dafs die neuen Koordinaten sich von den ursprünglich gewonnenen nur um gewisse Konstanten unterscheiden. Dann können wir für alle Punkte von C die Koordinaten bestimmen und die Gleichung der genannten Ebene in den neuen Koordinaten herleiten. Diese ist für den ganzen Bereich von C linear und unterscheidet sich von der zu Grunde gelegten Form nur durch den Wert der Konstanten b. Hiernach wählt man in B das Koordinaten-System in passender Weise, und da sich die Form der Gleichung für den in C' liegenden Teil der Ebene unmittelbar ergibt, so gilt dieselbe Gleichung auch für den ganzen Bereich B. Gehen wir aber jetzt zu den ursprünglichen Koordinaten zurück, so bleiben die Koeffizienten $a_1 \ldots a_n$ ungeändert, während die Konstante b ihren ursprünglichen Wert wieder annimmt.

Dasselbe gilt für die Gerade und für die Ebenen von 2, $3 \ldots n-2$ Dimensionen.

Auf dieselbe Weise zeigt man, dafs, wenn für einen Bereich durch eine Bewegung die Koordinaten stetig nach den Gleichungen umgestaltet werden:

$$(1) \quad y_\iota = \sum_\varkappa a_{\iota\varkappa} x_\varkappa + b_\iota$$

auch die hierdurch für einen benachbarten Bereich vermittelte Bewegung durch dieselben Gleichungen bestimmt wird. Zwischen den Koeffizienten bestehen die Relationen:

$$(2) \quad \sum_\varrho a_{\iota\varrho} a_{\varkappa\varrho} = \delta_{\iota\varkappa} \; (=1 \text{ oder } =0) \text{ und}$$

$$(3) \quad \text{Det.} \; |a_{\iota\varkappa}| = 1.$$

Wir haben nur zwei zusammenhangende Körper K_0 und K_1 zu betrachten und diese durch einen Körper K' zu ersetzen, welcher zum Teil den (früheren) Raum von K_0 und den von K_1 einnimmt. Für einen Teil dieses Körpers gelten die Gleichungen (1) mit den Beziehungen (2) und (3); dann leitet man die Gültigkeit auch für den andern Teil von K' her; somit müssen diese Gleichungen für den Körper K_1 gelten.

Die Punkte eines Körpers K_1 mögen in der Anfangslage die Koordinaten $x_1^{(1)} \ldots x_n^{(1)}$ haben, und man sei durch stetige Veränderung dieser n Gröfsen zu Koordinaten $x_1^{(\nu)} \ldots x_n^{(\nu)}$ gelangt, welche von einem Körper K_ν eingenommen werden. Man schiebe Körper $K_2 \ldots K_{\nu-1}$ ein, welche imstande sind, den oben bezeichneten Übergang zu vermitteln; d. h. wenn die Koordinaten von K_2 sind $x_1^{(2)} \ldots x_n^{(2)} \ldots$ und von $K_{\nu-1}: x_1^{(\nu-1)} \ldots x_n^{(\nu-1)}$, so mögen auch je auf einander folgende Wertsysteme Zusammenhang haben, und jedes Wertsystem, welches vorher den Übergang von $x_1^{(1)} \ldots x_n^{(1)}$ zu $x_1^{(\nu)} \ldots x_n^{(\nu)}$ vermittelte, soll einem Punkte eines der Körper $K_2 \ldots K_{\nu-1}$ entsprechen. Läfst man jetzt den Körper K_1 eine Bewegung machen und wird diese Bewegung dadurch dargestellt, dafs man in die Gleichungen (1) die Werte $x^{(1)}$ einsetzt, so wird die für K_ν vermittelst der Körper $K_2 \ldots K_{\nu-1}$ hergeleitete Bewegung dadurch analytisch dargestellt, dafs man in dieselben Gleichungen die Werte $x^{(\nu)}$ einsetzt.

Die vorstehenden Betrachtungen kann man noch übersichtlicher machen durch eine Anordnung, welche wir zunächst für den dreidimensionalen Raum darlegen wollen. Wir gehen aus von einem Würfel, der so klein ist, dafs der mit der doppelten Kante konstruierte Würfel noch ganz in dem anfänglich untersuchten Bereiche liegen kann. Diesen Würfel legen wir mit einem Eckpunkt in den Anfangspunkt und mit drei Flächen in die Koordinatenebenen hinein. Solcher Würfel konstruiert man beliebig viele so, dafs je zwei mit einer Fläche und in vier Ecken zusammenstofsen, und stellt die angegebenen Untersuchungen nur stets für zwei derartig an einander liegende Würfel an. Im n-dimensionalen Raume ersetzt man den Würfel durch denjenigen regelmäfsigen Körper, welcher 2^n Ecken hat und von $2n$ regelmäfsigen (n—1)-dimensionalen Gebilden eingeschlossen wird.

Wir erhalten also folgenden Satz:

Wenn ein gewisses endliches Gebiet des Raumes die Eigenschaften eines n-dimensionalen euklidischen Raumes besitzt, so dafs die Winkelsumme für jedes darin enthaltene Dreieck zwei Rechte beträgt, so kann man jedem Wertsystem $(x_1 \ldots x_n)$ einen Punkt in der Weise zuordnen, dafs alle einer linearen Gleichung zwischen $x_1 \ldots x_n$ genügenden Punkte auf einer $(n-1)$-dimensionalen Ebene liegen, und dafs die gleichzeitige Bewegung zweier fest mit einander verbundener Körper durch dieselben Gleichungen dargestellt wird.

Hier entspricht jedem Wertsystem $(x_1 \ldots x_n)$ ein einziger Punkt. Es ist offenbar gestattet, auch umgekehrt jedem Punkte nur ein einziges Wertsystem zuzuordnen. Aber wir haben die Frage zu stellen, ob diese Zuordnung auch notwendig ist. Mit der Beantwortung dieser Frage wollen wir uns in den folgenden Paragraphen eingehend beschäftigen. Jetzt stellen wir für die Raumform die Bedingung, als Ganzes allgemein bewegt werden zu können; d. h. wenn wir von einer beliebigen Bewegung eines festen Körpers ausgehen, so soll die hieraus für einen zweiten festen Körper hergeleitete Bewegung unabhängig sein von den vermittelnden Körpern. Dieser Forderung genügt man offenbar, wenn man jedem Punkte ein einziges Wertsystem $(x_1 \ldots x_n)$ zuordnet; wir wollen nachweisen, dafs man die aufgestellte Forderung auf keine andere Weise befriedigen kann. Zu dem Ende nehmen wir an, die Koordinaten $(x_1' \ldots x_n')$ und $(x_1'' \ldots x_n'')$ stellten denselben Punkt dar. Dann mufs bei jeder Bewegung, bei der $(x_1' \ldots x_n')$ in Ruhe gehalten wird, auch $(x_1'' \ldots x_n'')$ in Ruhe bleiben. Jede derartige Bewegung läfst sich durch Zusammensetzung von $\frac{n(n-1)}{2}$ Drehungen erhalten, von denen jede durch die Gleichungen dargestellt wird:

$$y_\iota - x_\iota' = (x_\iota - x_\iota') \cos\varphi - (x_\varkappa - x_\varkappa') \sin\varphi$$
$$y_\varkappa - x_\varkappa' = (x_\iota - x_\iota') \sin\varphi + (x_\varkappa - x_\varkappa') \cos\varphi$$
$$y_\lambda = x_\lambda \quad (\text{für } \lambda \gtrless \iota \gtrless \varkappa;\ \iota,\ \varkappa,\ \lambda = 1 \ldots n).$$

Soll hier für $x_1 = x_1'' \ldots x_n = x_n''$ auch $y_1 = x_1'' \ldots y_n = x_n''$ sein, so mufs entweder die Gleichung $2 - 2\cos\varphi = 0$ bestehen oder es mufs sein $x_\varkappa'' = x_\varkappa'$, $x_\iota'' = x_\iota'$. Da aber für ein beliebiges φ die erste Gleichung nicht befriedigt werden kann, so folgt $x_\iota' = x_\iota''$ für $\iota = 1\ldots n$. Somit entspricht jedem Punkte nur ein einziges Wertsystem, und es zeigt sich, dafs nur die euklidische Raumform den gestellten Forderungen genügt.

Die vorstehend für einen Raum von verschwindender Krümmung durchgeführte Entwicklung läfst sich nicht unmittelbar auf die übrigen Raumformen übertragen. Statt die Änderungen im einzelnen anzugeben, ziehen wir es vor, einen zweiten, durchaus selbständigen Weg zu verfolgen, welcher für alle Raumformen gleichmäfsig gilt und nur den einen Nachteil besitzt, nicht so anschaulich zu sein, wie der mitgeteilte. Bei der Darstellung werden wir stets einen endlichen Wert von k^2 voraussetzen; die Änderungen, welche für einen unendlich grofsen Wert angebracht werden müssen, sind so geringfügig, dafs sie nicht erwähnt zu werden brauchen.

In den §§ 24 und 25 des ersten Abschnittes (S. 80) sind wir von einem Bereich ausgegangen, welcher die Eigenschaft besitzt, dafs durch je zwei Punkte desselben nur eine einzige ganz dem Bereich angehörige gerade Strecke gelegt werden kann. Ein solcher Bereich soll auch den folgenden Untersuchungen zu Grunde liegen. Wie wir dort bewiesen haben, gelten für jedes hierin enthaltene geradlinige Dreieck die trigonometrischen Formeln; namentlich werden wir von den Gleichungen (8), (9), (10) des § 24 vielfachen Gebrauch machen. Wir haben zunächst nachzuweisen, dafs dieselben Gleichungen für jedes geradlinige Dreieck gelten. Zu dem Ende legen wir zwei Dreiecke ABC und ABC' zu Grunde, welche eine Seite AB gemeinschaftlich haben und in denen die Seite AC' des zweiten auf der Verlängerung CA des ersten liegt.

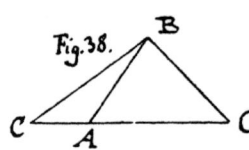

Fig. 38.

Wir nehmen ferner an, dafs für jedes dieser Dreiecke die entwickelten Gleichungen gelten, und wollen nachweisen, dafs auch die Seiten und Winkel des Dreiecks BCC' durch dieselben Beziehungen mit einander verbunden sind.

Die Seiten BC, CA, AB und die gegenüberliegenden Winkel A, B, C des ersten Dreiecks mögen der Reihe nach mit a, b, c; α, β, γ und die entsprechenden Seiten und Winkel des zweiten mit a', b', c'; α', β', γ' bezeichnet werden. Nach unserer Annahme

ist $c' = c$, $\alpha + \alpha' = \pi$, also $\sin \alpha' = \sin \alpha$, $\cos \alpha' = -\cos \alpha$.
Dann folgt unmittelbar:
$$\sin \frac{a}{k} \sin \gamma = \sin \frac{c}{k} \sin \alpha = \sin \frac{c'}{k} \sin \alpha' = \sin \frac{a'}{k} \sin \gamma'.$$
Ferner ist:
$$\cos \frac{a}{k} = \cos \frac{b}{k} \cos \frac{c}{k} + \sin \frac{b}{k} \sin \frac{c}{k} \cos \alpha$$
$$= \cos \frac{b}{k} \cos \frac{c'}{k} - \sin \frac{b}{k} \sin \frac{c'}{k} \cos \alpha'.$$
Setzt man hierin für
$$\cos \frac{c'}{k} \text{ den Wert } \cos \frac{b'}{k} \cos \frac{a'}{k} + \sin \frac{b'}{k} \sin \frac{a'}{k} \cos \gamma'$$
und für
$$\sin \frac{c'}{k} \cos \alpha' \text{ den Wert } \sin \frac{b'}{k} \cos \frac{a'}{k} - \sin \frac{a'}{k} \cos \frac{b'}{k} \cos \gamma'$$
ein, so folgt unmittelbar:
$$\cos \frac{a}{k} = \cos \frac{b+b'}{k} \cos \frac{a'}{k} + \sin \frac{b+b'}{k} \sin \frac{a'}{k} \cos \gamma'.$$

Genau so leitet man die Gleichungen für $\cos \frac{a'}{k}$, $\cos \gamma$ und $\cos \gamma'$ her. Diese Formeln genügen aber, um auch die weiteren Beziehungen zwischen a, a', b+b', γ, γ', β+β' zu entwickeln. Es ist aber vielleicht ganz gut, auch die weiteren Gleichungen direkt zu verifizieren. So erhält man durch Multiplikation:
$$\cos \frac{b}{k} \cos \frac{b'}{k} = \cos \frac{a}{k} \cos \frac{a'}{k} - \cos \frac{a}{k} \cos \frac{a'}{k} \sin^2 \frac{c}{k}$$
$$+ \cos \frac{a}{k} \sin \frac{a'}{k} \cos \frac{c}{k} \sin \frac{c}{k} \cos \beta' + \cos \frac{a'}{k} \sin \frac{a}{k} \sin \frac{c}{k} \cos \frac{c}{k} \cos \beta$$
$$+ \sin \frac{a}{k} \sin \frac{a'}{k} \cos \beta \cos \beta' - \sin \frac{a}{k} \sin \frac{a'}{k} \cos^2 \frac{c}{k} \cos \beta \cos \beta'.$$
Im zweiten Gliede der rechten Seite setze man:
$$\cos \frac{a}{k} \sin \frac{c}{k} = \sin \frac{b}{k} \cos \alpha + \sin \frac{a}{k} \cos \frac{c}{k} \cos \beta$$
$$\text{und } \cos \frac{a'}{k} \sin \frac{c}{k} = -\sin \frac{b'}{k} \cos \alpha + \sin \frac{a'}{k} \cos \frac{c}{k} \cos \beta'.$$
Dadurch erhält man:
$$\cos \frac{b}{k} \cos \frac{b'}{k} = \cos \frac{a}{k} \cos \frac{a'}{k} + \sin \frac{a}{k} \sin \frac{a'}{k} \cos \beta \cos \beta' + \sin \frac{b}{k} \sin \frac{b'}{k} \cos^2 \alpha,$$

da die beiden Produkte:

$$\sin\frac{a}{k}\cos\frac{c}{k}\cos\beta\left(\sin\frac{b'}{k}\cos\alpha-\sin\frac{a'}{k}\cos\frac{c}{k}\cos\beta'+\cos\frac{a'}{k}\sin\frac{c}{k}\right)$$

und

$$\sin\frac{a'}{k}\cos\frac{c}{k}\cos\beta'\left(-\sin\frac{b}{k}\cos\alpha-\sin\frac{a}{k}\cos\frac{c}{k}\cos\beta+\cos\frac{a}{k}\sin\frac{c}{k}\right)$$

als verschwindend wegfallen. Durch Subtraktion von $\sin\frac{b}{k}\sin\frac{b'}{k}$ folgt hieraus:

$$\cos\frac{b+b'}{k}=\cos\frac{a}{k}\cos\frac{a'}{k}+\sin\frac{a}{k}\sin\frac{a'}{k}\cos\beta\cos\beta'-\sin\frac{b}{k}\sin\frac{b'}{k}\sin^2\alpha,$$

welche Gleichung infolge der Beziehung:

$$\sin\frac{b}{k}\sin\frac{b'}{k}\sin^2\alpha=\sin\frac{a}{k}\sin\frac{a'}{k}\sin\beta\sin\beta'$$

übergeht in

$$\cos\frac{b+b'}{k}=\cos\frac{b}{k}\cos\frac{b'}{k}+\sin\frac{a}{k}\sin\frac{a'}{k}\cos(\beta+\beta').$$

In ähnlicher Weise lassen sich die weiteren Gleichungen verifizieren.

Nun lasse man von einem Punkte 0 zwei gerade Linien OA und OB ausgehen und nehme an, es sei möglich, auf jeder dieser Linien p Punkte A_1, A_2, $A_3 \ldots A_p$ und B_1, B_2, $B_3 \ldots B_p$, wo A_p mit A und B_p mit B zusammenfällt, so anzunehmen, daſs je zwei zusammengehörige Punkte-

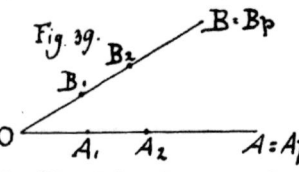

Fig. 39.

paare $A_i A_{i+1}$, $B_i B_{i+1}$ für $i = 1 \ldots p-1$ einem Bereiche von der vorausgesetzten Beschaffenheit angehören und daſs dasselbe für die drei Punkte OA_1B_1 gilt (Fig. 39). Dann ist die Gültigkeit der trigonometrischen Formeln direkt erwiesen für OA_1B_1 und für jedes Dreieck $A_i A_{i+1} B_i$ und $A_{i+1} B_i B_{i+1}$. Somit gelten diese Gleichungen auch für das Dreieck $OA_2 B_1$ und indem man hierzu $A_2 B_1 B_2$ hinzunimmt, für $OA_2 B_2$. Auf gleiche Weise kann man zu jedem Dreieck $OA_i B_i$ erst $A_i A_{i+1} B_i$ und dann $A_{i+1} B_i B_{i+1}$ hinzunehmen und beweist dadurch schlieſslich die Gültigkeit auch für das Dreieck OAB. Mit diesem Dreieck kann man aber wieder ein Dreieck OBB' vereinigen, wo die Punkte ABB' in derselben geraden Linie liegen und wo das zweite Dreieck gewissen Beschränkungen unterliegt. Dadurch zeigt man allmählich, daſs die trigonometrischen Formeln für jedes Dreieck gelten.

Um jetzt die Koordinatenbestimmung ganz allgemein durchzuführen, gehen wir wieder von einem allseitig begrenzten Gebiete aus, welches die angegebenen Eigenschaften besitzt. Einen Punkt desselben wählt man zum Anfangspunkte eines rechtwinkligen Koordinatensystems und bestimmt geometrisch auf dem öfters angegebenen Wege für die Punkte des Gebiets die Koordinaten $x_0, x_1 \ldots x_n$. So sei in diesem Bereiche ein Punkt $(\xi_0, \xi_1 \ldots \xi_n)$ angenommen und durch diesen Punkt und den Anfangspunkt eine gerade Linie gelegt. Diese Linie kann unbegrenzt verlängert werden, wofern man davon absieht, daſs möglicherweise die Gerade wieder durch einen frühern Punkt hindurchgeht. Man kann also auf der Geraden jede beliebige Länge l vom Nullpunkte aus erhalten. So lange die Punkte $(x_0, x_1 \ldots x_n)$ innerhalb des gewählten Bereiches liegen, muſs die Beziehung bestehen:

$$x_1 : x_2 : \ldots : x_n = \xi_1 : \xi_2 : \ldots : \xi_n.$$

Wird die Länge vom Nullpunkte bis zum Punkte ξ mit λ bezeichnet, so muſs, wofern die Länge l noch ganz dem gewählten Bereiche angehört, sein:

$$(4) \quad x_0 = \cos \frac{l}{k}, \quad x_\iota = \frac{\xi_\iota \sin \frac{l}{k}}{\sin \frac{\lambda}{k}} = k \sin \frac{l}{k} \sin \alpha_\iota,$$

wo α_ι den Winkel bezeichnet, unter dem das zunächst gewählte Stück der Geraden gegen die Ebene $x_\iota = 0$ geneigt ist. Diese Beziehungen müssen aber für jede Länge l gelten; sie sind also geeignet, jedem Punkte, zu dem man durch die Verlängerung der geraden Linie gelangt, ein Wertsystem $x_0, x_1 \ldots x_n$ zuzuordnen. Nur diejenigen Punkte müssen vorläufig ausgeschlossen werden, für welche $l = \mu k \pi$ bei einem ganzzahligen Werte von μ ist, da infolge der Multiplikation mit null die anfangs benutzten Gröſsen $\xi_1 \ldots \xi_n$, resp. $\alpha_1 \ldots \alpha_n$ ganz ausfallen. Im übrigen ist durch den Wert von l und durch die von $\alpha_1 \ldots \alpha_n$ ein einziger Punkt bestimmt.

Die Werte von $x_0, x_1 \ldots x_n$ können nicht beliebig gewählt werden. Aus der bereits bewiesenen Gleichung:

folgt
$$\xi_1^2 + \ldots + \xi_n^2 = k^2 \sin^2 \frac{\lambda}{k}$$

und daraus:
$$x_1^2 + \ldots + x_n^2 = k^2 \sin^2 \frac{l}{k}$$

(5) $\quad k^2 x_0^2 + x_1^2 + \ldots + x_n^2 = k^2.$

Nachdem $x_0, x_1 \ldots x_n$ so gewählt sind, dafs sie dieser Gleichung genügen, kann man bei einem positiven Werte von k^2 eine Reihe von Werten für l hieraus berechnen und jedem solchen (mit Ausnahme eines Wertes $\mu k \pi$) einen einzigen Punkt zuordnen. Für ein negatives k^2 mufs der Wert von x_0 positiv und gröfser als eins sein, und wenn dann noch $x_1 \ldots x_n$ so gewählt sind, dafs sie der Relation (5) genügen, so folgt ein einziger Wert von l; hier wird also durch beliebige Werte von $x_1 \ldots x_n$ stets ein einziger Punkt bestimmt.

Obwohl es für das folgende nicht notwendig ist, möchte ich darauf hinweisen, dafs, wofern für die Punkte einer (n—1)-dimensionalen Ebene, soweit sie dem zu Grunde gelegten Bereiche angehören, die Gleichung besteht:
$$a_1 x_1 + \ldots + a_n x_0 = 0,$$
diese Gleichung auch für die durch Erweiterung der Ebene erhaltenen Punkte gilt. Zieht man nämlich durch den Anfangspunkt eine beliebige Gerade in dieser Ebene, so mufs diese Gerade ganz in der Ebene liegen. Da aber die Koordinaten $x_1 \ldots x_n$ für alle Punkte der Geraden mit derselben Gröfse multipliziert werden, so genügen auch die Koordinaten der neu erhaltenen Punkte derselben Gleichung. Speziell stellt die Gleichung $x_\iota = 0$ eine Koordinatenebene in ihrer ganzen Ausdehnung dar.

Durch den oben angegebenen Prozefs sei man vom Anfangspunkte O aus zu zwei Punkten A und B gelangt, wo l und l' die entsprechenden Längen, und $\alpha_1 \ldots \alpha_n$ die Neigungswinkel der Geraden OA, $\alpha_1' \ldots \alpha_n'$ die von OB gegen die Koordinatenebenen sind. Für A mögen sich die Koordinaten $x_0, x_1 \ldots x_n$ und für B die $x_0', x_1' \ldots x_n'$ ergeben. Zieht man eine gerade Strecke von A nach B und bezeichnet ihre Länge mit a, so mufs die Gleichung bestehen:

$$k^2 \cos\frac{a}{k} = k^2 \cos\frac{l}{k}\cos\frac{l'}{k} + k^2 \sin\frac{l}{k}\sin\frac{l'}{k}\cos\varphi,$$

wo φ den Winkel AOB bezeichnet. Wählt man auf OA in hinlänglicher Nähe λ von O einen Punkt ξ und ebenso auf OB in hinlänglicher Nähe λ' von O einen Punkt ξ', so ist, wie wir früher bewiesen haben:

$$k^2 \sin\frac{\lambda}{k}\sin\frac{\lambda'}{k}\cdot\cos\varphi = \xi_1\xi_1' + \ldots + \xi_n\xi_n'.$$

Infolge der Gleichung (4) ist

$$x_k x_k' = \frac{\sin\frac{l}{k}\sin\frac{l'}{k}}{\sin\frac{\lambda}{k}\sin\frac{\lambda'}{k}}\xi_k\xi_k',$$

und somit

$$k^2 \sin\frac{l}{k}\sin\frac{l'}{k}\cos\varphi = x_1 x_1' + \ldots + x_n x_n'.$$

Da zudem

$$\cos\frac{l}{k} = x_0, \quad \cos\frac{l'}{k} = x_0'$$

ist, so folgt:

(6) $\quad k^2 \cos\dfrac{a}{k} = k^2 x_0 x_0' + x_1 x_1' + \ldots + x_n x_n'.$

Aus dieser Betrachtung erhellt, dafs die obige Zuordnung der Punkte zu den Koordinatenwerten stetig ist. Nimmt man nämlich die Wertsysteme $x_0, x_1 \ldots x_n$ und $x_0', x_1' \ldots x_n'$, sowie die Längen l und l' hinreichend wenig von einander verschieden an, so wird auch der Abstand der entsprechenden Punkte beliebig klein gemacht werden können.

Ferner geht hieraus hervor, dafs die Zuordnung auch für die vorläufig ausgeschlossenen Werte $l = \mu k\pi$ bei ganzzahligem μ gültig bleibt. Nimmt man nämlich die Punkte A und B so an, dafs l und l' beide dem Werte $\mu k\pi$ hinlänglich nahe kommen, so wird der Abstand a sich beliebig klein machen lassen. Folglich kann der Entfernung $\mu k\pi$ nur ein einziger Punkt entsprechen.

Das System der in der angegebenen Weise bestimmten Gröfsen $x_0, x_1 \ldots x_n$ nennen wir ein Weierstrafssches Koordinaten-System. Ersetzen wir die gewählten Ebenen durch n andere, die ebenfalls auf einander senkrecht stehen, und bestimmen mit ihrer Hülfe die neuen Koordinaten y_0, $y_1 \ldots y_n$, so gelten auch für diese die Beziehungen (5) und (6). Statt also die Gröfsen x_0, $x_1 \ldots x_n$ und y_0, $y_1 \ldots y_n$ vermittelst geometrischer Betrachtungen in einander überzuführen, kann man, wie wir in III § 9 S. 205 gethan haben, die Gleichungen (5) und (6) benutzen, deren allgemeine Gültigkeit wir bewiesen haben. Aus den Formeln, die zwischen den Variabeln in zwei verschiedenen Weierstrafsschen Koordinatensystemen bestehen, läfst sich ein sehr einfacher Beweis dafür herleiten, dafs die Formeln der analytischen Geometrie ganz allgemein gelten. Indessen ist es auch nicht schwer, die wichtigsten Beziehungen direkt zu entwickeln.

So seien zwei Punkte x' und x'' hinreichend nahe bei einander gegeben. Sucht man die Gesamtheit derjenigen Punkte, welche von ihnen gleichen Abstand haben, so erhält man die homogen lineare Gleichung:

(7) $k^2 x_0 (x_0' - x_0'') + x_1 (x_1' - x_1'') + \ldots + x_n (x_n' - x_n'') = 0$.

Diese Gleichung stellt also in der Umgebung der Punkte x' und x'' eine Ebene dar. Ersetzt man den Punkt x' durch irgend einen andern Punkt des Bereiches, so kann man einen Punkt x'' so bestimmen, dafs die Gleichung (7) nur mit einem konstanten Faktor multipliziert wird, wofern man die Punkte x' und x'' hierin durch das neue Punktepaar ersetzt. Der gewählte Bereich möge mit M bezeichnet werden; N sei ein zweiter derartiger Bereich, welcher mit M teilweise zusammenfällt. Wählt man zwei Punkte y' und y'' in gleichem Abstande von der Ebene und in dem Teile, welcher M und N gemeinschaftlich ist, so wird man als geometrischen Ort der Punkte gleichen Abstandes (bis auf einen konstanten Faktor) wieder die Gleichung (7) erhalten. Diese Gleichung gilt dann sowohl für den Bereich M wie für N; also genügt die Fortsetzung der Ebene in den Bereich N wieder der obigen Gleichung. Auf diese Weise kann man beliebig fortfahren und findet, dafs die ganze Ebene der Gleichung (7) genügt.

Setzt man zwischen den Koeffizienten in der Gleichung einer Ebene:

(8) $a_0 x_0 + a_1 x_1 + \ldots + a_n x_n = 0$

die Beziehung fest:

(9) $\dfrac{a_0^2}{k^2} + a_1^2 + \ldots + a_n^2 = 1$,

so gilt für jeden Punkt y des Raumes die Beziehung:
$$a_0 y_0 + a_1 y_1 + \ldots + a_n y_n = k \sin \frac{r}{k},$$
wo r den senkrechten Abstand des Punktes von der Ebene bezeichnet. Das folgt einfach daraus, daſs die trigonometrischen Formeln ganz allgemein gelten. Somit ist für jeden Punkt des Raumes:
$$x_\iota = k \sin \frac{p_\iota}{k},$$
wo p_ι die Länge einer geraden Strecke ist, welche vom Punkte x ausgeht, bis zur Ebene $x_\iota = 0$ reicht und auf ihr senkrecht steht.

Setzen wir jetzt für einen Körper in irgend einem Teile des Raumes eine Bewegung voraus, so wird diese für den Körper selbst durch die bekannten Gleichungen angegeben, in denen die Koeffizienten Funktionen der Zeit sind. Wir ersetzen den Körper durch einen andern, welcher in seiner Anfangslage nur einen Teil desjenigen Raumes deckt, den der zuerst gewählte Körper in der Anfangslage einnahm. Auch jetzt wird die Bewegung wieder durch dieselben Gleichungen bestimmt; diese gelten also auch für diejenigen Punkte, welche nur dem zweiten, aber nicht dem ersten Körper in der Anfangslage angehören. In dieser Weise können wir aber beliebig fortfahren, und wir erhalten stets dieselben Gleichungen. Dadurch können wir für jeden beliebigen zweiten Körper eine einzige Bewegung erhalten. Diese Bewegung des zweiten Körpers wird aber jedesmal hergeleitet, wenn die Einschiebung neuer Körper zwischen die beiden gegebenen in einer Weise erfolgt, wie sie dem analytischen Übergange von den Koordinaten des ersten zu denen des zweiten Körpers entspricht. Daraus folgt der Satz:

»Sind zwei Körper K_1 und K_s beliebig im Raume und ist für K_1 irgend eine Bewegung gegeben, so kann man stets zwischen K_1 und K_s weitere Körper $K_2, \ldots, K_{s-1}$, von denen je zwei auf einander folgende zusammenhangen, so einschieben, daſs die hierdurch für K_s hergeleitete Bewegung durch dieselben Gleichungen bestimmt wird, wie die für K_1 gegebene Bewegung.«

Wir wollen jetzt nachweisen, daſs nach Annahme der Koordinatenebenen und der Längeneinheit durch die obige Festsetzung jedem Wertsystem $x_0, x_1 \ldots x_n$ nur ein einziger Punkt zugeordnet

ist. Das ist an sich klar für ein verschwindendes Krümmungsmaſs; denn hierfür gehen die Gleichungen (4) über in: $x_i = l \sin \alpha_i$, wo α_i den Winkel bezeichnet, den ein vom Nullpunkt ausgehendes Linienelement mit der Ebene $x_i = 0$ bildet. Da jetzt
$$\sin^2\alpha_1 + \ldots + \sin^2\alpha_n = 1$$
ist, so sind durch $x_1 \ldots x_n$ die Gröſsen $l, \alpha_1 \ldots \alpha_n$ eindeutig bestimmt. Ebenso kann man für ein negatives k^2 den Variabeln $x_1 \ldots x_n$ ganz beliebige reelle Werte beilegen. Da $x_0 > 1$ ist, so folgt hieraus ein einziger Wert von x_0 und von l, also auch ein einziger Punkt. Aber für ein positives k^2 muſs man die Variabeln $x_1 \ldots x_n$ so wählen, daſs der Wert des Ausdrucks $x_1^2 + \ldots + x_n^2 \leq k^2$ ist; dann liefert die Gleichung (5) zwei verschiedene Werte von x_0, und nachdem einer von diesen gewählt ist, erhält man für die Länge l noch unendlich viele Werte, die sich um Vielfache von $2k\pi$ unterscheiden. Wir können aber zeigen, daſs jede gerade Linie in sich zurückkehrt, wenn man sie um eine Strecke $2k\pi$ verschiebt.

Zu dem Ende bringen wir an der in I § 18, h) S. 56 durchgeführten Betrachtung eine kleine Änderung an, die wir zunächst für eine zweidimensionale Ebene erläutern wollen. Von einem Punkte A lassen wir eine gerade Strecke AB ausgehen, deren Länge $\tfrac{1}{4}k\pi$ beträgt. Ein Körper möge in der Ruhelage den Punkt A, ein anderer den Punkt B enthalten; wir verbinden die beiden Körper durch eine Reihe von Körpern, die zu zweien zusammenhangen und von denen jeder ein Stück der Geraden AB einschlieſst. In A errichten wir auf der Ebene die Senkrechte und drehen den ersten Körper um diese Gerade. Dadurch wird für den durch B gehenden Körper eine Bewegung vermittelt, bei der der Punkt B eine Gerade beschreibt. Diese Gerade wird in sich verschoben, und wenn man den ersten Körper eine Drehung von der Gröſse φ machen läſst, so beschreibt jeder Punkt der durch B gehenden Geraden eine Strecke von der Gröſse $\tfrac{1}{4}k\varphi$. Erreicht die Drehung um die in A errichtete Senkrechte die Gröſse 2π (ist eine volle Umdrehung erfolgt), so gelangt jeder Teil des ersten Körpers in seine Anfangslage; folglich muſs auch jeder vermittelnde Körper wieder die Anfangslage decken; somit wird auch jeder Punkt der von B beschriebenen Geraden wieder in seine Anfangslage zurückkehren. Dabei hat aber jeder Punkt eine Verschiebung um $2k\pi$ gemacht; diese führt also in die Anfangslage zurück.

Im dreidimensionalen Raume lassen wir einen Körper K_1 sich längs einer in ihm enthaltenen Geraden g verschieben. Durch g legen wir eine beliebige Ebene, errichten in ihr auf g eine Senkrechte h und schneiden auf ihr vom Fußpunkte aus eine Strecke $= \frac{1}{8}k\pi$ ab. Man legt einen Körper K_s so, daß er den Endpunkt dieser Linie enthält, und nimmt zur Vermittlung Körper $K_2 \ldots K_{s-1}$, auf denen je zusammenstoßende Stücke der Linie h liegen. Dadurch wird für K_s eine Drehung um eine gewisse Gerade g' bestimmt. Wenn jetzt K_1 um die Länge $2k\pi$ verschoben wird, so vollendet K_s um g' eine volle Umdrehung; folglich gelangt jeder Punkt von K_s in seine Anfangslage zurück. Somit muß auch zugleich K_1 seine Anfangslage wieder erlangen.

Ähnliches gilt im n-dimensionalen Raume; hier entspricht einer Verschiebung längs einer Geraden die Drehung um eine $(n-2)$-dimensionale Ebene.

Ein zweiter Beweis berücksichtigt nur einen einzigen festen Körper und läßt ihn längs einer Geraden verschoben werden. Darauf wollen wir jedoch nur hinweisen. Wir sehen, daß jeder Punkt wieder erlangt wird, wenn man sich in irgend einer von ihm ausgehenden Geraden um die Strecke $2k\pi$ bewegt, daß also einem gegebenen Wertsystem $x_0, x_1 \ldots x_n$ nur ein einziger Punkt entspricht.

Dadurch ist der Satz gewonnen:

»Wenn ein festes Weierstraßsches Koordinatensystem zu Grunde gelegt wird, so ist durch $n+1$ Größen $x_0, x_1 \ldots x_n$, welche der Bedingung (5) genügen, in der angegebenen Weise ein einziger Punkt bestimmt.«

Die vorstehenden Entwicklungen gelten ganz allgemein; sie setzen nur voraus, daß um jede Stelle des Raumes ein endliches Gebiet abgegrenzt werden kann, welches den von Euklid für das Endliche aufgestellten Bedingungen genügt. Jetzt fügen wir die Bedingung hinzu, daß jeder Bewegung eines festen Körpers eine Bewegung des Raumes entspricht, oder genauer ausgedrückt, daß durch die Bewegung eines starren Körpers auch für jeden in irgend einem andern Teile des Raumes gelegenen Körper die zugeordnete Bewegung eindeutig bestimmt wird. Wir haben

aber bereits gesehen, dafs diese Forderung immer erfüllt wird, wenn man jedem Wertsystem (x_0, $x_1 \ldots x_n$) einen einzigen Punkt zuordnet. Jede Bewegung wird dann durch Gleichungen:
$$(10) \quad y_i = \varphi_i(x_0, x_1 \ldots x_n) \quad (i = 0, 1 \ldots n)$$
bestimmt. Wir haben zu untersuchen, ob dieselbe Bedingung auch befriedigt werden kann, wenn man einem Punkte verschiedene Koordinatenwerte beilegt. Wenn aber derselbe Punkt sowohl durch die Koordinaten (x_0, $x_1 \ldots x_n$), wie durch (x_0', $x_1' \ldots x_n'$) bestimmt wird, so mufs sich auch durch die Gleichungen
$$y_i' = \varphi_i(x_0', x_1' \ldots x_n')$$
jedesmal ein Punkt (y_0', $y_1' \ldots y_n'$) ergeben, welcher mit dem Punkte (y_0, $y_1 \ldots y_n$) zusammenfällt. Speziell betrachte man alle diejenigen Bewegungen, bei denen ein fest gewählter Punkt in Ruhe bleibt. Wenn die Koordinaten des ruhenden Punktes sind (x_0', $x_1' \ldots x_n'$), so mufs für die entsprechenden Bewegungsgleichungen sein:
$$(11) \quad x_i' = \varphi_i(x_0', x_1' \ldots x_n') \quad (i = 0, 1, \ldots n).$$
Nun möge derselbe Punkt auch durch x_0'', $x_1'' \ldots x_n''$ dargestellt werden; dann werden alle Bewegungsgleichungen, welche der Bedingung (11) genügen, auch befriedigt werden für
$$x_i'' = \varphi_i(x_0'', x_1'' \ldots x_n'').$$
Das ist aber sowohl für $k^2 = \infty$ wie für $k^2 < 0$ unmöglich. Legt man z. B. für $k^2 = \infty$ und für zwei Dimensionen die Gleichungen zu Grunde:
$$y_1 = (x_1 - a_1) \cos \varphi - (x_2 - a_2) \sin \varphi + a_1$$
$$y_2 = (x_1 - a_1) \sin \varphi + (x_2 - a_2) \cos \varphi + a_2,$$
so wird hierdurch eine Bewegung bestimmt. Soll in diesen Gleichungen $y_1 = x_1$, $y_2 = x_2$ sein, so mufs für $\cos \varphi < 1$ notwendig $x_1 = a_1$, $x_2 = a_2$ sein. Ebenso kann man bei drei Dimensionen zwei Bewegungen durch die Gleichungen charakterisieren:
$$y_1 = x_1$$
$$y_2 = (x_2 - a_2) \cos \varphi - (x_3 - a_3) \sin \varphi + a_2$$
$$y_3 = (x_2 - a_2) \sin \varphi + (x_3 - a_3) \cos \varphi + a_3$$
und durch:
$$z_1 = (x_1 - a_1) \cos \psi - (x_3 - a_3) \sin \psi + a_1,$$
$$z_2 = x_2$$
$$z_3 = (x_1 - a_1) \sin \psi + (x_3 - a_3) \cos \psi + a_3.$$

Bei der ersten Bewegung bleiben alle Wertsysteme $x_2 = a_2$, $x_3 = a_3$ ungeändert, und nur diese; bei der zweiten $x_1 = a_1$, $x_3 = a_3$. Sollte also der Punkt (a_1, a_2, a_3), der bei beiden Bewegungen in Ruhe bleibt, auch noch die Koordinaten (b_1, b_2, b_3) haben, so müfsten beide Gleichungssysteme auch für $y_\iota = x_\iota = b_\iota$ erfüllt werden, was unmöglich ist.

Ebenso denke man sich für ein negatives k^2 bei drei Dimensionen von einem Punkte aus zwei gerade Linien gezogen und um jede von diesen eine Drehung ausgeführt. Die beiden Systeme von Bewegungsgleichungen lassen nur ein einziges Quadrupel von Koordinaten ungeändert; da jedem Quadrupel, wie wir bereits wissen, ein einziger Punkt entspricht, für verschiedene Quadrupel, die zu demselben Punkte gehören, alle Bewegungsgleichungen dieselben Werte liefern müssen, so ist die Beziehung zwischen den Koordinaten und den Punkten eindeutig. Ähnliche Betrachtungen können für jede Zahl von Dimensionen angestellt werden.

Wenn bei einem negativen k^2 die Bewegungsgleichungen $y_\iota = \varphi_\iota(x_0, x_1 \ldots x_n)$ für $y_\iota = x_\iota = x_\iota'$ befriedigt werden, so genügt man diesen Gleichungen auch für $y_\iota = x_\iota = -x_\iota'$; aber bei einem negativen Werte von x_0 stellen $x_0, x_1 \ldots x_n$ keinen reellen Punkt dar. Anders ist es bei einem positiven Werte von k^2; hier darf man also annehmen, (was auch schon früher bewiesen ist), dafs die Punkte $(x_0, x_1 \ldots x_n)$ und $(-x_0, -x_1 \ldots -x_n)$ identisch sind. In der That erhält man in der Gleichung (10) statt $y_0, y_1 \ldots y_n$ jedesmal $-y_0, -y_1 \ldots -y_n$, wenn man $x_0, x_1 \ldots x_n$ durch $-x_0, -x_1 \ldots -x_n$ ersetzt. Aber andere Möglichkeiten sind nicht vorhanden. Wir gelangen also zu folgendem Resultate:

»Es giebt nur vier Raumformen, welche als Ganze alle Bewegungen eines festen Körpers fortsetzen können, nämlich die Euklidische, die Lobatschewskysche, die Riemannsche und die Kleinsche Raumform.«

In schärferer Form läfst sich dies Resultat folgendermafsen aussprechen:

»Wenn ein Körper bewegt wird, so wird dadurch auch für jeden andern Körper, der mit ihm vermittelst weiterer Körper verbunden ist, eine einzige Bewegung bestimmt. Die auf diese

Weise dem zweiten Körper vermittelte Bewegung ist nur in den vier genannten Raumformen von den die Verbindung herbeiführenden Körpern unabhängig.«

§ 6.
Über die Bestimmung der Clifford-Kleinschen Raumformen auf analytischem Wege.

Nachdem uns der vorige Paragraph alle diejenigen Raumformen geliefert hat, welche als Ganze, wie wir uns kurz ausdrücken, alle Bewegungen eines starren Körpers ausführen können, wollen wir jetzt zu denjenigen Raumformen übergehen, bei denen dies nicht möglich ist, oder bei denen einer Bewegung eines festen Körpers für einen zweiten Körper verschiedene Bewegungen zugeordnet werden können, je nach der Verbindung, welche man zwischen den beiden Körpern herstellt. Diese Raumformen, von denen eine bereits von Clifford kurz erwähnt war, während Herr Klein ihre Berechtigung zuerst allgemein bewiesen hat, mögen als Clifford-Kleinsche bezeichnet werden.[39]) Wir wollen versuchen, ein analytisches Problem aufzustellen, dessen Lösung uns alle diese Raumformen liefert. Dabei wird die Berechtigung der neuen Raumformen wieder deutlich hervortreten.

Wir gehen zu den Entwicklungen des vorigen Paragraphen zurück. Für ein gewisses Gebiet, das allseitig begrenzt ist, läfst man alle Voraussetzungen Euklids bestehen; man beweist für einen solchen Bereich die Gültigkeit der trigonometrischen Formeln und gründet darauf ein Weierstrafssches Koordinatensystem. Alsdann erweitert man das Gebiet unbegrenzt und zeigt, dafs man auch den neu gewonnenen Punkten Koordinaten $x_0, x_1 \ldots x_n$ zuordnen kann, zwischen denen die Beziehung besteht:

(1) $k^2 x_0^2 + x_1^2 + \ldots + x_n^2 = k^2$.

Umgekehrt ergiebt sich, dafs jedem Wertsystem, das dieser Gleichung genügt (und worin für $k^2 < 0$ der Wert von x_0 positiv ist), ein einziger Punkt entspricht. Jeder stetige Übergang von einem Wertsystem $(x_0, x_1 \ldots x_n)$ zu einem andern $(y_0, y_1 \ldots y_n)$ stellt auch geometrisch einen Weg dar, der die durch die beiden Wertsysteme dargestellten Punkte verbindet. Vermittelt man die Verbindung zwischen zwei Körpern in einer Weise, welche dem Übergange der zugehörigen Koordinatenwerte

Die Clifford-Kleinschen Raumformen. 315

entspricht, und stellt man irgend eine Bewegung des ersten Körpers durch Gleichungen dar, so gelten dieselben Gleichungen auch für die durch die angegebene Verbindung vermittelte Bewegung.

Aus diesen Sätzen, die im vorigen Paragraphen ausführlich bewiesen sind, folgt schon, dafs nur in den frei beweglichen Raumformen jedem Punkte ein einziges Wertsystem der Koordinaten oder doch nur ein einziges System der Verhältnisse der $n+1$ Gröfsen $x_0, x_1, \ldots x_n$ entsprechen kann. Sollen also die Clifford-Kleinschen Raumformen Berechtigung haben, so mufs es möglich sein, jedem Punkte verschiedene Werte der Koordinaten zuzuordnen.

Wir wollen jetzt annehmen, derselbe Punkt werde durch die Koordinaten $(x_0, x_1 \ldots x_n)$ und $(y_0, y_1 \ldots y_n)$ dargestellt. Beschränken wir uns für die Wertsysteme $(x_0, x_1 \ldots x_n)$ auf einen Bereich, wie wir ihn immer zu Grunde gelegt haben, so sollen auch die Werte $(y_0, y_1 \ldots y_n)$ auf denselben Bereich eingeschränkt sein. Dabei können wir setzen:
$$y_\varkappa = \psi_\varkappa(x_0, x_1 \ldots x_n) \quad \text{für } \varkappa = 0, 1 \ldots n.$$
Wird dem Wertsystem x' durch die Gleichungen $y_\varkappa' = \psi_\varkappa(x')$ das Wertsystem y' zugeordnet, so mufs der Abstand der Punkte x und x' derselbe sein, wie der Abstand der Punkte y und y'. Demnach mufs, wie auch die Punkte x und x' in dem angenommenen Gebiet gewählt sind, stets die Beziehung bestehen:
$$k^2 y_0 y_0' + y_1 y_1' + \ldots + y_n y_n' = k^2 x_0 x_0' + x_1 x_1' + \ldots x_n x_n'.$$
Daraus folgt:
$$(2) \begin{cases} y_0 = a_{00} x_0 + a_{01} x_1 + \ldots + a_{0n} x_n \\ y_1 = a_{10} x_0 + a_{11} x_1 + \ldots + a_{1n} x_n \\ \cdot\cdot\cdot\cdot\cdot\cdot\cdot\cdot\cdot\cdot\cdot\cdot\cdot\cdot\cdot\cdot\cdot\cdot\cdot \\ y_n = a_{n0} x_0 + a_{n1} x_1 + \ldots + a_{nn} x_n, \end{cases}$$
wo die Koeffizienten den Bedingungen genügen:
$$(3) \begin{cases} k^2 a_{00}^2 + a_{10}^2 + \ldots + a_{n0}^2 = k^2 \\ k^2 a_{0\varkappa}^2 + a_{1\varkappa}^2 + \ldots + a_{n\varkappa}^2 = 1 \\ k^2 a_{00} a_{0\varkappa} + a_{10} a_{1\varkappa} + \ldots + a_{n0} a_{n\varkappa} = 0 \\ k^2 a_{0\varkappa} a_{0\lambda} + a_{1\varkappa} a_{1\lambda} + \ldots + a_{n\varkappa} a_{n\lambda} = 0 \\ \text{für } \varkappa, \lambda = 1 \ldots n, \lambda \gtrless \varkappa. \end{cases}$$

Das sind dieselben Beziehungen, welche für die Umwandlung eines rechtwinkligen Koordinatensystems in ein anderes rechtwinkliges bestehen.

Aus den Entwicklungen des § 4 folgt aber, dafs man die Koordinaten y aus den x durch stetige Umänderung erhalten kann. Dort ist nämlich gezeigt worden, dafs es möglich sein mufs, mit einem Körper K_1 weitere Körper K_2, $K_3 \ldots K_{t-1}$, von denen je zwei auf einanderfolgende zusammenhangen und deren letzter mit K_1 selbst wieder in Zusammenhang steht, so zu verbinden, dafs die hierduch für K_1 vermittelte Bewegung von der ihm beigelegten verschieden ist. Verfolgt man jetzt die Koordinaten durch die einzelnen Körper hindurch, so mufs man für K_1 Koordinaten y_0, $y_1 \ldots y_n$ erhalten, welche von den x_0, $x_1 \ldots x_n$ verschieden sind. Wären nämlich die y mit den x identisch, so würde die vermittelte Bewegung der erteilten notwendig gleich sein. Der bezeichnete Weg liefert aber einen stetigen Übergang von den Werten x zu den y. Dazu ist aber noch notwendig, dafs die Determinante

$$(4) \quad \begin{vmatrix} a_{00} & a_{01} & \ldots & a_{0n} \\ a_{10} & a_{11} & \ldots & a_{1n} \\ \ldots & \ldots & \ldots & \ldots \\ a_{n0} & a_{n1} & \ldots & a_{nn} \end{vmatrix} = 1$$

ist. Denn aus den Gleichungen (3) folgt, dafs das Quadrat dieser Determinante den Wert eins hat. Sollen aber die Werte $a_{\iota\varkappa}$ aus den Anfangswerten $a_{\iota\iota} = 1$, $a_{\iota\varkappa} = 0$ für $\iota \gtrless \varkappa$ unter steter Gültigkeit der Gleichungen (3) auf stetigem Wege erhalten werden, so kann ein Wechsel zwischen den beiden Werten $+1$ und -1 nicht eintreten.

Wir legen den Veränderlichen x_0, $x_1 \ldots x_n$ feste Werte bei, die der Gleichung (1) genügen, und bestimmen die entsprechenden Werte von y_0, $y_1 \ldots y_n$ durch die Gleichungen (2). Damit die Gröfsen

$$(5) \quad ax_0 + by_0, \; ax_1 + by_1 \ldots ax_n + by_n$$

für konstante Werte von a und b wieder die Koordinaten eines Punktes sind, mufs infolge der Gleichung (1) die Bedingung erfüllt sein:

$$(6) \quad a^2 + 2ab \cos \frac{e}{k} + b^2 = 1,$$

wo ist:

(7) $k^2 \cos \dfrac{e}{k} = k^2 x_0 y_0 + x_1 y_1 + \ldots + x_n y_n.$

Alle Punkte, deren Koordinaten in der Form (5) dargestellt werden können, gehören einer geraden Linie an. Läfst man das Wertepaar (a, b) stetig von (1, 0) in (0, 1) übergehen, so wird das Wertsystem (x_0, $x_1 \ldots x_n$) in (y_0, $y_1 \ldots y_n$) umgewandelt; der dargestellte Punkt bewegt sich in gerader Linie, legt auf ihr eine Strecke von der Länge e zurück und kehrt dadurch in seine Anfangslage zurück. Eine solche Länge darf aber in keinem festen Körper und damit auch in keinem Gebiete, das unserer Untersuchung von Anfang an zu Grunde gelegt werden konnte, vorkommen. Denn die gemachten Voraussetzungen fordern, dafs ein Punkt, der in jenem Gebiete verbleibt und eine gerade Strecke zurücklegt, nicht wieder durch seine Anfangslage hindurchgeht.

Diese Betrachtung gilt aber nicht blofs für die Punkte des zunächst ausgewählten Bereiches, sondern bleibt ganz allgemein gültig. Wir wissen schon, dafs jedes Wertsystem (x_0, $x_1 \ldots x_n$) einen Punkt darstellt, und zeigen durch einfache Erwägungen, dafs die Gleichungen (2), (3), (4) ganz allgemein das Zusammenfallen von Punkten darstellen, sobald sie dies für die Punkte eines gewissen Bereiches thun. Geben wir also in der rechten Seite der Gleichung (7) den Variabeln x_0, $x_1 \ldots x_n$ irgend welche der Gleichung (1) genügende Werte und ersetzen die Gröfsen y_0, $y_1 \ldots y_n$ durch ihre aus den Gleichungen (2) folgenden Werte, so erhalten wir eine Länge e, durch deren Zurücklegung ein Punkt wieder in seine Anfangslage auf geradlinigem Wege zurückkehren kann. Hiernach nimmt die Gleichung (7) die Form an:

(8) $k^2 \cos \dfrac{e}{k} = k^2 a_{00} x_0^2 + a_{11} x_1^2 + \ldots + a_{nn} x_n^2$
$+ (k^2 a_{01} + a_{10}) x_0 x_1 + \ldots + (a_{1n} + a_{n1}) x_1 x_n + \ldots$

Bestimmt man die Gröfse von e aus dieser Gleichung für irgend ein reelles Wertsystem, so darf sie nie unter eine gewisse Grenze sinken; speziell darf die vorstehende Gleichung weder für $e = 0$ noch für einen beliebig kleinen Wert von e befriedigt werden. Hierdurch ist eine neue Bedingung gegeben, der die Transformations-Koeffizienten zu genügen haben.

Wenn die Koordinaten ($y_0 \ldots y_n$) denselben Punkt bezeichnen, wie ($x_0 \ldots x_n$), wofern die Gleichungen bestehen:

$$y_\varkappa = \psi_\varkappa(x_0 \ldots x_n),$$
so erhält man offenbar vermittelst der Gleichungen:
$$z_\varkappa = \psi_\varkappa(y_0 \ldots y_n)$$
neue Koordinaten $z_0 \ldots z_n$, die denselben Punkt darstellen. Setzt man aber in die letzten Gleichungen für $y_0 \ldots y_n$ die Werte $\psi_0(x) \ldots \psi_n(x)$ ein, so erhält man neue Gleichungen:
$$z_\varkappa = \chi_\varkappa(x_0 \ldots x_n),$$
durch welche ebenfalls ein Zusammenfallen von Punkten bezeichnet wird. Da die Funktionen $\psi_\varkappa(x)$ als linear homogen vorausgesetzt und zwischen den darin vorkommenden Koeffizienten die Beziehungen (3) und (4) angenommen werden, so gilt dasselbe von den Funktionen $\chi_\varkappa(x)$. Dagegen bedarf es einer besondern Untersuchung, ob auch die Gleichung (8), auf die neuen Transformations-Koeffizienten angewandt, weder einen verschwindenden noch einen beliebig kleinen Wert von e liefert.

In derselben Weise kann man aber weitere Koordinatenwerte herleiten, durch die derselbe Punkt dargestellt wird. Um den Weg, auf dem dies geschieht, recht deutlich zu übersehen, schreibe man x' statt y und setze:
$$x_\varkappa' = \sum_\varrho a_{\varkappa\varrho} x_\varrho = A_\varkappa'(x_0 \ldots x_n).$$

Jetzt bilde man in unbeschränkter Folge die Gleichungen:
$$x_\varkappa'' = A_\varkappa'(x_0' \ldots x_n') = A_\varkappa''(x_0 \ldots x_n)$$
$$\cdots\cdots\cdots\cdots\cdots\cdots\cdots$$
$$x_\varkappa^{(m)} = A_\varkappa^{(m-1)}(x_0' \ldots x_n') = A_\varkappa^{(m)}(x_0 \ldots x_n).$$

Dann darf die durch die Gleichung:
$$k^2 \cos\frac{e_m}{k} = k^2 x_0 x_0^{(m)} + x_1 x_1^{(m)} + \ldots + x_n x_n^{(m)}$$

bestimmte Größe e_m nicht beliebig klein werden, wofern nicht etwa durch die Funktionen $A_\varkappa^{(m)}$ die identische Transformation dargestellt wird, also für $\varkappa = 0, 1 \ldots n$ jedesmal $x_\varkappa^{(m)} = x_\varkappa$ wird.

Wir können die linearen Funktionen $A_\varkappa^{(m)}$ auch leicht für einen negativen Wert von m definieren. Aber da die neue Größe $e_{-m} = e_m$ wird, genügt es die Werte von e_m für ein positives m zu betrachten.

Dadurch haben wir folgendes Resultat erhalten:

»Soll eine Transformation imstande sein, das Zusammenfallen von Punkten zu bezeichnen, so muſs sie

1. denselben Gesetzen genügen, wie diejenigen Transformationen, durch welche starre Bewegungen dargestellt werden;
2. die durch die Gleichung (8) definierte Gröfse e darf weder verschwinden noch beliebig klein werden, welche Werte x_0, $x_1 \ldots x_n$ auch in die rechte Seite eingesetzt werden;
3. die zweite Bedingung mufs auch bei jeder nicht identischen Transformation erfüllt werden, welche man durch Wiederholung der gegebenen Transformation erhält.

Wenn umgekehrt diese drei Bedingungen erfüllt sind, so ist die Transformation geeignet, das Zusammenfallen von Punkten anzugeben.«

Die obigen Formeln (2)—(8) gelten zunächst nur für einen endlichen (positiven oder negativen) Wert von k^2; indessen sind die Änderungen bekannt, welche für einen unendlich grofsen Wert von k^2 an ihnen vorgenommen werden müssen.

Es wird gut sein, die vorstehenden Erwägungen in einer etwas veränderten Form zu wiederholen und einige Punkte besonders hervorzuheben, die in den angestellten Entwicklungen enthalten sind, aber mit Stillschweigen übergangen werden mufsten, damit die Beweisführung keine Unterbrechung erlitte.

Auch für die neuen Raumformen ist die Konstante k^2 von hervorragender Bedeutung. Denn bei der Herleitung der trigonometrischen Formeln kann man ein beliebig kleines Gebiet benutzen und findet drei Möglichkeiten, die durch den Wert der angegebenen Konstante unterschieden werden. Wie die frei beweglichen Raumformen nach ihrem Krümmungsmafs eingeteilt werden, hat man auch für die neuen Raumformen ein positives, verschwindendes und negatives Riemannsches Krümmungsmafs zu unterscheiden. Ebenso kann man im Anschlufs an die Entwicklungen des zweiten Abschnitts die Clifford-Kleinschen Raumformen als elliptische, parabolische und hyperbolische unterscheiden. Man braucht ja nur den Punkten einer geraden Strecke nach der dort angegebenen Methode Zahlen zuzuordnen und die Transformation zu bestimmen, durch welche die Bewegung dieser Strecke in sich dargestellt wird.

Ferner wissen wir, dafs jedem Wertsystem $(x_0 \ldots x_n)$ ein einziger Punkt entspricht, dafs dagegen jedem Punkte mehrere Wertsysteme zugeordnet sind, deren Zahl auch unendlich sein kann. Betrachten wir aber die Wertsysteme $(x_0 \ldots x_n)$ als Koordinaten für eine frei bewegliche Raumform, so ist die letztere eine Euklidische oder Lobatschewskysche oder Riemannsche. Hierbei entspricht jedem Punkte der Clifford-Kleinschen Raumform ein einziger Punkt des frei beweglichen Raumes; die erstere ist also auf die letztere abgebildet. Dabei bleiben alle Längen und Winkel, und hiermit die Gröfsen von Flächen und Körpern ungeändert, genau in dem Sinne, wie dies für die Abwicklung eines Cylindermantels auf eine Ebene gilt. Wir können daher eine solche Abbildung wieder eine Abwicklung nennen, wofern wir bei diesem Ausdruck von dem darin liegenden geometrischen Begriffe absehen und nur den Charakter der Abbildung kurz ausdrücken wollen. Es besteht also der Satz:

»Jede Clifford-Kleinsche Raumform läfst sich entweder auf eine Euklidische oder auf eine Lobatschewskysche oder eine Riemannsche Raumform so abbilden, dafs alle Gröfsenbeziehungen ungeändert bleiben.«

Wenn jetzt einem Punkte A einer Clifford-Kleinschen Raumform zwei verschiedene Punkte A_0 und A_1 und ebenso einem Punkte B der ersteren zwei Punkte B_0 und B_1 einer frei beweglichen Raumform zugeordnet sind, und wenn jedes der beiden Punktepaare $A_0 B_0$ und $A_1 B_1$ in einem Gebiete liegt, das eindeutig auf die erste Raumform abgebildet werden kann, so mufs der Abstand der Punkte A und B gleich sein sowohl dem Abstand der Punkte A_0 und B_0 wie dem der Punkte A_1 und B_1. Hat also der Punkt A_0 die Koordinaten x, der Punkt B_0 die Koordinaten x', während zu den Punkten A_1 und B_1 die Koordinaten y und y' gehören, so mufs die Transformation, durch welche die Wertsysteme x in y, x' in y' übergehen, den Bedingungen (2) und (3) genügen. Nun denke man in der frei beweglichen Raumform zwei Körper K_1 und K_2 so gewählt, dafs sie demselben Körper K' im Clifford-Kleinschen Raume entsprechen, so werden sie durch die angegebene Transformation in einander übergehen. Also sind die beiden Körper K_1 und K_2 kongruent, oder zwischen den Koeffizienten $a_{\iota x}$ besteht die Beziehung (4).

Wieder mögen bei der vorgenommenen Abbildung einem Punkte A der Clifford-Kleinschen Raumform die beiden Punkte A_0 und A_1 der frei beweglichen entsprechen. Durch die Punkte

A_0 und A_1 läfst sich eine gerade Linie legen. Man erhält also in der abgebildeten Raumform eine geradlinige Strecke, die vom Punkte A ausgeht und wieder in ihn zurückkehrt. Nun ist die Beziehung zwischen den Punkten der beiden Raumformen eindeutig, so lange man in dem ursprünglich angenommenen Gebiete bleibt. Es darf demnach nicht möglich sein, die obige Strecke in ein solches Gebiet zu legen; ihre Länge mufs also gröfser sein, als irgend eine in diesem Bereiche gezogene gerade Strecke. Jst A_μ irgend ein Punkt, der neben A_0 dem Punkte A entspricht, so darf, wofern nicht A_μ mit A_0 zusammenfällt, die Länge von $A_0 A_\mu$ nicht unter eine gewisse Grenze sinken. Wenn aber die Punkte A_0 und A_μ identisch sind, ohne dafs jedem in der Umgebung gelegenen Punkt B_0 ein mit ihm zusammenfallender Punkt B_μ entspricht, so kann man diesen Punkt so wählen, dafs die Strecke $B_0 B_\mu$ beliebig klein wird. Demnach darf weder bei der gegebenen Transformation noch bei jeder aus ihr durch Wiederholung gewonnenen ein Punkt ungeändert bleiben; auch darf der Abstand zwischen zwei zusammengehörigen Punkten nicht beliebig klein werden. Natürlich unterliegt es keinem Bedenken, dafs sich durch Wiederholung einer Transformation die identische Transformation ergiebt, bei der jeder Punkt ungeändert bleibt.

Eine Transformation der Form (2), durch die das Zusammenfallen von Punkten bestimmt wird, möge mit S bezeichnet werden. Aus dieser Substitution erhält man durch $(m-1)$-malige Wiederholung eine Substitution S^m, und zu dieser reziprok sei die Substitution S^{-m}. Nun kann der Fall eintreten, dafs aufser der Substitution S und den daraus abgeleiteten S^μ eine neue Substitution T eine Beziehung zwischen Koordinatenwerten angiebt, die zu demselben Punkte gehören. Dann gilt dasselbe von jeder durch Wiederholung von T erlangten Substitution, sowie von jeder, die man durch beliebig oft wiederholte Verbindung der beiden Substitutionen erhält, also für

$$(9) \ldots T^\delta S^\gamma T^\beta S^\alpha,$$

bei ganzzahligen Werten von α, β, γ, δ. Umgekehrt, wenn S und T beides Substitutionen der Form (2) mit den Bedingungen (3) und (4) sind und wenn bei keiner Substitution (9) die durch die Gleichung (7) bestimmte Gröfse e unter eine gewisse feste

Grenze sinkt, so wird durch diese beiden Substitutionen eine gewisse Clifford-Kleinsche Raumform definiert.

In ähnlicher Weise kann man bei drei und mehr Substitutionen verfahren. Man kann aber auch, was auf dasselbe hinauskommt, in den Gleichungen (2) die Koeffizienten $a_{\iota\varkappa}$, welche den Bedingungen (3) und (4) genügen, von r ganzen Zahlen $\mu_1 \ldots \mu_r$ abhängig machen, in dem Sinne, daſs man jedesmal eine Substitution der bezeichneten Art erhält, wenn man in die Gleichungen:
$$y_\varkappa = \psi_\varkappa(x_0 x_1 \ldots x_n; \mu_1 \ldots \mu_r)$$
für $\mu_1, \ldots \mu_r$ beliebige ganze Zahlen einsetzt. Verbindet man zwei solche Transformationen mit einander, so muſs man eine Transformation erhalten, welche sich von den frühern nur dadurch unterscheidet, daſs an Stelle von $\mu_1 \ldots \mu_r$ andere ganze Zahlen gewählt sind; d. h. wenn ist
$$y_\varkappa = \psi_\varkappa(x_0, x_1 \ldots x_n; \mu_1 \ldots \mu_r)$$
$$z_\varkappa = \psi_\varkappa(y_0, y_1 \ldots y_n; \mu_1' \ldots \mu_r'),$$
$$(\varkappa = 0, 1 \ldots n)$$
und wenn man in die letzten Gleichungen die aus den ersten folgenden Werte für $y_0 \ldots y_n$ einsetzt, so muſs man die $n+1$ Gleichungen erhalten:
$$z_\varkappa = \psi_\varkappa(x_0, x_1 \ldots x_n; \mu_1'' \ldots \mu_r''),$$
wo die ganzen Zahlen $\mu_1'' \ldots \mu_r''$ sich aus $\mu_1 \ldots \mu_r$ und $\mu_1' \ldots \mu_r'$ bestimmen lassen. Eine solche Schar von Transformationen, welche ein geschlossenes System bilden, heiſst eine Gruppe, und zwar, da zwischen den Transformationen kein stetiger Übergang besteht, eine diskontinuierliche Gruppe. Jetzt müssen alle Transformationen der Gruppe den Bedingungen (2), (3) und (4) genügen; zugleich darf die durch die Gleichung (7) definierte Gröſse e nicht unter eine gewisse Gröſse sinken. Demnach ist das Problem, alle in Betracht kommenden Raumformen aufzufinden, auf folgende analytische Aufgabe zurückgeführt:

»Man suche alle diskontinuierlichen r-gliedrigen Gruppen von Transformationen der Form (2), welche den Bedingungen (3) und (4) genügen und zudem die weitere Forderung erfüllen, daſs mit Ausschluſs der identischen Transformation keine Transformation der Gruppe ein Wertsystem an sein transformiertes beliebig nahe heranbringt.«

Indem man wieder auf die mehrfach erwähnte Abbildung zurückgeht, kann man das Problem auch in folgender Weise aussprechen:

Man ordne jedem Punkte einer Euklidischen, Lobatschewskyschen oder Riemannschen Raumform einen Punkt zu durch eine Transformation, welche den Bedingungen einer starren Bewegung genügt. Die Koeffizienten in dieser Transformation mache man abhängig von r ganzen Zahlen $\mu_1 \ldots \mu_r$, so dafs durch jede Zusammenstellung eine einzige Substitution bestimmt ist. Verbindet man zwei beliebige derartige Substitutionen mit einander, so mufs man wieder eine Substitution der Schar erhalten. Wenn bei der durch die Marken $\mu_1 \ldots \mu_r$ bezeichneten Substitution dem Punkte x der Punkt $x^{(\mu_1 \cdots \mu_r)}$ entspricht, so darf der Punkt x (aufser bei der identischen Substitution) niemals mit dem Punkte $x^{(\mu_1 \cdots \mu_r)}$ zusammenfallen; es darf aber auch der Abstand von zwei solchen Punkten nicht beliebig klein werden.

Auf dies analytische Problem ist jetzt die Aufgabe zurückgeführt, alle Clifford-Kleinschen Raumformen zu bestimmen.

Dabei ist jedoch stillschweigend vorausgesetzt, dafs die Rückkehr für den Körper als Ganzes stattfinden müsse und sich nicht auf ein demselben angehörendes Grenzgebilde beschränken könne. Indem wir wieder von dem im vorigen Paragraphen bewiesenen Satze Gebrauch machen, dafs zu jedem Wertsystem $(x_0, x_1 \ldots x_n)$ ein Punkt gehört, haben wir die beiden Fragen zu beantworten:

1. Ist es möglich, dafs im allgemeinen zu verschiedenen Koordinatenwerten auch jedesmal verschiedene Punkte gehören, dafs aber doch derselbe Punkt durch ungleiche Koordinatenwerte bezeichnet wird, wofern zwischen den Koordinaten gewisse Relationen bestehen?

2. Wenn eine (diskontinuierliche) Gruppe von Transformationen das Zusammenfallen von Punkten bezeichnet, können dann nicht für gewisse Mannigfaltigkeiten von einer geringeren Zahl von Dimensionen noch andere Beziehungen hinzutreten, bei deren Erfüllung die Punkte ebenfalls als identisch zu betrachten sind?

Die Antwort auf diese beiden Fragen werden wir sofort geben können, wenn wir auf die Beispiele von Cylinderflächen blicken, welche wir am Schlufs von § 1 angeführt haben. Dort wählten wir einmal die Leitlinie so, daſs sie ins Unendliche verläuft, aber zugleich Doppelpunkte besitzt. Die hierdurch erhaltene Fläche durfte aber ebenfalls als Raumform betrachtet werden. Es kommt dies darauf hinaus anzunehmen, daſs für Cartesische Koordinaten der Punkt (x = a, y) mit dem Punkte (x = — a, y) für jeden Wert von y zusammenfällt, während für einen von ± a verschiedenen Wert von x jedesmal durch ungleiche Wertsysteme (x, y) und (x', y') auch verschiedene Punkte bezeichnet werden. Dies Beispiel ist aber ganz speziell; man kann ebenso gut auch eine gröſsere Zahl von Geraden als zusammenfallend betrachten. Diese Zahl kann sogar unendlich groſs gewählt werden; als einfachstes Beispiel setzen wir fest, das für jedes ganzzahlige μ die Gerade x = μa mit der Geraden x = — μa identisch sein soll.

Es ist nicht schwer, weitere Beispiele zu bilden, wenn dieselben auch nicht durch Flächen zur Anschauung gebracht werden können. So können wir annehmen, die Gerade x = a sei mit der Geraden x = — a identisch, es falle aber der Punkt (a, y) mit dem Punkte (— a, — y) für jeden Wert von y zusammen.

Endlich möge ein Winkel α so gewählt sein, daſs er mit π inkommensurabel ist. Zudem sollen a und c irgend zwei feste Längen bezeichnen und μ soll der Reihe nach alle ganzzahligen Werte annehmen. Dann möge die Gerade x = c tg $\mu\alpha$ mit der Geraden x = — c tg $\mu\alpha$ zusammenfallen und zwar soll der Punkt (— c tg $\mu\alpha$, y) mit dem Punkte (c tg $\mu\alpha$, y + μa) identisch sein. In diesem Falle erhalten wir unendlich viele geschlossene Gerade, von denen keine zwei zusammenfallen und welche die Längen a, 2a, 3a ... besitzen.

Das sind Beispiele von zweidimensionalen Raumformen, bei denen im allgemeinen keine zwei Punkte mit ungleichen Koordinaten zusammenfallen, sondern das Zusammenfallen auf einzelne Linien, (deren Zahl allerdings unendlich groſs sein kann), beschränkt ist. Die Cylinderfläche, deren Leitlinie eine Lemniskate oder überhaupt eine geschlossene, sich selbst durchschneidende Kurve ist, läſst uns aber erkennen, daſs neben den allgemeinen Beziehungen, durch welche das Zusammenfallen von Punkten bezeichnet wird, für einzelne Gebilde noch spezielle Beziehungen bestehen können, bei deren Erfüllung bereits ein früheres Zusammenfallen eintritt. Nehmen wir z. B. an, daſs für alle Werte von (x, y) der Punkt (x, y) mit dem Punkte (x + 2a, y) identisch ist, so dürfen wir aufserdem noch festsetzen, dafs für jedes y die Punkte (0, y) und (a, y) zusammenfallen. Bei dieser Annahme giebt es einfach unendlich viele geschlossene Gerade; alle diese haben die Länge 2a; aber wenn man von einem gewissen Punkte einer solchen Geraden ausgeht, so gelangt man bereits nach Zurücklegung einer Strecke gleich a wieder in den Ausgangspunkt zurück.

Ähnliche Beispiele lassen sich leicht für den mehrdimensionalen Raum bilden; sie lehren uns, dafs die beiden oben gestellten Fragen mit ja beantwortet werden müssen. Die Bedingungen, denen derartige Transformationen zu genügen haben, unterscheiden sich nicht von den Bedingungen, welche wir oben bereits gefunden haben. Die Formen aber, zu denen wir jetzt gelangen, sind so mannigfaltiger Art, dafs wir von einer erschöpfenden Darstellung Abstand nehmen müssen. Vielleicht läfst sich die übergrofse Zahl von Einzelfällen auf wenige Klassen zurückführen. So lange das nicht möglich ist, glauben wir uns auf diese wenigen Andeutungen beschränken zu sollen.

Die prinzipielle Berechtigung dieser Raumformen hätte im Anfange von § 5 im Anschlufs an die dort durchgeführten allgemeinen Erwägungen bewiesen werden müssen; dann wären aber die dort angestellten, immerhin schon recht abstrakten Untersuchungen noch komplizierter geworden. Deshalb mufsten wir dort davon absehen. Auch im folgenden soll auf die hier erörterten Möglichkeiten nicht näher eingegangen werden. Nur beim Ausspruch der Lehrsätze mufs auch die hier erörterte Möglichkeit berücksichtigt werden.

§ 7.
Über die zweidimensionalen Raumformen.

Die Anwendung der im vorigen Paragraphen aufgestellten Vorschrift auf die zweidimensionalen Räume verschwindender Krümmung liefert uns sofort die möglichen Formen. Wir haben die Transformation zu Grunde zu legen:

$$x' = x \cos \alpha - y \sin \alpha + a$$
$$y' = x \sin \alpha + y \cos \alpha + b.$$

Dann darf für kein endliches Wertepaar $x' = x$, $y' = y$ sein. Demnach dürfen die Gleichungen:
$$(1 - \cos \alpha) + y \sin \alpha = a$$
$$- x \sin \alpha + y (1 - \cos \alpha) = b$$
durch kein Wertepaar befriedigt werden. Da aber die Determinante aus den Koeffizienten von x und y, gleich:
$$(1 - \cos \alpha)^2 + \sin^2 \alpha = 2 - 2 \cos \alpha$$
nur verschwindet, wenn $\cos \alpha = 1$, also $\sin \alpha = 0$ ist, so müssen die Transformationsgleichungen sein:
$$(1) \quad x' = x + a, \quad y' = y + b.$$
Dann ist die im vorigen Paragraphen eingeführte Gröfse $e = \sqrt{a^2 + b^2}$, also stets endlich. Diese Gröfse e wird aber nur mit einer ganzen Zahl multipliziert, wenn man die Transformation mehrmals wiederholt. Somit genügt jede Transformation von der Form (1) den angegebenen Bedingungen.

Läfst man nur eine derartige Transformation zu, so erhält man diejenige Raumform, welche wir am Schlufs des ersten und im Anfange des zweiten Paragraphen betrachtet haben; die Raumform kann durch einen Cylinder dargestellt werden.

Wir fügen eine zweite Transformation
$$x'' = x + a', \quad y'' = y + b'$$
hinzu und beweisen, dafs hier nicht die Beziehung bestehen darf:
$$\frac{a}{a'} = \frac{b}{b'}.$$

Bestände diese Beziehung, so wären zwei Fälle möglich: entweder wäre das Verhältnis rational oder irrational. Im ersten Falle möge es durch den Bruch $\frac{\mu}{\nu}$ angegeben werden, wo μ und ν keinen gemeinschaftlichen Faktor haben. Dann kann man zwei ganze Zahlen p und q so bestimmen, dafs $\mu p - \nu q = 1$ ist. Macht man also die erste Transformation p-mal und die zur zweiten reziproke q-mal, so geht der Punkt (x, y) über in
$$(x + pa - qa', \ y + pb - qb'), \text{ oder wenn man}$$
$$a = \mu a_0, \ a' = \nu a_0, \ b = \mu b_0, \ b' = \nu b_0$$
setzt, in $(x + a_0, \ y + b_0)$. Wiederholt man aber diese neue Transformation $(\mu - 1)$-mal, so erhält man die erste, und durch $(\nu - 1)$-malige Wiederholung die zweite Transformation. Folglich

kommen die beiden gegebenen Transformationen auf eine einzige hinaus.

Ist aber das Verhältnis $a' : a = b' : b$ irrational, so kann man es für jede beliebige ganze Zahl ν zwischen die Werte $\frac{\mu}{\nu}$ und $\frac{\mu+1}{\nu}$ einschliefsen. Wiederholt man also die eine Transformation $(\mu-1)$-mal, die reziproke der andern $(\nu-1)$-mal, so gelangt man von demselben Punkte aus zu Punkten, deren Abstand kleiner ist als $\frac{1}{\nu}\sqrt{a^2+b^2}$, was unmöglich ist.

Demnach liegen die drei Punkte (x, y), (x', y') und (x'', y'') nicht in gerader Linie. Wir erhalten die zweite in § 2 betrachtete Möglichkeit. Jetzt zeigen wir aber sehr einfach, dafs eine dritte, von den beiden vorigen unabhängige Transformation nicht zulässig ist. Wir haben also nur noch den Fall zu untersuchen, dafs entweder nur einzelne Linien oder Punkte der euklidischen Ebene mehrfach abgebildet werden oder dafs zu den angegebenen allgemeinen Zuordnungen noch solche hinzutreten, die nur für einzelne Linien oder Punkte gelten. Demnach erhalten wir den Satz:

»Die Clifford-Kleinschen Raumformen von zwei Dimensionen und von verschwindender Krümmung lassen sich auf eine euklidische Ebene analytisch so abwickeln, dafs sie entweder die ganze Ebene oder einen von zwei Parallelen begrenzten Streifen oder ein Parallelogramm anfüllen. Im ersten Falle müssen einzelne Linien oder Punkte sich mehrdeutig abbilden, was im zweiten und dritten Falle nicht notwendig, aber auch nicht ausgeschlossen ist.«

Wir nehmen jetzt an, die Raumform habe ein positives Krümmungsmafs, welches wir bei passender Wahl der Längeneinheit gleich eins setzen können. Dann können wir die Transformation, durch welche das Zusammenfallen von Punkten bezeichnet wird, in der Form voraussetzen:

$$(2) \quad \begin{aligned} y_0 &= \alpha x_0 + \beta x_1 + \gamma x_2 \\ y_1 &= \alpha' x_0 + \beta' x_1 + \gamma' x_2 \\ y_2 &= \alpha'' x_0 + \beta'' x_1 + \gamma'' x_2, \end{aligned}$$

wo die Bedingungen bestehen:

$$(3) \begin{cases} \alpha^2 + \alpha'^2 + \alpha''^2 = 1, \quad \alpha\beta + \alpha'\beta' + \alpha''\beta'' = 0, \\ \cdots\cdots\cdots\cdots\cdots\cdots \\ \begin{vmatrix} \alpha & \beta & \gamma \\ \alpha' & \beta' & \gamma' \\ \alpha'' & \beta'' & \gamma'' \end{vmatrix} = 1. \end{cases}$$

Hier giebt es ein Wertsystem, für welches $y_\iota = x_\iota$ ist; denn die Determinante

$$\begin{vmatrix} \alpha-1 & \beta & \gamma \\ \alpha' & \beta'-1 & \gamma' \\ \alpha'' & \beta'' & \gamma''-1 \end{vmatrix} = \begin{vmatrix} \alpha & \beta & \gamma \\ \alpha' & \beta' & \gamma' \\ \alpha'' & \beta'' & \gamma'' \end{vmatrix} \begin{matrix} -(\beta'\gamma''-\beta''\gamma')-\cdots \\ +\alpha+\beta'+\gamma'' \\ -1 \end{matrix}$$

wird stets verschwinden. Dieser Fall mufs aber ausgeschlossen werden.

Nun könnte man aber annehmen, jeder Punkt (x) fiele mit dem Punkte (—x) zusammen. Dann würde unter Bestehen der Bedingungen (3) es möglich sein, die Gleichungen (2) durch die folgenden zu ersetzen:

$$-y_0 = \alpha x_0 + \beta x_1 + \gamma x_2$$
$$\cdots\cdots\cdots\cdots$$

Dann würden die drei Gleichungen: $x_\iota = y_\iota$ im allgemeinen keine Lösung haben, aber wohl die Gleichungen: $x_\iota = -y_\iota$, was unter der gemachten Voraussetzung ebenfalls unzulässig ist.

Somit ergiebt sich der Satz:

»Eine elliptische Raumform von zwei Dimensionen ist entweder als Ganzes beweglich oder sie ist doch mit Ausschlufs einzelner Linien oder Punkte eindeutig auf eine Riemannsche Ebene oder deren Polarform abwickelbar.«

Für einen negativen Wert von k^2 können wir die Längeneinheit so wählen, dafs $k^2 = -1$ wird. Wenn dann beim Bestehen der Gleichungen (2) die Punkte (x_0, x_1, x_2) und (y_0, y_1, y_2) als zusammenfallend vorausgesetzt werden, so mufs sein:

$$(4) \quad \begin{matrix} \alpha^2-\alpha'^2-\alpha''^2=1, \quad \beta^2-\beta'^2-\beta''^2=-1, \quad \gamma^2-\gamma'^2-\gamma''^2=-1, \\ \alpha\beta-\alpha'\beta'-\alpha''\beta''=0, \quad \alpha\gamma-\alpha'\gamma'-\alpha''\gamma''=0, \quad \beta\gamma-\beta'\gamma'-\beta''\gamma''=0 \end{matrix}$$

$$\begin{vmatrix} \alpha & \beta & \gamma \\ \alpha' & \beta' & \gamma' \\ \alpha'' & \beta'' & \gamma'' \end{vmatrix} = 1.$$

Wir betrachten das System der Gleichungen:

$$(\alpha - 1)\xi_0 + \beta\xi_1 + \gamma\xi_2 = 0$$
$$(5) \quad \alpha'\xi_0 + (\beta' - 1)\xi_1 + \gamma'\xi_2 = 0$$
$$\alpha''\xi_0 + \beta''\xi_1 + (\gamma'' - 1)\xi_2 = 0.$$

Da die aus den Koeffizienten gebildete Determinante gleich null ist, so erhalten wir ein reelles Verhältnis $\xi_0 : \xi_1 : \xi_2$, welches diesen Gleichungen genügt. Ist für dieses Verhältnis

$$(6) \quad \xi_0{}^2 - \xi_1{}^2 - \xi_2{}^2 > 0,$$

so können wir ξ_0, ξ_1, ξ_2 mit einem solchen Koeffizienten multiplizieren, dafs ξ_0 positiv und $\xi_0{}^2 - \xi_1{}^2 - \xi_2{}^2 = 1$ ist. Somit erhalten wir einen im Endlichen gelegenen (»eigentlichen«) Punkt, der sich selbst entspricht. Dieser Fall ist nach § 6 auszuschliefsen.

Wenn aber

$$(7) \quad \xi_0{}^2 - \xi_1{}^2 - \xi_2{}^2 = 0$$

ist, so läfst sich zeigen, dafs die im vorigen Paragraphen eingeführte Länge e jeden noch so kleinen Wert wirklich erreicht. Dieser Nachweis kann aus den in I § 10 S. 22 ff. angegebenen Eigenschaften der parallelen Linien hergeleitet werden. Wir wollen ihn aber hier auf analytischem Wege führen.

Unter der Bedingung (7) werden die Gleichungen:

$$y_0 = (1 + \tfrac{1}{2}\xi_0)x_0 + (\xi_2 - \tfrac{1}{2}\xi_0\xi_1)x_1 - (\xi_1 + \tfrac{1}{2}\xi_0\xi_2)x_2$$
$$(8) \quad y_1 = (\xi_2 + \tfrac{1}{2}\xi_0\xi_1)x_0 + (1 - \tfrac{1}{2}\xi_1{}^2)x_1 - (\xi_0 + \tfrac{1}{2}\xi_1\xi_2)x_2$$
$$y_2 = -(\xi_1 - \tfrac{1}{2}\xi_0\xi_2)x_0 + (\xi_0 - \tfrac{1}{2}\xi_1\xi_2)x_1 + (1 - \tfrac{1}{2}\xi_2{}^2)x_2$$

für $y_\iota = x_\iota = \xi_\iota$ erfüllt. Zudem genügen die Koeffizienten den Gleichungen (4). Umgekehrt wird die allgemeinste den Bedingungen (4) genügende Transformation, welche die Forderung $y_\iota = x_\iota = \xi_\iota$ beim Bestehen der Gleichung (7) befriedigt, aus (8) erhalten, indem man in (8) die ξ_0, ξ_1, ξ_2 mit einem beliebigen reellen Faktor multipliziert.

Die kürzeste Strecke e, welche einen Punkt (x) in seine Anfangslage zurückführt, wird erhalten, indem man in die Gleichung:

$$\mathrm{Ch}\, e = x_0 y_0 - x_1 y_1 - x_2 y_2$$

für y_0, y_1, y_2 die Werte aus (8) einsetzt. Demnach erhält man durch eine sehr einfache Rechnung:

$$\mathrm{Ch}\, e = 1 + \tfrac{1}{2}(\xi_0 x_0 - \xi_1 x_1 - \xi_2 x_2)^2,$$

oder wegen $\mathrm{Ch}\, e = 1 + 2\,\mathrm{Sh}^2 \tfrac{e}{2}$:

$$(9) \quad 2\,\mathrm{Sh}\tfrac{e}{2} = \pm(\xi_0 x_0 - \xi_1 x_1 - \xi_2 x_2).$$

Der auf der rechten Seite stehende Ausdruck kann aber jeden beliebig kleinen Wert erhalten. So möge durch (z_0, z_1, z_2) ein fester reeller Punkt bezeichnet werden. Dann liegen für
$$x_0 = \varkappa\xi_0 + \lambda z_0, \quad x_1 = \varkappa\xi_1 + \lambda z_1, \quad x_2 = \lambda\xi_2 + \lambda z_2$$
alle Punkte (x_0, x_1, x_2) auf einer geraden Linie, wofern die Gleichung besteht:
$$2\varkappa\lambda(\xi_0 z_0 - \xi_1 z_1 - \xi_2 z_2) + \lambda^2 = 1.$$
Setzt man diese Werte von x_0, x_1, x_2 in die Gleichung (9) ein, so folgt:
$$2\operatorname{Sh}\frac{e}{2} = \pm\lambda(\xi_0 z_0 - \xi_1 z_1 - \xi_2 z_2).$$
Während der Klammerausdruck einen festen Wert hat, kann man λ und demnach auch e beliebig klein machen. Somit ist der durch die Gleichung (7) bezeichnete Fall auszuschliefsen.

Es bleibt also nur der Fall zu betrachten, dafs für jedes Wertsystem, welches den Gleichungen (5) genügt, die Relation besteht:
$$(10) \quad \xi_0^2 - \xi_1^2 - \xi_2^2 > 0.$$
Dann können wir die drei Gröfsen mit einer solchen reellen Gröfse multiplizieren, dafs
$$\xi_1^2 + \xi_2^2 - \xi_0^2 = 1$$
ist. Demnach stellt jetzt nach I § 16 die Gleichung
$$(11) \quad \xi_0 x_0 + \xi_1 x_1 + \xi_2 x_2 = 0$$
eine Gerade dar. Drücken wir aber vermittelst Umkehrung der Gleichungen (2) die x_0, x_1, x_2 durch y_0, y_1, y_2 aus, so kommt dies infolge der Beziehungen (4) darauf hinaus, auf ξ_0, ξ_1, ξ_2 in der Gleichung (11) die Gleichung (2) selbst anzuwenden. Da aber diese Gröfsen ungeändert bleiben, so wird auch die Gleichung (11) nicht geändert; die angegebene Transformation kommt also auf eine Verschiebung längs der Geraden (11) hinaus. Alle Punkte dieser Geraden erleiden dieselbe und alle übrigen Punkte eine gröfsere Verschiebung. Wiederholt man diese Bewegung beliebig oft, so bleibt die Gerade (11) ungeändert und die Gröfse der neuen Verschiebung wird aus der frühern durch Multiplikation mit einer ganzen Zahl erhalten. Demnach genügt diese Transformation allen im vorigen Paragraphen aufgestellten Forderungen, und wir erhalten den Satz:

»Jede Bewegung, durch welche in einer zweidimensionalen Clifford-Kleinschen Raumform konstanter negativer Krümmung ein Teil in seine Anfangslage zurückgeführt werden kann, kommt auf eine Verschiebung längs einer geraden Linie hinaus.«

Wir untersuchen eine Raumform, bei welcher das Zusammenfallen von Punkten nur durch eine Transformation und deren Wiederholung bezeichnet wird. Als solche wählen wir:
$$y_0 = x_0 \operatorname{Ch} a + x_1 \operatorname{Sh} a, \quad y_1 = x_0 \operatorname{Sh} a + x_1 \operatorname{Ch} a, \quad y_2 = x_2.$$

Die einzige Bewegung, bei welcher die Raumform stets in sich verbleibt, besteht in der Verschiebung längs der Geraden $x_2 = 0$. Diese Linie ist auch die einzige geschlossene Gerade. Zwar gehen durch jeden Punkt (η_0, η_1, η_2) unendlich viele gerade Linien mehrmals hindurch, nämlich diejenigen, deren Gleichungen sind:

$$x_1 \eta_2 \left(\eta_0 \operatorname{Sh} \frac{\mu a}{2} + \eta_1 \operatorname{Ch} \frac{\mu a}{2} \right) + x_2 (\eta_0{}^2 - \eta_1{}^2) \operatorname{Ch} \frac{\mu a}{2}$$
$$- x_0 \eta_2 \left(\eta_1 \operatorname{Sh} \frac{\mu a}{2} + \eta_0 \operatorname{Ch} \frac{\mu a}{2} \right) = 0$$

für ein beliebiges ganzzahliges μ; denn diese Gleichung wird sowohl für $x_0 = \eta_0$, $x_1 = \eta_1$, $x_2 = \eta_2$, wie für
$$x_0 = \eta_0 \operatorname{Ch} \mu a + \eta_1 \operatorname{Sh} \mu a, \quad x_1 = \eta_0 \operatorname{Sh} \mu a + \eta_1 \operatorname{Sh} \mu a, \quad x_2 = y_2$$
erfüllt. Aber jede solche Gerade durchschneidet sich in dem Punkte und erstreckt sich von da an nach beiden Seiten ins Unendliche. Alle Geraden von dieser Eigenschaft können die ausgezeichnete Gerade $x_2 = 0$ nicht schneiden. Andere Gerade kommen dieser Geraden $x_2 = 0$ unbegrenzt nahe, andere schneiden sie und entfernen sich vom Schnittpunkt an unbegrenzt von ihr. Bei der Abbildung auf die Lobatschewskysche Ebene hat man vor allem zu untersuchen, ob eine Gerade die Linie $x_2 = 0$ schneidet, ihr parallel ist oder einen festen kleinsten Abstand von ihr hat; unter den Geraden der letzten Art giebt es unendlich viele, denen in der Clifford-Kleinschen Raumform sich selbst durchschneidende Gerade entsprechen.

Die zweidimensionale Raumform, welche wir hier betrachtet haben, läfst sich darstellen durch eine Fläche im dreidimensionalen Lobatschewskyschen Raume. Diese Fläche wird gebildet durch die Gesamtheit der Geraden, welche in den Punkten einer Kreis-

linie auf ihrer Ebene senkrecht stehen; ihre Gleichung läfst sich in der Form darstellen:
$$x_0{}^2(a^2-1) = a^2(x_1{}^2 + x_2{}^2).$$

Wir haben jetzt die Frage zu stellen, ob sich Verschiebungen längs verschiedener Geraden zu einer diskontinuierlichen Gruppe vereinigen lassen, welche nur solche Verschiebungen enthält. Um die Frage schärfer zu formulieren, machen wir eine Transformation von der Form (2) abhängig von r ganzen Zahlen $\mu_1, \ldots \mu_r$ und setzen
$$y_\varkappa = \psi_\varkappa(x_0, x_1, x_2, \mu_1 \ldots \mu_r) \qquad \text{für } \varkappa = 0, 1, 2.$$
Dann soll jedem Wertsysteme $\mu_1 \ldots \mu_r$ eine Verschiebung längs einer Geraden entsprechen, und alle diese Transformationen müssen eine Gruppe bilden, der jede Transformation angehört, welche man durch Verbindung irgend zweier ihrer Transformationen erhält. Die vollständige Lösung dieser Aufgabe würde uns hier zu weit führen; wir wollen nur darauf hinweisen, dafs sich die Funktionentheorie in der letzten Zeit mehrfach mit einer Aufgabe befafst hat, die etwas allgemeiner ist, als die hier gestellte, und deren Lösungen auch für den vorliegenden Zweck benutzt werden können.[40])

Nur eine Bemerkung mufs hier noch angebracht werden. Wenn für die Raumform mehrere von einander unabhängige Transformationen bestehen, so ist es überhaupt unmöglich, sie als Ganzes in sich zu bewegen. Die Geraden, längs derer eine Verschiebung möglich ist, müssen nämlich eine diskontinuierliche Schar bilden. Es läfst sich aber keine stetige Bewegung der Lobatschewskyschen Ebene in sich angeben, bei der dies System von Geraden fortwährend in sich verbleibt. Während also bei den früher gefundenen Raumformen wenigstens spezielle Bewegungen gestatteten, auf die Raumformen als Ganze übertragen zu werden, ist das bei diesen Raumformen überhaupt nicht möglich.

§ 8.

Dreidimensionale Raumformen verschwindender Krümmung.

Bei einem dreidimensionalen euklidischen Raume hat man drei Arten von gleichförmigen Bewegungen zu unterscheiden: die erste besteht in einer mit einer Verschiebung verbundenen

Drehung um eine Gerade, die zweite in einer bloſsen Drehung um eine Gerade, die dritte in einer Parallelverschiebung. Die erste Bewegung ist die allgemeine; aus ihr wird die zweite erhalten, wenn man die Verschiebung, und die dritte, wenn man die Drehung verschwinden läſst. Die Drehung um eine Gerade kann offenbar nicht das Zusammenfallen von Punkten in einer Clifford-Kleinschen Raumform bezeichnen, da hier alle Punkte einer Geraden sich selbst entsprechen und in deren Umgebung ein geradliniger Weg von jeder beliebigen Kleinheit wieder in die Anfangslage zurückführen würde. Dagegen genügen die beiden andern Bewegungen allen Anforderungen, welche wir in § 6 aufgestellt haben.

Die Parallelverschiebung ist in § 3 bereits untersucht worden; es wird nicht nötig sein, den dort angestellten Untersuchungen etwas weiteres hinzuzufügen.

Eine weitere Klasse von Raumformen wird dadurch definiert, daſs jeder Punkt in seine Anfangslage zurückkehrt, wenn man eine Verschiebung längs einer Geraden ausführt und diese mit einer Drehung um dieselbe Gerade verbindet. Nur die Umkehr und die Wiederholung dieser Operation soll das Zusammenfallen von Punkten bezeichnen; dagegen soll keine andere gleichförmige Bewegung imstande sein, einen Körper in seine Anfangslage zu bringen, mit der selbstverständlichen Ausnahme einer vollen Umdrehung um eine Gerade. Unter dieser Voraussetzung hat der Punkt (x, y, z) auch die Koordinaten

(1) $x + \mu a, \; y \cos \mu \alpha - z \sin \mu \alpha, \; y \sin \mu \alpha + z \cos \mu \alpha$

für jedes ganzzahlige μ, wo a und α festgewählte Gröſsen sind.

Um eine gerade Linie analytisch darzustellen, wähle man einen Punkt (ξ, η, ζ) beliebig, dann drei Gröſsen p, q, r, zwischen denen die Beziehung besteht:

(2) $p^2 + q^2 + r^2 = 1$,

lasse A alle reellen Werte durchlaufen und setze:

(3) $x = \xi + pA, \; y = \eta + qA, \; z = \zeta + rA$.

Wenn die Gerade durch den Punkt (ξ, η, ζ) nochmals hindurchgeht, so müssen die Gleichungen (3) erfüllt werden, wenn man statt x, y, z einsetzt

$\xi + \mu a, \; \eta \cos \mu \alpha - \zeta \sin \mu \alpha, \; \eta \sin \mu \alpha + \zeta \cos \mu \alpha$.

Dann muſs sein:

(4) $\mu a = A'p$, $\eta(\cos \mu\alpha - 1) - \zeta \sin \mu\alpha = A'q$, $\eta \sin \mu\alpha + \zeta(\cos \mu\alpha - 1) = A'r$.

Da durch entgegengesetzt gleiche Werte (p, q, r) und (−p, −q, −r) dieselbe Gerade bezeichnet wird, so ergiebt sich nur eine gerade Linie, sobald ξ, η, ζ und μ gegeben sind. Die Länge, welche man auf der Geraden vom Punkte (ξ, η, ζ) aus zurücklegen mufs, um den Punkt wieder zu erreichen, beträgt

(5) $A' = \sqrt{\mu^2 a^2 + 4(\eta^2 + \xi^2) \sin^2 \frac{\mu\alpha}{2}}$.

Soll die Gerade geschlossen sein, so müssen die Gleichungen (4) für dieselben Werte von η, ζ, p, q, r bei entgegengesetzt gleichen Werten von μ und A' befriedigt werden. Diese (notwendige, aber nicht hinreichende) Bedingung zieht bereits die Forderungen nach sich:

$\eta(1 - \cos \mu\alpha) = 0$, $\zeta(1 - \cos \mu\alpha) = 0$.

Daraus folgt q = r = 0. Der Annahme nach mufs $\cos \alpha < 1$ sein. Somit ergiebt sich folgender Satz:

»Die Gerade y = z = 0 ist die einzige geschlossene Gerade von der Länge a; sie soll als die ausgezeichnete Gerade der Raumform bezeichnet werden. Wenn der Winkel α mit 2π inkommensurabel ist, so ist sie die einzige geschlossene Gerade. Ist aber $\varrho\alpha = 2\sigma\pi$ für ganzzahlige Werte von ϱ und σ, so geht durch jeden Punkt eine einzige geschlossene Gerade, welche zur ausgezeichneten Geraden parallel ist; alle diese Geraden haben die Länge ϱa. Wie aber auch α gewählt ist, gehen durch jeden Punkt, der nicht in der ausgezeichneten Geraden liegt, unendlich viele Gerade zum zweitenmale hindurch.«

Die beiden letzten Gleichungen (4) gestatten, $\cos \mu\alpha$ und $\sin \mu\alpha$ eindeutig durch q, r, η, ζ, A' auszudrücken. Dann liefert die zwischen dem Sinus und Cosinus bestehende Beziehung die Gleichung:

$A' = -\dfrac{2(\eta q + \zeta r)}{q^2 + r^2}$,

und indem man diesen Wert in die erste Gleichung (4) einsetzt, folgt:

(6) $(q^2 + r^2)\mu a + 2p(\eta q + \zeta r) = 0$.

Diese Gleichung stellt, wenn p, q, r und μ gegeben sind, und ξ, η, ζ die Koordinaten eines Punktes bedeuten, eine Ebene dar. Ist also die Richtung einer Geraden bestimmt, so kann der Punkt (ξ, η, ζ), durch welchen eine solche Gerade zweimal hindurchgeht, nur in einer Ebene liegen, deren Gleichung aus (6) dadurch erhalten wird, dafs man für μ die Werte ± 1, ± 2, $\pm 3 \ldots$ der Reihe nach einsetzt. Alle diese Ebenen sind unter einander und zu der Geraden $y = z = 0$ parallel. Sobald festgesetzt ist, in welcher von diesen Ebenen der Punkt liegt, ist μ und damit A' bestimmt. Dann liefern die Gleichungen (4) im allgemeinen nur einen einzigen Wert von η und ζ. Die vorstehenden Erwägungen lassen sich aber nicht anstellen, wenn $q = r = 0$ ist, weil dann die Gleichung (6) identisch erfüllt wird. Für $p = 1$ wird aber kein endlicher Wert von η und ζ der Gleichung (6) genügen; jede Gerade also, welche mit der ausgezeichneten Geraden einen rechten Winkel bildet, mag sie von ihr geschnitten werden oder windschief zu ihr sein, kann nicht in einen früheren Punkt zurückkehren. Daraus folgt der Satz:

»Jede Gerade, welche zu der ausgezeichneten Geraden parallel ist, enthält keinen Doppelpunkt; sie ist geschlossen, wenn α und π kommensurabel sind. Wenn die Gerade zu der ausgezeichneten Geraden unter einem rechten Winkel geneigt ist, so verläuft sie beiderseits ins Unendliche, ohne sich zu durchschneiden. Dagegen giebt es in jeder andern Richtung Gerade, welche sich selbst durchschneiden; wenn die Richtung gegeben ist, so füllen die Doppelpunkte eine diskontinuierliche Schar von Geraden an, welche zu der ausgezeichneten Geraden parallel sind. Alle Geraden von der gegebenen Richtung, welche keine dieser Geraden treffen, sind weder geschlossen noch durchschneiden sie sich.«

Wir wollen jetzt untersuchen, ob sich nicht eine Gerade mehrmals durchschneiden kann, etwa in zwei Punkten (ξ, η, ζ) und (ξ', η', ζ'). Zu dem Ende gehen wir von den Gleichungen aus:

$$(7) \quad \begin{aligned}(\xi - \xi')y &= (\eta - \eta')x + \xi\eta' - \xi'\eta \\ (\xi - \xi')z &= (\zeta - \zeta')x + \xi\zeta' - \xi'\zeta.\end{aligned}$$

Sollen diese zwei Gleichungen auch erfüllt sein für

$$x = \xi + \mu a, \quad y = \eta \cos \mu\alpha - \zeta \sin \mu\alpha, \quad z = \eta \sin \mu\alpha + \zeta \cos \mu\alpha,$$

so müssen die beiden Gleichungen bestehen:

$$(\eta - \eta')\mu a = (\xi - \xi')[\eta(\cos \mu\alpha - 1) - \zeta \sin \mu\alpha]$$
$$(\zeta - \zeta')\mu a = (\xi - \xi')[\eta \sin \mu\alpha + \zeta(\cos \mu\alpha - 1)].$$

Vertauscht man hierin ξ mit ξ', η mit η', ζ mit ζ', μ mit μ', so erhält man die Bedingungen dafür, dafs auch die Gleichungen (7) für $\xi' + \mu'a$, $\eta' \cos \mu'\alpha - \zeta' \sin \mu'\alpha$, $\eta' \sin \mu\alpha + \zeta' \cos \mu'\alpha$ befriedigt werden. Setzt man in die beiden letzten Gleichungen die Werte von η' und ζ' aus den beiden vorangehenden ein, so folgen die beiden Bedingungen:

$$P\eta - Q\zeta = 0, \quad Q\eta + P\zeta = 0,$$

wo ist

$$P = \mu'(\cos\mu\alpha - 1) - \mu(\cos\mu'\alpha - 1)$$
$$+ \frac{\xi-\xi'}{a}(1 + \cos(\mu+\mu')\alpha - \cos\mu\alpha - \cos\mu'\alpha)$$

$$Q = \mu'\sin\mu\alpha - \mu\sin\mu'\alpha + \frac{\xi-\xi'}{a}(\sin(\mu+\mu')\alpha - \sin\mu\alpha - \sin\mu'\alpha).$$

Diese beiden Gleichungen können, wofern η und ζ nicht beide verschwinden, nur erfüllt werden für $P=0$, $Q=0$. Jede Gleichung liefert einen Wert für $\xi - \xi'$; indem wir beide Werte gleich setzen, folgt die Bedingung:

$$(8) \quad \frac{\mu}{\mu'} = \frac{\operatorname{tg}\frac{\mu\alpha}{2}}{\operatorname{tg}\frac{\mu'\alpha}{2}}.$$

Sobald diese Gleichung für ganzzahlige Werte von μ und μ' erfüllt wird, kann man die Werte von ξ, η, ζ ganz willkürlich wählen und daraus ξ', η', ζ' im allgemeinen eindeutig berechnen. Somit wird jede Gerade, welche für einen solchen Zahlwert μ in sich zurückkehrt, von einem andern Punkte aus für μ' sich schneiden. Auch verhalten sich die Längen, welche von (ξ, η, ζ) und von (ξ', η', ζ') je zu diesem Punkte zurückkehren, wie μ zu μ'.

Für $\mu' = 1$ und $\operatorname{tg}\frac{a}{2} = x$ geht die Gleichung (8) über in

$$\binom{\mu+1}{3} - 2\binom{\mu+1}{5}x^2 + 3\binom{\mu+1}{7}x^4 \ldots = 0.$$

Setzen wir also $\operatorname{tg}\frac{\alpha}{2} = \sqrt{5}$, so ist $\mu = 4$, und demnach wird bei dem entsprechenden Werte von α jede Gerade, welche für $\mu=1$ zum zweitenmale durch einen Punkt geht, sich auch für $\mu=4$ schneiden; zugleich ist die eine Länge viermal so grofs.

als die andere; der Verlauf der Linie wird also durch die Figur 40 angedeutet.

Die Gleichung (8) wird jedesmal befriedigt, wenn $\mu\alpha$ und $\mu'\alpha$ ungerade Vielfache von π sind. Dann folgt:

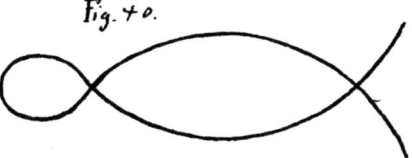

Fig. 40.

$$(9) \quad \xi' = \xi + \frac{\mu-\mu'}{2}a, \quad \eta' = \frac{\mu'}{\mu}\eta, \quad \zeta' = \frac{\mu'}{\mu}\zeta.$$

Zugleich fällt der Wert von μ' ganz aus der Gleichung (7) heraus. Ist also $\mu\alpha = (2\varrho + 1)\pi$ für ein ganzzahliges ϱ, und zieht man von einem beliebigen Punkt aus eine Gerade, welche für diesen Wert von μ ein zweitesmal durch diesen Punkt geht, so enthält die Gerade auch jeden Punkt (ξ', η', ζ'), welcher sich aus (9) für $\mu' = (2\varrho' + 1)\frac{\pi}{\alpha}$ bei ganzzahligem ϱ' ergiebt, und jeder solche Punkt ist ebenfalls Doppelpunkt. Jede derartige Gerade hat also unendlich viele Doppelpunkte. Setzt man z. B. $\alpha = \frac{\pi}{4}$, so kann man $\mu' = 4(2\sigma + 1)$ bei ganzzahligem Werte von σ setzen.

Soll die durch die Gleichungen (3) und (4) bestimmte Gerade ganz in der Ebene:

$$(10) \quad Kx + Ly + Mz = N$$

liegen, so müssen die Bedingungen erfüllt sein:

$$K\xi + L\eta + M\zeta = N,$$
$$K\mu a + L[\eta(\cos\mu\alpha - 1) - \zeta\sin\mu\alpha] + M[\eta\sin\mu\alpha + \zeta(\cos\mu\alpha - 1)] = 0.$$

Sobald ξ, η, ζ diesen beiden Bedingungen genügen, gehört die Gerade der Ebene an. Im allgemeinen wird also jede Ebene für jeden Wert von μ eine einfach ausgedehnte Schar von Geraden mit Doppelpunkten enthalten. Nur für $\cos\mu\alpha = 1$ $\sin\mu\alpha = 0$ verlangt die zweite Gleichung: $K = 0$, und dann wird jeder Punkt der Ebene $Ly + Mz = N$ einer geschlossenen Geraden angehören; dagegen wird wiederum jeder Punkt einer gewissen Geraden Doppelpunkt für eine in der Ebene enthaltene und einem andern Werte von μ entsprechende Gerade sein. Nur für $L = M = 0$ können die beiden Gleichungen nicht zugleich erfüllt werden; in jeder Ebene, welche auf der ausgezeichneten Geraden senkrecht steht, liegen, wie wir bereits oben sahen, nur solche Gerade, welche unendlich sind und sich nicht durchschneiden. Die Ebenen der vorliegenden Raumform zerfallen also in drei Klassen: a) solche, in denen weder geschlossene noch sich schneidende Gerade liegen, b) solche, in denen keine geschlossene Gerade enthalten sind, und c) solche, in denen Gerade der verschiedensten Art vorkommen. Die Ebenen der ersten Klasse stehen auf der ausgezeichneten Geraden senkrecht, die der dritten Klasse gehen durch dieselbe hindurch oder sind zu ihr parallel; dagegen gehört jede Ebene, von welcher die ausgezeichnete Gerade unter einem schiefen Winkel geschnitten wird, der zweiten Klasse an. Ist eine solche Ebene gegeben, so kann die Zahl μ noch beliebig angenommen werden, jedoch mit der Beschränkung, dafs nicht μa ein Vielfaches von 2π ist; die zu jedem μ gehörigen Doppelpunkte füllen eine gerade Linie an.

Es darf nicht auffallen, dafs die hier erhaltenen Ebenen zum Teil ganz verschieden sind von den zweidimensionalen Raumformen, welche wir früher bei verschwindendem Krümmungsmafs erhalten haben. Diese Ebenen gehören eben zu den am Schlusse von § 6 charakterisierten Raumformen, welche nur in gesonderten Linien, (deren Zahl allerdings unendlich grofs sein kann), wieder zusammenstofsen und die wir in § 7 vollständig ausgeschlossen haben.

Auf weitere Untersuchungen, welche für den hier betrachteten Raum noch angestellt werden müssen, soll nur hingewiesen werden. Dieselben betreffen die Anzahl der Schnittpunkte zweier Geraden, die der Schnittlinien zweier Ebenen, die Senkrechten, welche von einem Punkte auf eine Ebene oder Gerade gefällt werden können u. dgl. Um die Art der Behandlung anzudeuten, erinnern wir daran, dafs der Fufspunkt der vom Punkt (ξ, η, ζ) auf die Ebene $Ax + By + Cz + D = 0$ gefällten Senkrechten die Koordinaten $\xi - MA$, $\eta - MB$, $\zeta - MC$ hat, wenn $M = \dfrac{A\xi + B\eta + C\zeta + D}{A^2 + B^2 + C^2}$ ist. Setzt man hierin für ξ, η, ζ die aus (1) folgenden Werte, so erhält man Punkte, welche im allgemeinen nicht zusammenfallen.

Obwohl wir uns nicht die Aufgabe gestellt haben, alle Raumformen zu finden, welche in einem endlichen Bereiche den

Voraussetzungen Euklids genügen, wollen wir doch noch eine weitere Raumform hier beifügen und einige ihrer Eigenschaften entwickeln. λ, μ, ν seien beliebige positive oder negative ganze Zahlen mit Einschluſs von null, a, b, c seien drei feste Längen; dann soll der Punkt (x, y, z) zusammenfallen mit den Punkten:
$$x(-1)^\lambda + \mu a, \quad y(-1)^\lambda + \nu b, \quad z + \lambda c.$$
Läſst man also die Koordinaten bei ganzzahligem λ, $\bar\mu$, ν um μa, νb, $2\lambda c$ wachsen, so erhält man wieder denselben Punkt. Auf diese Weise erhält man, wie in § 3 und entsprechend den in § 2 für zwei Dimensionen getroffenen Festsetzungen, von jedem Punkte aus unendlich viele, diskontinuierlich gelegene, geschlossene gerade Linien. Diese Linien werden im allgemeinen keinen Doppelpunkt besitzen. Dagegen kommen auch solche Gerade vor, welche bereits für die halbe Länge in sich zurückkehren; unendlich viele geschlossene Gerade durchschneiden sich auch selbst, haben also in ihrem Verlauf Ähnlichkeit mit der Lemniskate. Endlich giebt es Gerade, welche sich in einem Punkte durchschneiden, aber von da ab nach beiden Seiten ins Unendliche verlaufen.

§ 9.
Raumformen von nicht-verschwindender Krümmung.

Bei Raumformen von konstanter negativer Krümmung $1:k^2$ wenden wir folgende, allgemein gebräuchliche Ausdrücke an. Wir nennen jedes reelle Verhältnis $x_0 : x_1 : x_2 : x_3$ einen Punkt, unterscheiden aber einen reellen, einen unendlich fernen und einen idealen Punkt, jenachdem $k^2 x_0{}^2 + x_1{}^2 + x_2{}^2 + x_3{}^2$ einen negativen, verschwindenden oder einen positiven Wert hat. Ebenso nennen wir jede einfach unendliche lineare Mannigfaltigkeit von Punkten eine Gerade; eine solche enthält entweder gar keine reellen und keine unendlich fernen Punkte, oder sie enthält auſser einem unendlich fernen nur noch ideale Punkte, oder auf ihr liegen alle drei Arten von Punkten; eine Gerade der letzten Klasse soll als reelle Gerade bezeichnet werden, während wir sagen, eine Gerade der zweiten Klasse berührt das Unendlichferne, und während die Gerade der ersten Art als ideale Linie bezeichnet wird. Vergleicht man die Lage zweier Körper mit einander, so werden bei den entsprechenden analytischen Gleichungen im allgemeinen zwei Gerade in sich verbleiben, von denen die eine dem reellen, die andere dem idealen Gebiet angehört. Die gleichförmige Bewegung ist also im allgemeinen eine Verschiebung längs einer reellen Geraden, verbunden mit einer Drehung um dieselbe Gerade. Ein Spezialfall ist eine blofse Drehung, ein anderer eine blofse Verschiebung. Dazu tritt noch der Fall, dafs eine Gerade in sich verbleibt, welche das unendlich ferne Gebiet berührt. Die allgemeine Bewegung entspricht offenbar allen Anforderungen, denen eine Bewegung genügen mufs, wenn sie imstande sein soll, einen Körper in seine Anfangslage zurückzuführen; dasselbe gilt von der Verschiebung längs einer reellen Geraden. Dagegen müssen die beiden andern Klassen der Bewegung ausgeschlossen werden, die Drehung um eine Gerade nach den allgemeinen Prinzipien, die andere Bewegung entsprechend den in § 7 (S. 329) durchgeführten Entwicklungen. Wie die möglichen Bewegungen mit einander verbunden werden können, soll uns nicht weiter beschäftigen.

Sehr einfach gestaltet sich die Herleitung aller Clifford-Kleinschen Raumformen konstanter positiver Krümmung, wofern wir von den am Schlusse von § 6 erwähnten Raumformen absehen. Wir wissen, dafs jede elliptische Raumform auf einen Riemannschen Raum analytisch »abgewickelt« werden kann; im folgenden beschränken wir uns auf solche Raumformen, bei denen bereits die »Abwicklung« auf einen Kleinschen Raum möglich ist. Die Herleitung der übrigen bietet dann keine Schwierigkeit.

Nach den in I § 19 gefundenen Sätzen kann jede gleichförmige Bewegung in einer solchen Raumform auf die gleichzeitige Verschiebung längs zweier Geraden, welche reziproke Polaren von einander sind, zurückgeführt werden. Dann werden entweder nur diese beiden Geraden in sich verschoben, oder alle Geraden, welche ihnen in dem durch die Verschiebung angegebenen Sinne parallel sind, bleiben in Deckung mit ihrer Anfangslage. Der erste Fall tritt ein, wenn die Verschiebungen längs der beiden ersten Geraden ungleiche Gröfse haben; im zweiten Falle werden die beiden ersten Geraden, und mit ihnen die Parallelen, um dieselbe Strecke in sich verschoben.

Jetzt denken wir uns, was ohne Beschränkung der Allgemeinheit gestattet ist, die Bewegung, durch welche ein Körper in seine Anfangslage gebracht wird, sei gleichförmig. Eine Gerade g werde dabei in sich verschoben, und zwar sei L die kleinste

Verschiebung, welche imstande wäre, längs dieser Geraden den Körper in seine Anfangslage zu bringen. Zugleich werde die reziproke Polare g_1 um eine Strecke L_1 verschoben; hierbei sei (was sich durch Vertauschung von g mit g_1 immer erreichen läfst) die Anordnung getroffen, dafs jedenfalls L_1 nicht gröfser ist als L. Dann wird natürlich eine beliebig oft vorgenommene Wiederholung der Bewegung den Körper jedesmal wieder in seine Anfangslage zurückführen, also auch eine Bewegung, durch welche g um μL, g_1 um μL_1 für ein ganzzahliges μ in sich verschoben werden. Wir geben hier μ den ersten Wert, für den $\mu L > \pi k$ ist. Sind wir vom Punkte P der Geraden g ausgegangen, so haben wir durch μ-malige Wiederholung die Linie einmal beschrieben, und die neue Lage P' von P fällt über P hinaus. Jetzt fällt der vorangehende Endpunkt von L entweder noch vor den Punkt P oder auf denselben. Im ersten Falle ist die Strecke $PP' < L$. Da aber jetzt der Punkt P' ebenfalls mit P identisch sein mufs, so wäre L nicht die kleinste Strecke von der angegebenen Eigenschaft. Wir haben also diesen Fall auszuschliefsen, und indem wir $\mu = p + 1$ setzen, folgt: $L = \frac{1}{p}\pi k$, wo p eine ganze Zahl ist.

In der Kleinschen Raumform, auf die wir die zu bestimmende Raumform abgebildet haben, hat jeder Punkt der Linie g durch (p−1)-malige Wiederholung der angegebenen Bewegung seine Anfangslage wieder erhalten. Die Transformation, welche die hierdurch gewonnene mit der im Anfang eingenommenen Lage in Beziehung setzt, mufs also nach den Forderungen des sechsten Paragraphen die identische sein (resp. jedes x_ι in $-x_\iota$ umwandeln); speziell mufs also auch jeder Punkt der reziproken Polare g_1 seine Anfangslage wieder einnehmen. Die Verschiebung L_1 längs dieser zweiten Geraden mufs also $= \frac{\nu k \pi}{p}$ sein, wo ν eine ganze Zahl ist. Da aber der Annahme nach L_1 nicht gröfser sein soll als L, und L_1 offenbar nicht gleich null sein kann, so mufs $L_1 = \frac{k\pi}{p}$ sein. Die Bewegung, durch die ein Körper wieder in seine Anfangslage zurückgeführt wird, verschiebt also alle (Cliffordschen) Parallelen einer gewissen Schar in sich.

Um dies ohne Rücksicht auf den angezogenen allgemeinen Satz zu erkennen, beachte man, dafs die Verschiebung längs g_1 einer Drehung um g entspricht, dafs man demnach sagen kann: Man denke eine Verschiebung L längs einer Geraden g ausgeführt und diese mit einer Drehung $\varDelta$ um dieselbe Gerade verbunden. Statt die Drehung und die Verschiebung gleichzeitig auszuführen, kann man sie auch nach einander vor sich gehen lassen. So führe man auch jetzt erst die blofse Verschiebung aus, d. h. eine Bewegung, bei der die Gerade und jede hindurchgelegte Ebene in sich verbleibt, und wiederhole sie (p—1)-mal. Dann erlangt, wie wir vorhin bewiesen haben, jeder Punkt der Geraden g seine entgegengesetzt gleichen Koordinaten. Für die Punkte jeder hindurchgelegten Ebene ist dies aber nicht der Fall, sondern jeder Punkt nimmt gegen die Gerade g eine symmetrische Lage an. Hieraus erkennen wir schon, dafs eine blofse Verschiebung den Anforderungen nicht genügt und dafs eine Drehung hinzukommen mufs. Wiederholt man jetzt (p — 1)-mal die mit der Verschiebung L verbundene Drehung $\varDelta$, so mufs diese für sich jeden Punkt in seine symmetrische Lage gegen g bringen; daher mufs $\varDelta = \dfrac{\pi}{p}$ oder ein ungerades Vielfaches dieser Zahl sein. Der letztere Fall ist aber nach der über die Gröfse von L und L_1 getroffenen Festsetzung auszuschliefsen. Wir sehen also, dafs die Verschiebung $\dfrac{k\pi}{p}$ mit einer Drehung $\dfrac{\pi}{p}$ verbunden sein mufs. Bei einer solchen Bewegung bleiben aber alle Parallelen der einen Schar in Deckung mit ihrer Anfangslage.

Diese Bewegung entspricht aufs schönste der Parallel - Verschiebung in einem parabolischen Raume, indem alle Punkte sich in geraden Linien bewegen und gleiche Strecken zurücklegen. Der Raum wird in beiden Fällen mit Geraden angefüllt, von denen jede in sich verschoben wird. Die auf die angegebene Weise gewonnene Zurückführung eines Körpers in seine Anfangslage steht also in vollem Einklange mit derjenigen, welche wir im dritten Paragraphen für einen parabolischen Raum mitgeteilt haben. Demnach darf man auch hier diese eine Bewegung mit gleichartigen vereinigen, ganz wie wir dort Parallelverschiebungen nach verschiedenen Richtungen vorgenommen haben.

In der That sei g' eine zweite Gerade, welche nicht zu dem vorher benutzten System von Parallelen gehört; längs dieser Geraden sei eine Verschiebung $\frac{1}{q}\pi k$ und zugleich um sie eine Drehung $\frac{\pi}{q}$ ausgeführt. Dann wird hierdurch eine Schar von Parallelen bestimmt, welche sämtlich dieselbe Verschiebung erleiden. Soll die aus beiden Parallelverschiebungen zusammengesetzte Bewegung wieder eine Schar von Parallelen in sich bewegen, so muſs nach I § 19 die Schar der im zweiten Falle erhaltenen Parallelen denselben Sinn haben wie im ersten; mit andern Worten: Bewegt man den Körper so, daſs die Gerade g' mit g zusammenfällt und die Richtung L' mit L identisch wird, so muſs auch der Sinn der Drehung $\varDelta'$ mit dem der Drehung $\varDelta$ übereinstimmen. Unter derselben Bedingung darf man längs einer dritten Schar von Parallelen um die Länge $\frac{1}{r}\pi k$ bewegen und hierdurch wieder ein Zusammenfallen von Körpern bestimmen. Eine derartige Festsetzung entspricht der in § 3 getroffenen auch insofern, als irgend zwei Substitutionen der Gruppe jedesmal mit einander vertauscht werden können.

Die für eine zwei- und dreidimensionale elliptische Raumform gewonnenen Resultate können leicht auf eine höhere Zahl von Dimensionen übertragen werden. Zum Beweise ist es nur notwendig, die Sätze aus I § 19 über die gegenseitige Lage von geraden Linien auf eine höhere Zahl von Dimensionen zu übertragen. Wenn das auch unsere Absicht nicht sein kann, so können wir uns doch nicht versagen, das Resultat selbst hier mitzuteilen; dasselbe lautet:

»Für eine gerade Zahl von Dimensionen wird eine elliptische Raumform entweder bei jeder starren Bewegung eines Teiles auch als Ganzes in sich bewegt oder sie läſst sich doch mit Ausschluſs gewisser Grenzgebilde eindeutig auf eine frei bewegliche Raumform abbilden. Dagegen giebt es bei einer ungeraden Zahl von Dimensionen auch elliptische Raumformen, die so auf eine der beiden frei beweglichen Raumformen abgebildet werden können, daſs jedem ihrer Punkte eine endliche Anzahl von Punkten der Riemannschen oder Kleinschen Raumform entspricht; wenn das

Krümmungsmaſs $= 1 : k^2$, die Zahl der Dimensionen gleich n, und p eine ganze Zahl ist, so kann man einen Körper dadurch in seine Anfangslage zurückführen, daſs man ihn längs (Cliffordscher) paralleler Linien um eine Strecke $\frac{k\pi}{p}$ oder $\frac{2k\pi}{p}$ bewegt; solcher Bewegungen kann man n von einander unabhängige zu einer Gruppe vereinigen.«

§ 10.
Rückblick.

Die vorstehend betrachteten Raumformen sind erst seit kurzem bekannt. Ein Vortrag Cliffords über eine derartige Raumform ist nicht gedruckt, eine kurze Bemerkung, die er hierüber in einer gedruckten Arbeit gemacht hat, wohl allgemein übersehen worden. Erst durch eine Arbeit des Herrn Klein, deren Inhalt weit über das von Clifford Gefundene hinausging, wurden weitere Kreise auf diese Raumformen aufmerksam gemacht. Aber sie verdienen ebenfalls volle Beachtung; bilden sie doch das letzte Glied in der Entwicklung, die uns zu den älteren Raumformen geführt hat.

Auf den ersten Blick begegnen die Clifford-Kleinschen Raumformen, wie wir sie am besten nennen, den schwersten Bedenken. Wer bloſs einige ihrer Eigenschaften kennen lernt, ohne in die Begründung einzudringen, wird unbedingt glauben, die Berechtigung von vornherein verneinen zu müssen. Daſs z. B. die geraden Linien nicht sämtlich von gleicher Länge sind, daſs es z. B. für einen parabolischen Raum neben geschlossenen auch noch unendliche Gerade geben soll, dürfte auf den ersten Blick ganz unzulässig erscheinen. Man wird scheinbar mit Recht sagen: Alle geraden Linien müssen kongruent sein, also auch dieselbe Länge besitzen. Ebenso versteht es sich doch von selbst, daſs der Raum überall gleichförmig sein muſs; und doch scheinen die hier gefundenen Raumformen dieser Forderung nicht zu genügen. Die in den drei ersten Paragraphen aufgestellten Raumformen zeigen wenigstens für die sämtlichen Punkte volle Gleichförmigkeit; man kann sie auch als Ganze so bewegen, daſs jeder Punkt mit jedem andern zur Deckung gelangt; demnach wird zu jeder Linie, welche von einem Punkte ausgeht, eine völlig übereinstimmende

Linie gefunden werden können, die von irgend einem andern Punkte ausgeht. Aber betrachtet man nur z. B. die sämtlichen Geraden, welche von demselben Punkte ausgehen, so werden diese in ihrem Verlaufe nicht voll übereinstimmen; so geht in den betrachteten Raumformen von jedem Punkte mindestens eine geschlossene Gerade aus; sind mehrere Gerade geschlossen, so werden sie keineswegs sämtlich die gleiche Länge besitzen; zudem gehen von jedem Punkte auch unendliche Gerade aus. Aber selbst die Gleichförmigkeit des Raumes in Bezug auf die einzelnen Punkte besteht nicht allgemein. Wir lernten (§ 8 S. 333) unter der Annahme, dafs die Winkelsumme eines jeden geradlinigen Dreiecks zwei Rechte beträgt, eine Raumform kennen, bei welcher eine einzige gerade Linie vor allen andern bevorzugt ist. Alle diese Eigenschaften sind auf den ersten Blick höchst befremdlich und fordern jeden, der sich die Mühe einer genauen Prüfung nicht geben mag, fast zur Ablehnung heraus.

Ganz anders aber mufs das Urteil lauten, wenn man sich diese Mühe nicht verdriefsen läfst. Gewifs, die neuen Raumformen können nicht durch jede Bewegung, welcher ein fester Körper unterworfen werden kann, in sich als Ganze bewegt werden. Aber das kann unmöglich ein Grund sein, ihre Berechtigung zu leugnen. Der Raum kann ja überhaupt nicht bewegt werden; wenn der Ausdruck: Bewegung des Raumes bisher oft gebraucht ist (und gewifs auch ferner noch oft benutzt wird), so findet jeder, der genauer über die Sache nachdenkt, hierin nur einen kurzen Ausdruck für diejenigen Sätze, welche wir in § 4 (S. 291) entwickelt haben.

Sobald man sich aber klar macht, was dieser an sich unerlaubte Ausdruck besagt, erkennt man sofort, dafs die neuen Raumformen berechtigt sind. Bewegung kann nur einem Körper beigelegt werden; sobald zwei feste Körper starr mit einander verbunden sind, wird die Bewegung des einen auch notwendig eine gewisse Bewegung des andern nach sich ziehen. Die feste Verbindung beider kann aber auf ganz verschiedene Weise und durch verschiedene Körper bewirkt werden. Jetzt ist aber die Voraussetzung, dafs die für den zweiten Körper vermittelte Bewegung von den verknüpfenden Körpern unabhängig ist, an sich gleichberechtigt mit der Annahme, dafs die vermittelte Bewegung verschieden sein kann, wenn die Verknüpfung auf verschiedenem Wege erfolgt. Dafs die erste Voraussetzung berechtigt ist, zeigen die Untersuchungen der drei ersten Abschnitte, in denen diese Voraussetzung stets stillschweigend gemacht worden ist; dafs sie aber nicht notwendig ist, hat die vorangehende Untersuchung gelehrt.

Auch die Gleichförmigkeit des Raumes, die ja selbstverständlich gefordert werden mufs, bleibt in vollem Mafse bestehen, so lange man nur einen gewissen endlichen Bereich um jeden einzelnen Punkt betrachtet. Aber nur in diesem Sinne kann die Gleichförmigkeit von vornherein gefordert werden. Einen Beweis, dafs der Raum auch als Ganzes gleichförmig sein mufs, wird man schwerlich liefern können; deshalb ist man genötigt, die Berechtigung der neuen Raumformen so lange anzuerkennen, bis ein solcher Beweis erbracht ist. Die Annahme, dafs alle Geraden auch als Ganze kongruent sein müssen, ist nur eine Folgerung daraus, dafs der Raum auch als Ganzes gleichförmig sei, also ebenfalls durchaus nicht in sich berechtigt.

So versuche man zu beweisen, dafs der Erfahrungsraum, selbst unter der Annahme, dafs die Winkelsumme eines Dreiecks zwei Rechte beträgt, nicht unter die in den §§ 3 und 8 angegebenen Formen fallen kann. Nur bleibe man bei wirklichen Gründen und hüte sich, diejenigen Eigenschaften, deren Vorhandensein man beweisen will, von vornherein ohne Beweis als notwendig zu verlangen. Handelt man nach dieser Vorschrift, so wird man sich ohne Zweifel vergebens bemühen.

Zwar wird mancher sagen, die neuen Raumformen seien nicht so schön, wie z. B. die euklidische; aber darum handelt es sich nicht, was dem Geschmack des einzelnen zusagt, sondern nur darum, was wahr ist. Gewifs, im Ausspruch der Sätze für den euklidischen Raum zeigt sich eine gröfsere Gleichförmigkeit; wenn ein allgemeiner Satz gewisse Ausnahmen zuläfst, so kann man diese Ausnahmen sogar durch Einführung uneigentlicher Gebilde vollständig beseitigen. Namentlich möchte ich hinweisen auf den Satz, dafs in der euklidischen Geometrie stets zwei verschiedene Lagen desselben festen Körpers erhalten werden können durch Drehung um eine gerade Linie und durch Verschiebung längs derselben Geraden. Dieser Satz gründet sich wesentlich auf die Eindeutigkeit in der Fortsetzung der Bewegungen, muſs also in den neuen Raumformen wesentliche Modifikationen erleiden. Aber dafür besitzen die Clifford-Kleinschen Raumformen, wie unsere kurze Charakterisierung einzelner Formen gezeigt hat, wieder manche Vorzüge, die bei den frei beweglichen Raumformen wegfallen.

Nur ein einziges Bedenken kann meines Erachtens mit einiger Berechtigung gegen die neuen Raumformen geltend gemacht werden. Die Mechanik muſs von der Voraussetzung ausgehen, daſs nur die gegenseitige Lage der Körper für ihre gegenseitige Einwirkung von Einfluſs ist, nicht aber die Lage im Raume selbst. Betrachtet man z. B. die Einwirkung, welche zwei Massenpunkte infolge der Fernwirkung auf einander ausüben, so darf es nicht auf die Richtung der Verbindungsgeraden, sondern nur auf ihre Länge ankommen. Im vorliegenden Falle scheint aber die Einwirkung je nach der Richtung der Geraden verschieden zu sein, so daſs sie sich zu ändern scheint, wenn man den Punkten unter Beibehaltung der Entfernung eine andere Lage giebt. Indessen ähnliche Bedenken stellen sich jeder neuen Theorie entgegen; sie berechtigen nicht zur Verwerfung, sondern gestatten höchstens, das endgültige Urteil vorläufig hinauszuschieben. Die Mechanik ist eben für die neuen Raumformen noch nicht entwickelt; sobald das geschieht, wird man um so bestimmter erwarten können, daſs die erwähnten Bedenken wegfallen, weil die reine Geometrie auch die Grundlage für die Mechanik bildet und von geometrischer Seite die Berechtigung nicht bezweifelt werden kann. Zudem handelt es sich hier um Fernwirkungen, deren Annahme an sich den schwersten Bedenken unterliegt und welche von dem groſsen Entdecker des Gravitationsgesetzes nur als Ersatz für das Resultat unmittelbarer, jedoch unbekannter Nahewirkungen betrachtet wurden.

Die Abschnitte I, II und IV suchen die Frage zu beantworten: Welche Gesetze gelten für den Raum (im eigentlichen Sinne)? Bei der Beantwortung dieser Frage können wir von der Erfahrungs-Thatsache ausgehen, daſs diejenigen Gesetze, welche Euklid aus wenigen Voraussetzungen hergeleitet hat, entweder in voller Strenge gelten oder daſs doch die Abweichung für jedes Gebiet, das unserer direkten Messung zugänglich ist, innerhalb derjenigen Fehlergrenzen bleibt, welche selbst bei Anwendung der vorzüglichsten Apparate nicht vermieden werden können. Daraus haben wir in den beiden ersten Abschnitten den Satz hergeleitet, dafs für ein solches Gebiet drei Möglichkeiten bestehen. Dementsprechend unterschieden wir Raumformen von positivem, verschwindendem und negativem Krümmungsmafs oder von einem andern Gesichtspunkte aus elliptische, parabolische und hyperbolische Raumformen. Zwar haben wir zuweilen im ersten Abschnitt, namentlich in den §§ 9—21, bereits den Raum als Ganzes betrachtet; aber das geschah, um das erste Eindringen in ein noch unbekanntes Gebiet zu erleichtern.

Nehmen wir jetzt an, es sei entschieden, welche Gesetze für ein allseitig begrenztes Gebiet des Raumes gelten, es sei also ausgemacht, ob er elliptisch, parabolisch oder hyperbolisch sei, so wissen wir doch noch nicht, wie sich die einzelnen Teile des Raumes zu einem Ganzen vereinigen. Schon im ersten Abschnitt fanden wir zwei elliptische Raumformen, die Riemannsche und ihre Polarform. Der vorliegende Abschnitt zeigt uns aber, dafs nach dieser Richtung hin eine aufserordentlich grofse Mannigfaltigkeit besteht. Um die verschiedenen Fälle übersehen und gruppieren zu können, ist es am einfachsten, von der Bewegung eines starren Körpers auszugehen. Erteilen wir einem solchen Körper eine Bewegung, so wird für jeden mit ihm durch weitere Körper verbundenen neuen Körper eine gewisse Bewegung vermittelt. Die neue Bewegung hängt ab von der Lage der beiden Körper im Raume und von der Bewegung, welche der erste Körper macht. Es fragt sich aber, ob sie nicht auch von der Art der Verbindung abhängt, die zwischen den beiden Körpern besteht. Unter der Voraussetzung, dafs es auf diese Verbindung nicht ankommt, erhalten wir nur eine parabolische, eine hyperbolische und zwei elliptische Raumformen. Prüfen wir aber die Möglichkeit, dafs auch die Art der Verbindung auf die neue Bewegung von Einflufs ist, so stofsen wir auf keinen innern Widerspruch; wir finden vielmehr eine grofse Reihe neuer Raumformen, von denen wir auf den vorangehenden Seiten nur einige wenige erwähnt haben. Sie einzeln aufzuzählen, war uns nicht möglich; um so wichtiger schien es uns, das Prinzip anzugeben, aus dem sich alle herleiten lassen.

Die Clifford-Kleinschen Raumformen.

Damit erachten wir die Aufgabe für gelöst, die wir uns in dem vorliegenden ersten Bande gestellt haben. Wir sind zum Schluſs wieder zu dem herrlichen Werke zurückgekehrt, von dem wir ausgegangen sind. Ein kleiner Mangel in den Elementen Euklids, den der Verfasser sicherlich selbst empfunden und genugsam hervorgehoben hat, gab uns Veranlassung, seine Parallelen-Theorie zu prüfen, und führte an erster Stelle zur Lobatschewskyschen Geometrie. Schrittweise hat sich das Gebiet erweitert: zu der Euklidischen und Lobatschewskyschen traten die Riemannsche und die Kleinsche Raumform; endlich haben wir eine groſse Zahl weiterer Formen gefunden, die wir glaubten nach Clifford und Klein benennen zu sollen. Aber alle besitzen dieselbe einfache Grundlage, die aus der von Euklid aufgestellten durch eine ganz leichte Änderung gewonnen werden kann. Statt nämlich mit dem griechischen Geometer unmittelbar den Raum als Ganzes zu untersuchen, beschränken wir uns zunächst auf ein allseitig begrenztes Gebiet; für diesen Bereich gehen wir aber von denselben Voraussetzungen aus, die Euklid gemacht hat, und schlieſsen der Natur der Sache nach nur diejenigen aus, welche durch ihren Inhalt verlangen, über jenes Gebiet hinauszugehen. Demnach sind wir genötigt, dem griechischen Mathematiker die höchste Bewunderung zu zollen, da er es verstanden hat, ein so mächtiges Lehrgebäude auf wenigen einfachen Prinzipien zu errichten, die zwar im Laufe der Jahrtausende eine kleine Beschränkung erfahren haben, aber durch die eingehendsten Untersuchungen in allen wesentlichen Punkten als richtig erwiesen sind.

Litteratur-Nachweis.

[1]) I § 1. S. 1. Die Elemente Euklids werden im vorliegenden Werke stets nach der Ausgabe von Heiberg (Leipzig 1883—1886) citiert.

Eine ganz vorzügliche Würdigung der verschiedenen Versuche, das Parallel-Axiom zu beweisen, giebt Sohnke in Ersch und Grubers Realencyklopädie in dem Artikel: Parallel. Am liebsten hätte ich einfach auf diesen Artikel verwiesen; aber einerseits ist dies Werk nicht jedem Leser zugänglich, zweitens sind diejenigen Versuche, deren Besprechung bei Sohnke den meisten Raum beansprucht, heute ganz vergessen. Ich habe daher in den §§ 2—5 solche Beweisversuche kurz gewürdigt, die auch heute noch in Lehrbüchern mitgeteilt werden.

[2]) I § 2. S. 5. Von wem die einzelnen in diesem § mitgeteilten Versuche herrühren, dürfte sich kaum noch ermitteln lassen. Die Voraussetzung, durch jeden Punkt innerhalb eines Winkelfeldes lasse sich mindestens eine Gerade ziehen, welche beide Schenkel trifft, wurde von Legendre gemacht, als seine in § 5 anzugebenden Versuche zu keiner Entscheidung führten. Die im Text nur ausgesprochene, aber nicht bewiesene Behauptung, die Legendresche Annahme gelte für jeden Winkel, wenn sie für einen einzigen richtig sei, läfst sich in folgender Weise erhärten: Wenn innerhalb eines einzigen Winkelfeldes sich eine gerade Linie ziehen läfst, die keinen Schenkel trifft, so folgt die Lobatschewskysche Geometrie, wie sie in den §§ 9—16 dargelegt wird; alsdann kann aber in jedem Winkelfelde eine Gerade gezogen werden, die keinen der beiden Schenkel trifft.

Auf die Annahme, dafs ein Winkelfeld niemals das Feld eines gröfseren Winkels in sich schliefsen könne, gründet Crelle die Parallelentheorie in seinem Lehrbuch der Geometrie. Der Kürze wegen habe ich die prinzipielle Seite der Frage gar nicht berührt.

[3]) I § 3. S. 6. Göttinger Nachrichten 1816, 20. April; Gaufs' Werke IV. S. 365. Gaufs gebraucht das Wort »Lage« in dem Sinne, den man heute gewöhnlich mit dem Ausdruck »Richtung« verbindet.

[4]) I § 4. S. 9. Thibauts Verfahren findet sich in seinem Lehrbuch der Geometrie 1818. Eine genaue Prüfung giebt Hr. Günther im Programm von Ansbach 1877. Man vergl. auch eine kleine Note in Hoffmanns Zeitschrift VIII S. 220.

[5]) I § 5. S. 11. Legendres Untersuchungen sind in den Mémoires de Paris t. XII S. 369 (v. J. 1833) und in den älteren Ausgaben seiner Geometrie mitgeteilt, auch in einige spätere Lehrbücher, namentlich in Baltzers

Elemente aufgenommen. Eine neue Herleitung der Sätze giebt Hoüel in seinem Essai critique sur les principes fondamentaux de la Géometrie (Paris 1867) S. 72.

[6]) I § 6. S. 13. Betreffs der in diesem § mitgeteilten Sätze vergleiche man vor allem die Arbeiten des Hrn Beltrami:

Saggio d'interpretazione della geometria non-euclidea, Giornale di Matematica. v. VI. 1868 (französische Übersetzung: Annales de l'Ecole normale t. VI).

Teoria fondamentale degli spazii di curvatura costante. Annali di Matematica S. II. T. II (französische Übersetzung: Annales de l'Ecole normale t. VI).

Sulla superficie di rotazione che serve di tipo alle superficii pseudosferici, Giornale di Mat. v. X.

Hier füge ich folgende Bemerkung bei: Der Zweck des Litteratur-Nachweises ist nicht, einen Überblick über die Entwicklung der verschiedenen Theorieen zu geben und die Verdienste der einzelnen Forscher zu schildern. Wenn das meine Absicht wäre, so müfste z. B. Hr. Beltrami an vielen Stellen meines Buches ausdrücklich erwähnt werden.

[7]) I § 7. S. 17. Die durchgeführte Betrachtung kommt auf den zuerst von Hrn Cayley bewiesenen Satz hinaus. dafs die Lobatschewskysche Ebene projektivisch auf das Innere eines Kegelschnitts abgebildet werden kann. Man vergl.

Sixt memoir upon Quantics, Phil. Transactions t. 149. 1859.

On the Non-Euclidean Geometry, math. Annalen, B. V.

Der Inhalt dieses § wird im Anschlufs an die Entdeckungen des Hrn Klein im zweiten Abschnitt eine genauere Entwicklung finden.

[8]) I § 9. S. 19. Die hier behandelte Raumform wurde zuerst in einem Vortrage und mehreren Notizen Lobatschewskys (1826—1828) kurz charakterisiert und darauf in zahlreichen Werken eingehend von ihm behandelt. Eine vollständige Ausgabe der geometrischen Werke Lobatschewskys hat die physiko - mathematische Gesellschaft in Kasan veranstaltet. Mit derselben Raumform befafst sich Joh. Bolyai in: Appendix, scientiam spacii absolute veram ·exhibens, welcher 1832 dem Werke seines Vaters beigefügt war: Tentamen iuventutem in elementa matheseos introducendi.

Übrigens hat sich Gaufs mit dieser Sache weit früher befafst und in zwei Recensionen v. J. 1816 und 1823 genugsam angedeutet, wie tief er bereits in die Theorie eingedrungen war.

Über die weitere Litteratur vergl. man das schon erwähnte Werk: Frischauf, Einleitung in die absolute Geometrie, Leipzig 1876.

Die in den §§ 9—13 durchgeführte Begründung der Lobatschewskyschen Geometrie dürfte der Anlage und der Mehrzahl der Beweise nach mein Eigentum sein; einige Beweise (z. B. § 11, d) sind vollständig, andere mit leichten Änderungen übernommen.

[9]) I § 15. S. 46. Lobatschewsky, géometrie imaginaire, Crelles Journal B. XVII, (wieder abgedruckt im zweiten Bande der ges. Werke). Ich habe eine andere Bezeichnung angewandt, bin von drei andern Relationen

ausgegangen und habe auch sonst kleine Änderungen vorgenommen. Die analytische Herleitung der Kreisfunktionen ist elementaren Lehrbüchern entlehnt.

[10]) I § 16. S. 49. Das benutzte Koordinaten-System ist im Anschluſs an eine Bemerkung Beltramis von Hrn Weierstraſs aufgestellt und hat in meinen Arbeiten viele Verwendung gefunden.

[11]) I § 18. S. 54. Die Theorie des »endlichen Raumes« wurde i. J. 1854 von Riemann kurz entwickelt in der Arbeit: Über die Hypothesen, welche der Geometrie zu Grunde liegen, (Göttinger Abhandlungen 1867. Werke S. 254 ff.) Darauf folgten mehrere Arbeiten des Hrn v. Helmholtz: Verh. d. naturh.-med. Vereins zu Heidelberg, B. IV und V; Göttinger gel. Nachrichten 1868; Mind 1878 (wieder abgedruckt im B. II der ges. Werke S. 610—660); populäre wissensch. Vorlesungen, Heft III, sowie die oben genannten Abhandlungen des Hrn Beltrami, in denen zuerst diese Raumformen eine eingehende Untersuchung gefunden haben. Alle diese Herleitungen sind analytisch; wenn auch später einzelne Sätze synthetisch bewiesen sind, so fehlte doch bisher eine rein synthetische Begründung dieser Raumformen.

[12]) I § 18. S. 57. Klein, Über die sog. nicht-euklidische Geometrie, math. Annalen B. IV, VI, sowie dessen Anzeige von Frischaufs Elementen in den Fortschritten der Mathematik B. X.

Newcomb, elementary theorems relating to the geometry of a space of three dimensions and of uniform positive curvature, Borchardts Journ. B. 83.

Killing, über zwei Raumformen von konstanter positiver Krümmung, Borchardts Journal B. 86.

[13]) I § 19. S. 64. Die gegenseitige Lage zweier Geraden ist im wesentlichen bereits entwickelt in: Lindemann, über unendlich-kleine Bewegungen bei allgemeiner projektivischer Maſsbestimmung, math. Annalen B. VII; einzelne Sätze auch bei Newcomb (l. c.). Eine vollständige Theorie gab Clifford: Sketch of Biquaternions (Proc. of the L. math. Soc. Vol. IV, sowie math. Papers S. 181) und in mehreren hinterlassenen Arbeiten.

[14]) I § 20. S. 69. Die Beziehung der Riemannschen Raumform zu ihrer Polarform wurde zuerst in meiner unter [12]) angegebenen Arbeit dargelegt. Auf die Einwendungen, welche Hr. Klein (math. Annalen B. XXXVII) gegen die Bezeichnung »Polarform« erhoben hat, glaube ich nicht eingehen zu sollen; sie erledigen sich von selbst, sobald man beachtet, daſs der Kleinsche Raum sowohl die Polarform des Riemannschen Raumes als auch seine eigene Polarform ist. Auf das Programm des Hrn M. Simon (Lyceum, Straſsburg 1891) werden wir im zweiten Bande näher eingehen.

[15]) I § 23. S. 77. Un precursore italiano di Legendre e di Lobatschewsky. Nota del socio E. Beltrami, Rendiconti della R. accademia dei lincei 1889.

[16]) I § 23. S. 79. Stolz, Über das letzte Axiom der Geometrie, Berichte des naturw.-mediz. Vereins in Innsbruck 1886.

[17]) I § 24. S. 80. Zuerst mitgeteilt in meiner Abh.: Die Rechnung in den nicht-euklidischen Raumformen, Borchardts Journal B. 89; weitläufiger dargestellt in dem Buche: Die nicht-euklidischen Raumformen (Leipzig 1885).

Litteratur-Nachweis. 353

[18]) II § 1. S. 98. Staudt, Geometrie der Lage (1847) und Beiträge zur Geometrie der Lage (1856—1860). Klein, über die sog. nicht-euklidische Geometrie, math. Annalen B. IV, VI, VII, XVII. Darboux, math. Annalen B. XVII, Schur, math. Annalen B. XVII. Pasch, neuere Geometrie (Leipzig 1882).

[19]) II § 1. S. 99. In den folgenden §§ sind die Konstruktionen so einzurichten, dafs man ganz in dem einmal angenommenen Bereiche bleibt. Über die Art und Weise, wie das zu bewerkstelligen sei, vergl. man aufser dem unter [18]) genannten Werke des Hrn Pasch Mitteilungen der Herren Reyes y Prosper und Pasch im 29. und 32. B. der math. Annalen. Noch weiter geht Hr. Schur im 39. B. der Annalen. Über die in diesen Arbeiten eingeführten idealen Gebilde möchte ich folgende Bemerkung beifügen. Bleibt man ganz auf dem Boden der Projektivität und will man die am Schlusse von II § 1 gemachten Annahmen in voller Allgemeinheit zu Grunde legen, so unterliegt die Einführung der idealen Gebilde keinem Bedenken. Will man aber zur Metrik übergehen oder will man die verschiedenen Möglichkeiten übersehen, nach denen das angenommene Gebiet erweitert werden kann, so sind besondere Vorsichts-Mafsregeln anzubringen, die noch nicht genügend gewürdigt sein dürften.

[20]) II § 2. S. 101. Die Herleitung schliefst sich an die älteren Arbeiten (Staudt, Klein) an; an einigen Stellen ist das erwähnte Werk des Hrn Pasch benutzt. Eine etwas abweichende Darlegung findet man in dem Werke des Hrn Lindemann: Vorlesungen über Geometrie, mit Benutzung der Vorträge von Clebsch, B. II (Leipzig 1891).

[21]) II § 3. S. 107. Die hier gegebene Zuordnung ist bereits durchgeführt in meinen »nicht-euklidischen Raumformen« (Leipzig 1885), nachdem früher nur im allgemeinen die Möglichkeit einer solchen Zuordnung gezeigt war. Später haben die Herren Lindemann (l. c.) und Klein (math. Annalen B. 37) eine nur wenig abweichende Art der Zuordnung angegeben.

[22]) II § 3. S. 116. Staudt in den Beiträgen zur Geometrie der Lage. Lüroth, das Imaginäre in der Geometrie und das Rechnen mit Würfen, math. Annalen B. 8.

[23]) II § 5. S. 119. Die Benutzung der Doppelverhältnisse zu Koordinaten rührt bekanntlich von Hrn Fiedler her; der hier eingeschlagene Weg machte es notwendig, einige Änderungen anzubringen.

[24]) II § 5. S. 125. Man vergl. die unter [22]) angeführte Arbeit des Hrn Lüroth.

[25]) II § 10. S. 151. Die Zurückführung der Metrik auf die Projektivität ist zuerst von Hrn Klein (s. die unter [18]) angegebenen Arbeiten) und zwar auf dem hier mitgeteilten Wege bewirkt. Hr. Lindemann (l. c.) legt das »unendlich ferne Gebilde« seinen Ausführungen zu Grunde.

[26]) II § 11. S. 160. Der ausgesprochene Satz beruht darauf, dafs die angegebene siebengliedrige Gruppe keine andere reelle sechsgliedrige Untergruppe hat, als diejenige, welche die Bewegungen in einem dreidimensionalen parabolischen Raume darstellt. Um dies zu zeigen, benutzen wir die symbolische Bezeichnung des Hrn Lie und setzen:

$X_1 = p$, $X_2 = q$, $X_3 = r$, $X_4 = yr - zq$, $X_5 = zp - xr$,
$X_6 = xq - yp$, $X_7 = xp + yq + zr$.

Während die Transformationen X_1, X_2, X_3 mit einander vertauschbar sind, ist:

$(X_1 X_4) = 0$, $(X_1 X_5) = -X_3$, $(X_1 X_6) = X_2$ u. s. w.
$(X_4 X_5) = -X_6$, $(X_5 X_6) = -X_4$, $(X_6 X_4) = -X_5$
$(X_1 X_7) = X_1, \ldots (X_4 X_7) = \ldots = 0$.

Die sämtlichen Transformationen $(X_\alpha X_\beta)$ für α, $\beta = 1 \ldots 7$ gehören also einer sechsgliedrigen Gruppe an, welche durch $X_1 \ldots X_6$ bestimmt wird. Wir wollen beweisen, dafs es keine andere reelle sechsgliedrige Untergruppe giebt.

Kommt nämlich in einer solchen Untergruppe eine inf. Transformation $Z_6 = \Sigma \eta_\iota X_\iota$ für $\iota = 1 \ldots 7$ vor, wo η_7 von null verschieden ist, so kann man die übrigen inf. Transformationen $Z_1 \ldots Z_5$, durch die die Untergruppe bestimmt wird, so wählen, dafs in ihrem Ausdruck die Transformation X_7 nicht vorkommt. Dann darf man die inf. Transformationen $Z_1 \ldots Z_5$ entweder in der Form

X_1, X_2, X_3, $Z_4 = \alpha X_4 + \beta X_5 + \gamma X_6$, $Z_5 = \alpha' X_4 + \beta' X_5 + \gamma' X_6$

oder in der Form

$Z_1 = \varkappa X_1 + \lambda X_2 + \mu X_3$, $Z_2 = \varkappa' X_1 + \lambda' X_2 + \mu' X_3$, X_4, X_5, X_6

voraussetzen. Im ersten Falle mufs auch die durch die Operation $(Z_4 Z_5)$ erhaltene Transformation der Gruppe angehören, und da hierin nur X_4, X_5, X_6 vorkommen, mufs sie linear aus Z_4 und Z_5 zusammengesetzt sein. Man kann also geradezu $(Z_4 Z_5) = \omega Z_5$ setzen. Dann müssen die Gleichungen erfüllt sein:

$$\alpha' \omega + \beta' \gamma - \beta \gamma' = 0$$
$$-\alpha' \gamma + \beta' \omega + \alpha \gamma' = 0$$
$$\alpha' \beta - \alpha \beta' + \gamma' \omega = 0,$$

oder es mufs sein:

$$\omega^2 + \alpha^2 + \beta^2 + \gamma^2 = 0,$$

was unmöglich ist.

Im zweiten Falle mufs die durch Kombination von Z_1 mit X_6 erhaltene Transformation $\varkappa X_2 - \lambda X_1$, sowie die Transformation $\varkappa X_1$, welche man durch Kombinierung der letzten mit X_5 erhält, in der Gruppe enthalten sein. Verfährt man ebenso mit Z_2, so ergiebt sich, dafs in der Untergruppe die Transformation X_1 enthalten ist, wofern nicht die Koeffizienten $\varkappa$ und $\varkappa'$ beide verschwinden. Dann dürfen aber auch die Transformationen $X_2 = (X_1 X_6)$ und $X_3 = -(X_1 X_5)$ nicht fehlen.

Der am Schlusse des § angegebene Weg, von der Projektivität zur Metrik überzugehen, dürfte im 43. B. der Annalen (Zur projektiven Geometrie § 2) seine Veröffentlichung finden.

[27]) III § 2. S. 172. G. Cantor, Borchardts' Journal B. 84. Netto, daselbst B. 86. Peano, math. Annalen B. 36. Hilbert, Annalen B. 88.

[28]) III § 3. S. 173. Weierstrafs' Brief an P. du Bois-Reymond (Borchardts Journal. B. 79, S. 29). W., Abhandl. zur Funktionenlehre (Berlin 1886). Wiener, Borchardts Journ. B. 90. Cellerier, Bulletin des sciences math. 1890.

Litteratur-Nachweis.

²⁹) III § 4. S. 176. Neben mehreren Arbeiten von Zöllner vergl. Helmholtz, pop.-wissensch. Vorträge (B. III), V. Schlegel, naturwissensch. Wochenschrift 1888.

³⁰) III § 5. S. 176. Die Arbeit ist in der zweiten Auflage (1878) der »Ausdehnungslehre von 1844« wiederabgedruckt. Für ein eingehenderes Studium muſs auf die Ausdehnungslehre von 1844 und von 1862, sowie auf Arbeiten des Hrn Schlegel verwiesen werden.

³¹) III § 6. S. 181. Das zweite Beispiel ist der Einleitung zu der Preisschrift des Hrn Poincaré (Acta math. B. 23) entnommen. Welche Vorteile die Analysis aus der Fiktion eines mehrdimensionalen Raumes ziehen kann, zeigt Hr. Lie in seinem Werke über Transformations-Gruppen; leider dürfte sich aus dieser Theorie kein Beispiel entnehmen lassen, das unmittelbar verständlich wäre.

³²) III § 7. S. 182. Die Zahl der Arbeiten, die sich mit der verallgemeinerten projektiven Geometrie befassen, ist zu groſs, als daſs sie hier angeführt werden könnten. Für den im Text gegebenen Überblick dürfte das kaum nötig sein; denn die mitgeteilten Sätze sind bei ihrer Einfachheit wohl gelegentlich in Abhandlungen erwähnt, aber schwerlich eigens behandelt.

³³) III § 8. S. 192. Einen einfachen und klaren Überblick über die ersten Sätze des mehrdimensionalen euklidischen Raumes giebt Hr. Hoppe im 79. B. seines Archivs. Die am Schlusse des § mitgeteilte Theorie der elliptischen Koordinaten ist eines der ältesten Beispiele für die Übertragung eines geometrischen Problems auf die Analysis und schon von Jacobi in seinen Vorlesungen über Mechanik (1842/43) mitgeteilt. Die zahlreichen weiteren Arbeiten über den mehrdimensionalen euklidischen Raum wenden sich fast ausschlieſslich schwierigeren Problemen zu und brauchen deshalb nicht angeführt zu werden.

Es könnte auffallen, daſs die Entwicklung der einfachsten Beziehungen so viel Raum beansprucht hat. Dieser Umstand hängt mit der Art der Behandlung zusammen. Ich erachte es für notwendig, die Berechtigung einer jeden Definition allseitig zu beweisen, während man sich meistens damit begnügt, die für $n=3$ geltenden Ausdrücke auf jedes beliebige n zu übertragen. Wenn durch dies Verfahren bei der Erweiterung der euklidischen Geometrie meines Wissens bisher keine Fehler entstanden sind, so kann es doch nicht als streng richtig anerkannt werden.

Betreffs S. 197 und 200 vergl. v. Lilienthal, math. Annalen B. 42 S. 496.

³⁴) III § 9. S. 205. Für den Inhalt und die Litteratur darf ich wohl auf meine »nicht-euklidischen Raumformen« (Leipzig 1885) verweisen. Da mir jedoch damals die Arbeiten des Hrn. d'Ovidio unbekannt geblieben waren, möchte ich sie hier soweit mitteilen, als sie auf die nicht-euklidische Geometrie Bezug haben. Es sind: Le funzioni metriche fondamentali di quante si vogliano dimensioni e di curvatura costante, memorie dell' accademia dei lincei 1877.

Studii sulla geometria proiettiva, Annali di mat. VI.

J complessi e le congruenze lineari in Geometria proiettiva, Annali VII.

Nota sui complessi nella metrica proiettiva, Rend. dell' Istituto Lombardo, 1881, XIV.
Sopra alcuni luoghi ed inviluppi in geom. proi., Rend. dell' accademia delle Scienze; fasc. VII, 1875.
Le proiezioni ortogonali..., Acc. di Torino XI, 1876.
Hieran schliefsen sich weitere Arbeiten, namentlich über lineare Komplexe in den Atti dell' acc. dei Lincei 1876.
Meine eigenen Untersuchungen sind übrigens in der Anlage und in den Ergebnissen von denen des Hrn. d'Ovidio wesentlich verschieden.

[35]) III § 10. S. 214. Riemann, Über die Hypothesen... Göttinger Abh. 1867. Werke, S. 254.
Riemann, Commentatio mathematica... Werke S. 370. Christoffel, Borch. Journal B. 70. Lipschitz, Borchardts Journ. B. 71. 72. 74. Dedekind in Riemanns Werken S. 384. Schur, math. Annalen B. 27. Die weitere Litteratur kommt für den Inhalt des § nicht in Betracht.

[36]) III § 13. S. 255. Es dürfte kaum möglich sein, die Litteratur über mehrdimensionale Polyeder vollständig zu citieren. Hoffentlich bietet die folgende Aufzählung keine wesentliche Lücke.
Hoppe, zahlreiche Arbeiten in seinem Archiv.
Scheffler, die polydimensionalen Gröfsen, Braunschweig 1880.
Rudel, Elemente und Grundgebilde 1877. Vom Körper höherer Dimension, 1883. Über eine Gattung von Körpern höherer Dimension, 1887.
Schlegel, homogen zusammengesetzte Raumgebilde, Halle 1883, zahlreiche spätere Aufsätze, sowie Projektions-Modelle (Darmstadt bei Brill). Durège, Wiener Berichte B. 83. Puchta, Wiener Ber. B. 89 und 90. Biermann, Wiener Ber. B. 90 und 95. E. Hess, Marburger Ber. 1885, sowie math. Annalen B. 28. Schubert, Hamburger Mitt. Nr. 4.

[37]) III § 15. S. 266. Hr. Beez hatte früher den Satz aufgestellt, im n-dimensionalen Raume könne für $n > 3$ kein $(n-1)$-dimensionales Gebilde so deformiert werden, dafs alle darin liegenden Linien ihre Länge beibehalten. Wäre das richtig, so würde zwischen den Forderungen der Geometrie und denen der Analysis ein Widerspruch bestehen. Nun zeigte ich in meinen »nicht-euklidischen Raumformen«, dafs man für $n > 3$ geometrisch zunächst nur beweisen könne, diejenigen $(n-1)$-dimensionalen Gebilde könnten in der angegebenen Weise deformiert werden, welche eine Schar von $(n-2)$-dimensionalen Ebenen enthalten; dasselbe Resultat liefert aber auch die Analysis. Darauf antwortet Hr. Beez (Programm des Gymnasiums und Realgymnasiums zu Plauen i. V. 1888), diese Ausnahme sei ihm und Hrn Lipschitz schon früher bekannt gewesen; sie ändere aber an der Sache nichts, da es geometrisch evident sei, dafs jedes $(n-1)$-dimensionale Gebilde in einem n-dimensionalen Raume unter Beibehaltung aller Gröfsenbeziehungen deformiert werden könne. Leider bleibt er den Nachweis für seine Behauptung schuldig. Hier von geometrischer Evidenz zu sprechen, mufs um so gröfseren Bedenken unterliegen, da man selbst bei den Flächen des dreidimensionalen Raumes ganz auf die Analysis angewiesen ist und es nicht gelingen will,

rein geometrische Beweise zu finden. So hat man bisher geometrisch noch nicht einmal bewiesen, dafs jede Fläche unter Beibehaltung der Gröfsenbeziehungen deformiert werden kann; noch weniger ist es gelungen, geometrisch die Bedingungen anzugeben, unter denen zwei Flächen auf einander abgewickelt werden können.

[38]) III § 15. S. 270. Während eine Zeit lang selbst angesehene Naturforscher lebhaft für die spiritistischen Versuche eintraten, ist jetzt die Begeisterung für dieselben bedeutend abgekühlt. Jedenfalls wird aber auch der eifrigste Anhänger gestehen müssen, dafs die Grundlagen und der ganze Verlauf der Versuche nicht klar zu Tage liegen, und das genügt für mich, um ihnen jede Beweiskraft abzusprechen.

Beispiele für die Auflösbarkeit von Knoten in einem vierdimensionalen Raume findet man in Hoppes Archiv B. 64, 1879.

[39]) IV § 6. S. 314. Die erste Anregung zu den hier betrachteten Raumformen gab Clifford 1873 in einem ungedruckten Vortrage: On a surface of zero curvature and finite extent, sowie durch eine beiläufige Bemerkung in der Arbeit: Preliminary sketch of biquaternions. Hr. Klein machte eingehende Mitteilungen über Cliffords Anschauungen mit genauem Litteratur-Nachweis und begründete die Theorie tiefer in seiner Arbeit: Zur nicht-euklidischen Geometrie, Annalen B. 37. Daran schlofs sich eine Arbeit von mir im 39. B. der Annalen, in der diese Raumformen in derjenigen Weise begründet sind, welche hier in weiterer Ausführung wieder mitgeteilt ist. Man findet dort auch einige weitere Beispiele, welche ich hier nicht wieder aufgenommen habe. Die am Schlusse von § 6 erwähnten Raumformen waren bisher nicht beachtet worden.

[40]) IV. § 7. S. 332. Hierauf weist Hr. Klein l. c. hin. Man vergl. die Arbeit des Hrn Poincaré in B. 1 S. 71 ff. der Acta math., an die sich zahlreiche weitere Arbeiten angeschlossen haben. Aus den dort charakterisierten (diskontinuierlichen) Gruppen hat man diejenigen auszuwählen, in denen keine parabolische und keine elliptische Transformation vorkommt.